Erwin Lemke

Fertigungsmeßtechnik

Mit 459 Bildern und 48 Tafeln

2., verbesserte Auflage

Friedr. Vieweg & Sohn Braunschweig/Wiesbaden

1. Auflage 1988
2., verbesserte Auflage 1992

Der Verlag Vieweg ist ein Unternehmen der Verlagsgruppe Bertelsmann International.

Umschlaggestaltung: Hanswerner Klein, Leverkusen
Satz: Satzstudio Frohberg, Freigericht

Gedruckt auf säurefreiem Papier

ISBN-13: 978-3-528-14559-0 e-ISBN-13: 978-3-322-85055-3
DOI: 10.1007/978-3-322-85055-3

Vorwort zur 2. Auflage

Die Fertigungsmeßtechnik hat in der Vergangenheit eine ständig zunehmende Bedeutung erlangt. Dieser Trend wird sich auch zukünftig eher verstärkt fortsetzen, weil Informationen über Produktionsprozesse und deren Steuerungen nur durch das Messen zu gewinnen sind. Damit erlangt die Fertigungsmeßtechnik auch einen besonderen Stellenwert in der Qualitätssicherung.

Der Einsatz der Meßtechnik im unmittelbaren Fertigungsprozeß ermöglicht Rationalisierungsmaßnahmen und kann den gesamten Arbeitsablauf entscheidend positiv beeinflussen. Dieses Hauptanwendungsgebiet der Fertigungsmeßtechnik – das Messen in der Fertigung – hat neben den drei anderen Anwendungsbereichen, dem Prüfen im Wareneingang, in der Montage und in der Endabnahme, eine zunehmende Bedeutung.

Das vorliegende Buch „Fertigungsmeßtechnik" soll den Anforderungen der industriellen Fertigungstechnik auch zukünftig gerecht werden. Dazu wurden neben wichtigen Aktualisierungen besonders die Normenverweise auf den gegenwärtigen Stand gebracht.

Verlag und Autor erhoffen sich auch weiterhin eine gute Akzeptanz sowohl bei den Studierenden einschlägiger Ingenieurdisziplinen als auch in der industriellen Praxis. Anregungen zur Weiterentwicklung des Werkes werden aus dem Kreis der Anwender gern entgegengenommen.

E. Lemke

Berlin, im Mai 1992

Inhaltsverzeichnis

1 Grundlagen der Fertigungsmeßtechnik 1
1.1 Allgemeines 1
1.2 Begriffe der Meßtechnik 2
1.2.1 Maßabweichungen und ihre Ursachen 5
1.2.2 Ergonomie in der Fertigungsmeßtechnik 9
1.2.3 Graphische Symbole in der Längenprüftechnik 9
1.3 Prüfgrößen 9
1.3.1 Maßtoleranzen nach DIN 7182 T 1 9
1.3.2 ISO-System für Toleranzen und Passungen 11
1.3.3 Allgemeintoleranzen für Längenmaße nach DIN 7168 13
1.3.4 Form- und Lagetoleranzen 13

2 Maßverkörperungen 15
2.1 Wellenlänge des Lichts 15
2.2 Endmaße 16
2.2.1 Parallelendmaße 16
2.2.2 Kugelendmaße 19
2.2.3 Winkelendmaße 19
2.3 Maßstäbe 20
2.4 Ebene Winkel 20
2.5 Planglasplatten 21
2.5.1 Lichtinterferenz 21
2.5.2 Prüfung von Präzisionsflächen mit Planglasplatten 21

3 Lehren 25
3.1 Maßlehren 25
3.2 Grenzlehren 26
3.2.1 Lehrenarten nach DIN-Normen 27
3.2.2 Lehrenprüfung 28
3.2.3 Formlehren 29
3.2.4 Haarlineal 29

4 Meßgeräte 30
4.1 Mechanische Meßgeräte 31
4.1.1 Meßschieber 32
4.1.2 Meßschrauben 35
4.1.3 Dickenmesser 37
4.1.4 Innenmeßgeräte (Bohrungsmeßgeräte) 38
4.1.5 Meßuhren 39
4.1.6 Feinzeiger 41
4.1.7 Fühlhebelmeßgerät 42

4.2 Elektrische/elektronische Längenmeßgeräte 43
4.3 Pneumatische Meßgeräte 50
4.4 Meßgeräte mit optischer Antastung 57
4.4.1 Grundbegriffe der Optik 58
4.4.2 Meßlupe 59
4.4.3 Meßmikroskope 59
4.4.4 Interferenzeinrichtungen und Interferenz-Mikroskope 61
4.4.5 Lichtschnittmikroskop 62
4.4.6 Profilprojektoren 63
4.4.7 Ebenheitsprüfer 64
4.5 Digitale Längenmessung mit Maßstäben 65
4.5.1 Glasmaßstab mit Strichgitterteilung 65
4.5.2 Maßstab aus magnetisierbarem Werkstoff 67
4.6 Richtmittel 69
4.6.1 Wasserwaagen 69
4.6.2 Elektronische Richtwaage 70
4.7 Hilfsmittel 71

5 Meßverfahren mit kohärentem Licht 73
5.1 Laser 73
5.2 Holographie 74

6 Meßmaschinen und Mehrkoordinaten-Meßtechnik 76
6.1 Meßmaschinen 77
6.2 Mehrkoordinaten-Meßtechnik 78
6.3 Meßroboter 82
6.4 Prüfmaschinen 85

7 Prüfen und Messen besonderer geometrischer Größen 87
7.1 Das Prüfen der Formen und Lagen von Elementen 88
7.1.1 Zulässige Formgestaltabweichungen 89
7.1.2 Maß-, Form- und Lagetoleranzen 95
7.2 Das Prüfen von Oberflächen 95
7.2.1 Meßtechnik für die Erfassung der Gestaltabweichungen 96
7.2.2 Prüfverfahren 104
7.2.3 Oberflächenkennzeichnungen 113
7.3 Das Prüfen von Bohrungen 113
7.4 Das Prüfen von Zahnrädern 116
7.4.1 Messen der Einzelabweichungen an Stirnrädern 119
7.4.2 Prüfungen der Gesamtabweichung an Stirnrädern 125
7.4.3 Verzahnungsqualitäten und Toleranzen von Stirnrädern 129
7.4.4 Achsabstandsmaße und Achslagetoleranzen 130
7.4.5 Prüfen von Kegelrädern 130
7.4.6 Prüfen von Zylinderschneckentrieben 131

7.5 Prüfen von Gewinden 132
7.5.1 Gewindeprüfung mit Lehren 133
7.5.2 Das mechanische Messen von Gewinden 135
7.5.3 Die optische Gewindemessung 136
7.6 Das Prüfen von Keilwellen und Kerbverzahnungen 138
7.6.1 Keilwellenverbindungen 138
7.6.2 Kerbverzahnungen 139
7.7 Das Prüfen von Kegeln 140
7.7.1 Prüfverfahren und Prüfgeräte 140
7.8 Das Prüfen von Winkeln 144
7.8.1 Prüfverfahren und Prüfgeräte 145

8 Prüftechnik an Werkzeugmaschinen und deren Abnahme 149
8.1 Meßtechnik an Werkzeugmaschinen 150
8.2 Das Prüfen von Werkzeugmaschinen 151

9 Prüfplanung und Überwachung der Prüfmittel 152
9.1 Prüfplanung 152
9.2 Überwachung der Prüfmittel 153

10 Statistik und deren Anwendung zur Meßdatenverarbeitung 155

11 Qualitätslehre und Qualitätssicherung 159

12 Trends in der Fertigungsmeßtechnik und Qualitätssicherung 162

Tafel-Anhang zu den Kapiteln 1–12 165

Literaturverzeichnis 226

Verzeichnis der weiterführenden Literatur 227

Sachwortverzeichnis 228

1 Grundlagen der Fertigungsmeßtechnik

1.1 Allgemeines

Eine Meßaufgabe besteht im wesentlichen in den in einem experimentellen Vorgang zu erfassenden Meßgrößen und Meßwerten sowie in den zu bildenden Meßergebnissen. Der experimentelle Vorgang ist das **Messen**, bei dem der Wert einer physikalischen Größe, die *Meßgröße*, durch *Vergleichen* mit einer Bezugsgröße ermittelt wird. Meßgröße und Bezugsnormal müssen begrifflich eindeutig festgelegt sein.

Mit der **Meßtechnik** werden die wissenschaftlichen Erkenntnisse der Metrologie, der Wissenschaft des Messens, in Meßmittel und ihre Anwendung umgesetzt. Ein Teil der Meßtechnik ist die *Fertigungsmeßtechnik*. Sie befaßt sich mit den Mitteln und Verfahren des Messens in der mechanischen Produktion und ist durch andere Fachgebiete, wie Feinmechanik, Werkzeugmaschinenbau, Steuerungstechnik, EDV, Elektronik und Optik [1.1] geprägt. Ein Schwerpunkt der Fertigungsmeßtechnik liegt in der **Längenmeßtechnik**. Die Längenmessung ist die Bestimmung eines Abstandes zweier Punkte im Vielfachen oder in Bruchteilen der Maßeinheit, des Meters.

Das *Meter* wurde Ende des 18. Jahrhunderts als 40 000 000 Teil des Erdmeridians (über dem Observatorium von Paris) festgelegt. Die 17. Generalkonferenz für Maß und Gewicht definierte am 20.10.1983 das Meter neu: „Das Meter ist die Länge der Strecke, die Licht im Vakuum während des Intervalls von 1/299 792 458 Sekunden durchläuft." Bis zu dieser hohen Genauigkeit für die Definition des Meters war es ein langer Weg in der Längenmeßtechnik. So halfen sich die Menschen vor der Festlegung des international anerkannten Meters mit Maßeinheiten – zum Beispiel: Elle, Fuß, Schuh, Klafter, Spanne und Zoll (Daumenbreite) – die sie als Durchschnittswerte ermittelten. Bild 1.0 zeigt die Ermittlung der Maßeinheit „Fuß" (im Jahre 1625) aufgrund der Durchschnittswerte von 16 Personen.

Bild 1.0
Ermittlung der Maßeinheit „Fuß" aus Durchschnittswerten

1.2 Begriffe der Meßtechnik

Bei der Prüfung wird nach DIN 2257 T 1 zwischen *Lehren* und *Messen* unterschieden (Bild 1.1). Um richtig und kostengünstig prüfen zu können, müssen die folgenden Fragen beantwortet sein:

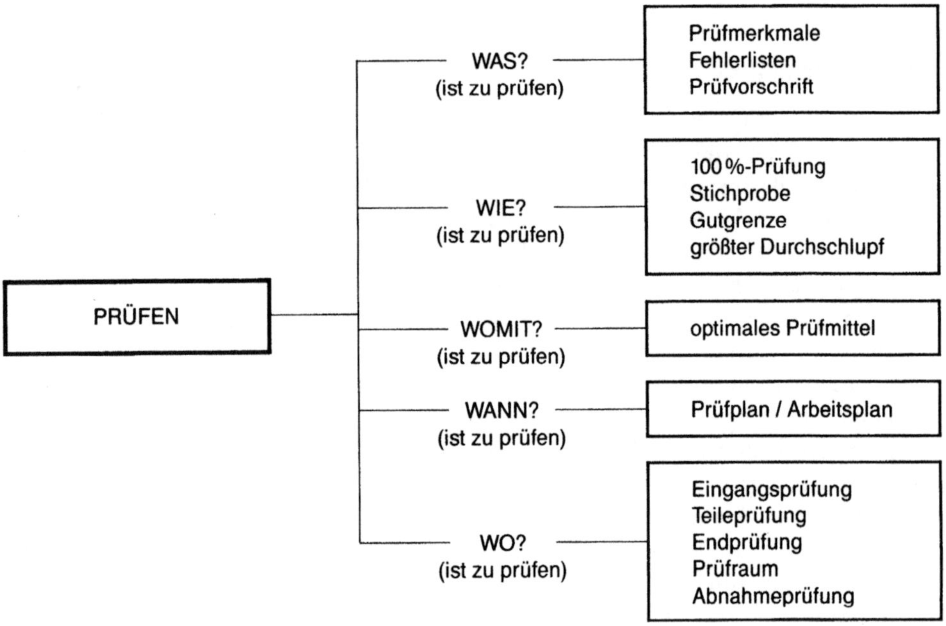

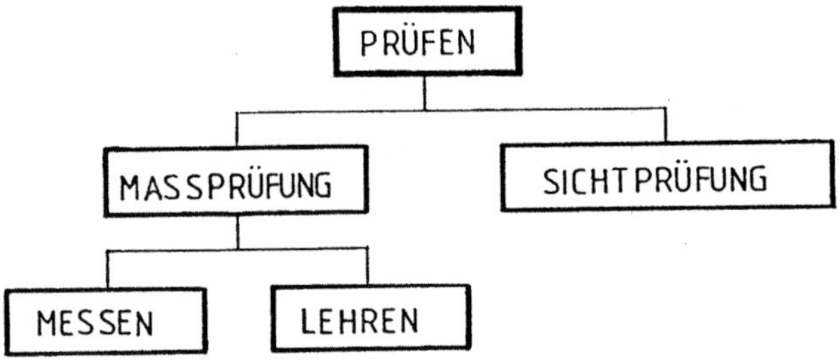

Bild 1.1
Das Prüfen zur Bestimmung der Eigenschaften physikalischer Größen

Prüfen ist das Feststellen, ob bestimmte Merkmale erfüllt sind. Dabei ist zwischen *subjektiver* und *objektiver Prüfung* zu unterscheiden.
Subjektives Prüfen erfolgt durch Sinneswahrnehmung und objektives Prüfen durch Messen oder Lehren.
Allgemein sollte die Genauigkeit der verwendeten Prüfmittel 5 bis 10mal besser sein als die zu prüfende Toleranz.
Eine *subjektive Prüfung* sollte, um Kosten für Messungen zu sparen, vor jeder Messung erfolgen, z. B. durch Sichtprüfung mit und ohne Hilfsmittel. Sie kann zu einer qualitativen Aussage führen.

Eine *objektive Prüfung* führt zu einer quantitativen Aussage über die Erfüllung gegebener Anforderungen (z. B. ob ein Istmaß innerhalb der Toleranzangaben liegt). Das Prüfen der Maßhaltigkeit geschieht durch Lehren oder Messen. Was und wie zu prüfen ist, sollte grundsätzlich in einer *Prüfanweisung* festgelegt sein; die Prüfanweisung kann mündlich, besser jedoch schriftlich erfolgen. Sie sollte nicht dem Prüfer überlassen werden.

Lehren ist das Feststellen, ob Maß oder Form den Forderungen entspricht. Das Lehren erfolgt durch ein Gegenstück oder Grenzmaß; dabei erhält man keinen Zahlenwert.

Messen ist das zahlenmäßige Vergleichen der zu messenden Größe (wie in der Längenmeßtechnik: Länge oder Winkel) mit einer bekannten Größe, also einem Normal mit Maßeinheiten.

Die *Meßgröße M* ist die physikalische Größe, wie Länge und Winkel eines Körpers, wie die Kraft oder die Arbeit. Sie wird durch den *Meßwert Mw* (dem Produkt aus Zahlenwert und Einheit) beschrieben. Er ist die aus der abgelesenen Anzeige Az eines Meßgerätes beim Messen ermittelte Information. Diese Information kann optisch oder auf andere Weise gegeben werden. Bei anzeigenden Meßgeräten wird im wesentlichen nach Skalenanzeige und Ziffernanzeige unterschieden, die durch Drucker oder Schreiber darzustellen sind.

Die *Skalenanzeige* ist der an einer Strichskale ablesbare Stand einer Marke; die Ziffernanzeige erfolgt in Form einer Ziffernfolge. Die Strichskale Sks ist eine Teilung durch Striche auf dem Skalenträger. Zugeordnete Ziffern entsprechen den verwendeten Einheiten. Der Skalenteil Skt ist allgemein die Einheit für die Anzeige, und der Skalenteilungswert Skw (früher: Skalenwert) ist die Änderung des Wertes der Meßgröße und wird in der Meßgrößeneinheit angegeben.

Der *Anzeigebereich Azb* umfaßt die größte und kleinste Anzeige eines Meßgerätes. Dagegen ist der Meßbereich Meb eines anzeigenden Meßgerätes derjenige Bereich von Meßwerten, in dem vorgegebene oder vereinbarte Fehlergrenzen nicht überschritten werden, er ist also ein Teil des Anzeigebereichs oder der ganze Anzeigebereich (s. auch DIN 2257 T 1).

Das *Meßergebnis Meg* ist im einfachsten Fall der beim Messen gewonnene Meßwert. Häufig ergibt sich jedoch das Meßergebnis aus einer Berechnung verschiedener Meßergebnisse, die aus mehreren Meßwerten gleichartiger oder verschiedenartiger Meßgrößen mit Hilfe eindeutig vorgegebener Beziehungen gewonnen wurden. Für jedes Meßergebnis sind die physikalischen und sonstigen Bedingungen anzugeben, unter denen es zustande kam (wie z. B. die Anzahl der Einzelmeßwerte). Zu jedem Meßergebnis gehört die Angabe der Meßunsicherheit oder der Fehlergrenzen (DIN 1319 T3 u. DIN 2257 T1 u. 2). Das Meßergebnis einer Meßreihe von n Einzelwerten ist das von systematischen Fehlern befreite arithmetische Mittel.

Die *Meßunsicherheit u* ist die Unsicherheit eines Meßergebnisses, die sich aus den Abweichungen (früher: Fehler) bei der Messung ergibt. Sie umfaßt die Abweichungen aller Einzelvariablen (also die veränderlichen Größen des physikalischen Systems), aus denen das Meßergebnis berechnet wird, und die nicht meßbaren und somit nur abschätzbaren systematischen Fehler. Bei den zufälligen Abweichungen u_z werden nach DIN 1319 T3 drei Zufallskomponenten unterschieden: $u_z = \frac{t}{\sqrt{n}} \cdot s$, $u_z = \frac{t_\infty}{\sqrt{n}} \sigma_r$ oder $u_z = t_\infty \sigma_r$ (s. Tafel A02). Die systematische Komponente u_s kann allgemein nur bei ausreichender experimenteller Erfahrung oder mit Angaben des Herstellers abgeschätzt werden. Die Zusammensetzung beider Komponenten kann erfolgen durch

- lineare Addition: $u = u_z + u_s$ oder
- quadratische Addition: $u = \sqrt{u_z^2 + u_s^2}$

Die Meßunsicherheit kann sich aus den Unvollkommenheiten der Meßobjekte, der Meßeinrichtungen und der Bezugsnormalen ergeben; ferner spielen Umgebungseinflüsse sowie das Meßpersonal eine Rolle. Die Meßunsicherheit ist oft nur durch Abschätzung nach Wirkung und Größe zu erfassen und setzt sich aus zwei Anteilen zusammen:

- den zufälligen Abweichungen der einzelnen Meßwerte von dem gemeinsamen Mittelwert. Sie können durch Vermehren der Einzelmessungen allgemein vermindert werden (s. Abschn. 1.2.1).
- den unbekannten systematischen Einflußgrößen, also den nur abzuschätzenden Abweichungen der Meßwerte von den richtigen Werten. Die Wiederholung von Messungen mit dem gleichen Meßgerät nützt grundsätzlich nichts. Hier hilft nur die Kenntnis der Ursachen für diese Abweichungen (s. Abschn. 1.2.1).

Die Begriffe *Abweichung* und *Fehler* werden in der Fertigungsmeßtechnik in gleicher und unterschiedlicher Bedeutung gebraucht (DIN 1319 T 1 und DIN 2257 T 2). Dagegen wird in der Qualitätssicherung zwischen beiden Begriffen eindeutig unterschieden (DIN 55 350 T 11 und 13). Unzulässige Abweichungen sind Fehler, wie z. B. bei Toleranzüberschreitungen.
Die in der Meßtechnik auftretenden Abweichungen (Fehler) beeinflussen den Meßwert und somit das Meßergebnis. Ihre Ursachen liegen in systematischen und zufälligen Abweichungen. In einem Meßverfahren haben Meßgeräte und Meßhilfsmittel bestimmte Funktionen. Man unterscheidet zwischen direktem und indirekten Meßverfahren. Beim direkten Meßverfahren (Vergleichsverfahren) wird der gesuchte Meßwert einer Meßgröße durch den unmittelbaren Vergleich mit einem Normal derselben Meßgröße gewonnen.

Beispiel: Messen des Abstandes zweier Wellen durch Vergleich mit Endmaßen als Normal.

Beim indirekten Meßverfahren wird der gesuchte Meßwert durch Messen anderer physikalischer Größen und unter Verwendung physikalisch-mathematischer Zusammenhänge ermittelt.

Beispiel: Das Bestimmen der Gesamtlänge einer Welle aus den induktiven Änderungen einer Spule (mit einem elektrischen Meßtaster).

Die *Bezugstemperatur* für Meßmittel und Meßobjekte (z. B. Werkstücke) ist nach DIN 102 mit 20 °C festgelegt. Je nach Anforderung an die Genauigkeit des Meßergebnisses sind abweichende Temperaturen wegen der unterschiedlichen Materialausdehnungen zu berücksichtigen (Tafel A 1.1).
Maßverkörperungen sind Meßmittel, die bestimmte Werte verkörpern. In der Fertigungsmeßtechnik sind es Normale, die zum Kalibrieren von Meßeinrichtungen bzw. als Lehren für die Prüfung von Produkten eingesetzt werden. Sie haben während der Messung keine beweglichen Teile, wie z. B. Endmaße.
Kalibrieren, ein Einmessen, bedeutet das Feststellen des Zusammenhanges zwischen Ausgangs- und Eingangsgröße, z. B. zwischen Anzeige und Meßgröße. Dabei wird die Abweichung der Anzeige eines Meßgerätes vom richtigen Wert oder die Abweichung einer Maßverkörperung bestimmt (DIN 1319 T 3).
Justieren bedeutet das Einstellen oder Abgleichen eines Meßgerätes oder einer Maßverkörperung derart, daß die Ausgangsgröße, z. B. die Anzeige, vom richtigen oder dem als richtig geltenden Wert so wenig wie möglich abweicht. Damit ist oft ein bleibender Eingriff in das Meßgerät oder die Maßverkörperung verbunden.

Das *Eichen* eines Meßgerätes oder einer Maßverkörperung erfolgt nach den Eichvorschriften der Eichbehörde.

1.2.1 Maßabweichungen und ihre Ursachen

Jede Maßverkörperung hat *Abweichungen* vom Sollwert. Diese Abweichungen sind **Fehler**, die in *systematische* und *zufällige Abweichungen* (Fehler) gegliedert werden. Für das Vorzeichen des Meßfehlers gilt:

Fehler = Istwert − Sollwert

Fehler, deren Größe bekannt ist und beachtet wird, führen zur Berichtigung, also zum Meßergebnis.
Fehler, deren Größe und Einfluß nur abgeschätzt werden können, geben einen Richtwert für die Unsicherheit der Messung.
Die *Meßunsicherheit* u (U_y nach DIN 2257 Bl. 2) ist die Fehlerangabe für den im Meßergebnis noch möglichen Fehler, der aber mit hinreichender Wahrscheinlichkeit nicht überschritten werden darf. Diese Fehlerangabe beschreibt die statistische Abweichung vom Erwartungswert, nicht aber die Richtigkeit des Meßwertes.
Fehlergrenzen sind vereinbarte Höchstbeträge für ± Abweichungen. Sie dürfen auch durch zufällige Abweichungen nicht überschritten werden.
Systematische Abweichungen werden vorwiegend durch Unvollkommenheit der Maßverkörperung, der Meßverfahren, des Meßgegenstandes, sowie der meßtechnisch erfaßbaren Einflüsse der Umwelt und der persönlichen Einflüsse des Beobachters hervorgerufen. Es sind solche Abweichungen, die unter gleichen Bedingungen (wie gleiches Prüfmittel, gleiche Meßstelle, gleiche Umweltbedingungen) den gleichen Betrag bei gleichen Vorzeichen aufweisen.
Man unterscheidet zwischen bekannten und unbekannten systematischen Abweichungen. Die bekannten systematischen Abweichungen sind zur Berichtigung der Meßwerte zu berücksichtigen – anderenfalls ist das Meßergebnis falsch. Unbekannte systematische Abweichungen sind solche, deren Vorhandensein aus experimentellen Erfahrungen bekannt ist, aber nach dem Betrage und dem Vorzeichen nicht eindeutig angegeben werden können, sondern häufig nur abzuschätzen sind. Sie müssen bei der Berechnung der Meßunsicherheit berücksichtigt werden.
Zufällige Abweichungen werden von meßtechnisch nicht erfaßbaren Änderungen der Maßverkörperungen, der Meßgeräte (z. B. durch Reibung), des Meßgegenstandes, der Umwelt und der Beobachter (z. B. durch Schwanken der Auffassung) hervorgerufen. Die nicht beherrschbaren und nicht einseitig gerichteten Einflüsse im Verlaufe mehrerer Messungen an demselben Meßobjekt innerhalb einer Meßreihe ergeben Streuungen der Meßwerte um den Mittelwert der Meßreihe.
Wiederholt ein Beobachter an demselben Meßobjekt eine Messung der gleichen Meßgröße mit demselben Meßgerät unter den gleichen Bedingungen, so weichen die einzelnen Meßwerte voneinander ab, sie streuen zufällig. Eine wesentliche Ursache der Streuung kann auch die Inhomogenität des Meßobjektes sein, z. B. bei Veränderungen der Spannungen im Werkstoff, wie durch Alterung.
Die *Zufallsstreuung* kann durch statistische Größen und durch Schätzen zahlenmäßig angegeben werden. Diese Zufallsstreuung der Meßwerte und die unbekannten systematischen Abweichungen machen das Meßergebnis unsicher.

Die Kenntnis von Ursache und Wirkung systematischer Abweichungen ist Voraussetzung zu deren Beseitigung und Korrektur bei der Ermittlung des Meßergebnisses. Beispiele dafür sind Anlagefehler und Teilungsfehler an Maßstäben; ferner sind zu nennen:

- Fehler durch *Kippen* von *Führungen,* die durch das funktionsmäßig notwendige Spiel verursacht werden (Bild 1.2). Solche Fehler treten auf bei Verstoß gegen das Komparatorprinzip oder den Abbeschen Grundsatz; es sind Fehler 1. Ordnung. Nach dem Abbeschen Grundsatz soll die zu messende Strecke am Prüfobjekt (Prüfgegenstand) und die Vergleichsstrecke an der Maßverkörperung bzw. dem messenden Element in der Meßeinrichtung fluchtend angeordnet sein (Bild 1.2 b). Dabei werden Meßabweichungen z. B. durch geringes Kippen bei Meßbewegungen (Meßabweichungen 2. Ordnung, Bild 1.3) vernachlässigbar klein.

  Beim Meßschieber (Bild 4.1 a) tritt der Fehler 1. Ordnung auf, aber die Schraublehre (Bild 4.4 a) und die Meßanordnung nach Bild 1.2 b erfüllen den Abbeschen Grundsatz.

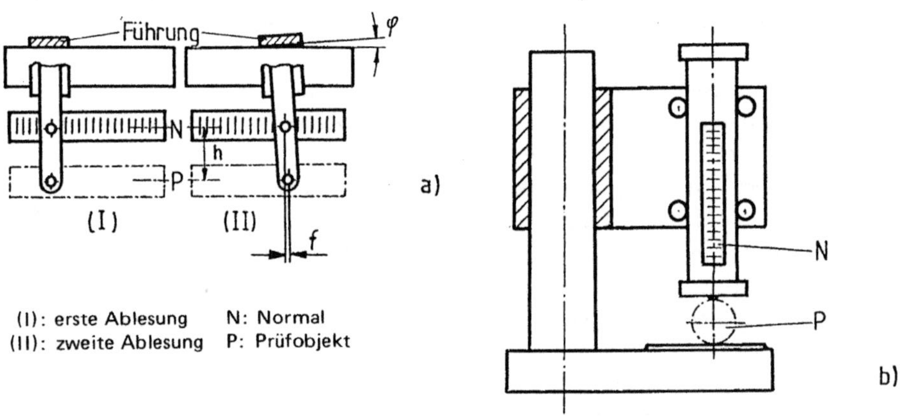

Bild 1.2 a) Prüfobjekt P und Normal N sind parallel zueinander angeordnet; es entsteht ein Fehler 1. Ordnung: $f = h \sin \varphi \approx h \widehat{\varphi}$

b) Einhaltung des Komparatorprinzips; Prüfobjekt P und Normal N fluchten

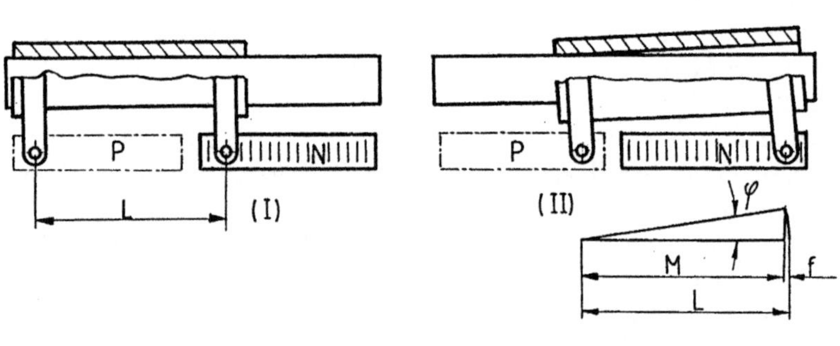

Bild 1.3 Prüfobjekt P und Normal N fluchten, aber durch Kippen des Tisches mit dem Prüfobjekt P und Normal N oder durch Kippen der Beobachtungseinrichtung entsteht ein Fehler 2. Ordnung: $f = L - M = L - L \cos \varphi = L\,(1 - \cos \varphi)$ und mit Näherung aus der Potenzreihe folgt: $f \approx L \dfrac{\widehat{\varphi}^2}{2}$

- Fehler durch *Formänderungen;* sie treten bei Abplattung oder Hertzscher Pressung durch Berühren des Tastelementes mit dem Prüfgegenstand auf. Die Ursache hierfür ist die Meßkraft bzw. der Schwerkrafteinfluß. Die Meßkraft ist die Kraft, die von der Meßeinrichtung beim Messen auf den Prüfgegenstand ausgeübt wird.
  Bei einseitig eingespannten oder beidseitig gelagerten Prüfgegenständen entstehen durch das Eigengewicht und durch die Meßkraft Verformungen. Um diese Verformungen klein zu halten, sind z. B. lange Lineale und Meßplatten in den Besselschen Punkten zu unterstützen (Bild 1.4).

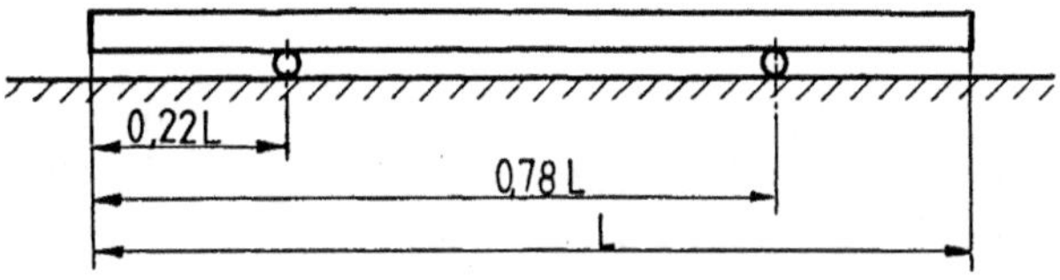

Bild 1.4
Maßstab in den Besselschen Punkten unterstützt

Schwankende Meßkräfte verursachen unterschiedliche, elastische Verformungen in Meßstativen. Ähnliches gilt auch beim Gebrauch von Rachenlehren. Mit zunehmenden Meßkräften nehmen die Verformungen zu; sind jedoch die Meßkräfte zu klein, so werden z.B. Schmutz, Öl- oder Fettschichten am Prüfobjekt vom Tastbolzen nicht durchgedrückt.

- Fehler durch *Temperaturänderungen;* sie können bei Längenmessungen erhebliche Einflußgrößen haben (Tafel A 1.1), da die meisten Metalle und nichtmetallischen Werkstoffe sich mit zunehmender Erwärmung ausdehnen.
- Fehler beim *Ablesen* von Skalenanzeigen; sie treten dann auf, wenn die Prüfperson unter falschem Blickwinkel abliest (Bild 1.5). Solche Fehler sind bei minimalem Abstand zwischen Zeiger- und Skalenebene klein zu halten; der Fehler wird Null, wenn in der Skalenebene ein Spiegel vorhanden ist, in dem Zeiger und Spiegelbild zur Dekkung gebracht werden.

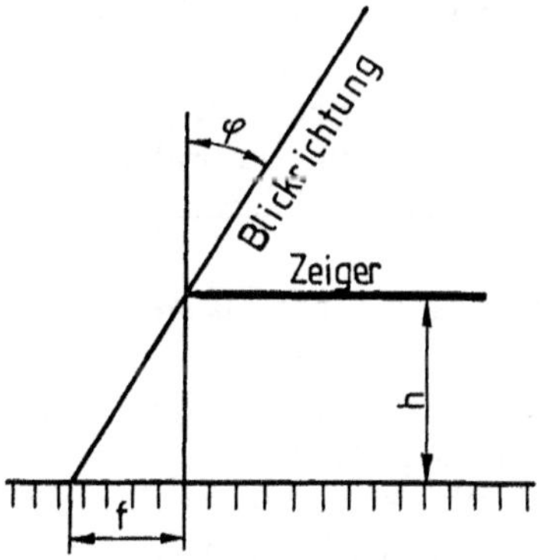

Bild 1.5
Parallaxenfehler, ein Fehler 1. Ordnung:
$f = h \tan \varphi \approx h \widehat{\varphi}$

Bei *ungenügender Koinzidenz,* also bei mangelhafter Übereinstimmung zweier, möglichst in einer Ebene liegenden Strichmarken, liegt ebenfalls eine fehlerhafte Ablesung vor. Ungenügende Koinzidenz kann durch Symmetrieabgleich (Bild 1.6) verhindert werden.

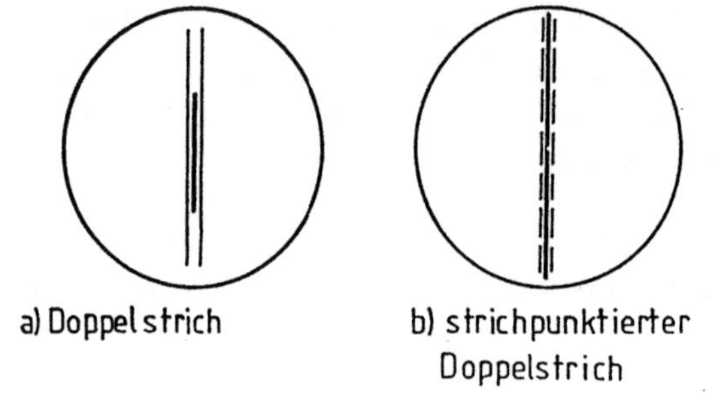

Bild 1.6
Symmetrieabgleich durch Doppelstrich

- Meßfehler durch den *Prüfling* können durch Abweichungen der Form, wie bei Labilität (z. B. dünne Wände), bei mangelhaften Bezugsflächen, ungenügender Oberflächenbeschaffenheit und Wärme des Prüflings verursacht werden.
  Die Form kann zu unzulässigen Abweichungen führen, da es ideale geometrische Formen nicht gibt. Beispielsweise kann die Kreisform eines Werkstücks elliptische Konturen haben, oder ein Zylinder hat z. B. Kegel- oder Tonnenform.
  Bei einer ungenügenden Oberfläche des Prüflings können Meßabweichungen dadurch entstehen, daß der Meßbolzen mit kugeliger Meßfläche andere Meßwerte ergibt als ein Meßbolzen mit flacher Meßfläche. Dabei kann sich auch die Meßkraft ändern.
- Fehler durch *Feuchtigkeit* können besonders bei Prüflingen aus solchen Kunststoffen auftreten, bei denen eine Feuchtigkeitsaufnahme zu Maßänderungen führt. In Prüfräumen sollte die relative Feuchtigkeit 60 % betragen.
- Fehler durch falsche *Handhabung* von Prüfmitteln können z. B. bei Anwendung zu großer manueller Kräfte verursacht werden, wie bei unzulässigem Aufweiten des Meßschiebers oder gewaltsames Hinüberschieben einer Rachenlehre über den Prüfling.

Die *Meßkraftumkehrspanne* f_k ist der Unterschied der Meßkräfte desselben Meßwertes, wenn er einerseits bei steigenden und andererseits bei fallenden Werten der Anzeige bzw. der Meßkraft erreicht wird, wie z. B. bei der Meßuhr nach Bild 4.13.

Die *Meßwertumkehrspanne* f_u eines anzeigenden Meßgerätes ist der Unterschied der Anzeige für denselben Wert der Meßgröße, wenn einerseits steigende und andererseits fallende Werte der Anzeige ermittelt werden. Bei Längenmessungen stets gleicher Antastrichtung kann f_u vernachlässigt werden. Dagegen muß bei Rundlaufprüfungen f_u dann berücksichtigt werden, wenn der Rundlauffehler nicht aus Einzelmessungen punktweise ermittelt wird.
Systematische Fehler von Meßgeräten sind durch Vergleich mit Maßverkörperungen oder Meßgeräten höherer Genauigkeitsgrade erfaßbar.
Eine *Kontrollmessung* ist eine zweite Messung am unveränderten Prüfgegenstand mit einem anderen Meßgerät, dessen Fehler bekannt und möglichst klein sein soll.
Die *Fehlerrechnung* basiert im allgemeinen auf den Methoden der statistischen Qualitätskontrolle, wie sie im Abschnitt 10 behandelt wird [1.2]. Wiederholmeßreihen sind die Grundlage jeder Fehlerrechnung, für die häufig $8 < n < 25$ Einzelmeßwerte gewählt werden.

1.2.2 Ergonomie in der Fertigungsmeßtechnik

Arbeitsplätze und die dort verwendeten Prüfmittel müssen bestimmten ergonomischen Anforderungen entsprechen. Die Prüfpersonen haben den Prüfaufgaben entsprechende Eignungen zu erfüllen. Diese Erfordernisse sind u.a. wesentliche Voraussetzung für den wirtschaftlichen Erfolg eines Unternehmens, da besonders ergonomische Optimierungen in jedem Mensch-Technik-System eine entscheidende Maßgabe für die Qualitätssicherung sind.
Schwankungen in der Sorgfalt der Prüfperson können ihre Ursache in ungünstigen ergonomischen Bedingungen haben, da sie z.B. zu starken Ermüdungen führen können. Tafel A 1.2 [1.3] enthält ergonomische Daten für Prüf- und Meßplätze, sowie Werte für die Anthropometrie, das Klima und die Beleuchtung.
Eine zweckmäßige Beleuchtung ist eine wichtige Voraussetzung für fehlerfreie Prüfarbeit. Das Licht muß ausreichend hell, blendungs- und schlagschattenfrei sein, damit die Augen der Prüfperson minimal belastet werden. Direkte Lichteinstrahlung ist zu vermeiden, da sonst an Kanten und dünnen Strichen Überstrahlungen auftreten können, die das Meßergebnis beeinflussen.
Vorteilhaft ist gestreutes oder indirektes Licht. Gestreutes Licht erhält man durch indirektes Licht und eine vorgesetzte Mattscheibe, indem die Lichtquelle z.B. auf weißen Karton strahlt. Grundsätzlich sind Leuchtstofflampen geeignet.

1.2.3 Graphische Symbole in der Längenprüftechnik

Zur Vereinfachung der zeichnerischen Darstellung von Meßgeräten, Meßhilfsmitteln und Lehren sowie Prüfvorschriften wurden in DIN 2258 graphische Symbole genormt. Tafel A 1.15 enthält eine Nomenklatur für Symbole und Elemente.

1.3 Prüfgrößen

In der Fertigungstechnik wird unter Los die Gesamtheit gleicher Werkstücke (Bauteile) verstanden, die als eine Einheit betrachtet und geschlossen gelagert und transportiert werden. Die Losgröße ist vom Produktionsplan, der Organisation und der Fertigungstechnologie abhängig; oft bestimmt sie Prüfmethoden und Prüfmittel. Die Prüfaufgabe wird jedoch im wesentlichen durch die vom Konstrukteur festgelegten Prüfmerkmale bestimmt; das sind in der Regel die Maß-, Form- und Rauheitsangaben, die insbesondere bei den Maßen mit Toleranzen zu versehen sind, da eine absolut genaue Fertigung nicht möglich ist.
Die wirtschaftliche Herstellung von Bauteilen und ihre Funktionsfähigkeit verlangen die Festlegung von Grenzen der Istmaße. Da die Fertigung der Nennmaße eines Werkstückes nicht genau einzuhalten ist, müssen je nach Verwendungszweck und unter Berücksichtigung rationeller Fertigung Maßtoleranzen vorgeschrieben werden (Bild 1.7).
Nachfolgend werden die allgemeinen Prüfgrößen erläutert. Weitere Größen für besondere Prüfaufgaben werden im Abschnitt 7 behandelt.

1.3.1 Maßtoleranzen nach DIN 7182 T1

Das *Nennmaß N* ist das Maß, auf das die Grenzmaße bezogen sind (Bild 1.8). Die *Grenzmaße* sind Höchstmaß D_g und Mindestmaß D_k, zwischen denen die *Istmaße* liegen.

Das *Paßmaß* ist das tolerierte Maß einer *Passung*, das als Nennmaß mit ISO[1]-Toleranzkurzzeichen oder mit Grenzabmaßen für eine Parrung bestimmt ist.

Beispiel: Maß 50_{j6} hat das Nennmaß N = 50 mm. Die Maßtoleranz beträgt T_m = Höchstmaß 50,011 mm − Mindestmaß 49,995 mm = 0,016 mm.

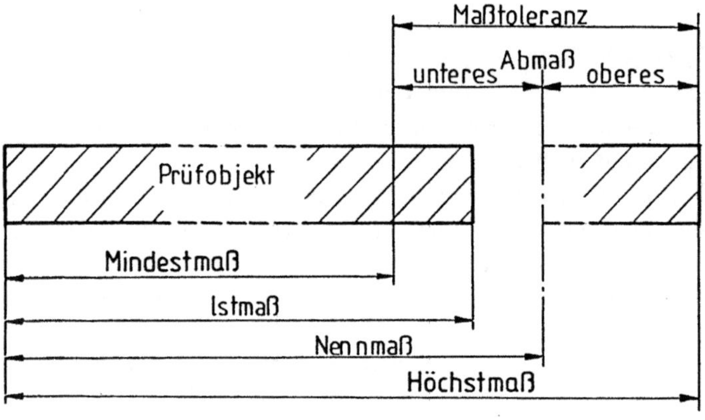

Bild 1.7 Prüfobjekt mit Maßtoleranzen

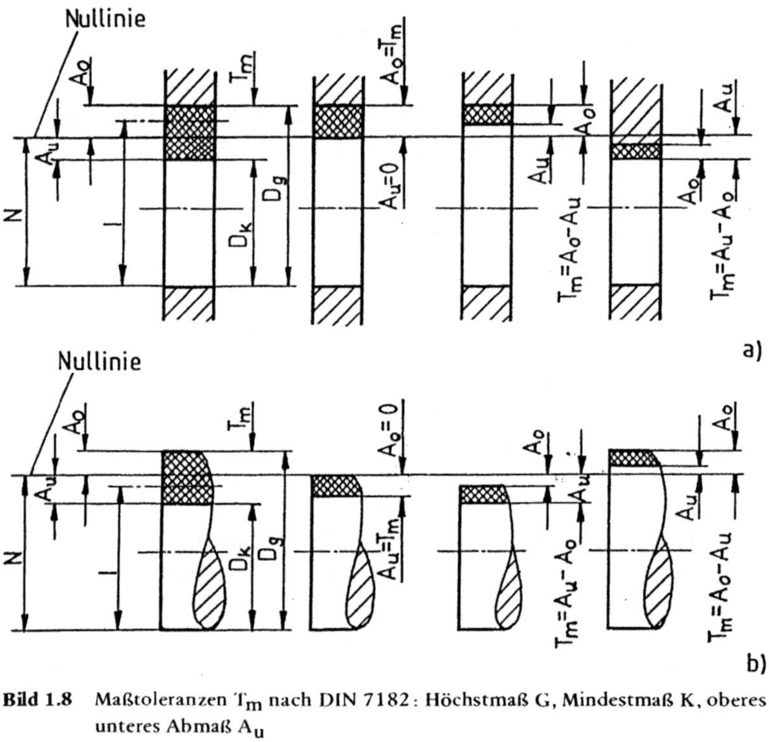

Bild 1.8 Maßtoleranzen T_m nach DIN 7182: Höchstmaß G, Mindestmaß K, oberes Abmaß A_o, unteres Abmaß A_u

a) Außenteil, z.B. Bohrung

b) Innenteil, z.B. Welle

[1] ISO = International Organisation for Standardization

1.3.2 ISO-System für Toleranzen und Passungen

Das ISO-System nach DIN 7150, 7151, 7152 und 7157 bezieht sich auf Maße an Teilen für *Rund-* und *Flachpassungen*. Die Maße können z.B. Durchmesser, Längen, Breiten oder Höhen sein. Eine Passung entsteht durch Zusammenbau von Bauelementen. Nach der unterschiedlichen Größe des Spiels und Übermaßes gibt es verschiedene Passungen, die auch Sitz genannt werden. Die ISO-Passungen sind eingeteilt in *Spiel-*, *Übergangs-* und *Übermaßpassungen* (Bilder 1.9 bis 1.11). Die Lage des Toleranzfeldes zur Nullinie wird durch Buchstaben gekennzeichnet: Großbuchstaben für Innenmaße (Bohrungen), Kleinbuchstaben für Außenmaße (Wellen) (Bild 1.12). Tafel A 1.3 enthält einen Auszug der Grundtoleranzen nach DIN 7151. Die Toleranzen werden den ISO-Toleranzreihen (IT) unterschiedlicher Qualität und verschiedener Nennmaßbereiche zugeordnet.
(DIN ISO 286 T1 und T2 ersetzt zukünftig die DIN-Normen 7150 T1, 7151, 7152, 7160, 7161, 7172 und 7182).

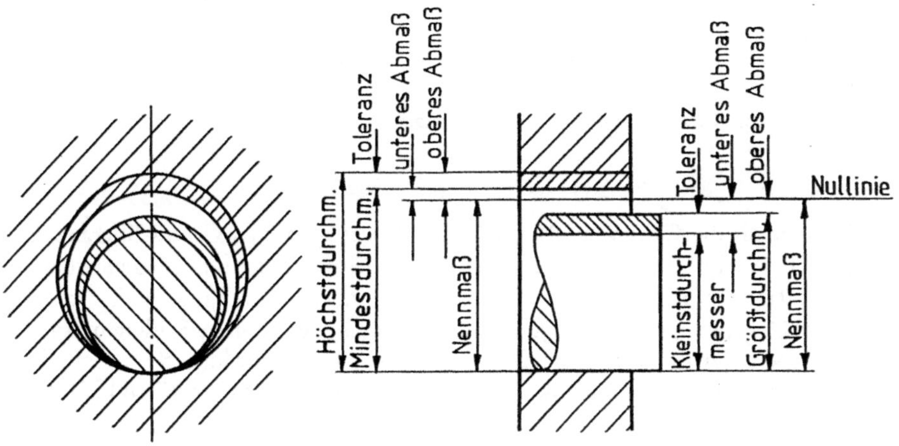

Bild 1.9 Benennung im ISO-System nach DIN 7150 T1 (Bohrung und Welle)

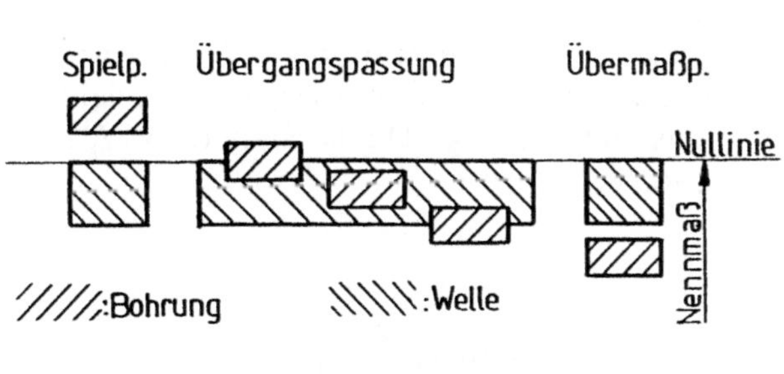

Bild 1.10
Beispiel für das System der Einheitswelle

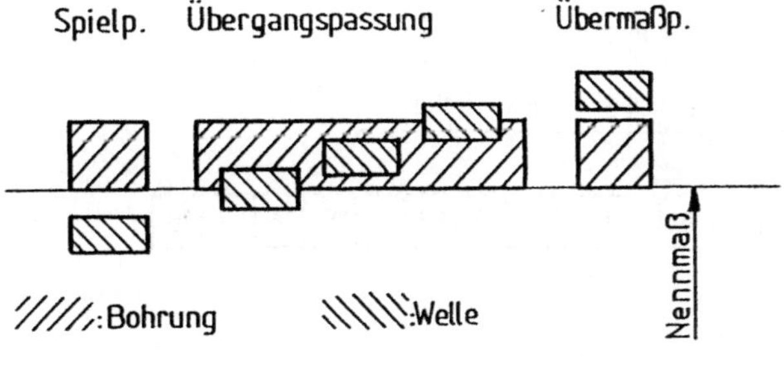

Bild 1.11
Beispiel für das System der Einheitsbohrung

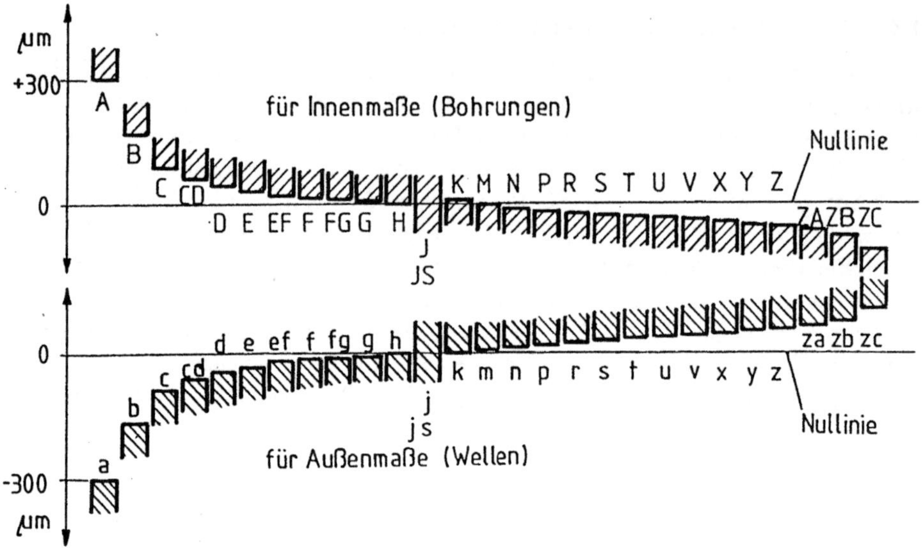

Bild 1.12 Lage und Kurzzeichen der ISO-Toleranzfelder

DIN 7151 enthält die Qualitäten 01 bis 18 mit den zugehörigen Grund-Toleranzreihen IT01 bis IT 18. In der DIN 7172 sind die ISO-Toleranzen für Längenmaße über 500 . . . 3150 mm enthalten. Die Qualitäten 01 bis 4 finden bevorzugt beim Feinschleifen, Honen und Läppen Anwendung. Dem Hobeln, Fräsen, Feindrehen, Schleifen, Räumen, Ziehen, Reiben werden häufig die Qualitäten 5 bis 11 zugeordnet. Beim Schmieden, Gießen, Stanzen, Walzen und Pressen sind allgemein die groben Qualitäten bis 18 vorgesehen.

Bild 1.13 gibt Orientierungen für die Anwendung der Toleranzfelder in Abhängigkeit der Qualitäten 01 bis 18. Der Toleranzfaktor i (früher: Toleranzeinheit) beträgt: $i = 0{,}45 \sqrt[3]{D} + 0{,}001 \cdot D$ in µm mit D in mm.

DIN 7151 enthält Passungsauswahlen anzuwendender Passungen in den Systemen Einheitsbohrung und Einheitswelle zum Zwecke der wirtschaftlichen Fertigung durch Verringerung der Werkzeuge, Spannmittel und Meßzeuge. Die Tafeln A 1.4 bis A 1.7 enthalten Beispiele für die Anwendung von Passungen.

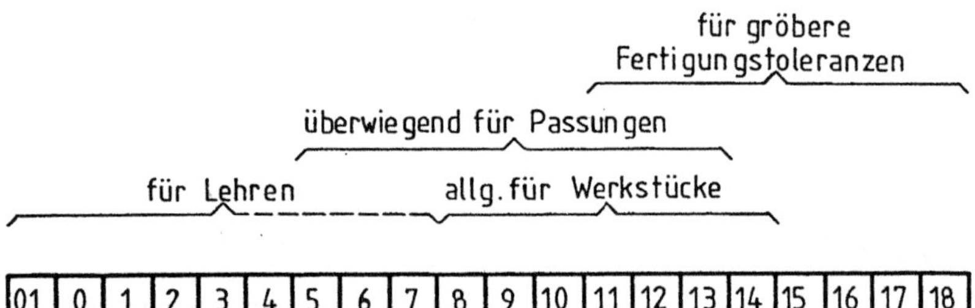

Bild 1.13 ISO-Toleranzfelder (Qualitäten)

1.3.3 Allgemeintoleranzen für Längenmaße nach DIN 7168 (DIN ISO 2768 T1 u. 2) vom Mai 1991

Die *Allgemeintoleranzen* nach DIN 7168 T1 sind Freimaßtoleranzen für *Längen-* und *Winkelmaße* und werden für die spanende und umformende Teilefertigung angewendet. Sie haben vier Genauigkeitsgrade und dienen zum vereinfachten Bemaßen auf Zeichnungen, wenn in den zeichnerischen Unterlagen auf diese Norm verwiesen wird (s. Tafel A 1.8a und b).
Die Allgemeintoleranzen nach DIN 7168 T2 (Tafel A 1.9a und b) gelten für die *Form* (Geradheit, Ebenheit, Rundheit, Zylinderform) und für die *Lage* (Parallelität, Rechtwinkligkeit, Neigung, Symmetrie, Koaxialität, Rundlauf, Planlauf). Sie haben die vier Genauigkeitsgrade R, S, T und U. Tafel A 1.10 enthält Rundlauf- und Symmetrietoleranzen. Sie gelten, wenn in Zeichnungen oder z.B. in Lieferbedingungen auf diese Norm hingewiesen ist.
Im Beiblatt 1 zu DIN 7168 T2 wird empfohlen, sowohl Teile der Serienfertigung als auch der Einzelfertigung im Maschinen- und Apparatebau meßtechnisch zu erfassen. Obwohl der DIN 7168 T2 bisher nur spanende Fertigungsverfahren zugrunde liegen, sollten die Messungen auch auf spanlose Fertigungsverfahren angewendet werden. Als Voraussetzungen für die Anfertigung von Meßprotokollen für werkstattübliche Gestaltabweichungen nach DIN 7168 T2 gelten die Begriffe für Form- und Lagetoleranzen nach DIN ISO 1101. Für die Form des gemessenen Formelements werden folgende Kurzzeichen empfohlen:

AZ: Außenzylinder-Mantellinie (Welle)
AK: Außenkegel-Mantellinie
AF: Außenfläche,
K: Kante (mit Funktion).

IZ: Innenzylinder-Mantellinie (Bohrung)
IK: Innenkegel-Mantellinie
IF: Innenfläche
A: Achse

1.3.4 Form- und Lagetoleranzen

Jedes Werkstück setzt sich aus geometrischen Formelementen zusammen (Bild 1.14). Fertigungstechnisch ist es nicht möglich, geometrisch ideale Formgebungen herzustellen; das fertige Werkstück wird stets von der geometrisch idealen Form und Lage abweichen. Form- und Lagetoleranzen [1.4] sollen jedoch nur dann vorgeschrieben werden, wenn sie für die Funktionstauglichkeit und/oder wirtschaftliche Herstellung des Werkstücks (Bauelementes) unerläßlich sind.

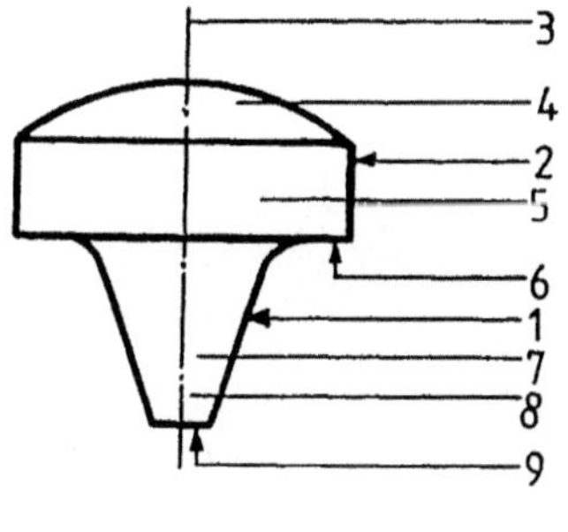

1 Kegelmantellinie
2 Zylindermantellinie
3 Achse
4 Kugelabschnittsfläche
5 Zylindermantelfläche
6 ebene Ringfläche
7 Hohlkehl-Ringfläche
8 Kegelmantelfläche
9 ebene Kreisfläche

Bild 1.14
Geometrische Formelemente

Formtoleranzen begrenzen die zulässigen Abweichungen eines Formelementes von seiner geometrisch idealen Form. Innerhalb der vorgegebenen Toleranzzone kann das Formelement beliebige Form haben.
Lagetoleranzen sind Richtungs-, Orts- oder Lauftoleranzen. Sie begrenzen die zulässigen Abweichungen von der geometrisch idealen Lage zweier oder mehrerer Formelemente zueinander. Die Lagetoleranz bestimmt die Toleranzzone, innerhalb der das Formelement liegen muß und beliebige Form haben kann, sofern keine Formtoleranz angegeben ist.
Die *Toleranzzone* ist der Bereich, in dem alle Punkte eines geometrischen Formelementes, wie Punkte, Linien, Flächen und Mittelebenen , liegen müssen.
Tafel A 1.11 enthält (genormte) Symbole für Form- und Lagetoleranzen. Für die Bemaßung der Toleranzart und die Symbolik in Zeichnungen sind Rahmen empfohlen, die durch Pfeile eine eindeutige Zugehörigkeit erhalten, wie in den Tafeln A 1.12 und A 1.13 beispielhaft gezeigt ist. Tafel A 1.14 enthält eine Auflistung von Benennungen für graphische Symbole und für Elemente, die in der Fertigungsmeßtechnik üblich sind. Bild 1.15 zeigt beispielhaft die Eintragung von Maß- und Gestaltabweichungen in einer Zeichnung. Die Ursachen für die Entstehung dieser Maß- und Gestaltabweichungen sind in Tafel A 1.15 zusammengestellt. Tafel A 1.16 gibt einen Überblick der möglichen Ursachen für die Arbeitsunsicherheiten von Werkzeugmaschinen.

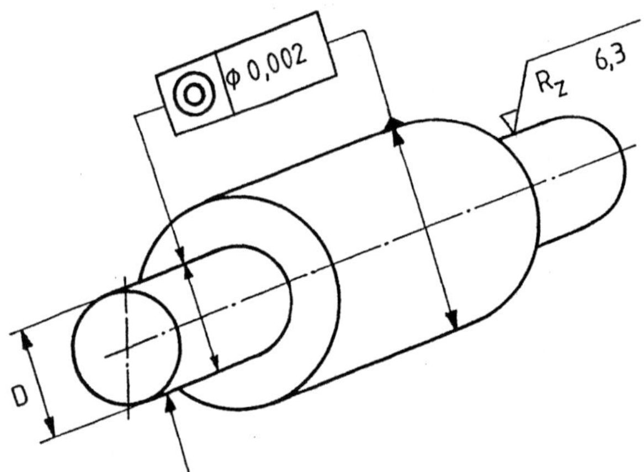

Bild 1.15
Beispiel für Maß- und Gestaltabweichungen

2 Maßverkörperungen

Maßverkörperungen sind Meßmittel, die im allgemeinen unveränderliche Werte oder eine Folge von Werten einer Meßgröße verkörpern. Die wichtigsten Verkörperungen von Längenmaßen sind Endmaße und Strichmaßstäbe. In der Fertigungsmeßtechnik werden als Maßverkörperungen auch Zylinder, Kugel, Ringe und Bohrungen verwendet. Für spezielle Prüfaufgaben gibt es z. B. Winkelendmaße und Normale für Zahnräder. In Meßgeräten sind sogenannte nichtselbständige Maßverkörperungen eingebaut, die der Maßüberwachung in Verbindung mit Abtastköpfen und Anzeigeeinheiten dienen.

Die Werkstoffe für Maßverkörperungen müssen gute mechanische und thermische Eigenschaften haben. Maßverkörperungen sind regelmäßig zu überwachen. Für Meßeinrichtungen in der Fertigung macht die PTB in der Broschüre „Meß- und Prüfmöglichkeiten der Physikalisch-Technischen Bundesanstalt" (PTB) Angaben zur Kalibierung. Die den Maßverkörperungen zugeordneten Meßunsicherheiten entsprechen der DIN 1319 T3.

Nachfolgend werden die allgemeinen Maßverkörperungen behandelt. Maßverkörperungen für besondere Prüfaufgaben enthält Abschnitt 7.

2.1 Wellenlänge des Lichts

Die Wellenlänge λ des Lichts und deren Amplitude A sind ihre Kenngrößen (Bild 2.1). Es sind nichtselbständige Maßverkörperungen; in Verbindung mit Interferometern (dies sind Geräte zum Messen von Längen, wie Lichtwellenlängen, mittels Interferenz, s. Abschn. 4.4, z.B. mit Michelson-Interferometer) werden sie zur Maßübertragung benutzt. Die Wellenlänge λ wird in mm, µm, nm oder Å[1] gemessen. Die Amplitude ist ein Maß für die Helligkeit.

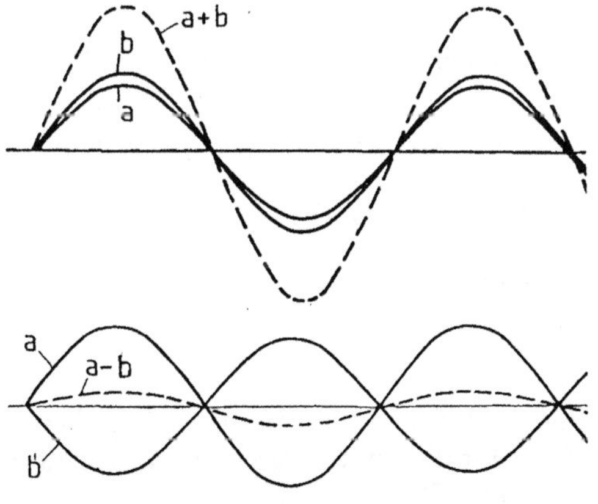

Bild 2.1
Darstellung der Lichtwelle
a) gleiche Phasenlage
b) entgegengesetzte Phasenlage

[1] $\frac{1}{1000}$ mm = 1 µm; 10^{-7} mm = 1 Å (Ångström) = 0,1 nm

In der Fertigungsmeßtechnik wird als genaueste Längenmaßverkörperung meistens der *He-Ne-Laser* (Helium-Neon-Laser) mit einem getrennten Interferometer als Lichtquelle benutzt. Vorteilhaft sind zählende Interferometer, für die konstanter Luftdruck und gleichmäßige Luftfeuchtigkeit benötigt werden. Nicht stabilisierte Wellenlängen haben eine relative Meßunsicherheit von etwa 10^{-7}, bezogen auf den zu ermittelnden Meßwert. Für die Fertigungstechnik reichen sie im allgemeinen aus.

Die Maßverkörperung der Wellenlänge des Lichts mit Laser-Interferometer wird u.a. zum Messen der Längenmaße mit Teilungen bei großen Längen und Winkeln angewendet. (Zu Meßverfahren mit kohärentem Licht s. Abschnitt 5).

2.2 Endmaße

Man unterscheidet zwischen *Parallel-*, *Kugel-* und *Winkelendmaßen.* Endmaße mit eindeutigen und allseitig anerkannten Definitionen gelten als Bezugsgrößen zur Regelung von Streitfällen. Parallelendmaße sind in der Fertigungsmeßtechnik die wichtigste Maßverkörperung der technischen Längeneinheit.

2.2.1 Parallelendmaße

Parallelendmaße (DIN 861 T 1) sind die zur Zeit mit der kleinsten Meßunsicherheit darstellbaren Maßverkörperungen, die ihrerseits bei der Herstellung mit interferentiellen Meßverfahren gemessen werden. Sie haben einen rechteckigen bzw. kreisförmigen Querschnitt und werden in Längen von 0,1 bis 4000 mm hergestellt. Am häufigsten wird die Rechteckform von Parallelendmaßen benutzt. Der Querschnitt beträgt bis zu dem Nennmaß 10 mm 30 mm × 9 mm und bei Nennmaßen über 10 mm 35 mm × 9 mm. Endmaßsätze sind nach Maßbildungsreihen gestuft. Beispielsweise hat die Maßbildungsreihe des Normalsatzes die Stufung 1,001 ... 1,009 mm (Tausendstel); 1,01 ... 1,09 mm (Hundertstel); 1,1 .. 1,9 mm (Zehntel); 1 ... 9 mm (Einer) und 10 ... 100 mm (Zehner); insgesamt also 46 Endmaße. Damit können aus jeder Dezimalen z.B. alle Maße von 3 bis 102,999 mm zusammengesetzt werden.

Als *Werkstoffe* werden verwendet:

- gehärteter Stahl mit dem Wärmeausdehnungskoeffizient $\alpha = (11{,}5 \pm 1{,}5) \cdot 10^{-6}$ in K^{-1} für Temperaturen von 10 bis 30 °C
- Hartmetall mit einem Wärmeausdehnungskoeffizient, der etwa halb so groß ist, wie der von Stahl
- Quarz mit einem Wärmeausdehnungskoeffizient, der ca. $\frac{1}{25}$ des Stahl-Wertes beträgt. Dieser ist also am geringsten durch Körperwärme zu beeinflussen.

Parallelendmaße besitzen folgende besondere *Eigenschaften*:

- sie haben keine magnetischen Kräfte,
- beim Anschieben (Ansprengen) von Endmaßblöcken können in Abhängigkeit der hohen Oberflächengüte und Planheit unter Einfluß molekularer Kräfte große Haftdrücke auftreten (sorgfältige Reinigung der Haftflächen vorausgesetzt),
- zwischen zusammengeschobenen Endmaßblöcken kann (nach einigen Stunden) Passungsrost entstehen. Darum sind Endmaße nicht länger als nötig zusammengeschoben zu lassen,

- die Ebenheit, Parallelität und Rechtwinkligkeit der Endmaße müssen dem jeweiligen Genauigkeitsgrad entsprechen,
- die Meßflächen sind geläppt und müssen eine geringe mikrogeometrische Abweichung (Rauheit) und große Maßbeständigkeit besitzen.

In der Fertigungsmeßtechnik werden vier *Genauigkeitsgrade* verwendet:

0 für Urmaße, Vergleichsmaße und zur Prüfung sehr genauer Messungen. Für Feinmeßräume gibt es auch den Genauigkeitsgrad 00.

1 als Prüfmaß für Lehren, Vorrichtungen und Werkzeuge im Prüfraum.

2 und 3 als Einstellnormale und Arbeitsnormale an Werkzeugmaschinen und Vorrichtungen je nach geforderter Genauigkeit.

Bei der Anwendung der Parallelendmaße ist derjenige Genauigkeitsgrad zu wählen, der der Genauigkeitsvorschrift für die geforderten Maße und mindestens der Kombinationsgenauigkeit des Endmaßsatzes entspricht. Die Bilder 2.2 bis 2.4 zeigen Beispiele für die Anwendung von Parallelendmaßen. Tafel A 2.1a enthält die Abweichungen f_m der Mittenmaße und die Abweichungen f_b an beliebiger Stelle der Meßfläche. Als Mittenmaß bezeichnet man die Länge des Lotes vom Mittelpunkt der Endfläche A auf eine Hilfsfläche B. Die Hersteller von Parallelendmaßen sind bemüht, die nach DIN 861 T1 gegebenen zulässigen Abweichungen kleiner zu halten, wie zum Beispiel Werte der Firma Mahr in Tafel A 2.1b zeigen.

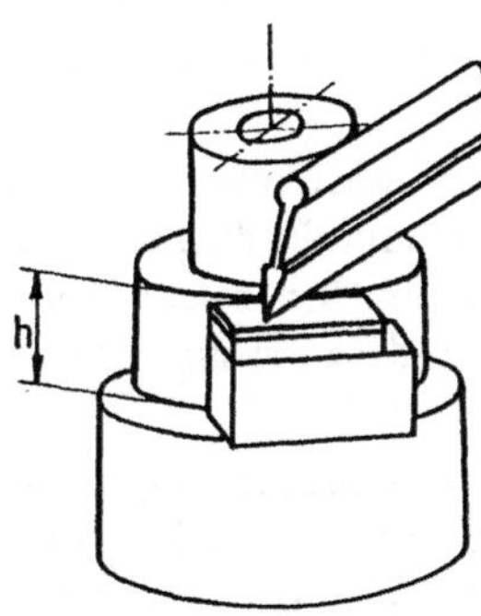

Bild 2.2
Messen eines Wellenabsatzes mit Parallelendmaßen und Haarlineal

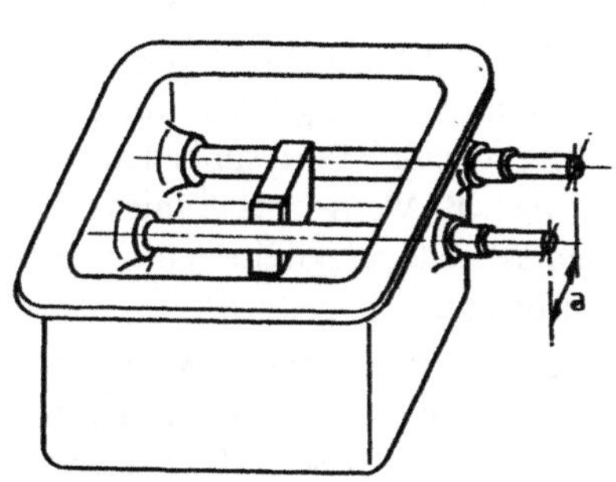

Bild 2.3
Abstandsmessung von Getriebewellen

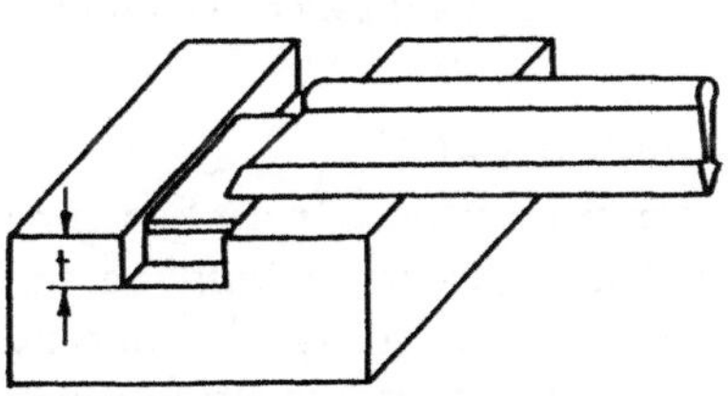

Bild 2.4
Messen einer Nuttiefe

Die Addition der Fehler bei Endmaßkombinationen ist vergleichbar mit der Addition von Toleranzen an Werkstücken und deren Baugruppen; sie unterliegen dem Gesetz der mathematischen Statistik (Gaußsches Verteilungsgesetz, Abschn. 10). Damit beim Zusammensetzen von Endmaßen zu Kombinationen nur die kleinstmöglichen Fehler entstehen können, muß die Endmaßkombination aus der geringsten Anzahl von Einzelblöcken zusammengesetzt werden. Als Beispiel diene hier die Bildung der Kombination für das Maß 96,317 mm: man geht von der letzten Stelle aus, also

$$\begin{array}{llll} 1 \times 1{,}007 & & & \\ 1 \times 1{,}01 & & & \\ 1 \times \underline{1{,}3} & & & \\ \quad\;\; 3{,}317\;, & \text{Rest: } 93{,}00; & 1 \times & 3{,}000 \\ & & 1 \times & \underline{90{,}000} \\ & & & 93{,}000 \end{array}$$

Es werden dazu 5 Einzelblöcke benötigt.

Die Handhabung der Parallelendmaße erfordert ein durch Übung erworbenes Meßgefühl, damit auch Differenzen von 1 µm bestimmt werden können (1 µm ist etwa $\frac{1}{50}$ der Dicke eines menschlichen Haares).

Die Meßkraft soll etwa gleich dem Eigengewicht der Endmaßkombination sein. Beim Ausmessen z. B. einer Nut soll sich die Kombination gerade leicht bewegen lassen.

Vor und nach jedem Gebrauch sind die Endmaße mit einem Leinen- oder Baumwolltuch, ggf. mit Benzin oder Petroleumbenzin zu reinigen. Beim Reinigen über den Handrücken ist darauf zu achten, daß die Hautausscheidungen säurefrei sind, damit Ätzungen vermieden werden. Das Anschieben (Anspringen) muß so erfolgen, daß alle Schmutzteilchen beiseite geschoben werden. Bei Glasendmaßen ist Reibungselektrizität zu meiden, da sonst Staubfusseln angezogen werden.

Zur Verbindung von längeren Endmaßkombinationen können Endmaßhalter verwendet werden. In solchen Haltern sind auch Hilfsmittel für das Arbeiten mit Endmaßen aufzunehmen, wie z. B. Meßschnäbel mit halbzylindrischen Ansätzen für Innen- und Außenmessungen, Anreißspitzen für den Aufbau eines Höhenreißers und Zentrierspitzen, z. B. für Zirkelspitzen.

Parallelendmaße sind wegen Gebrauchsabnutzung und möglicher Schrumpfungen durch Gefügeveränderungen des Werkstoffs stetig auf ihre Verwendbarkeit zu prüfen. Dabei müssen die in der DIN 861 T1 angegebenen Beschreibungen und Definitionen beachtet werden. Schrumpfungen, also Längenänderungen an Parallelendungen aus Stahl, können während mehrerer Jahre Größenordnungen von einigen zehntel Mikrometer betragen. Zum Beispiel veränderte sich ein Endmaß mit 25 mm Länge ausgehend auf 25,000012 mm nach einem Monat, auf 25,000000 mm nach sechs Monaten und auf 24,999744 mm nach fünfzehn Monaten.

Daraus ist zu erkennen, daß auch Stahl nach Jahren noch „arbeitet".

Zur Überwachung der Parallelendmaße werden Prüfgeräte verwendet. In der Fertigungsmeßtechnik genügen häufig aus wirtschaftlichen Gründen vergleichende Prüfstände (z. B. nach Bild 2.5). Die sich damit ergebenden Unterschiede von 0,01 µm (verglichen mit exakten Messungen mit Interferenzkomparatoren) sind in der Regel vernachlässigbar. Nach Bild 2.5 wird der Prüfling mit zwei induktiven Meßtastern angetastet. Dadurch ergeben sich Meßergebnisse unabhängig von der Auflage und den Formfehlern des Prüflings.

Die Prüfung der Ebenheit der Parallelendmaßflächen und die Überwachung der Einhaltung vorgeschriebener Toleranzen kann mit Planglasplatten erfolgen. Dabei werden die optischen Erscheinungen der Lichtinterferenz genutzt (Abschn. 2.5).

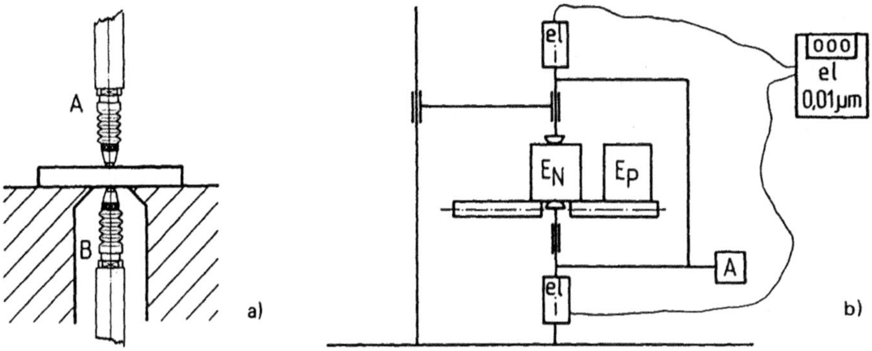

Bild 2.5 Prüfstand für Parallelendmaße (TESA)
a) Anordnung der Längenmeßtaster
b) Meßanordnung

2.2.2 Kugelendmaße

Die Meßfläche der *Kugelendmaße* sind Abschnitte einer gemeinsamen Kugel (Bild 2.6). Stäbe mit anderen (kleineren) Halbmessern für die Meßflächen werden nicht als Kugelendmaße, sondern als Stichmaße bezeichnet.

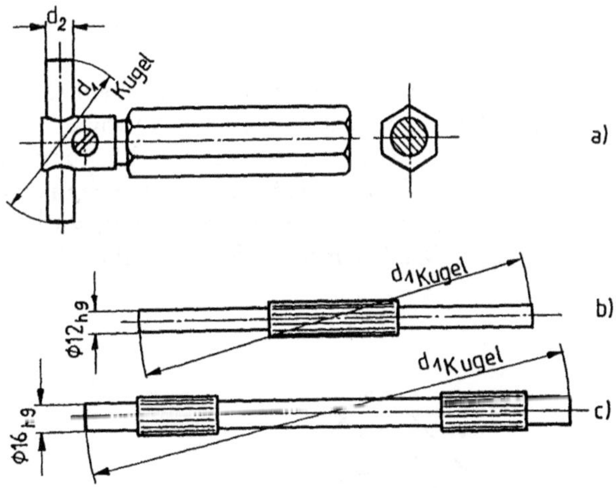

Bild 2.6
Ausschußkugelendmaße
a) mit sechskantigem Griff: Nenndurchmesser 30 bis 160 mm
b) für Nenndurchmesser über 160 bis 250 mm
c) für Nenndurchmesser über 250 bis 500 mm

2.2.3 Winkelendmaße

Zur Bildung beliebiger Winkel (s. DIN 7164) können *Winkelendmaße* durch additive oder subtraktive Kombinationen von Einzelwinkelendmaßen zusammengesetzt werden (Bild 2.7). Ein Satz Winkelendmaße kann Endmaße mit 20″, 30″ und 1′, 3′, 5′, 10′, 25′, 40′, sowie 1°, 3°, 5°, 15°, 30°, 45° enthalten. Damit lassen sich alle Winkel in 10″-Stufungen von 0° bis 90° darstellen.

Mit einem Winkelendmaßsatz, beispielsweise bestehend aus 16 Winkelendmaßen, lassen sich Kombinationen für rund 350000 Winkelmessungen zusammenstellen.

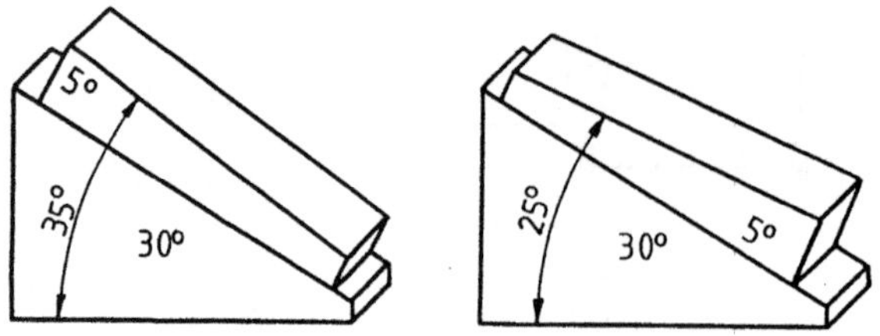

Bild 2.7
Winkelendmaßkombinationen

2.3 Maßstäbe

Strichmaße nach DIN 2268 verkörpern über ihre Gesamtlänge eine große Zahl von Längenmaßen. Die Normung unterscheidet nach dem Genauigkeitsgrad zwischen Vergleichs-, Prüf- und Arbeitsmaßstäben. In der Fertigungsmeßtechnik finden die *Arbeitsmaßstäbe* (I und II) nach DIN 866 mit rechteckigem Querschnitt 5 × 25 bis 14 × 70 mm² und Längen bis 5000 mm aus gehärtetem Stahl bevorzugte Anwendungen. Die Breite der Teilstriche beträgt 70 bis 100 μm (I), bzw. 100 bis 150 μm (II).

Arbeitsmaßstäbe I werden in der Fertigung und als Einbaumaßstäbe verwendet, die des Genauigkeitsgrades II dagegen als Werkstattmaßstäbe. *Prüfmaßstäbe* nach DIN 865 aus Stahl haben quadratischen Querschnitt und eine Gesamtteilungslänge bis 2000 mm. Sie dienen insbesondere zum Prüfen von Arbeitsmaßstäben. Die Genauigkeitsanforderungen gelten bei 20 °C nach DIN 102.

2.4 Ebene Winkel

Ebene *Winkel* (n. DIN 1315) sind durch den Richtungsunterschied zweier Schenkel definiert. Der Schnittpunkt dieser Schenkel ist der Winkelscheitel. Für den Vollwinkel (pla) gilt die gesetzlich abgeleitete Einheit 2 π rad (rad = Radiant), also ein voller Kreisumfang mit 1 pla = 2 π rad = 360° = 400 gon. Für kleine Winkel kann gesetzt werden: $\tan\varphi \approx \sin\varphi \approx \varphi$ rad $= \widehat{\varphi}$. Da es für ebene Winkel kein eigenes Toleranzsystem gibt, wird das Kegeltoleranzsystem (n. DIN 7178) auf ebene Winkel angewendet. Das Bild 2.8 zeigt Beispiele für feste Winkel.

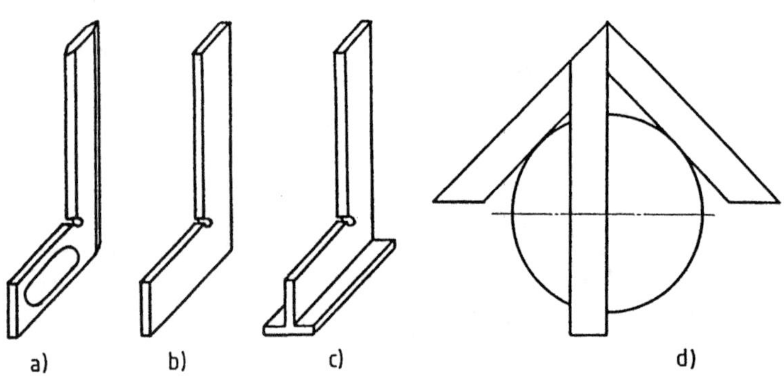

Bild 2.8
Feste Winkel
a) Haarwinkel
b) Normalwinkel
c) Anschlagwinkel
d) Zentrierwinkel

2.5 Planglasplatten

Die Prüfung feinbearbeiteter (feingeschliffener oder geläppter) ebener Flächen ist mit geringem Aufwand durch *Planglasplatten* möglich. Bei dieser Ebenheitsprüfung wird die optische Entscheidung der *Lichtinterferenz* genutzt.

2.5.1 Lichtinterferenz

Überlagern sich verschiedene Wellen, so kommt es zur *Interferenz,* d. h. die Amplituden dieser Wellen verstärken oder schwächen sich (im letzten Fall kann dies sogar zum gegenseitigen Auslöschen führen). Interferenz tritt ganz allgemein beim Zusammenwirken mehrerer Wellen auf, die zur gleichen Zeit den gleichen Ort passieren. Zwei interferierende Wellen gleicher *Wellenlänge* λ, gleicher *Amplitude* A und gleicher Phase (gleichem Schwingungszustand) verstärken sich. Sind sie aber um $\frac{\lambda}{2}$ gegeneinander verschoben, so löschen sie sich aus, d. h. bei Licht tritt Dunkelheit, bei Schallwellen Stille und bei Wasserwellen Ruhe ein. Bei *Lichtwellen* kann Interferenz nur beobachtet werden, wenn die beiden Lichtstrahlen (Lichtbündel) miteinander *kohärent* sind, d.h. sie müssen dieselbe Wellenlänge und Polarisationsrichtung haben.

Bei der im Bild 2.9 gezeigten Interferenz am Keil wird der Lichtstrahl bei 1 gespalten: Ein Teil des Lichtes reflektiert, der andere tritt in den Luftkeil ein und wird vom Prüfling in 2 nach 3 reflektiert. Die beiden parallelen Strahlen 1 und 3 interferieren miteinander. Dadurch entsteht ein Streifenmuster als *Niveaulinien.* Der Abstand von einer Linie zur anderen ist gleich der halben Wellenlänge ($\frac{\lambda}{2}$) des verwendeten Lichts. Bei weißem Licht ist $\frac{\lambda}{2} \approx 0{,}3$ µm.

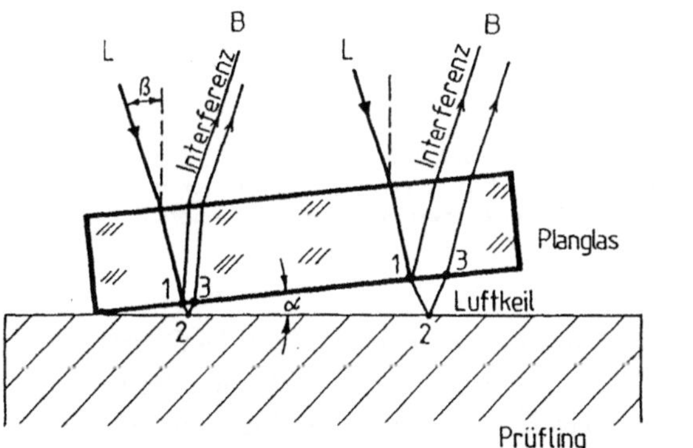

Bild 2.9
Lichtinterferenz zum Prüfen von Ebenheiten

In Verbindung mit Interferometern (z. B. Michelson-Interferometer, Kösters-Komparator; s. Abschn. 4.4) werden Lichtwellenlängen zu selbständigen Maßverkörperungen, d. h. sie können zur Maßübertragung benutzt werden.

2.5.2 Prüfung von Präzisionsflächen mit Planglasplatten

Nach Bild 2.9 entsteht die *Lichtinterferenz* am Luftkeil zwischen Planglas und Prüfling. Für eine Prüfung müssen die Oberflächen von *Planglas* und Prüfling sehr sauber sein. Die Flächen sind mit reinem Leichtbenzin oder Alkohol mit einem Lappen und danach mit einem Wildlederstück zu reinigen. Das Planglas sollte an die Prüffläche angesprengt werden. Ist die Prüffläche genügend sauber und eben, so bilden sich sofort Interferenzstreifen, die je nach Andrücken ihren Verlauf ändern können (Bild 2.10 a, b).

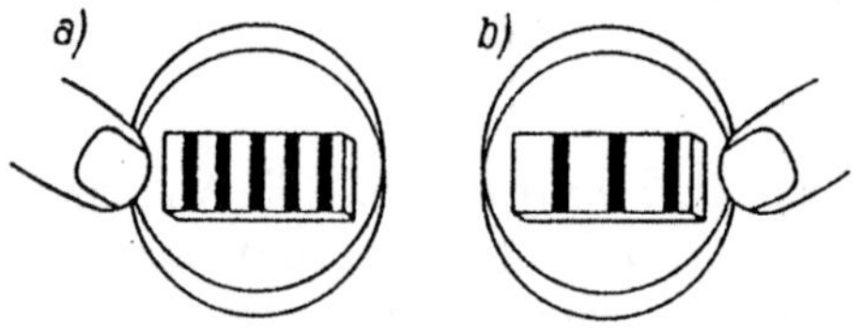

Bild 2.10
Interferenzstreifen, Einfluß von Druck auf den Luftkeil zwischen Planglas und Prüfobjekt (Parallelendmaß)
a) Basiskante = Auflagelinie; Abstände verändern sich
b) Seite mit größerem Luftspalt am Luftkeil; Abstände verändern sich stärker

Zur qualitativen und zahlenmäßigen Auswertung muß eine Prüfbasis festgelegt werden. Bei Parallelendmaßen ist die Auflagelinie des Planglases durch Andrücken zu bestimmen. Im Bild 2.10a findet man die Auflagelinie links, da sich unter Druck keine Änderung der Interferenzstreifen ergibt; folglich ist hier der Luftkeil am dünnsten. Dagegen ist im Bild 2.10b rechts der Luftspalt am dicksten. Die Anzahl der Interferenzstreifen hängt nur von der Größe des Luftkeils ab, d.h. je weniger Interferenzstreifen auf einer Längeneinheit auftreten, um so kleiner ist der Winkel des Luftkeils (Bild 2.11). Die Anzahl der Interferenzstreifen erlaubt keine Aussage über die Oberflächenbeschaffenheit, denn der Abstand von einem zum anderen Interferenzstreifen beträgt stets $\frac{\lambda}{2}$ und ist im Bild 2.13 mit 1 angegeben.

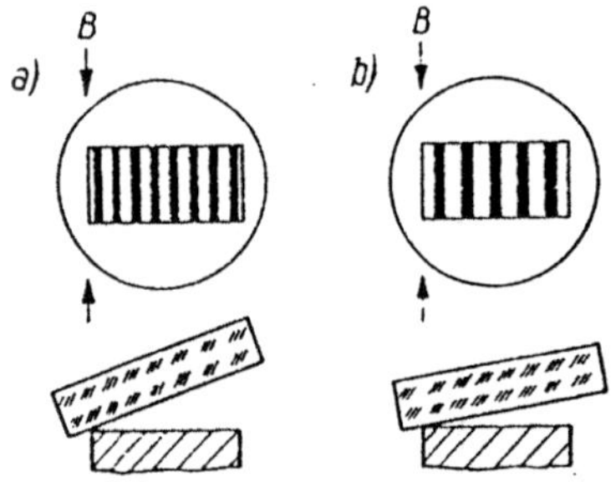

Bild 2.11
Einfluß der Größe des Luftkeils
a) großer Luftkeil ergibt viele Interferenzstreifen
b) kleiner Luftkeil hat weniger Interferenzstreifen

Nur der Verlauf und die Anordnung der Interferenzstreifen sind für die Oberflächenabweichungen maßgebend [2.1]. Für die Prüfung kann die Basis willkürlich festgelegt werden. Im Bild 2.12 werden Formen von Interferenzstreifen unterschiedlicher Prüfflächen an Parallelendmaßen erläutert. Die Pfeile B kennzeichnen die Stelle des dünnsten Luftspalts, also die Basiskante.

Die Bilder 2.13a bis j zeigen beispielhaft die Auswertung von Krümmungen der Interferenzstreifen gegenüber der absoluten Ebenheit. Dazu legt man eine Bezugslinie möglichst parallel zur Auflagelinie fest. Danach wird das Maß der Krümmung (von der höchsten zur tiefsten Stelle eines Streifens) ermittelt und der Abstand zwischen zwei Interferenzstreifen dazu ins Verhältnis gebracht. Der Abstand von Interferenzstreifen ist stets gleich der halben Lichtwellenlänge ($\approx$ 0,3 µm bei weißem Licht). Bild 2.13g zeigt die Interferenzstreifen einer Fläche, die zwei gegenüberliegende hohe Punkte hat, zwischen denen sich – etwa bei der Linie X-Y – eine Vertiefung befindet. Von dieser Diagonalen bis zum höchsten Punkt mißt man 4½ Interferenzstreifenabstände; also beträgt der Höhenunterschied $4{,}5 \cdot 0{,}3 = 1{,}35$ µm.

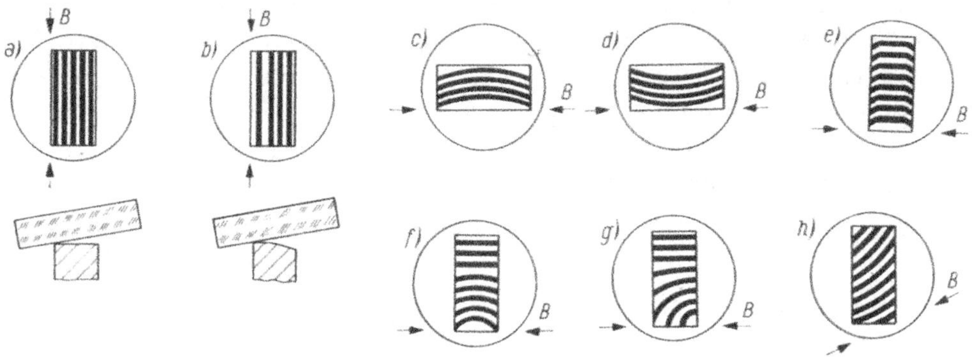

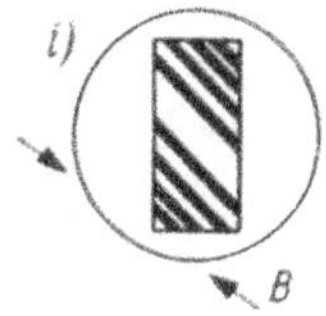

Bild 2.12 Interferenzstreifen verschiedener Flächen (Mahr)
a) einwandfrei eben
b) mit seitlichem Abfall
c) konvex
d) konkav
e) Mitte eben mit beiderseitig abfallenden Kanten
f) nach unten zunehmend stärker konvex
g) mit abfallender linker unterer Ecke
h) gleichmäßig leicht konkav
i) von links unten nach rechts oben ballig

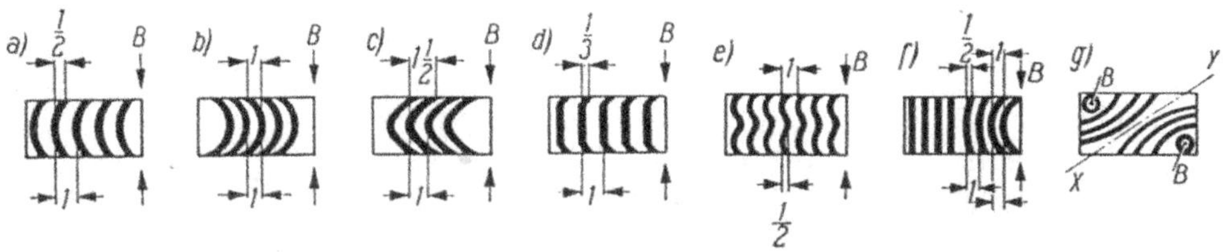

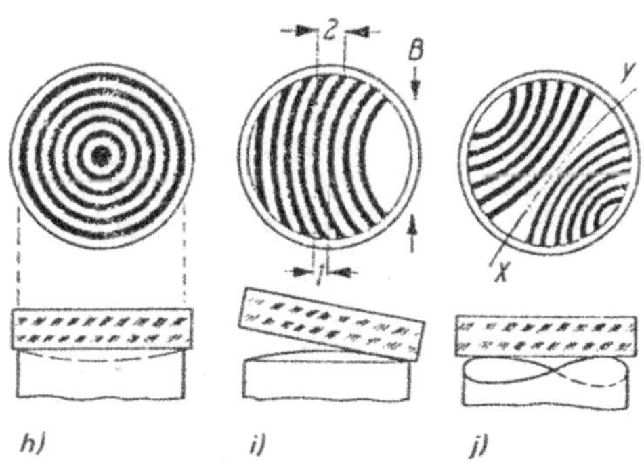

Bild 2.13
Zahlenmäßige Auswertung verschiedener Interferenzstreifen (Mahr)
a) 0,15 μm konkav
b) 0,30 μm konvex
c) 0,15 μm konvex
d) Randabfall um 0,1 μm
e) rillenförmige Vertiefung und Randabfall von 0,15 μm Tiefe
f) bis etwa 0,3 μm zunehmend
g) diagonale Vertiefung von 1,35 μm
h) 1,5 μm Tiefe (konkave Fläche runden Querschnitts)
i) 0,6 μm Höhe (konvexe Fläche runden Querschnitts)
j) ≈ 1,95 μm grabenförmige Vertiefung (eines runden Querschnitts)

Bild 2.14 verdeutlicht, daß es grundsätzlich, beispielsweise bei Parallelendmaßen, möglich ist, die Auflagelinie sowohl an der Längskante als auch an der schmalen Seite zu wählen.

Die Prüfung der Ebenheit und Planparallelität mit Planglasplatten erfolgt in der Praxis auch an den Meßflächen von Schraublehren, Meßtischen und dgl. (Bild 2.15).

Bild 2.16 zeigt das Prinzip der absoluten Bestimmung der Länge von Endmaßen mit dem Kösters'schen Interferenz-Komparator.

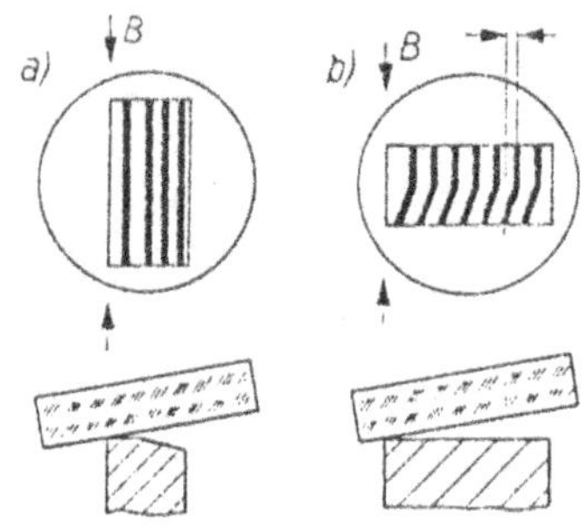

Bild 2.14
Einfluß der Wahl der Auflagelinie
a) parallel zur abfallenden Kante
b) rechtwinklig zur abfallenden Kante

Bild 2.15
Prüfung der Parallelität der Meßflächen von Bügelmeßschrauben (TESA)

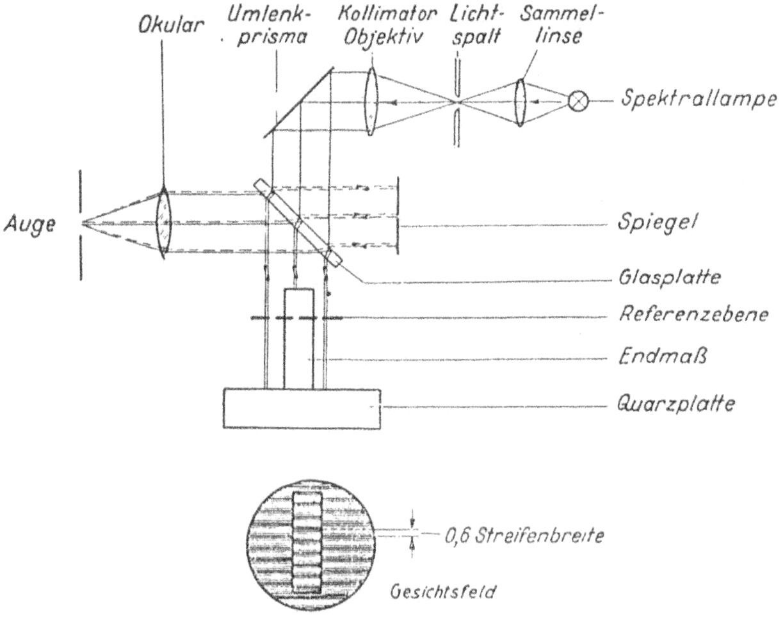

Bild 2.16 Bestimmen der Endmaßlänge mit dem Kösters'schen Interferenzkomperater

3 Lehren

Das *Lehren* oder die *Lehrung* ist ein Prüfen auf Maß- oder Formgenauigkeit. Lehren ist nicht Messen, d. h. eine genaue Aussage über den absoluten Wert eines Maßes gibt es nicht. Der Prüfvorgang ist ein Versuch der Paarung von Prüfmittel und Werkstück oder Bauelement, bei dem eine Ja-Nein Entscheidung zu treffen ist. Die Lehre verkörpert dabei die Toleranzgrenzen.

In diesem Abschnitt wird nur das Lehren von Prüfobjekten mit zylindrischen oder parallelen Paßflächen behandelt. Spezielle Formenlehren, wie für Kegel, Kerbverzahnungen, Keilwellen, Gewinde oder Zahnräder werden im Abschnitt 7 beschrieben.

Ist zu entscheiden, ob zu lehren oder zu messen ist, so können folgende Kriterien als Entscheidungshilfe dienen:

- die Anzahl der zu prüfenden Teile, die Einmaligkeit/Wiederholung der Prüfung,
- die Art der Teile,
- das Ziel der Prüfung,
- der Umfang der möglichen Aufwendungen,
- die Ausbildung und die Kenntnisse des Prüfpersonals.

Da sich Lehren nur für eine bestimmte Prüfaufgabe einsetzen lassen, kann der Kostenaufwand bei einem großen Lehrenpark erheblich sein.

3.1 Maßlehren

Die *Maßlehrung* ist das maßliche Prüfen einer Meßgröße. Dabei handelt es sich meistens um eine Einzelprüfung, die feststellen soll, ob der Prüfgegenstand größer oder kleiner ist als die Lehre. Zur Maßlehrung können Parallelendmaße, Kugelendmaße und Meßdorne verwendet werden.

Meßdorne sind in Sätzen (ähnlich den Endmaßsätzen) mit Stufungen in Mikrometern zusammengestellt. Bild 3.1 zeigt eine Anwendung der Meßdorne. Für die Verkörperung von Kreiszylindern werden Meßzylinder mit 50 bis 500 mm langen Mantellinien verwendet. Bei Messungen im Bereich von etwa 0,15 bis 10 mm Durchmesser sind Meßdrähte mit ca. 35 mm Zylinderlänge gebräuchlich. *Bohrungslehren,* auch Düsenlehren genannt, bestehen entweder aus einem abgesetzten Draht mit Durchmesserstufungen oder aus einer kegeligen Nadel mit Kontrollmarken. Sie dienen zum Prüfen von kleineren Bohrungen, z.B. beim Aussortieren von Teilen mit unterschiedlichen Bohrungsdurchmessern.

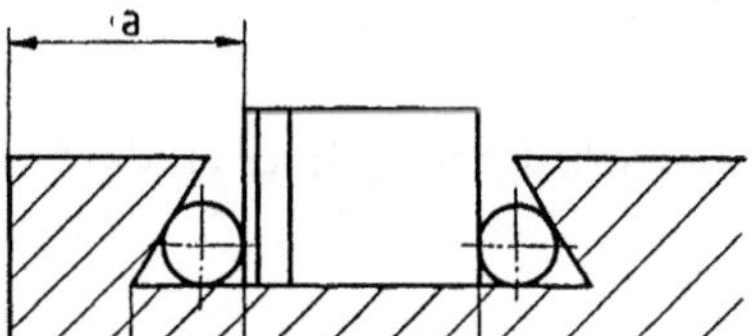

Bild 3.1
Meßdorne und Parallelendmaße zum Prüfen von V-Führungen

In DIN 2269 sind *Prüfstifte* zum Antasten von Bohrungen mit den drei Genauigkeitsgraden 0, 1, 2 genormt. Sie haben Nenndurchmesser von 0,1 bis 20 mm und können als Grenzlehrdorne verwendet werden.

Lochlehren bestehen aus einer gehärteten Stahlplatte mit Bohrungen gestufter Abmessungen. Sie werden zum Prüfen von Werkstückdurchmessern entsprechender Abstufungen benötigt, z. B. zum Ermitteln der Durchmesser von Bolzen und Spiralbohrern mit $\frac{1}{10}$ mm Stufung.

Für das Messen von Spalten und Spiel (z. B. in Führungen) werden *Fühlerlehren* als Stahlplättchen (Bild 3.2) mit Dicken von 0,03 bis 2 mm und anderen Zusammensetzungen der Dicken benutzt (DIN 2275).

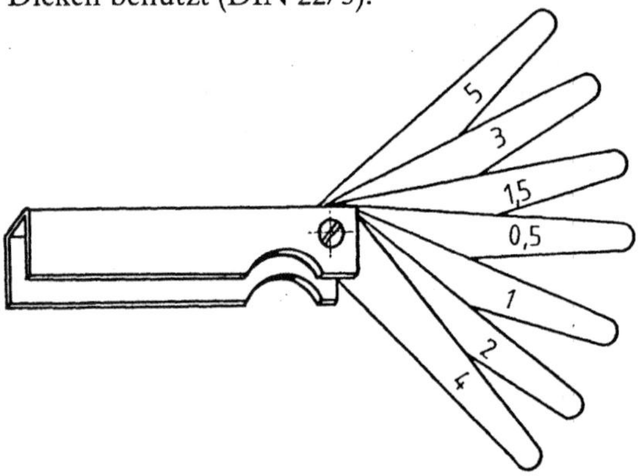

Bild 3.2 Fühlerlehre

3.2 Grenzlehren

Die *Grenzlehrung* erfolgt mit festen Lehren, die zwei Prüfseiten haben: Gut- und Ausschußseite. Mit Grenzlehren werden Grenzmaße und nicht das Sollmaß geprüft. Nach dem Taylorschen Grundsatz[1] gilt:

1. Die *Gutseite* der Lehre muß auf Paarung prüfen, soll also die ganze Paßfläche des Werkstücks erfassen, damit Form und Abmessungen möglichst genau dem idealen Gegenstück entsprechen.
   Für eine lange Bohrung muß nach Taylor der Gutlehrdorn so lang sein wie die zu prüfende Bohrung (Bild 3.3).

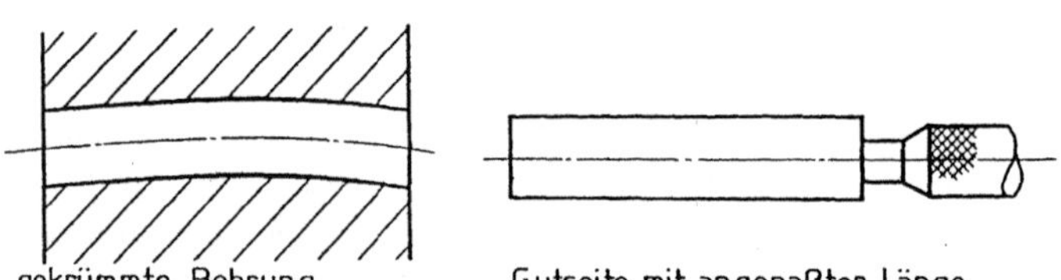

Bild 3.3 Lehrdorn für eine lange Bohrung

2. Die *Ausschußseite* soll den Prüfling nur punktweise berühren, also nur ein einziges Maß des Werkstücks erfassen, damit gewährleistet ist, daß das Ausschußmaß möglichst nirgends überschritten wird.
   Darum ist beispielsweise die Ausschußseite an Grenzlehrdornen kürzer als die Gutseite (Bild 3.4).

[1] F. W. Taylor (1856–1915), amerikanischer Ingenieur, entwickelte Rationalisierungssysteme

Bild 3.4 Lehrdorn mit Gut- und Ausschußseite

Bild 3.5 zeigt die Anwendung des Taylorschen Grundsatzes (n. Prof. Kienzle).

Die Gutseite muß sich mit dem als gut zu bezeichnenden Prüfling paaren lassen, d. h. bei richtiger Handhabung muß die Gutlehre zwanglos (bei Bohrungen) in das Werkstück eingeführt werden können. Die Ausschußseite darf sich mit dem als gut zu bezeichnenden Prüfling nicht paaren lassen, denn sie verkörpert das Maß, mit dem das Werkstück Ausschuß wird.

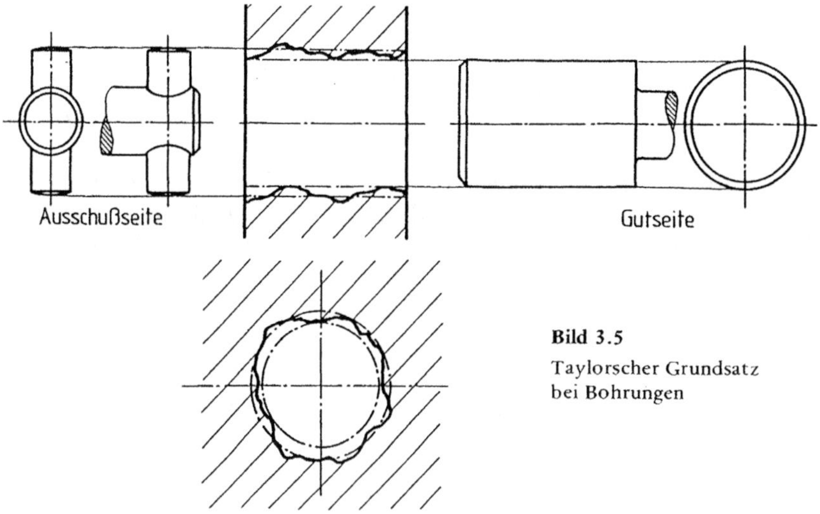

Bild 3.5 Taylorscher Grundsatz bei Bohrungen

3.2.1 Lehrenarten nach DIN-Normen

Grenzlehren werden in *Arbeits-* und *Prüflehren* eingeteilt. Letztere dienen zum Prüfen der Arbeitslehren.

Lehrdorne werden auch zum Prüfen kleinerer Bohrungen im Nennmaßbereich 0,05 bis 1,00 mm verwendet, da andere wirtschaftliche Prüfungsmöglichkeiten nicht vorhanden sind.

Zum Prüfen von zylindrischen Werkstücken (Wellen) werden Lehrringe und Rachenlehren verwendet. Da Lehrringe häufig schwierig zu handhaben sind, werden überwiegend Rachenlehren benutzt. Sie sind in ihrem Aufbau U-förmig (Bild 3.6). Damit sie beim Prüfen nicht aufbiegen, dürfen sie nur mit der vorgeschriebenen Prüfkraft auf die Prüffläche gebracht werden. Grundsätzlich gilt als Prüfkraft das Eigengewicht der Rachenlehre. Größere Rachenlehren müssen auf die zulässige Prüfkraft abgehängt, d. h. entlastet werden, weil ihr Eigengewicht zum Prüfen zu groß wäre. Die Gut-Rachenlehre muß durch die Gewichtskraft ohne Zwang über die Welle gleiten, die Ausschuß-Rachenlehre darf aber unter den gleichen Bedingungen nur anschnäbeln. DIN 2239 enthält technische Lieferbedingungen für Lehren der industriellen Längenprüftechnik.

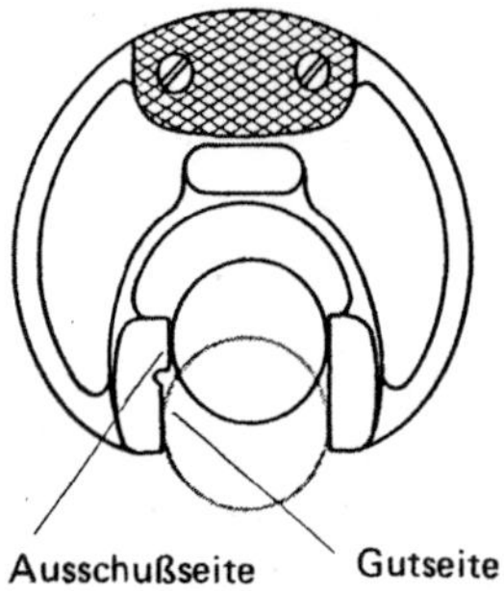

Bild 3.6
Grenzrachenlehre, einmäulig, zur Gut- und Ausschußprüfung von Werkstücken

Die Unsicherheit der Werkstückprüfung mit Rachenlehren beträgt einige Mikrometer; sie hängt wesentlich von der Sorgfalt bei der Handhabung ab. Darum ist die Lehrung von Paßmaßen mit kleineren Toleranzfeldern ($\leqq$ IT 7) problematisch.

Einmäulige Rachenlehren haben gegenüber den doppelmäuligen den Vorzug kürzerer Prüfzeiten, da sie leichter zu handhaben sind. Auch können die einmäuligen Rachenlehren stabiler ausgeführt werden.

Im allgemeinen wird das System der Einheitsbohrung im ISO-System für Toleranzen und Passungen (DIN 7154) angewendet. Dafür sind die zu passenden Wellen mit verschiedenartigen Toleranzlagen herzustellen. Die dann benötigten Rachenlehren wären in Abhängigkeit zur zu prüfenden Losgröße sehr vielfältig auszuführen und somit zu kostspielig. Darum werden auch verstellbare Grenzrachenlehren angewendet, die nach- und einstellbare Prüfflächen haben. Auf Endmaßqualität eingestellte Prüfflächen werden durch Klemmeinrichtungen festgesetzt oder mit einem Gießharz vergossen.

Die Verwendung von anzeigenden Grenzlehren bietet folgende Vorteile:

- erhebliche Verkürzung der Prüfzeiten;
- Ausschalten des persönlichen (subjektiven) Meßgefühls;
- Gruppensortierung für die statistische Qualitätskontrolle;
- Gut- und Ausschußprüfung in einem Arbeitsvorgang.

3.2.2 Lehrenprüfung

Lehren unterliegen der Abnutzung, wofür Abnutzungsgrenzen (s. DIN 7162, 7163 und 7164) festgelegt sind. Die ständige Prüfunsicherheit beim Arbeiten mit Lehren erfordert eine geplante systematische Lehrenprüfung.

Die meisten Lehren, wie Kugelendmaße, Meß- und Lehrdorne, Lehrringe und Stichmaße können messend geprüft werden. Hierfür eignen sich Komparatoren, Koordinatenmeßgeräte (Abschn. 6) und Meßanordnungen mit Meßständer, Feinzeiger und Parallelendmaßen (Abschn. 2.2 und 4).

Geprüft wird das *Arbeitsmaß*, das für Rachenlehren in DIN 7150 T 2 definiert ist: Das Arbeitsmaß einer Rachenlehre ist der Durchmesser derjenigen sachgemäß gereinigten (mit Vaslin – Fetthauch versehenen und dann sorgfältig abgewischten) Prüflehre, über die die Rachenlehre unter Wirkung ihrer Gebrauchsbelastung gerade hinübergeht, wenn die Rachenlehre beim Anschnäbeln vorsichtig in ihrem Zustand belassen wird, die Zylinderachse der Prüflehre waagerecht liegt und die Rachenlehre senkrecht steht.

Rachenlehren können mit Parallel-Endmaßkombinationen geprüft werden. Das ist jedoch umständlich, da die Endmaßkombination häufig geändert werden muß, bis das Istmaß der Rachenlehre gefunden ist. Besser ist die Prüfung mit einer festen Parallel-Endmaßkombination und Prüfstiften, deren Prüfstift-Durchmesser um 1 µm nach plus und minus gestuft sind. Zum Prüfen von Rachenlehren sind Komparatoren und Universalmeßmaschinen (Abschn. 6) besonders geeignet.

Das Prüfen der Lehren für Innenmaße erfolgt auf Prüfgeräten, deren Ablesegenauigkeit mindestens 1 µm betragen muß. Hierfür eignen sich Meßtische, deren Auslegerarme einen Feinzeiger hoher Genauigkeit tragen (Abschn. 4.6).

Für die Berechnung der Gut- und Ausschußseite der Grenzlehren gilt grundsätzlich DIN 7162. Tafel A 3.1 a enthält die Berechnung der Lehrenmaße für Bohrungslehren und Tafel A 3.1 b die für Wellenlehren.

3.2.3 Formlehren

Mit der Weiterentwicklung der Arbeitsvorbereitung und der Neuentwicklung von Hilfsmitteln für formgebende Bearbeitungsverfahren (wie optische Antastungen und die EDV-Techniken) haben *Formlehren* an Bedeutung verloren. Grundsätzlich können aber Formlehren entsprechend den zu prüfenden Werkstücken sehr vielgestaltig sein.

Das Prüfen mit einer Formlehre erfolgt allgemein visuell durch Vergleich des Profils, wobei die Breite des Lichtspaltes zu beachten ist. Formlehren sollten als Grenzlehren ausgeführt sein. Handelsüblich sind Formlehren z. B. für Radien, Winkel und Schweißnähte. Haarlineale und Haarwinkel können auch als Formlehren betrachtet werden, da mit ihnen das Prüfen von Formgenauigkeiten bei Betrachtung des Lichtspaltes möglich ist.

3.2.4 Haarlineal

Das *Haarlineal* (s. Bild 2.2) ist in DIN 874 T2 genormt. Seine Meßkante kann an einer ebenen polierten Meßfläche geprüft werden. Andererseits ist mit Hilfe des *Lichtspaltverfahrens* ein Prüfgegenstand auf Planheit bzw. Geradheit zu prüfen. Dabei sind mit bloßem Auge ggf. durch unterschiedlichen Lichtspalt Unebenheiten bis zu 1 µm zu erkennen. Man muß jedoch beachten, daß der Lichtspalt aus drei Gründen größer als in Wirklichkeit erscheint, nämlich

- wegen der Spiegelung in der polierten Oberfläche,
- wegen der Beugung der Lichtstrahlen und
- aufgrund der Eigentümlichkeit des Auges.

Um eine Unebenheit von 1 µm zu erkennen, bietet sich folgende Vorgehensweise an:

a) Ansprengen von zwei gleichlangen Endmaßen an eine Stahl- oder Quarzplanplatte,
b) Ansprengen von einem Endmaß zwischen den beiden gleichlangen Endmaßen; das mittlere Endmaß ist dabei um 1 µm kürzer als die beiden anderen Endmaße,
c) legt man das Haarlineal über die drei Endmaße, so kann man den Spalt von 1 µm erkennen.

4 Meßgeräte

In der mechanischen Fertigung wurden zum Prüfen in der Vergangenheit überwiegend feste Lehren verwendet. Dabei handelte es sich meistens um Grenzlehrdorne und Grenzrachenlehren, die für die früher üblichen, relativ großen Fertigungstoleranzen ausreichend waren. Mit den zunehmenden *Qualitätsanforderungen* werden die Toleranzfelder kleiner. Darum ist auch wegen der meist erheblich angestiegenen Stückzahlen, beispielsweise in der Automobil- und Konsumgüterindustrie, der Einsatz von festen Lehren vielfach nicht mehr wirtschaftlich. So wurden *anzeigende Meßgeräte* und *Prüfmaschinen* entwickelt, die eine rationellere Fertigung ermöglichen.

Auf den Fertigungsprozeß wirken eine Vielzahl verschiedener Einflüsse ein. Sie lassen sich fast alle in die 4 Hauptgruppen: *M*ensch, *M*aschine, *M*aterial und *M*ethode – kurz die 4 M genannt – einordnen. Daraus resultieren Fertigungsschwankungen, die die Fertigungssicherheit beeinflussen. Somit bestimmen diese das Maß der Genauigkeit, mit der ein Werkstück auf einer Maschine bei einem definierten Betriebszustand hergestellt werden kann. Die Fertigungsschwankungen schließen maschinenbedingte Abweichungen, d.h. die Arbeitssicherheit einer Werkzeugmaschine und nicht-maschinenbedingte Abweichungen mit ein. Gemäß dem Verhältnis von Fertigungsstreuung zu vorgegebener Toleranz ist ein mehr oder minder großer Prüfumfang bei den Werkstücken nötig, um Funktion und Zuverlässigkeit bei den Baugruppen und Maschinen sicherzustellen.

Es lassen sich folgende Nachteile des Lehrens mit festen Lehren gegenüber der messenden Prüfung anführen:

- das Lehren ergibt keine Meßwerte; die Aussage ist nur „Gut“ oder „Ausschuß“
- das Lehren unterliegt stark subjektiven Einflüssen, insbesondere in Bezug auf die Prüfkraft. Bei kleinen Toleranzen (z.B. $\leqq$ h6) sind Lehren nicht mehr sicher zu handhaben.
- Lehren sind nur für ein einziges Maß einsetzbar.
- der Zeitaufwand für das Arbeiten mit Grenzlehren ist relativ groß.

Auf der anderen Seite weisen die anzeigenden Meßgeräte folgende besondere Vorteile auf:

- das Meßergebnis ist als Zahlenwert abzulesen, der auch Informationen für die Statistik, die Ein- bzw. Nachstellungen der Zustellgrößen an der Bearbeitungsmaschine und die Standzeiten der Werkzeuge liefert.
- subjektive Einflüsse, z.B. auf die Meßkraft, werden ausgeschaltet.
- anzeigende Meßgeräte haben universelle Verwendung, da sie einen großen Meßbereich erfassen (z.B. die Schraublehren von 0 bis 25 mm).
- die Verschleißfestigkeit ist hoch durch abhebbare, also bewegliche Taster in Verbindung mit Hartmetallen an den Meßflächen.
- beim Messen können die Nebenzeiten gesenkt werden; folglich ist eine höhere Wirtschaftlichkeit zu erreichen.

Aufgrund dieser Vorteile wird die messende Prüfung häufig bevorzugt, zumal sie eine wesentliche Voraussetzung für eine Prozeßregelung ist. Entsprechende Regelkreise, die sich auf einzelne Arbeitsplätze oder Fertigungsinseln beziehen, sind in sich geschlossen und beeinflussen somit den Fertigungsprozeß unmittelbar. Die Meßwerte bzw. Qualitätsdaten gelangen später in geeignet aufbereiteter Form in sogenannte Betriebsregelkreise. Im Gegensatz zur attributiven Prüfung, deren Urteil nur „Gut" oder „Ausschuß", bzw. „Ja" oder „Nein" lauten kann, wo also nur danach gefragt wird, ob die Toleranz eingehalten wurde oder nicht, werden bei der messenden (variablen) Prüfung die Istwerte – die tatsächlichen Werte – ermittelt. Ordnet man diese Werte entsprechend ihren Maßen auf einer Maßskale, so erhält man die Häufigkeitsverteilung der Istwerte. Diese gibt an, wieviel Meßwerte in bestimmten Klassen auftreten (Abschn. 10).

Letztlich entscheidet die Kostenrechnung, ob nun feste Lehren oder anzeigende Meßgeräte, die in der Anschaffung etwa das Zehnfache fester Lehren kosten, verwendet werden. Letztlich sind aber die Kosten für die Anschaffung, Überprüfung, Instandsetzung und für den Raumbedarf einzusetzen.

Mit Meßgeräten werden Istmaße an Werkstücken (Meßobjekten) unmittelbar gemessen, bzw. es werden Abweichungen des Meßobjekts zum eingestellten Maß angezeigt. Die Prüfung eines tolerierten Maßes sollte mit solchen Meßgeräten erfolgen, deren Meßunsicherheit höchstens ein Zehntel der zu prüfenden Maßtoleranz beträgt; hat z.B. das Prüfmaß 50,00 ± 0,01 mm, dann sollte der Skalenteilungswert des Meßgerätes ≦ 0,001 mm sein.

In der Fertigungsmeßtechnik werden die Meßgeräte eingeteilt in mechanische, elektrische/elektronische, pneumatische und optische Meßgeräte. Sondermeßgeräte werden in den Abschnitten 5 bis 8 behandelt. Bei den Meßgeräten wird weiterhin nach anzeigenden und registrierenden Meßgeräten unterschieden.

Anzeigende Meßgeräte sind dadurch gekennzeichnet, daß der Meßwert unmittelbar durch eine Skalen- oder Ziffernanzeige abgelesen oder entnommen werden kann.

Registrierende Meßgeräte zeichnen die einzelnen Meßwerte oder deren zeitlichen Verlauf mit einem Schreiber oder Drucker auf.

4.1 Mechanische Meßgeräte

Die nachstehende Tabelle enthält die wichtigsten genormten mechanischen Längenmeßgeräte.

Benennung	Skalenteilungswert	Meßbereich	nach DIN-Norm
Meßschieber (s. Bild 4.1a)	0,1 oder 0,05 mm	≦ 2000 mm	DIN 862
Meßschrauben a) Bügelmeßschraube, Bild 4.4a b) Einbaumeßschraube, Bild 4.4b c) Tiefenmeßschraube, Bild 4.4c	0,01 mm	≦ 500 mm ≦ 25 mm	DIN 863 T 1 DIN 863 T 2
Meßuhren, Bild 4.11	0,01 mm	≦ 10 mm	DIN 878

4.1.1 Meßschieber

Die in DIN 862 genormten *Meßschieber* (Schieblehren) (Bild 4.1a) können bei Außen-, Innen- und Tiefenmessungen eingesetzt werden. Sie bestehen aus einer Schiene (mit Hauptteilung), einem festen Meßschenkel und einem beweglichen Meßschenkel mit Nonius und Feststelleinrichtung (Schraube oder Klemmeinrichtung). Der Meßwert wird mit Hilfe des Nonius an der Hauptteilung abgelesen. Noniuswerte haben $\frac{1}{10}$, $\frac{1}{20}$ oder $\frac{1}{50}$ mm (Bild 4.1b). Am gebräuchlichsten sind die Nonien $\frac{1}{10}$ und $\frac{1}{20}$ mm. Beim $\frac{1}{10}$ mm-Nonius ist eine Länge von 19 mm in 10 gleichbreite Skalenteile unterteilt. Beim $\frac{1}{20}$ mm-Nonius werden z.B. 20 Skalenteile auf 39 mm Länge verteilt (aber möglichst meiden). Der $\frac{1}{50}$ mm-Nonius ist auf 49 mm verteilt; bei ihm ist durch die Differenz von 0,02 mm im Teilstrichabstand zwischen Haupt- und Noniusskale die Grenze des Auflösungsvermögens unseres Auges erreicht.

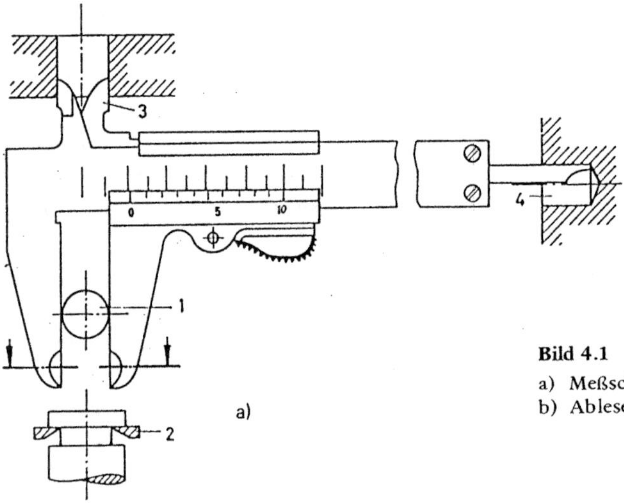

a)

Bild 4.1
a) Meßschieber
b) Ablesebeispiele für $\frac{1}{10}$- und $\frac{1}{20}$-Nonius

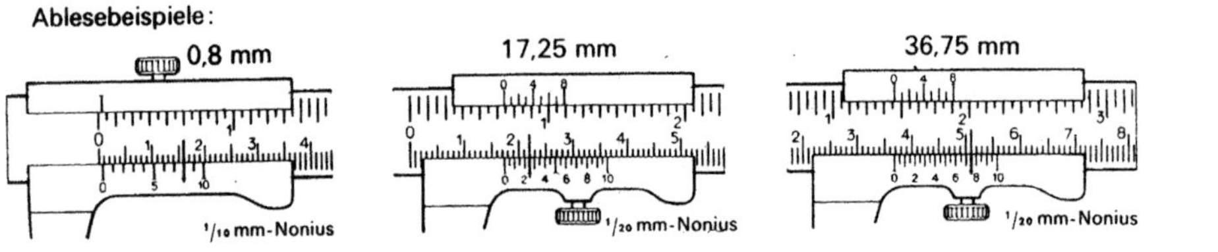

b)

Zur Vermeidung einer *Parallaxe* (Bild 1.5) beim Ablesen des Meßwertes liegen die Skalen der Hauptteilung und des Nonius nahezu in einer Ebene.

Meßschieber werden auch in Sonderausführungen angeboten. Sind sie mit einer Rundskale versehen (Bild 4.2a), haben sie gegenüber denen mit Nonius den Vorteil einer besseren Übersicht der Anzeige und damit einer schnelleren und zuverlässigeren Lesbarkeit der Meßwerte. Taschen-Meßschieber (mit einem Meßbereich bis 160 mm) haben im Vergleich zu den Ausführungen mit Nonien Rundskalen mit Skalenwerten von 0,1, 0,05 und 0,02 mm. Die Bewegung des Schiebers wird durch Zahnstange und Ritzel auf die Rundskale übertragen.

Für Außenmessungen sind die Meßschenkel im vorderen Teil angeschrägt, damit z.B. auch Durchmesser schmaler Einstiche gemessen werden können. Für Innenmessungen (beispielsweise bei Bohrungen) werden die schneidenförmigen Meßflächen verwendet; für diesen Fall sind auch speziellere Meßschieber mit abgesetzten Meßschnäbeln erhältlich. Meßschieber mit Meßstange sind für Tiefenmessungen geeignet.

Meßschieber erfüllen mit Ausnahme der Meßstange für Tiefenmessungen nicht den Abbeschen Grundsatz (Bild 1.2), da der Schieber durch sein funktionsbedingtes Spiel und durch das Andrücken der Meßschnäbel an das Prüfobjekt abkippt. Dabei entsteht der Fehler 1. Ordnung.

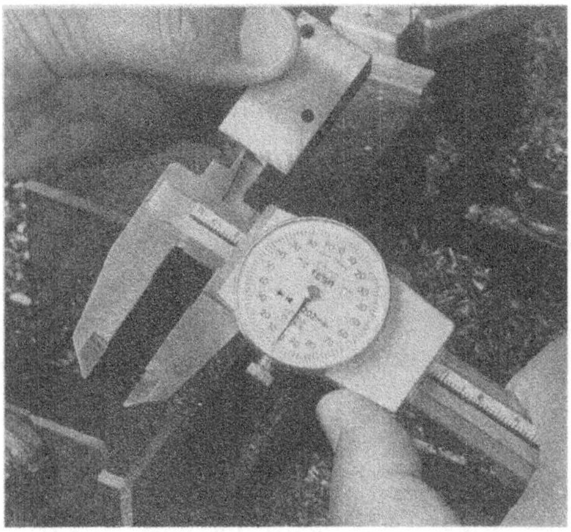

a)

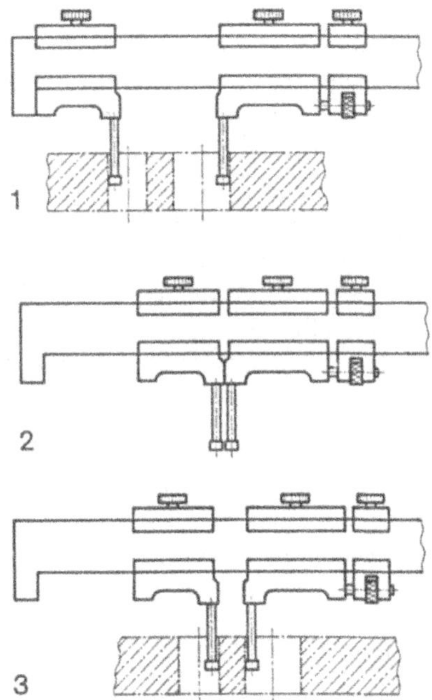

c)

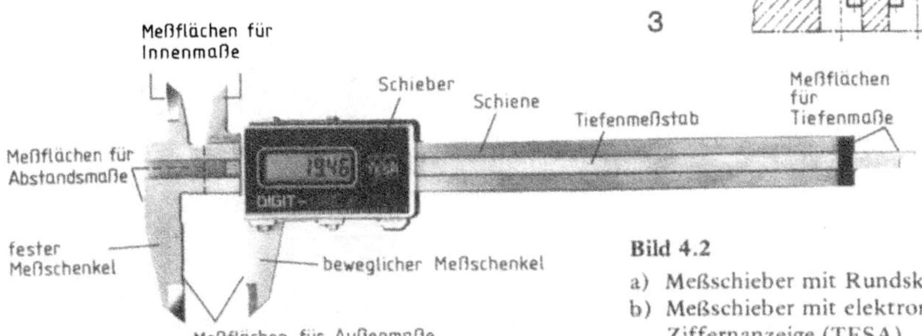

b)

Bild 4.2
a) Meßschieber mit Rundskale (TESA)
b) Meßschieber mit elektronischer Ziffernanzeige (TESA)
c) Lochabstandsmeßschieber (Mahr)

Beim Arbeiten mit Meßschiebern ist darauf zu achten, daß

- vor Beginn einer Messung die Nullstellung der Meßschnäbel geprüft wird. Die dicht aneinander liegenden Meßschnäbel dürfen keinen Lichtspalt haben;
- der bewegliche Meßschenkel nicht mit übermäßiger Anpreßkraft an das Prüfobjekt gedrückt wird, da sich sonst der Meßfehler durch Aufbiegen des Meßschenkels vergrößert;

- die Meßschenkel nicht über die Werkstückflächen gezogen werden, damit eine Abnutzung der Meßflächen vermieden wird;
- die Spitzen der Meßschenkel nicht zum Anreißen verwendet werden.

Es gibt Sonderausführungen von Meßschiebern mit Ziffernanzeigen, deren Ziffernwert 0,01 mm beträgt. Das Bild 4.2b zeigt einen Meßschieber mit elektronischer Ziffernanzeige. Dieser erlaubt ein nahezu irrtumsfreies Ablesen der Meßwerte und gestattet ± Unterschiedsmessungen, ausgehend beispielsweise von feineingestellten Paß- oder Nennmaßen. Bei einer solchen Ausführung werden Funktionsstörungen, wie sie bei zu geringer Stromversorgung oder zu schnellem Verstellen des Schiebers auftreten, durch Sicherheitsschaltungen des programmierten Rechnerbausteins erkannt und angezeigt. Grundlage der digitalen Meßwerterfassung ist ein inkremental geteilter Strichmaßstab aus optischem Glas. Das Inkrement ist der Betrag, um den die Meßgröße zunimmt. Dieses Zuwachsverfahren basiert auf dem Abtasten des Strickgitters, das opto-elektronisch mit einer Leuchtdiode (Lichtquelle) und einem Phototransistor erfolgt. Bild 4.2c zeigt einen Lochabstandsmeßschieber zur direkten Bestimmung des Mittenabstandes von Bohrungen, unabhängig vom Durchmesser und der Toleranz. Mit ihm können auch Abstände von der Bohrungsmitte zur Werkstückkante gemessen werden. Dem Meßprinzip liegt die mechanische Addition von Größt- und Kleinstmaß zugrunde. Eine doppelte Teilung halbiert die Summe aus dem Größt- und Kleinstmaß; der Nonius zeigt direkt den Mittenabstand der Bohrungen an. Tafel A 4.1 enthält Anwendungsbeispiele für Digital-Meßschieber.

Für Linkshänder und Blinde gibt es Meßschieber als Spezialanfertigung.

Zum Messen von Tiefen (z.B. Nuten) sind Tiefenmeßschieber in Sonderausführungen handelsüblich (Bild 4.3a). Bild 4.3b zeigt einen Höhenmeßschieber mit auswechselbarer Anreißschneide und Feineinstellung am Schieber.

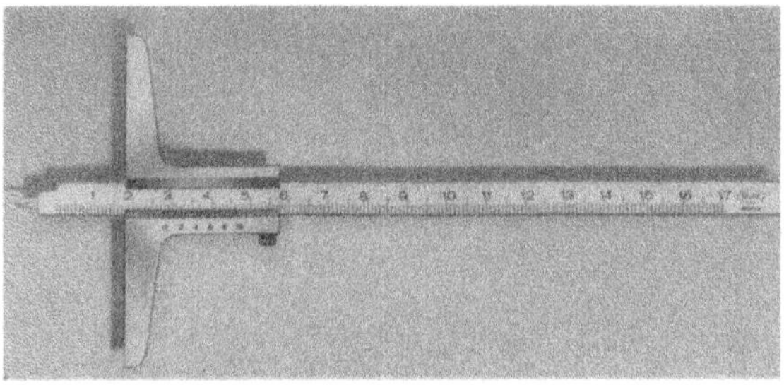

a)

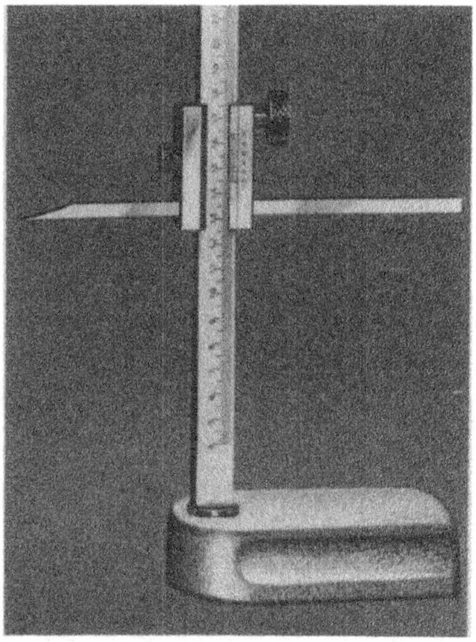

b)

Bild 4.3

a) Tiefenmeßschieber (Mahr)
b) Höhenmeßschieber (Mahr)

4.1.2 Meßschrauben

Meßschrauben (Mikrometer) sind grundsätzlich für Außen- und Tiefenmessungen mit $\frac{1}{100}$ mm – Angaben geeignet (Bild 4.4 a bis 4.4 c). Das Meßmittel, die Maßverkörperung, ist eine Gewindespindel mit sehr genauer Steigung. Ihre axiale Verschiebung bei einer vollen Umdrehung der Skalentrommel wird auf einer Längsteilung, Bruchteile davon durch Rundteilung auf der Trommel, angezeigt. Der Umfang der Trommel ist in 50 Teile geteilt. Bei einer vollen Umdrehung wird die Meßspindel (bei 0,5 mm Steigung) um 0,5 mm verschoben. Der Wert der Skalenteilung beträgt demnach 0,01 mm.

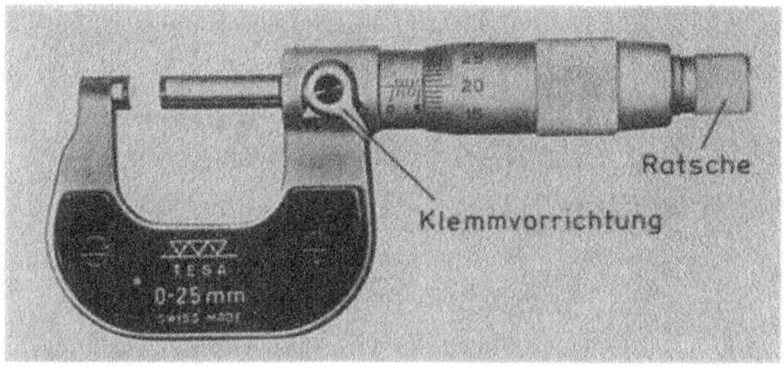

a)

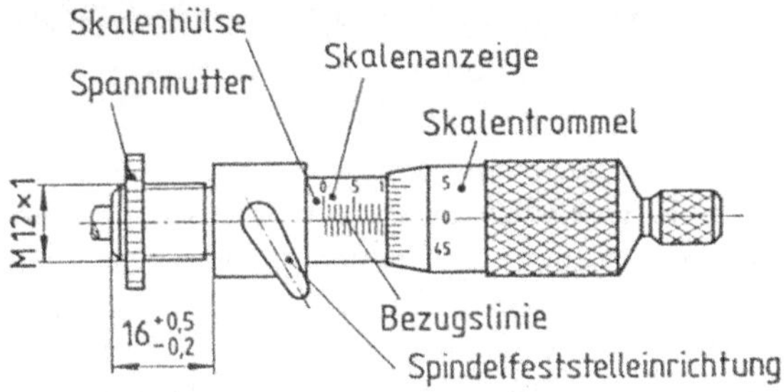

b)

Bild 4.4
a) Bügelmeßschraube (TESA)
b) Einbaumeßschraube
c) Tiefenmeßschraube (Mahr)

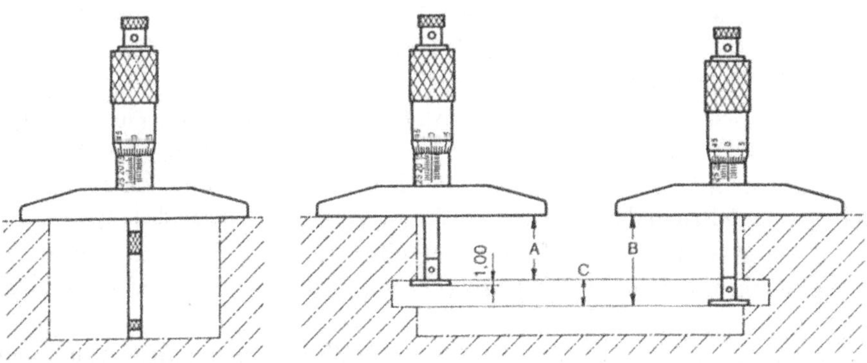

c)

Meßtrommeln mit 1 mm Steigung haben auf der Skalentrommel 100 Skalenteile. Bei diesen Meßschrauben ist der Trommeldurchmesser mit 32 mm größer als bei denen mit einer Gewindesteigung der Spindel von 0,5 mm, damit der Abstand der Teilstriche größer als 0,5 mm sein kann; das Ablesen der Meßwerte ist bei 1 mm Steigung leichter als bei

0,5 mm. Eine weitere Verbesserung für das Ablesen der Meßwerte ergeben Meßschrauben mit Ziffernanzeigen (Bild 4.5).

Bild 4.5
Bügelmeßschraube mit digitaler Meßwertanzeige (TESA)

Die Meßflächen am Amboß und an der Meßspindel sind aus Hartmetall, um den Verschleiß zu minimieren. Zur Begrenzung der Meßkraft (5 bis 10 N) hat die Meßspindel eine Zahn- oder Reibungskupplung (Ratsche). Nach dem Einstellen des Meßwertes wird die Meßspindel mit einer Klemmvorrichtung festgelegt (Bild 4.4 a).

DIN 863 gibt Auskunft über die größten zulässigen Abweichungen der Anzeige und über die Parallelitätstoleranzen der Meßflächen. Meßschrauben erfüllen den Abbeschen Grundsatz (Bild 1.2). Abweichungen der Skalenanzeige können mit Parallelendmaßen (Abschn. 2.2.1) des Genauigkeitsgrades 1 geprüft werden. Zur Prüfung der Parallelität der Meßflächen dienen Planglasplatten (Abschn. 2.5), die bis zu einem Meßbereich von 100 mm mehrfach zu schichten sind. Beim Prüfen mit Parallelendmaßen sind die Blöcke, bzw. deren Kombinationen so zu wählen, daß die Meßspindel an den Stellen mit ganzzahligen Vielfachen der Steigung, aber ebenso an Zwischenwerten gemessen wird. Bei dem üblichen 25 mm – Meßbereich sind somit die Prüfmaße 2,5; 5,1; 7,7; 10,3; 12,9; 15,0; 17,6; 20,2; 22,8 und 25,0 mm zu wählen.

Bügelmeßschrauben werden entsprechend der Meßaufgaben auch in Sonderausführungen mit verschiedenen Formen des Meßambosses und der Meßfläche hergestellt. Spezielle Anwendungen und Ausführungsformen von Meßschrauben (z.B. für Messungen an Gewinden, Zahnrädern und Keilwellen) werden im Abschnitt 7 behandelt.

Einbaumeßschrauben (Bild 4.4 b) werden zum Einbau als Meß- und Verstellelemente in Werkzeugmaschinen verwendet. Die Anzeige kann mit Skalentrommel oder durch Ziffern erfolgen.

Tiefenmeßschrauben (Bild 4.4 c) werden mit Hilfsmitteln für vielfältige Meßaufgaben eingesetzt. In jedem Fall dient als Meßelement das Grundprinzip der Meßschraube nach DIN 863.

Dieses Prinzip wird auch in Höhenmeßgeräten verwendet, wie sie z.B. beim Abstandsmessen Verwendung finden. Dafür sind die Meßgrößen mit Endmaßblöcken zusammenzustellen und mit dem 25 mm-Meßbereich der Meßschraube genau zu messen.

Beim Arbeiten mit Meßschrauben ist darauf zu achten, daß

- vor Beginn einer Messung die Meßflächen (von Staub und Öl) sauber sein müssen;
- zur Vermeidung von Meßfehlern zu prüfen ist, ob beim Berühren der Meßflächen nach dem Anziehen der Ratsche der Ablesestrich auf der Skalenhülse mit dem Nullstrich auf der Skalentrommel fluchtet;
- beim Messen zunächst die Meßspindel bis zum leichten Berühren des Prüfobjektes (Werkstücks) herangeführt und erst dann mit der Ratsche vorsichtig weitergedreht wird, da sonst, trotz der Ratsche, Meßfehler verursacht werden können;
- die festeingestellte Meßschraube mit den Meßflächen nicht über die Werkstückflächen gezogen wird (so kann man eine Abnutzung von Meßamboß und Meßspindel vermeiden);
- die Meßspindel keinen Totgang hat; sie muß also spielfrei laufen. Darum darf die Meßspindel auch nicht geölt werden;
- die Handwärme keinen Meßfehler verursachen kann. Darum ist die Meßschraube nur am Bügel anzufassen oder in einem Halter einzuspannen.

Die Ausführungen von Meßschrauben sind sehr vielfältig. Man kann Bügelmeßschrauben mit Meßbereichen bis 1500 mm erhalten. Entsprechend dem Anwendungsfall (z.B. Gewinde- oder Zahnweitenprüfung; Abschn. 7.4 und 7.5) können auswechselbare Meßanschläge verwendet werden. Bügelmeßschrauben mit digitaler Meßwertanzeige (Bild 4.5) erlauben es, Ziffern auf einer Rundskale in ganzen, $\frac{1}{10}$, $\frac{1}{100}$ bzw. $\frac{1}{2000}$ Millimeter abzulesen. Bild 4.6 zeigt eine Feinzeigermeßschraube, die einen beweglichen Amboß besitzt. Aufgrund der Meßkraft werden die Bewegungen auf den im Meßbügel eingebauten Feinzeiger übertragen. Der Anzeigebereich beträgt ± 50 oder ± 140 µm.

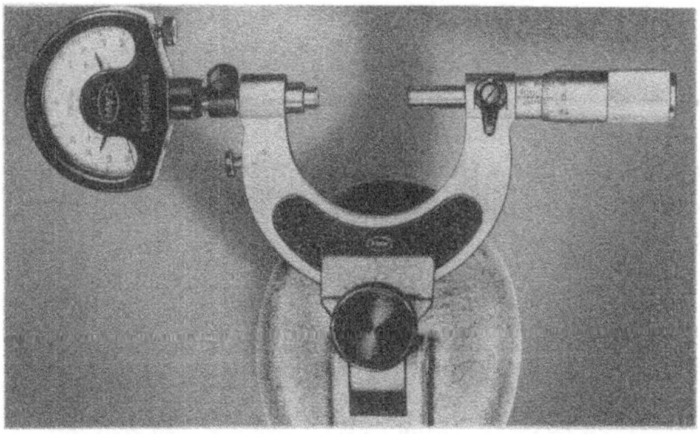

Bild 4.6
Feinzeigermeßschraube (Mahr)

4.1.3 Dickenmesser

Das Messen von Dicken ist vergleichbar mit der Längenmessung. Bei den *Dickenmeßgeräten* handelt es sich allgemein um ein Bügelmeßgerät zur direkten Bestimmung der Dicke (wie an Blechen, Holz, Pappen oder Glas). Der Meßbügel hat eine große Bügeltiefe von zum Teil mehr als 500 mm. In ihm sind die Meßeinsätze angeordnet. Der Meßwert wird in der Regel mit einer Meßuhr angezeigt, deren Meßbereich zwischen 5 und 50 mm liegt. Die Skalenteilungswerte betragen 0,01 bis 0,1 mm.

Die Messung von kleinen Schichtdicken wird im Abschnitt 4.4.5 behandelt.

4.1.4 Innenmeßgeräte (Bohrungsmeßgeräte)

Mit *Innenmeßgeräten* wird nur das Istmaß eines Prüfkörpers (Werkstücks) gemessen; Formabweichungen werden damit grundsätzlich nicht ermittelt, da die Prüfung nur punktweise erfolgt. Es gibt Innenmeßgeräte mit und ohne Maßverkörperung. Die Maßverkörperung ist im allgemeinen durch das Gewinde der Meßschraube gegeben. Innenmeßgeräte ohne Maßverkörperung arbeiten in der Regel mit Meßuhr oder Feinzeiger. Bild 4.7 zeigt eine Innenmeßschraube mit eingebauter Meßuhr, die beiderseits sphärische Meßflächen besitzt. Bei Innenmeßgeräten können die Meßflächen auch hartmetallbestückt sein, damit der Verschleiß klein bleibt. Diese Meßschrauben erfüllen den Abbeschen Grundsatz. Sie werden für Meßbereiche bis 3000 mm hergestellt; dies kann man durch einschraubbare Verlängerungen erreichen.

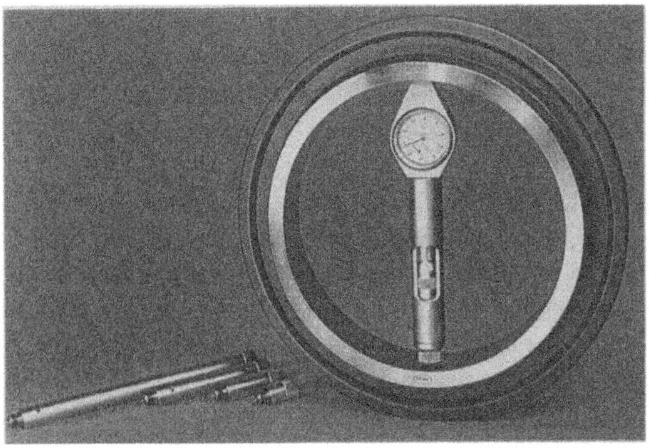

Bild 4.7
Innenmeßschraube (Mahr)

Bei Bohrungen mit einem Durchmesser von weniger als 100 mm ist das Aufsuchen der Umkehrpunkte mit Innenmeßschrauben unsicher. Darum sollten für Direktmessungen kleiner Bohrungen Meßschrauben mit *Dreipunktanlage* z.B. nach Bild 4.8 verwendet werden. Mit Verlängerungen ist es auch möglich, tiefe Bohrungen von mehreren Metern Länge zu messen (Bild 4.9). Für die Nulleinstellung der Meßschrauben mit Dreipunktanlage werden allgemein bei Durchmessern bis zu 200 mm Einstellringe, darüber hinaus Einstellrahmen verwendet.

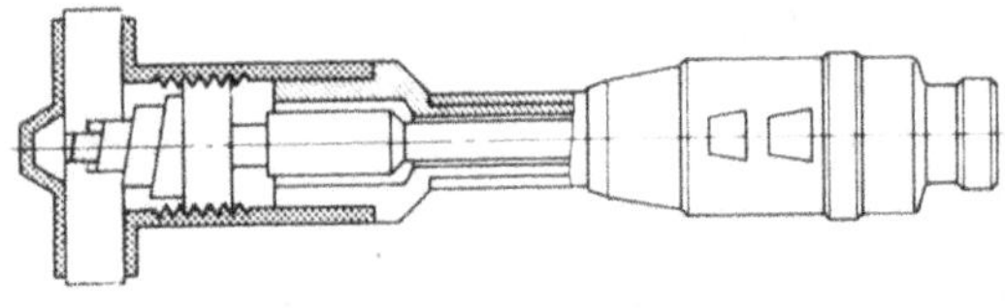

Bild 4.8
Dreipunkt-Innenmeßgerät (TESA)

Bild 4.9 Dreipunkt-Innenmeßgerät für tiefe Bohrungen (TESA)

Meßpistolen (Bild 4.10) werden auch mit auswechselbaren Meßköpfen für Dreipunktmessungen von Ausdrehungen, Zentrierungen und Innengewinden (Abschn. 7.5) verwendet. Für die Meßwertanzeige können alle Anzeigegeräte (Meßuhren und Feinzeiger) mit 8 mm Einspannschaft eingesetzt werden. Der Anschluß inkrementaler Meßtaster ist möglich (Abschn. 4.2).

Die im Abschnitt 4.1.3 für Meßschieber beschriebene elektronische Ziffernanzeige findet auch bei Bügelmeßschrauben vorteilhafte Anwendung.

Weitere Meßgeräte und Prüfverfahren für das Messen von Innenmaßen (Bohrungen) s. Abschnitt 7.3.

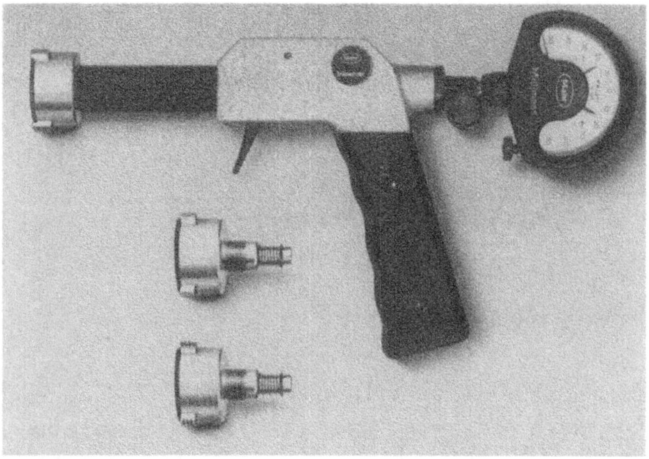

Bild 4.10
Meßpistole (Mahr)

4.1.5 Meßuhren

Meßuhren und Feinzeiger (Abschn. 4.1.6.) nach Bild 4.11 eignen sich für Unterschiedsmessungen, für Messungen der Ebenheit und Parallelität, ferner für Rundlauf- und Winkelmessungen (Abschn. 7). Die Bewegung des Meßbolzens wird bei der Meßuhr über eine Hebelübersetzung auf eine kreisförmige Skale übertragen, wie z. B. Bild 4.12 zeigt. Bei Feinzeigern ist der Zeigerausschlag kleiner als 360°.

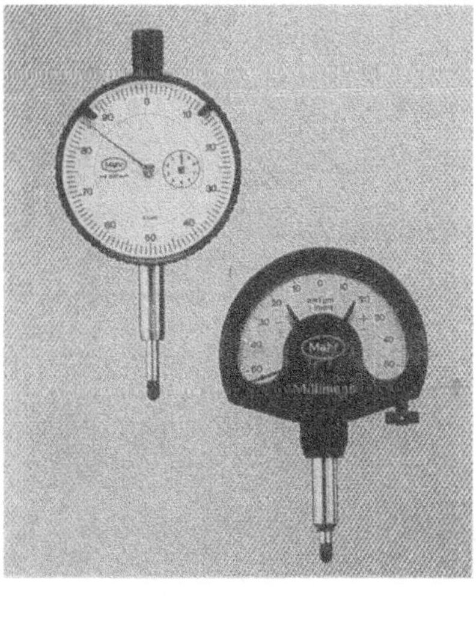

Bild 4.11
Meßuhr nach DIN 878
und Feinzeiger

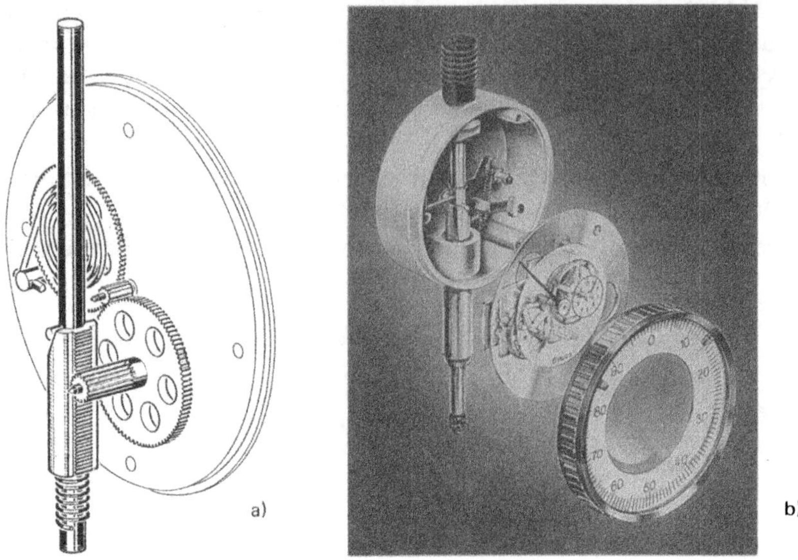

Bild 4.12 a) Übertragung der Bewegung des Meßbolzens auf die kreisförmige Skale (TESA)
b) Aufbau einer stoßsicheren Meßuhr (Mahr)

Meßuhren werden in der Regel mit Endmaßkombinationen eingestellt. Die Nullstellung erfolgt in der Grobeinstellung durch Verschieben der Meßuhr in der Halterung und die Feineinstellung durch Drehen des Zifferblattes. Bei der Nulleinstellung sollte der kleine Zeiger auf dem 1 mm-Strich stehen, damit zum einen auch Minusabweichungen der Prüfgröße angezeigt werden können, und zum anderen Ablesefehler insbesondere bei kleinen Meßuhren vermieden werden, da bei ihnen (ähnlich den Meßschrauben) eine Zeigerumdrehung 0,5 mm beträgt. Einstellbare Toleranzmarken am Zifferblatt erleichtern Toleranzmessungen. Die Meßkraft ist bei Meßuhren annähernd 1 N. Damit die Meßwertumkehrspanne f_u (Bild 4.13) den Meßwert nicht verfälscht, ist der Meßbolzen vor jeder

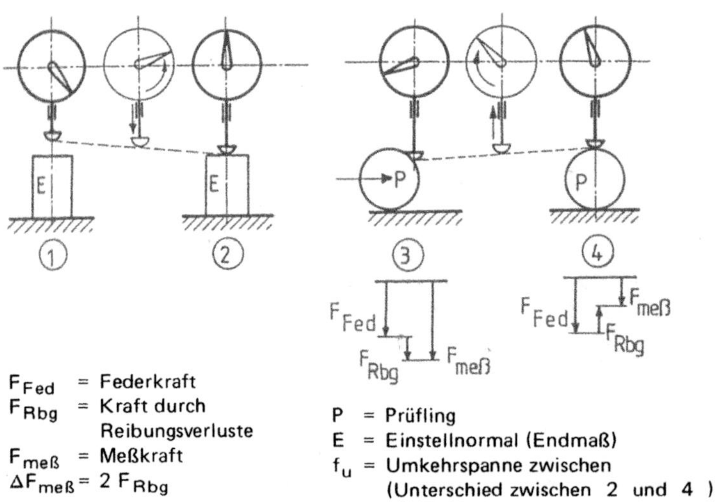

Bild 4.13 Meßwertumkehrspanne f_u

Messung anzuheben, d. h. das Messen sollte stets von oben nach unten auf das Meßobjekt erfolgen. Dabei kann eine Abhebevorrichtung (Drahtauslöser) benutzt werden. Beim Einspannen der Meßuhr in einen Meßständer (Abschn. 4.7) ist darauf zu achten, daß der Meßbolzen nicht durch zu starkes Klemmen des Einspannschaftes (∅ 8 h6 und in der Aufnahmebohrung ∅ 8H7) verspannt wird. Die Nulleinstellung ist je nach Umfang der Meßaufgabe öfter zu überprüfen.

Meßuhren nach DIN 878 besitzen den Skalenteilungswert 0,01 mm; die Meßspanne kann 0,4; 0,8; 3,5 oder 10 mm betragen. Abweichungen der Meßuhr können durch Teilungs- und Rundlaufabweichungen, sowie durch das Lagerspiel der Zahnritzel und Zahnräder verursacht werden. Die Prüfung der Abweichungsspannen f_e, f_t, f_{ges} und die Meßwertumkehrspanne f_u können (nach DIN 878) mit speziellen Feinprüfgeräten, Meßschrauben, Komparatoren und Parallelendmaßen erfolgen. Zur Prüfung der Meßkraft eignen sich Kraftmeßdosen und Federwaagen.

Der Meßbolzen darf nicht geölt oder gefettet werden, da sich sonst die Meßkraft und die Meßwertumkehrspanne verändern.

4.1.6 Feinzeiger

Feinzeiger mit mechanischer Anzeige sind in DIN 879 T1 und T3 genormt. Sie sind anzeigende Längenmeßgeräte mit einem Winkelausschlag des Zeigers (Bild 4.14 a) Die mechanischen Übersetzungselemente und ihre äußere Form weichen von denen der Meßuhren erheblich ab. Die Skalenteilungswerte betragen 0,5; 1; 2; 5; 10 und 50 µm. Die Meßspannen reichen von 0,05 bis 3,0 mm; die Meßkraft liegt zwischen 1 und 1,5 N. Wie bei den Meßuhren hat der Einspannschaft den Durchmesser 8 h6. Grundsätzlich gelten hier dieselben Hinweise zur Handhabung wie bei den Meßuhren. Jedoch kommen bei Feinzeigern mit elektrischen *Grenzkontakten* nach DIN 879 T3 Anforderungen hinzu. Es handelt sich insbesondere um die Schaltunsicherheit f_{gw} der Grenzkontakte. Die hierfür festgelegte Durchschlagsfestigkeit gegen Masse ist das elektrische Prüfmerkmal. Die größte, zulässige Meßkraft beträgt 3,0 N. Bild 4.14 b zeigt einen Feinzeiger mit 2 Grenzkontak-

a)

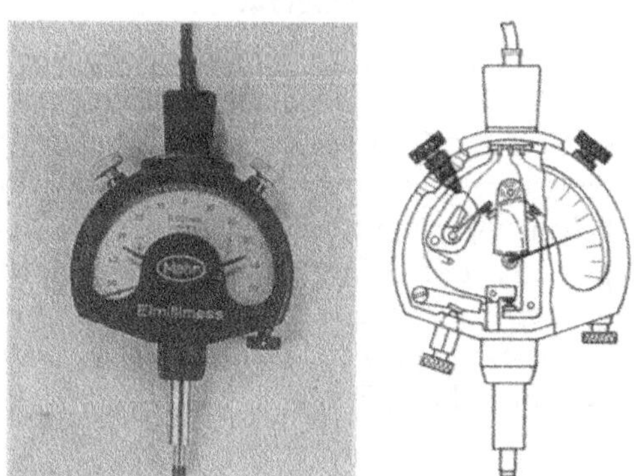
b)

Bild 4.14 a) Feinzeiger mit mechanischer Anzeige nach DIN 879 T1
b) Feinzeiger mit elektrischen Grenzkontakten (Mahr)

ten, dessen Meßkraft 2,5 N beträgt. Die senkrechte Gebrauchslage ist zu bevorzugen, da sich bei anderer Handhabung die Reibungs- und Masseverhältnisse ändern können.

Bei der Prüfung von Feinzeigern sollte die Abweichungsspanne f_e und die Gesamtabweichungsspanne f_{ges} in Prüfschritten von je 10 Skalenteilen gemessen werden (DIN 879).

Feinzeiger des Typs *Mikrokator* (Johannsson, Bild 4.15) haben einen Skalenteilungswert bis zu 0,1 μm. Die Übersetzung erfolgt durch ein Torsionsband, das die Übertragung der Meßbolzenbewegung zum Zeiger reibungsfrei übernimmt und darum keine Meßwertumkehrspanne hat, was z.B. für Rundlaufprüfungen (Abschn. 7.1) wichtig ist.

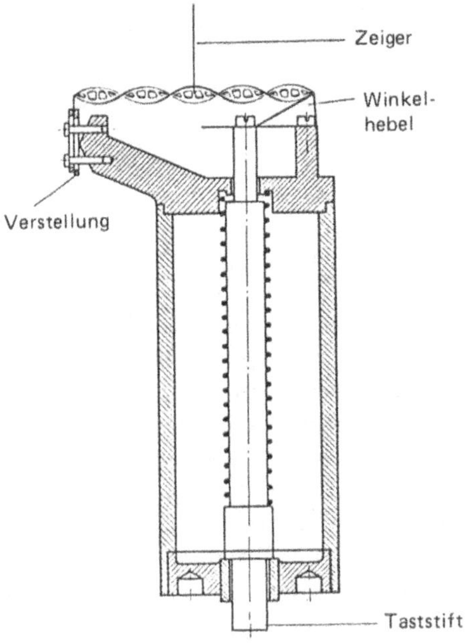

Bild 4.15
Aufbau und Funktion des Mikrokators

4.1.7 Fühlhebelmeßgerät

Das Prinzip des Feinzeigers ist auch bei den *Fühlhebelmeßgeräten* z.B. nach Bild 4.16 angewendet. Diese recht kleinen Geräte besitzen nur eine geringe Meßkraft (je nach Bauart 0,15 bis zu 0,06 N bei einem Skalenteilungswert von 0,01 bzw. 0,002 mm). Der Anwendungsbereich ist groß, da sie nach allen Seiten schwenkbar sind. Beim Messen mit Fühlhebelmeßgeräten ist zu beachten, daß der um 180° schwenkbare Meßtaster möglichst parallel zur Meßobjektfläche stehen sollte (Bild 4.17 a), da sonst die Meßabweichungen zu groß werden. Bei einer Schrägstellung von rund 30° (Bild 4.17 b) beträgt die Abweichung (Fehler) schon etwa 15%. Bild 4.18 zeigt ein Fühlhebelmeßgerät in einer Arbeitsstellung mit einem Meßständer.

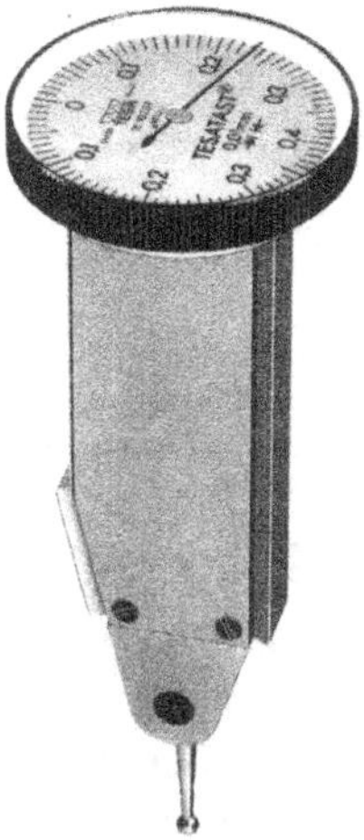

Bild 4.16
Fühlhebelmeßgerät mit liegender Meßuhr (TESA)

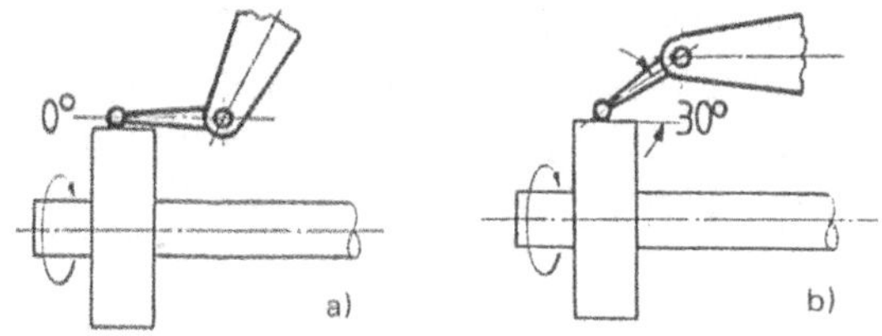

Bild 4.17
Arbeiten mit dem Fühlhebelmeßgerät
a) richtig b) falsch

Bild 4.18
Fühlhebelmeßgerät mit Meßständer (Mahr)

4.2 Elektrische/elektronische Längenmeßgeräte

Die technische Entwicklung führt dazu, daß (wie auch in anderen Anwendungsgebieten) zunehmend Halbleiterbauelemente in der Längenmeßtechnik verwendet werden. Solche elektronischen Geräte sind den mechanischen, pneumatischen und optischen Längenmeßgeräten in vielerlei Hinsicht überlegen:

- die Betriebssicherheit ist sehr groß, da die steuerbaren Bauelemente moderne, funktionssichere Transistorschaltungen ermöglichen;
- eine Trennung von Meßwertaufnehmer und Meßgerät ist leicht zu erreichen;
- die Meßsignale können beliebig verknüpft und verzögerungsfrei verstärkt werden;
- die Meßkräfte sind kleiner als bei mechanischen Meßtastern;
- die Meßwertaufnehmer haben kleine Abmessungen;
- die Meßwerte können schnell reproduziert werden;
- die Meßwertdarstellung ist in jeder geeigneten Skalenform möglich und auch in Ziffern darstellbar;
- die Meßwertdarstellung kann auch in Rechnern erfaßt und dort weiterverarbeitet werden.

Je nach Art der elektrischen Größe kann unterschieden werden zwischen

- Widerstandsaufnehmer auf ohmscher Basis (Bild 4.19 a);
- induktivem Wegaufnehmer (Bild 4.19 b) und
- kapazitivem Wegaufnehmer (Bild 4.19 c).

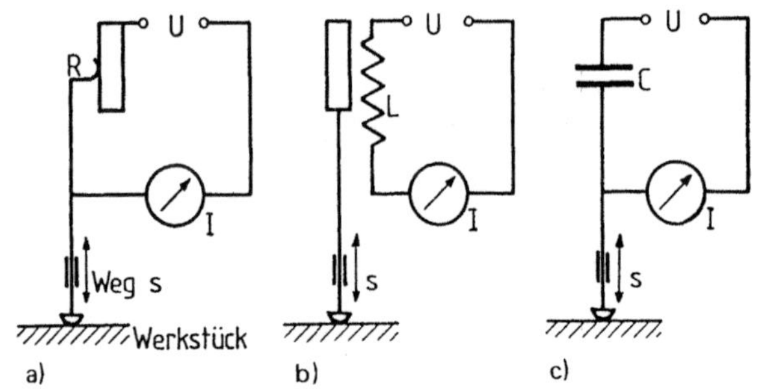

Bild 4.19
Möglichkeiten elektrischer/elektronischer Längenmessung
a) Widerstandswegaufnehmer auf ohmscher Basis: $R = f(s)$; $I = \frac{U}{R} = f(s)$
b) Induktiver Wegaufnehmer: $L = \frac{U}{\omega L} = f(s)$
c) Kapazitiver Wegaufnehmer: $C = f(s)$; $I = \omega C\, U = f(s)$

Der Widerstandsaufnehmer wird in der Praxis kaum angewendet, da der Verschleiß am Potentiometer zu groß wäre. Beim kapazitiven Wegaufnehmer ist der Meßbolzen des Meßwertaufnehmers mit der Platte eines Kondensators verbunden. Damit kann berührungslos gemessen werden. Jedoch sind solche Meßwertaufnehmer relativ groß, finden aber für spezielle Meßaufgaben, wie z.B. bei Schichtdickenmessungen, Anwendung. Beim induktiven Wegaufnehmer ist der bewegliche Tastbolzen mit einem Ferritkern verbunden, der in eine Spule eintaucht und bei einer Meßwertveränderung den Induktionsstrom verändert. Das System (Bild 4.20) ist, verglichen mit dem kapazititven Wegaufnehmer, sehr klein. Beim induktiven Meßverfahren werden meistens mechanisch berührende Meßwertaufnehmer verwendet (Bild 4.21), die je nach Bauart sehr kleine Meßkräfte

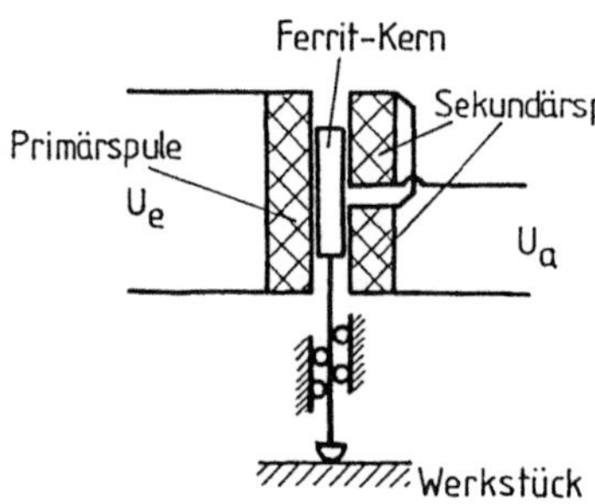

U_e = Primärspannung
U_a = Sekundärspannung

Bild 4.20
Prinzip eines induktiven Meßtasters

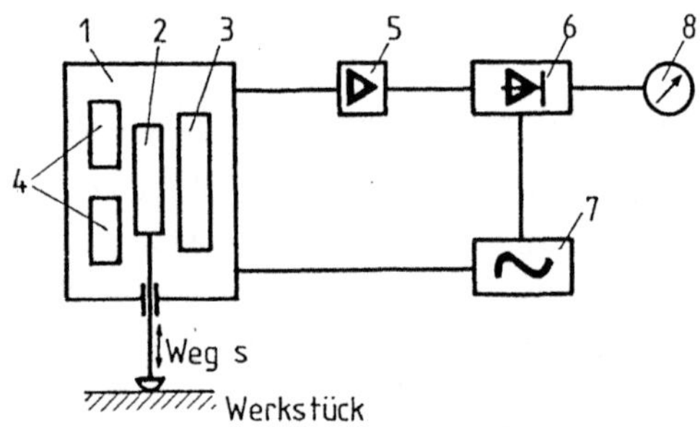

1 Meßwertaufnehmer
2 Meßtaster mit weichmagnetischem Kern
3 Primärspule
4 Sekundärspulen
5 Verstärker
6 Gleichrichter
7 Oszillator
8 Anzeigesystem

Bild 4.21
Prinzip eines Differentialtransformators, angewendet bei der mechanisch berührenden induktiven Längenmessung

(≦ 1 N) haben. Der weichmagnetische (Ferrit-)Kern taucht in die Spulen des Differentialtransformators ein. Seine Bewegung entspricht nach Größe und Richtung der Ausgangsspannung in Amplitude und Phasenlage. Die induzierte Ausgangswechselspannung wird in einem phasenabhängigen Gleichrichter in eine Gleichspannung umgeformt. Der elektrische Nullpunkt ist von der Konstruktion des Spulensystems abhängig; nach den Bildern 4.20 und 4.21 liegt der Nullpunkt in der Mittelstellung des Kerns.

Induktive Meßwertaufnehmer können nach Bauformen eingeteilt werden; man unterscheidet:

- *Axialmeßtaster* (Bild 4.22 a) mit einem Meßweg ± 1 bis ± 2 mm, einer Meßkraft ≧ 0,63 N und mit pneumatischer Meßbolzenabhebung nur ≦ 0,4 N;
- *Universalmeßtaster* für Innen- und Außenmessung mit Parallelführung (Bild 4.22 b) mit einem Meßweg ± 1 mm; deren Meßkraft ist einstellbar zwischen 2,2 und 5,5 N; sie verfügen über einen Meßeinsatzhalter in Schwalbenschwanzleisten;

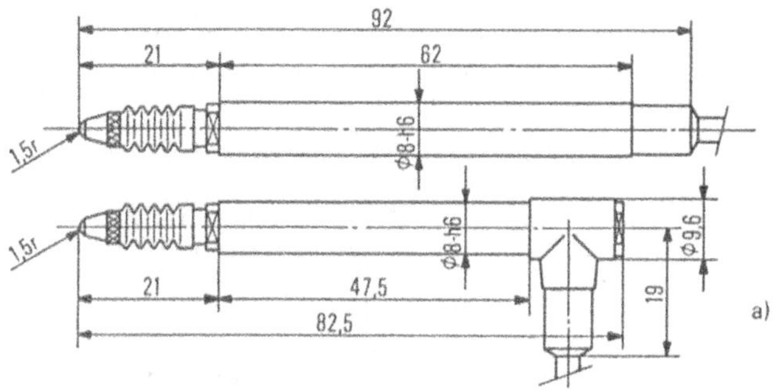

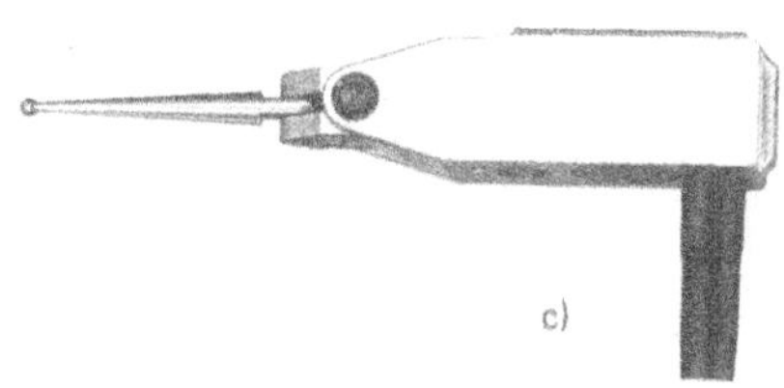

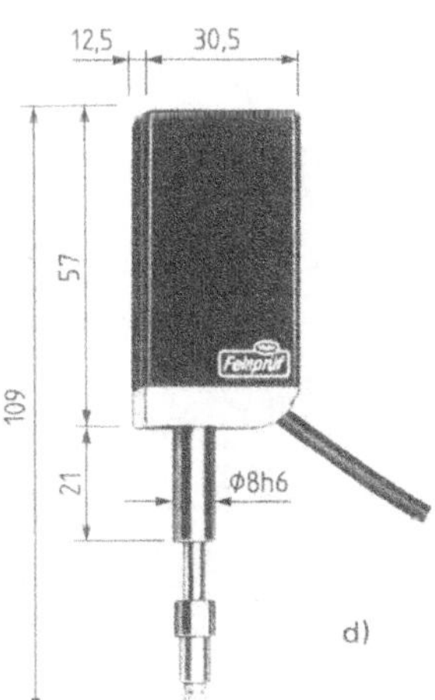

Bild 4.22

Induktiver Längenmeßaufnehmer
a) Axialmeßtaster (TESA)
b) Universalmeßtaster (TESA)
c) Fühlhebelmeßtaster (TESA)
d) Inkrementaler Meßtaster (Mahr/Feinprüf)

- *Fühlhebelmeßtaster,* mit Tastarm von 40 mm Länge, 180° schwenk- und auslenkbar (Bild 4.22c); er hat einen Meßweg ± 0,3 mm und besitzt eine Meßkraft von 0,1 N;
- *Meßtaster spezieller Bauweisen* (Bild 4.22d), *inkrementale Meßtaster* für digitale Langweg-Meßgeräte mit einem Meßweg ≧ 10 mm und einer Meßkraft von 0,4 bis 1 N.

Bei induktiven Tastern ist der gewünschte Meßbereich nicht vom Taster sondern von der Einstellung des Anzeigegerätes abhängig. Der maximale Meßfehler beträgt bei analogen Anzeigegeräten 1,5%, bei digitalen Geräten 0,1% des eingestellten Meßbereichs. Die Meßwertstreuung liegt bei 0,02 µm.

An *elektronischen Längenmeßgeräten* können in der Regel 1 oder 2 Meßtaster angeschlossen werden. Der Meßwertverstärker bildet die Summe oder die Differenz der Signalspannungen beider Meßtasteranschlüsse. Diese Signalspannungen können von Meßtastern, dem Feineinsteller oder von externen Sollwertgebern kommen (Bild 4.23). Die von einem phasenabhängigen Gleichrichter umgewandelte Meßspannung entspricht in Größe und Vorzeichen der Tastbolzenauslenkung. Die Anzeige am Analogausgang erfolgt auf einem Drehspulinstrument. Bild 4.24a zeigt ein elektronisches Meßgerät mit Analoganzeige und Bild 4.24b ein Meß- und Steuergerät mit 4 elektronischen Grenzschaltern und 5 Kontrollampen. Ähnliche Geräte, zusätzlich mit Extremwertspeichern versehen, sind in be-

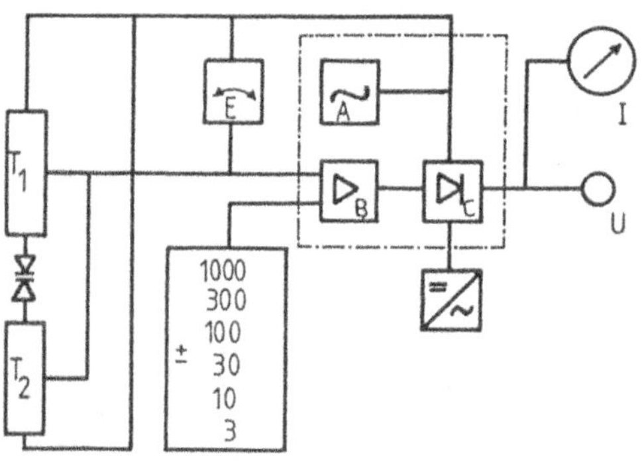

T_1, T_2 = induktive Taster
E = Nullsteller
A = Hochfrequenzgenerator
B = meßbereichsabhängiger Verstärker
C = phasenabhängiger Gleichrichter
I = Anzeigeinstrument
U = Analogspannungsausgang, z.B. zum Anschluß eines Schreibers

Bild 4.23
Analog-elektronisches Längenmeßgerät

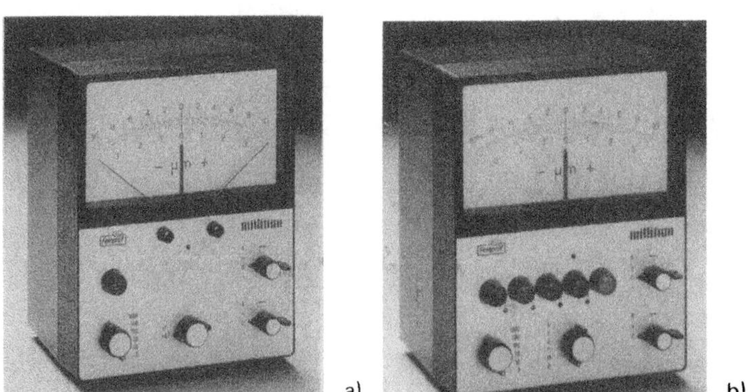

Bild 4.24
a) Elektronisches Meßgerät mit Analoganzeige („Millitron", Mahr)
b) Meß- und Steuergerät mit 4 elektronischen Grenzschaltern (Mahr/Feinprüf)

sonderem Maße für Formfehlermessungen (Abschn. 7.1) geeignet. Die am Analogspannungsausgang vorhandene Meßwertspannung kann auf Schreiber geschaltet werden; auf diese Weise kann man den Meßwertverlauf registrieren.

Für bestimmte Aufgaben ist anstelle der *Analoganzeige* eine *Digitalanzeige* sinnvoll. Sie wird durch Anschluß eines Digitalvoltmeters an den Analogspannungsausgang des Meßgerätes erreicht. Meßgeräte mit digitaler Meßwertanzeige haben Meßbereiche in einer Größenordnung von beispielsweise ± 2000 μm, ± 200 μm und ± 20 μm. Die Anzeigegenauigkeit beträgt 0,5 %.

Die Einteilung der Meßsysteme kann auch nach Bild 4.25 erfolgen. *Analog-Signale* entsprechen der dargestellten Information und ändern sich mit ihr stetig (z. B. beim Tachometer, dem Geschwindigkeitsmesser).

Digital-Signale können nur bestimmte abgestufte Werte annehmen (z. B. beim Kilometerzähler). Stetig veränderliche Größen, wie die meisten Meßwerte, können digital dargestellt werden, wenn der interessierende Bereich in Stufen oder Klassen eingeteilt wird. Diese Unterteilung nennt man Quantisierung.

Induktive Taster für Messungen mit einer Genauigkeit im Bereich von 1 μm sind allgemein nur in einem Meßbereich bis zu 1 mm einsetzbar. Für größere Meßbereiche (bis 100 mm) werden *inkrementale Meßtaster* (s. auch Abschn. 4.1.1) eingesetzt. Bild 4.26 zeigt den schematischen Aufbau solcher Taster. Mit dem Tastbolzen ist ein *Glasmaßstab* mit *Strichgitter* fest verbunden. Das Strichgitter wird mit dem bewegten Tastbolzen an einem *Abtastgitter* vorbeigeführt. Beide Gitter werden gleichzeitig von einer Lichtquelle durch-

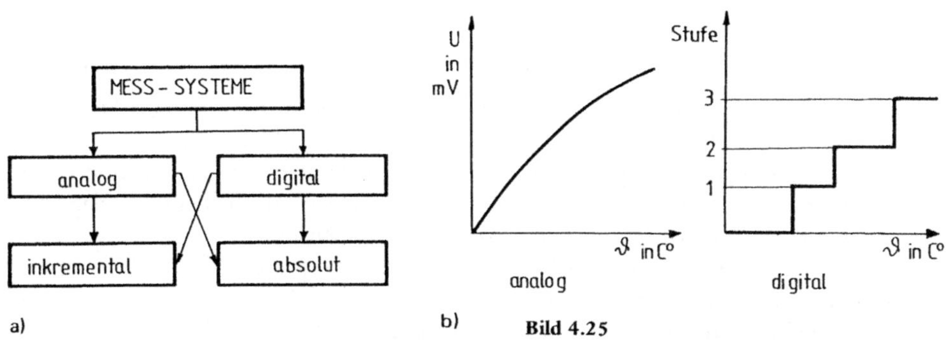

Bild 4.25
a) Einteilung von Meßsystemen
b) Unterschied zwischen analogem und digitalem Signal bei einem Thermoelement

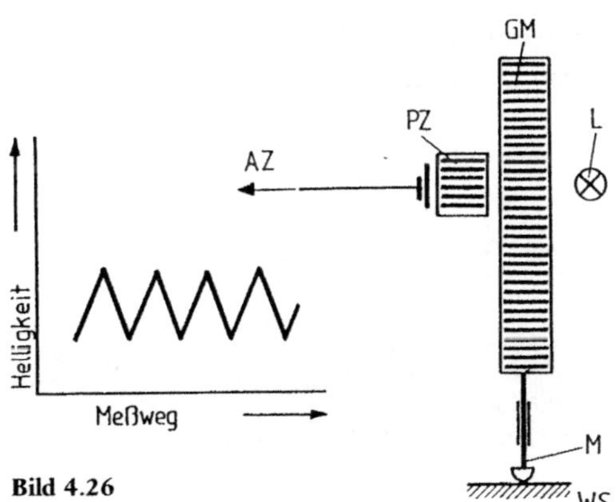

GM = Raster-Glasmaßstab mit Strichgitter
PZ = Photozelle mit Abtastgitter
AZ = zum Anzeigegerät (elektronischer Zähler)
L = Lampe
M = Meßtaster
WS = Werkstück

Bild 4.26
Funktionsweise inkrementaler Meßtaster

a)

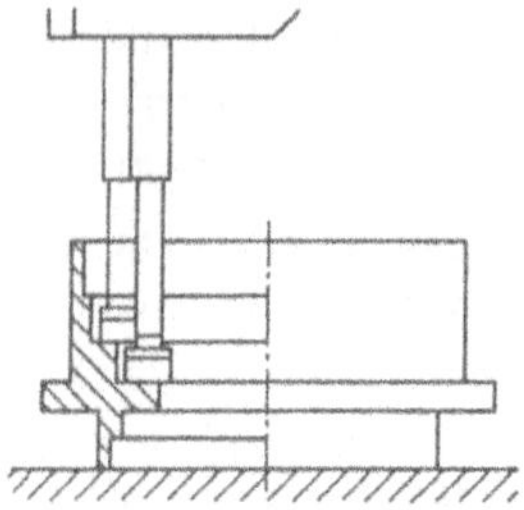

b)

Bild 4.27
Längenmessung mit inkrementalem Meßtaster (Mahr/Feinprüf)
a) Meßeinrichtung
b) Darstellung des schrittweisen Meßvorganges von Absätzen

leuchtet, die dabei periodisch auftretenden Helligkeitsschwankungen werden von einer *Photozelle* erfaßt und in einem speziellen Anzeigegerät mit Hilfe elektronischer Zähler ausgewertet. Der so gewonnene Meßwert wird digital angezeigt. Dabei beträgt der Meßfehler maximal ± 1 µm. Bild 4.27 zeigt die inkrementale Längenmessung an einem Objektträger.

Die Digitalanzeige hat besondere Vorteile:

- der Istwert läßt sich leichter ablesen;
- die hohe Auflösung des Meßergebnisses;
- der codierte[1] Ausgang zum Anschluß eines Digital-Druckers oder Rechners.

Die elektronische Längenmessung erlaubt eine große Vielfalt von Meßprozessen:

- die *Einzelmessung* wird mit einem induktiven Meßtaster für alle Arten der Direktmessung (wie mit Meßuhren und Feintastern) angewendet (Bild 4.28a);
- die *Summenmessung* erfolgt mit zwei gegenüberstehenden Meßtastern (Bild 4.28b). Mögliche Meßfehler, wie durch Werkstückverformung, mangelhafte Auflage oder exzentrischer Lauf von Zylindern werden voll kompensiert;
- bei der *Differenzmessung* (Bild 4.28c) ist am Anzeigegerät die Differenz der von zwei angeschlossenen induktiven Tastern abzulesen. Man erhält durch Meßvergleich zwischen zwei Meßstellen das Maß als Differenz, z.B. bei Wanddicken, Stufungen und Parallelitäten;
- die *Paarungsmessung* ist eine spezielle Art der Summen- oder Differenzmessung. Am Anzeigegerät kann das Spiel- oder Übermaß abgelesen werden, z.B. zwischen Welle und Bohrung (Bild 4.28d).

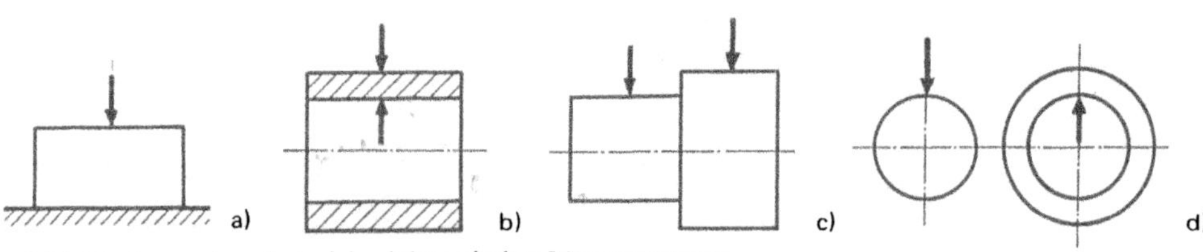

Bild 4.28 Anwendungsbeispiele elektronischer Längenmessung
a) Einzelmessung b) Summenmessung c) Differenzmessung d) Paarungsmessung

[1] Code = Kode, eine Vorschrift für die Kodierung = Verschlüsselung

Bild 4.29 Mehrstellenmeßeinrichtung mit elektronischen Leuchtsäulengeräten (Mahr/Feinprüf)

Bild 4.29 zeigt ein elektronisches Mehrstellen-Längenmeßgerät in Verbindung mit elektronischen Leuchtsäulengeräten. Die elektronischen Leuchtsäulen ermöglichen die gleichzeitige Anzeige und damit eine Überwachung aller Meßwerte. Darüber hinaus wird auch ein Vergleich benachbarter Meßwerte möglich.

Geräte mit zwei Meßkanälen und zwei angeschlossenen Tastern lassen wahlweise eine Summen- oder Differenzmessung zu (Bild 4.30).

Elektronische Meßeinrichtungen gestatten eine Vielfalt der automatisierten Anwendung. Bild 4.31 zeigt das Blockschaltbild einer Mikroprozessorsteuerung, die es erlaubt, bis zu 256 Meßtaster anzuschließen. Diese Meßtaster können seriell mit einer Abfragerate von 60 Meßwerten je Sekunde digitalisiert und über eine Schnittstelle an einen separaten Rechner gegeben werden, der die Meßergebnisse auswertet (Abschn. 12).

Folgende Vorteile der elektronischen Meßgeräte lassen sich anführen:

- die Anzeige erfolgt schneller als mit anderen Längenmeßgeräten
- die Anwendung ist vielfältiger.

Demgegenüber dürfen die nachstehenden Punkte als Vorzüge pneumatischer Meßgeräte gelten:

- berührungsloses Messen;
- selbstreinigend;
- einfache Meßdorne für Bohrungen, Kegel und Achsabstände.

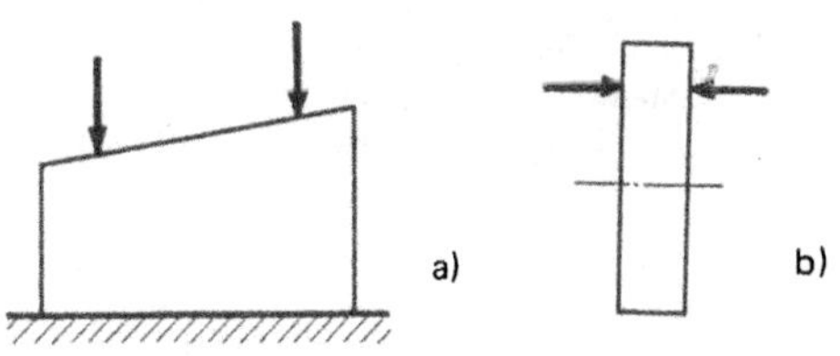

Bild 4.30

Summen- und Differenzmessung
a) Kegelsteigungsprüfung
b) Prüfung von Dicken

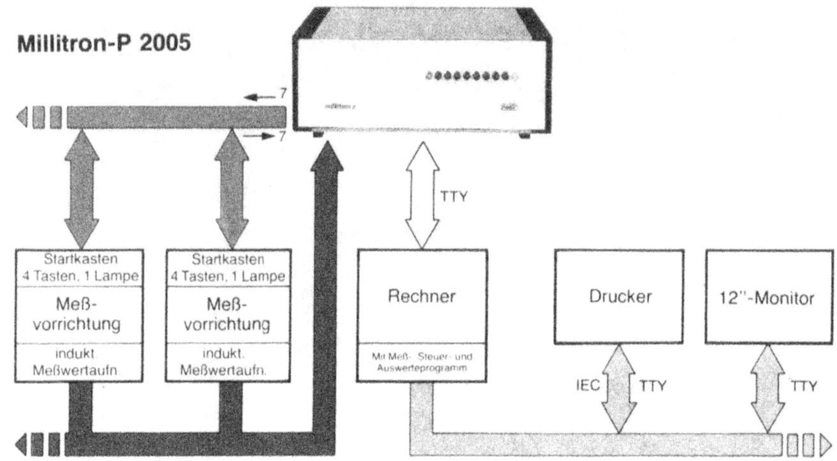

Bild 4.31 Elektronische Meßeinrichtung mit Mikroprozessorsteuerung (Mahr/Feinprüf)

Die Vorteile der elektronischen und der pneumatischen Meßtechnik sind mit pneumatisch-elektronischen Wandlern gemeinsam zu nutzen (Abschn. 4.3).

4.3 Pneumatische Meßgeräte

Die Funktion *pneumatischer Längenmeßgräte* beruht darauf, daß in der Zeiteinheit eine bestimmte Luftmenge durch einen Strömungskanal fließt, dessen kleinster Querschnitt durch das zu prüfende Maß beeinflußt wird (Bild 4.32a und b). Diese Meßgeräte werden vorwiegend in der *Serienprüfung* zum Feststellen der Abweichungen vorgegebener Maße eingesetzt. Eine Vergrößerung der Meßwerte kann in der pneumatischen Meßtechnik das 20000-fache des Ausgangswertes betragen. Die Genauigkeit ist hoch; die gute Reproduzierbarkeit der Meßwerte liegt bei 0,2 bis 1,0 µm.

Die Meßwertaufnehmer werden durch die ausströmende Druckluft gereinigt und gewähren somit auch bei geringer Wartung eine ständige Betriebsbereitschaft. Grundsätzlich ist

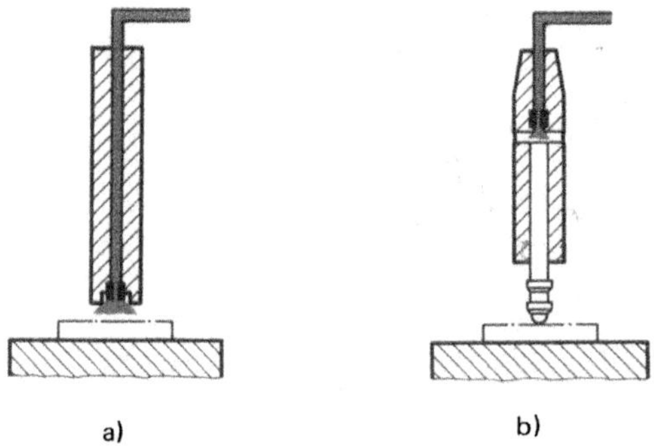

Bild 4.32
a) Berührungslose Meßwertübertragung
b) Mechanische Abtastung und pneumatische Meßwertübertragung

zwischen *berührungslosem Messen* (Bild 4.32 a) und dem Messen mit *mechanisch berührenden Meßwertaufnehmern* (Bild 4.32 b) zu unterscheiden. Beim berührungslosen Messen sind nur Strömungskanäle in die Aufnehmer einzuarbeiten. Darum können sie sehr kleine Abmessungen haben. Sie finden besondere Anwendung bei Innenmessungen (Abschnitt 7.3).

Grundlagen und Verfahren der pneumatischen Längenmessung werden in DIN 2271 T1 bis T4 behandelt. Die Meßverfahren unterscheiden sich durch die Messung einer der drei Zustandsgrößen: Durchfluß, Druck und Geschwindigkeit. Bild 4.33 a bis d zeigt Funktionsprinzipien für pneumatische Meßanordnungen.

Aus dem vor Jahrzehnten erfundenen *Niederdrucksystem* mit 0,05 bar sind die heute weit verbreiteten *Hochdruckgeräte* hervorgegangen. Nach DIN 2271 T1 wird unterschieden in

- Hochdruck mit einem Speisedruck $p_{sü} \geqq 0{,}5$ bar hinter dem Druckregler (1 bar Überdruck ≈ 1 atü) und
- Niederdruck mit $p_{sü} \leqq 0{,}1$ bar Überdruck.

Aus der Vielzahl pneumatischer Meßsysteme werden meist *Durchflußmeßgeräte* nach Bild 4.33 b und *Differenzdruckmeßgeräte* nach Bild 4.33 c als Rundskalen- oder Zeigergeräte

a)

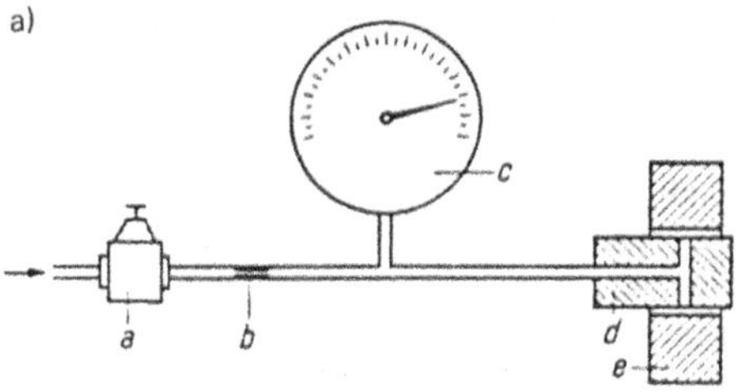

a Feindruckregler, b Vordüse, c Anzeigemanometer, d Düsendorn, e Werkstück

b)

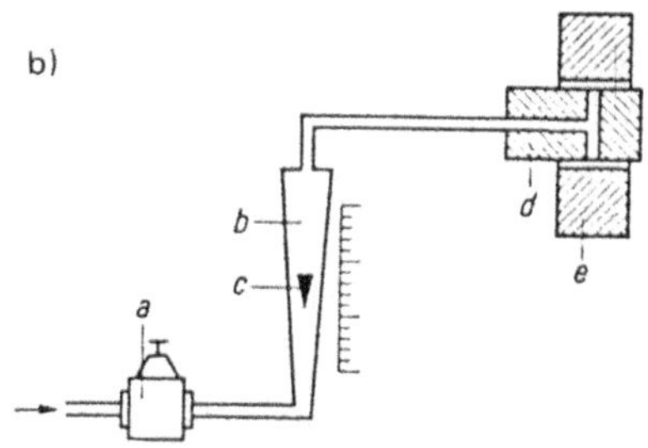

a Feindruckregler, b konisches Glasrohr, c Schwebekörper, d Düsendorn, e Werkstück

c)

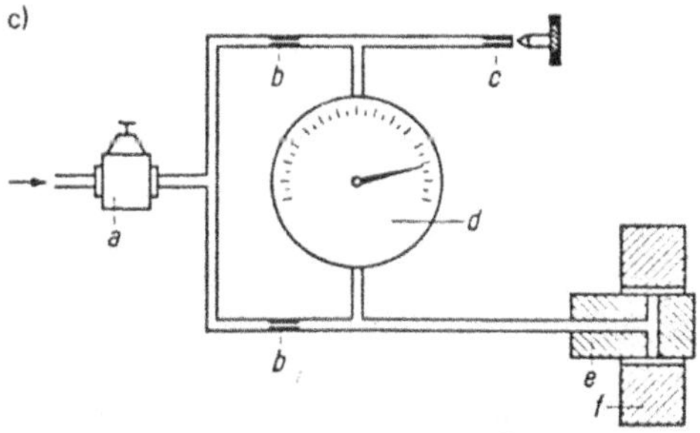

a Feindruckregler, b Vordüse, c Regeldüse, d Anzeigemanometer, e Düsendorn, f Werkstück

d)

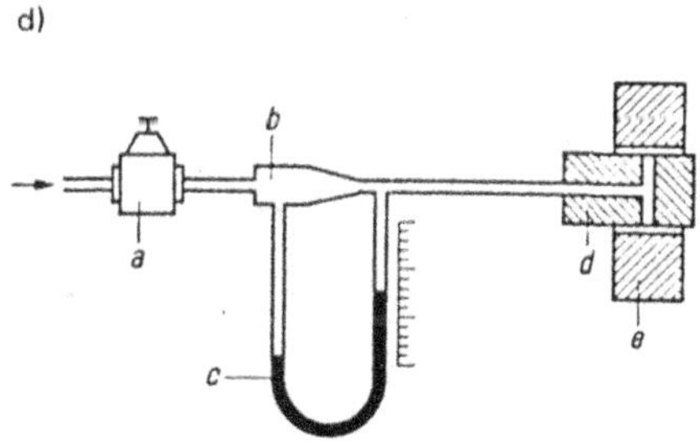

a Feindruckregler, b Venturidüse, c Flüssigkeitsmanometer, d Düsendorn, e Werkstück

Bild 4.33 Pneumatische Meßverfahren (Nieberding)
a) Druckmeßverfahren b) Volumenmeßverfahren
c) Differenzdruckmeßverfahren d) Venturimeßverfahren (Geschwindigkeitsmessung)

verwendet. Bild 4.34 zeigt das Prinzip der Durchflußmessung mit konstantem Druck p_0 des Luftstroms. Dieser konstante Druck wird mit einem Feindruckregler erreicht, der die zugeführte Druckluft in dem progressiv wirkenden Sicherheitsventil genau auf den Druck p_0 abbaut. Das geschieht ohne Reibung, also unter Ausschaltung aller Umkehrfehler. Der im Bild 4.34d dargestellte Meßwertwandler verwandelt die pneumatisch ermittelten Meßwerte in elektrische Impulse, die optisch, akustisch oder z. B. zur Steuerung von Werkzeugmaschinen verwendet werden können.

Bild 4.35 zeigt Prinzipien der Differenzdruckmessung mittels Zeigergeräten.

Bild 4.36 zeigt ein pneumatisches Meßprinzip für Niederdruck. Der zugeführte Luftstrom von etwa 0,5 bar Überdruck wird durch das Tauchrohrsystem auf einen konstanten Prüfdruck selbsttätig ausgeglichen. Anstelle der in der Längenmeßtechnik üblichen Meßdüse ist hier eine Meßkammer zur Prüfung von Faser-Proben (mit definiertem Gewicht) vorhanden. Bei feinen Fasern ist der Widerstand gegen den Luftstrom größer und der Luftdruck in der Staudruckkammer steigt. Bei solchen Prüfverfahren ist der geringe Luftdruck (Niederdruck) vorteilhaft.

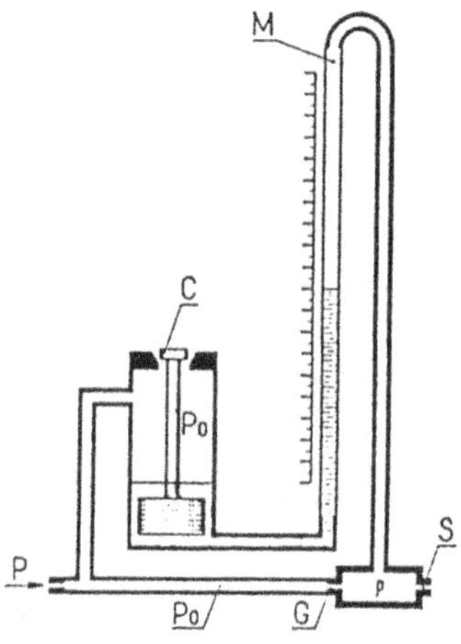

S: Öffnungsquerschnitt (z. B. das zu messende Werkstück)
G: Düse
p: Speise-Luftdruck
p_0: konstanter Luftdruck
C: Ventil für p_0
M: Meßsäule

Bild 4.34
Prinzip der Durchflußmessung nach Solex
a) und b) für berührungslose Messung
c) mit Kontaktmessung
d) mit Meßwertumwandler

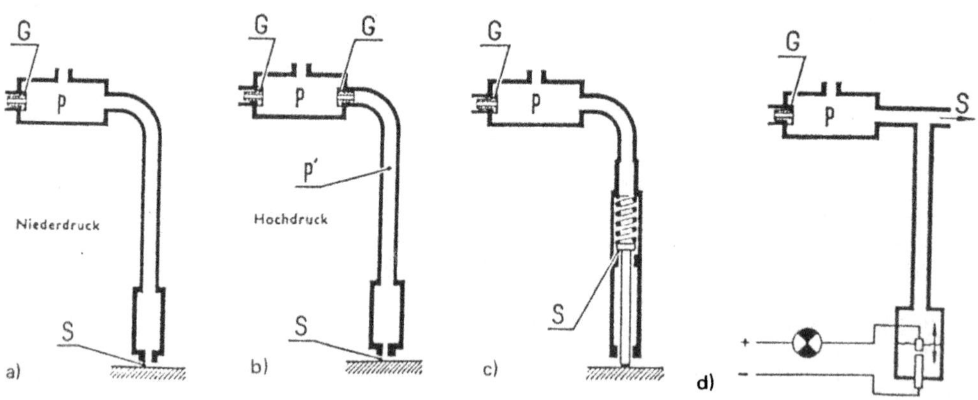

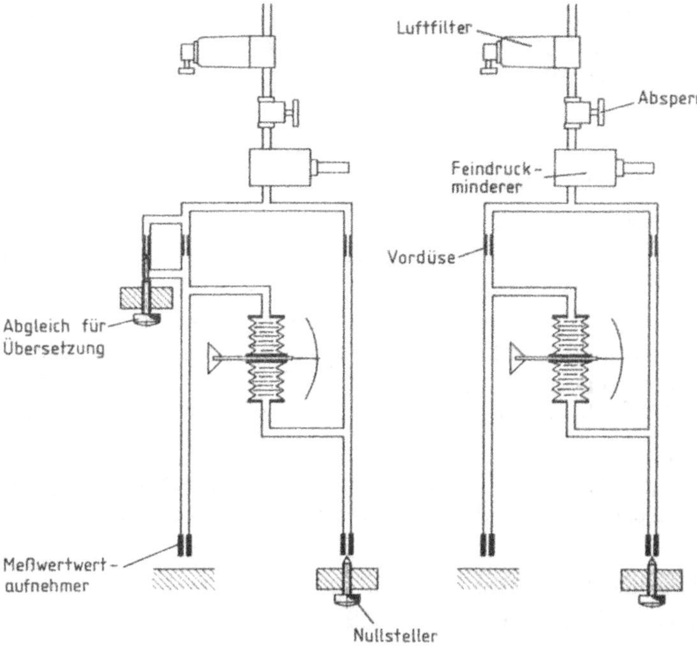

Bild 4.35
Differenzmeßprinzipien nach Mahr/Feinprüf

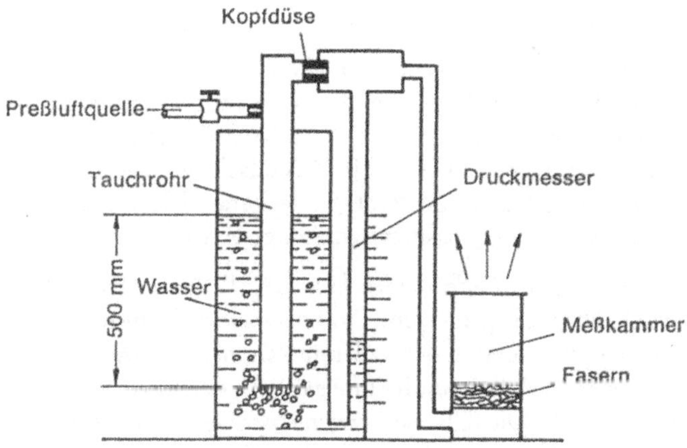

Bild 4.36
Pneumatisches Meßsystem, Fasonair-Verfahren (Nieberding)

Als Vorteile der Säulengeräte kann man anführen:

- bei mehreren Meßstellen lassen sich alle Toleranzen auf einen Blick durch Beobachtung der Schwebekörper erfassen;
- bei Kegelmessungen können mit einem Dreisäulengerät die Abweichungen an den Durchmessern und der Form und die Steigung erfaßt werden;
- der Preis einer Säule ist niedriger als der eines Zeigergeräts;
- der Luftverbrauch ist günstiger als bei Zeigergeräten, z.B. 1 Nm^3 je Stunde bei einer Übersetzung 5000:1 bei freiem Abblasen;
- Säulen benötigen einen geringeren Platz als Zeigerinstrumente.

Allerdings haben Säulengeräte folgende Nachteile:

- der Meßdruck ist an den Meßelementen mit 0,7 bis 0,9 bar geringer als bei Zeigergeräten; darum besitzen sie auch eine geringere Reinigungskraft;
- kleinere Meßbereiche bei gleicher oder angenäherter Übersetzung verglichen mit Zeigergeräten;
- es sind keine Lichtsignale für Toleranzüberschreitungen möglich, also gibt es keine Steuersignale, sondern es ist nur visuelles Ablesen möglich.

Als Vorteile der Zeigergeräte kann man anführen:

- größerer Meßdruck an den Meßelementen; dies erlaubt ein sichereres Durchblasen der Meßstelle auch bei zähflüssigen Kühlmitteln;
- größerer Meßbereich bei gleicher bzw. angenäherter Übersetzung;
- mehrere Meßstellen (bis 8) können mit Mehrstellenumschaltgeräten versehen werden, was zu einer Einsparung von Geräten führen kann;
- bei Kegelsteigungs- oder Lochabstandsmessungen wird nur ein Gerät (anstelle zweier Säulengeräte) benötigt;
- eine elektrische Anzeige ist für „Gut“ und „Ausschuß“ durch Signallampen möglich;
- elektrische Weiterverarbeitung der Toleranzmaße durch pneumatisch-elektronische Wandler.

Zeigergeräte besitzen folgende Nachteile:

- der Preis der Zeigergeräte ist höher als der für Säulengeräte;
- der Luftverbrauch ist größer, z.B. 2 bis 3 Nm^3 je Stunde bei einer Übersetzung 5000 : 1 und freiem Abblasen;
- bei mehr als zwei Meßstellen ist der Platzbedarf größer als bei Säulengeräten.

Säulengeräte arbeiten nach dem Prinzip der *Durchflußmengenmessung*. Dabei wird die durch ein gläsernes, konisches Feinmeßrohr fließende Luftmenge ausgewertet. Der Schwebekörper zeigt die Meßwertabweichungen an. Der Meßwert ist an einer linearen Langskale abzulesen. Die Übersetzungen, z.B. 125- bis 10000-fach, werden durch auswechselbare Feinmeßrohre und Langskalen bestimmt. Säulengeräte können allgemein nach dem Baukastensystem zu Mehrsäulengeräten zusammengesetzt werden.

Zeigergeräte arbeiten nach dem Prinzip der *Differenzdruckmessung*. Dabei wird die Druckdifferenz zwischen zwei Druckkammern gemessen. Eine der beiden Kammern liefert einen konstanten Vergleichsdruck, während in der anderen Kammer, der Meßkammer, durch den Abstand der Meßdüsen im Meßwertaufnehmer die Abweichungen des Prüflings (Werkstücks) bestimmt werden. Die Übersetzungen zwischen den Größenordnungen von 1 : 200 bis zu 1 : 20000 werden durch auswechselbare Gerätedüsen und Skalen bestimmt.

Meßwertaufnehmer und Anzeigegerät sollten durch einen möglichst kurzen *Luftschlauch* verbunden sein, wodurch eine räumliche Trennung möglich ist. Bei den Meßwertaufnehmern muß die aus den Meßdüsen austretende Druckluft ungehindert auf den atmosphärischen Druck entspannen können. Jeder Meßwertaufnehmer ist für eine bestimmte Meßaufgabe ausgelegt. Die entsprechenden Beschriftungen auf dem Meßwertaufnehmer sind zu beachten:

- *Düsenmeßdorne* nach Bild 4.37 a und b: sie haben zwei gegenüberliegende Meßdüsen, die den Meßwert berührungslos erfassen. Damit können Durchmesser, Rundheit (durch Drehen des Meßdornes) und Zylinderform von Bohrungen (durch Verschieben des Meßdornes) ermittelt werden. Der Meßbereich ist ≦ 100 µm (in Sonderfällen bis 200 µm);

- *Kugelkontaktmeßdorne* nach Bild 4.37 c: hier erfolgt die Meßwerterfassung durch zwei Stahlkugeln, die den Prüfling mechanisch antasten. Damit können auch bei starken Rauhtiefenschwankungen mit $R_z > 3$ µm hohe Genauigkeiten erreicht werden. Die Anwendung ist begrenzt auf Durchmesser, die größer als 12 mm sind;
- *Hebelkontaktmeßdorne* nach Bild 4.37 d sind besonders geeignet zum Prüfen von Grundlöchern in unmittelbarer Nähe der Stirnfläche des Loches;
- *Düsenmeßringe* und *Düsenmeßrachen* nach Bild 4.37 e und f werden für Außenmessungen benutzt. Damit sind Durchmesser, Rundheit und Zylindrizität zu prüfen.

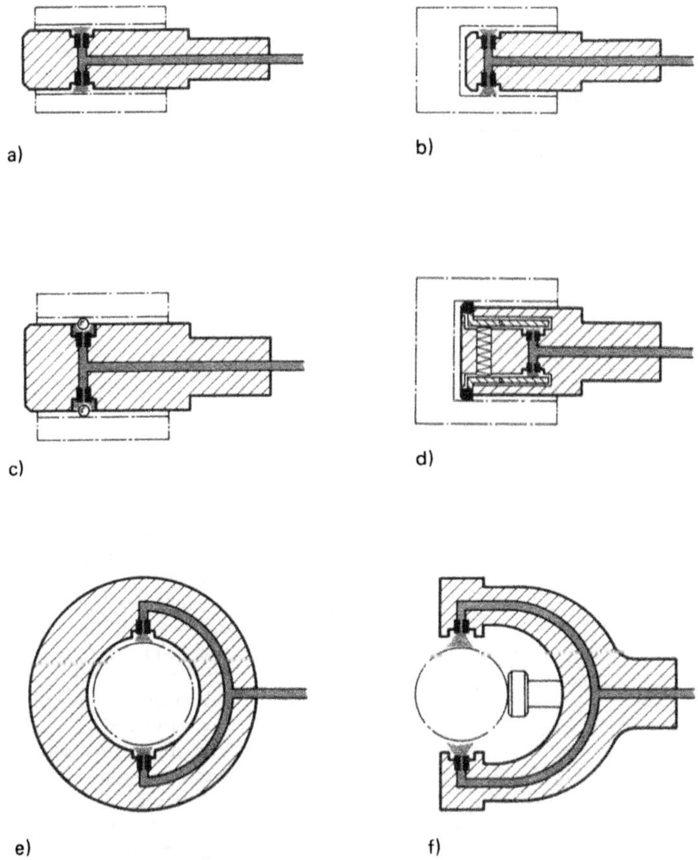

Bild 4.37 Düsenmeßdorne (Mahr/Feinprüf)
a) für Durchgangslöcher
b) für Grundlöcher (Sacklöcher)
c) pneumatischer Kugelkontaktmeßdorn
d) Hebelkontaktmeßdorn
e) Düsenmeßring
f) Düsenmeßrachen

Neben den Einsatzmöglichkeiten pneumatischer Meßwertaufnehmer für rotationssymmetrische Querschnittsformen sind auch anders geformte Meßwertaufnehmer für berührungsloses Messen gebräuchlich, und zwar für

- *Paarungsmessung* zwischen Welle und Bohrung (Bild 4.38 a);
- *Formmessung* zur Messung der Geradheit (Bild 4.38 b), sowie z. B. der Kegelwinkel und die Geradheit von Innen- und Außenkegeln (Bild 4.38 c). Zur Geradheitsmessung von Mantellinien von Bohrungen oder Wellen sind mehrere Einzelmessungen in verschiedenen Stellungen erforderlich. Dabei ist auch der Meßwertaufnehmer zu drehen;
- *Lagemessung* für die Rechtwinkligkeit (Bild 4.38 d), die Lochabstandsmessungen (Bild 4.38 e), den Bohrungsabstand angeschnittener Bohrungen (Bild 4.38 f), das Messen von Kegelsteigung, Form und Durchmesser (Bild 4.38 g) und eine Mehrfachmessung von Innen- und Außendurchmessern mit Abtastung der Stirnflächen am Werkstück (Bild 4.38 h).

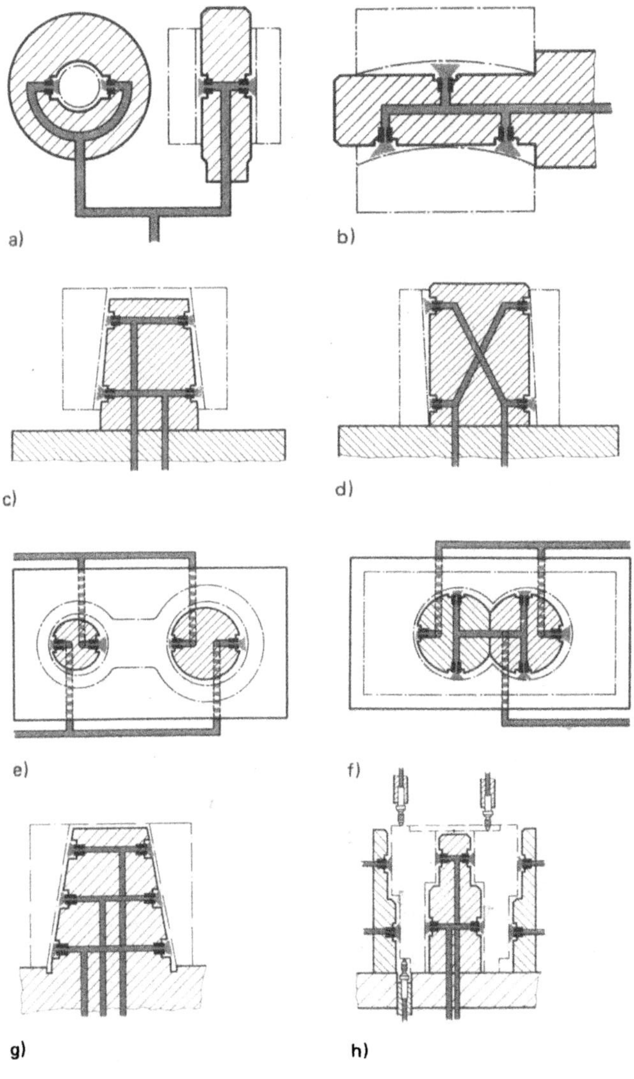

Bild 4.38
Mehrfachwirkende Düsenmeßdorne (Mahr/Feinprüf)
a) Paarungsmessung
b) Geradheitsmessung von Bohrungen
c) Messung des Kegelwinkels und der Geradheit der Mantellinie an Innenkegeln
d) Messung der Rechtwinkligkeit einer Bohrungsachse zur Stirnfläche
e) Lochabstandsmessung getrennter zylindrischer Bohrungen
f) Lochabstandsmessung angeschnittener zylindrischer Bohrungen
g) Kegelsteigungs-, Form- und Durchmessermessung
h) Mehrfach-Innen- und Außenmessungen mit Höhenabtastung durch mechanisch berührenden Kleintaster

Weitere Anwendungen der pneumatischen Meßtechnik ermöglichen *Fühlhebel-Rachenlehren*, die z. B. zur Prüfung von Werkstücken mit Oberflächen-Rauhtiefen ($R_z > 3\ \mu m$) eingesetzt werden können. Hier tastet der bewegliche Meßbolzen den Prüfling mechanisch mit einem eingebauten pneumatischen Kleintaster ab. Die Abstimmung der Fühlhebel-Rachenlehre erfolgt mit Parallelendmaßen, Meßscheiben oder Einstelldornen. Solche Rachenlehren sind in Stufen bis 150 mm einstellbar und insbesondere dann anzuwenden, wenn der Einsatz von Düsenringen zu aufwendig ist.

Wie alle anderen *Präzisionsmeßgeräte* so benötigen auch pneumatische Meßgeräte eine besondere Pflege, die das Reinigen der Luftfilter, das gelegentliche Reinigen der Meßdüsen, der Glasrohre und Druckregler sowie das Überprüfen der Meßelemente umfassen sollte.

Die Anwendung der pneumatischen Meßverfahren steht in einem zunehmenden Wettbewerb zu elektronischen Meßsystemen. Jedoch haben beide, neben den sich überschneidenden Anwendungsgebieten, bestimmte eigene Aufgaben. Die jeweiligen Vorteile der pneumatischen und elektronischen Längenmessung können mit pneumatisch-elektronischen *Wandlern* gemeinsam genutzt werden. Sie erfassen Maßabweichungen schnell und genau; die pneumatisch ermittelten Meßwerte werden in elektrische Signale umgewandelt und mit Meß-, Steuer- bzw. Formfehler-Prüfbausteinen analog oder digital angezeigt und weiter umgesetzt. Die Meßwerterfassung erfolgt nach dem *Differenzdruckmeßprinzip*. In zwei Druckkammern wird die Druckdifferenz ausgewertet. Dabei hat eine Kammer einen konstanten Vergleichsdruck, während die andere, die Meßkammer, mit den Meßdüsen verbunden ist. Es wird mit relativ hohen Arbeitsdrücken gearbeitet (ca. 2 bar Überdruck).

Die pneumatisch erfaßten Maßabweichungen werden nach dem Prinzip des *Differentialtransformators* in trägerfrequente Signale gewandelt. Sodann werden die Meßwerte an ein elektronisches Meßgerät weitergeleitet. Hierbei handelt es sich um *Prüfbausteine*, die die Integration der Meßtechnik in den unmittelbaren Fertigungsprozeß ermöglichen können. Abschnitt 12 behandelt Entwicklungstendenzen in der Fertigungsmeßtechnik zum Zwecke der Erhöhung der Qualitätssicherung.

Die Tafeln A 4.2a und b zeigen Anwendungsbeispiele für berührungsloses Prüfen von Kegeln und von jeweils zwei fluchtenden Bohrungen.

4.4 Meßgeräte mit optischer Antastung

Optische Meßgeräte werden (mit Ausnahme von Profilprojektoren) in der Produktionsprüfung nur selten eingesetzt, da diese Geräte im allgemeinen zu empfindlich sind. Das Prüfobjekt wird optisch, also nicht berührend, angetastet. Die optische Antastung hat folgende Vorteile:

- die Meßkraft ist Null. Darum können auch Werkstücke aus weichen Werkstoffen, wie Kunststoffteile, Wachsmodelle, mit optischen Geräten gemessen werden;
- keine Abnutzung von Taststiften;
- zweidimensionale Werkstücke, wie Leiterplatten, Folienmuster, können gemessen werden;
- mit optoelektronischen Bauelementen sind hohe Meßgeschwindigkeiten beim Erfassen vieler Meßpunkte zu erreichen.

Optische Meßgeräte sind in der Regel Universalgeräte, die mit und ohne Zusatzeinrichtungen für Bohrungs-, Gewinde-, Kegel-, Form- und Abstandsmessungen einsetzbar sind. Hierzu zählen die Meßlupen, Meßmikroskope und Profilprojektoren.

4.4.1 Grundbegriffe der Optik

Licht besteht aus sehr kleinen Teilchen, die sich als Lichtquanten geradlinig von der Lichtquelle fortbewegen. Diese Theorie reicht für die benötigten optischen Betrachtungen aus [4.1]. Fällt (weißes) Sonnenlicht auf ein Glasprisma, so wird es, wie Bild 4.39 zeigt, abgelenkt und in seine Spektralfarben (Rot, Orange, Gelb, Grün, Blau, Violett) zerlegt.

Um die Meßunsicherheit beim Arbeiten mit optischen Geräten klein zu halten, muß das *Fadenkreuz* sorgfältig angelegt bzw. das Zur-Deckung-Bringen im *Doppelbildverfahren* präzise durchgeführt werden.

Beim Vermessen von Werkstücken mit *Meßmikroskopen* findet das sog. *Schattenbildverfahren* Anwendung. Dabei wird vom Prüfling ein Schattenbild erzeugt, das mit Hilfe des *Fadenkreuzes* im Mikroskop punktweise ausgemessen werden kann. Mit dem *Doppelbildverfahren* [4.2] lassen sich besondere Meßaufgaben leichter und genauer ausführen. Zu jedem Doppelbildverfahren gehört ein besonderer Prismensatz. Beim zentralsymmetrischen Doppelbildverfahren entstehen zwei Bilder. Wird z.B. eine Bohrung (Bild 4.40) durch einen Prismensatz abgebildet, so erscheinen zwei Bohrungen in unterschiedlichen Farben solange, bis der Mittelpunkt des Prismensatzes mit dem Mittelpunkt der Bohrung zusammenfällt. Da die beiden Doppelbilder in verschiedenen Farben erscheinen, lassen sie sich sehr genau zur Deckung bringen. Verschiebungen des Werkstücks von weniger als 1 µm verursachen gut erkennbare Farbsäume.

Gemäß Bild 4.41 soll beispielsweise der Mittenabstand m zweier Bohrungen bestimmt werden. Erfolgt die Abstandsmessung mit einem Meßmikroskop mit Fadenkreuz (Bild 4.41a), so sind nacheinander mit dem Fadenkreuz die Strecken d_1, a und d_2 zu ermitteln, d.h. es sind vier Einstellungen nötig, und der Abstand m ist dann daraus auszurechnen.

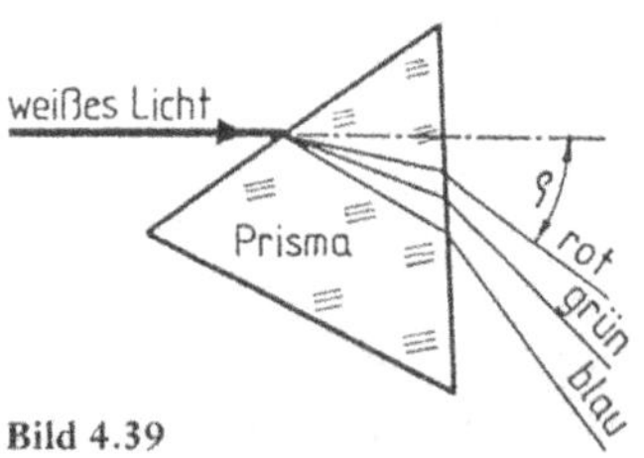

Bild 4.39
Brechung des Lichts durch ein Prisma

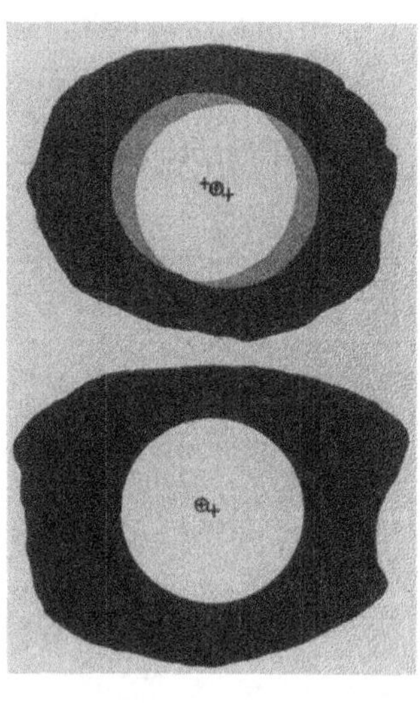

a)

b)

Bild 4.40
Doppelbildverfahren (Carl Zeiss, Oberkochen [4.2])
a) normales Schattenbild
b) zentralsymmetrisches Doppelbild
+: Mittelpunkt der Bohrung
⊕: Mittelpunkt des Prismensatzes

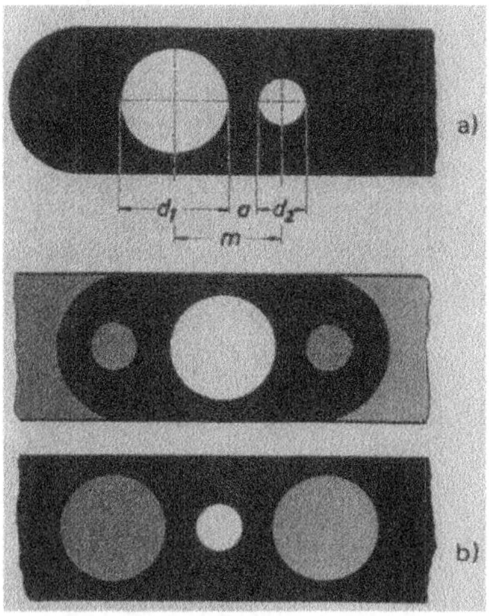

Bild 4.41
Bestimmen eines Bohrungsmittenabstandes (Carl Zeiss, Oberkochen [4.2])
a) Messen mit Fadenkreuz
b) zentralsymmetrisches Doppelbildverfahren
1: Bilddeckung bei der großen Bohrung
2: Bilddeckung bei der kleinen Bohrung

Beim zentralsymmetrischen Doppelbildverfahren wird das Werkstück so ausgerichtet, daß sich beim Verschieben des Meßtisches in einer Richtung die Bilder zur Deckung bringen lassen. Bringt man zuerst die Bilder der großen Bohrung nach Bild 4.41 b zur Deckung und dann die der kleinen Bohrung, so ergibt die Differenz der beiden abgelesenen Werte den gesuchten Mittenabstand m.

4.4.2 Meßlupe

Meßlupen werden z. B. zum Messen von Kugeleindruckdurchmessern bei der Härteprüfung verwendet. Sie haben eine geringe *Schärfentiefe*, sind also nur für Messungen an Körperkanten geeignet. In der Mitte der Objektebene können sie einen Strichmaßstab haben. Die Bezeichnung wie z. B. 8× gibt die Vergrößerung an.

4.4.3 Meßmikroskope

Je nach Ausführung haben *Meßmikroskope* einen Skalenteilungswert bis zu 1 µm. Unterschieden wird nach Ausführungen mit *Monokular* (mit einem Okular) und mit *Binokular* (hier wird das Objekt mit beiden Augen betrachtet). Mit dem *Stereomikroskop* kann das Objekt räumlich betrachtet werden (Bild 4.42). Bild 4.43 zeigt schematisch den Strahlengang. Vergrößerungen, Objektfelddurchmesser und Arbeitsabstände sind durch wechselbare Objektive wählbar. Mit vielfältigem Zubehör und Ergänzungseinrichtungen wird eine große Anwendungspalette möglich. Mikroskope für *Tiefenmessungen* erfassen Höhendifferenzen bis 2000 µm; der Skalenteilungswert beträgt dann 1 µm. Mit dem Zubehör für Durchlichtbeleuchtung (Bild 4.44) können Objekte auch bei durchfallendem Licht untersucht werden. Eine universelle Anwendung haben Meßkomponentensysteme, z. B. das MKS 1000 der Firma Zeiss. Neben dem einfachen Fadenkreuz für allgemeine Längenmessungen hat dieses Gerät ein Doppelbildokular. Mit Revolverokularen können bestimmte Formen, wie Gewinde, geprüft werden. Eine binokulare Ergänzungseinrichtung kann auch einen Winkelmeßeinsatz sowie Zweikoordinatentaster und Meßeinrichtung für Höhen und Innengewinde enthalten.

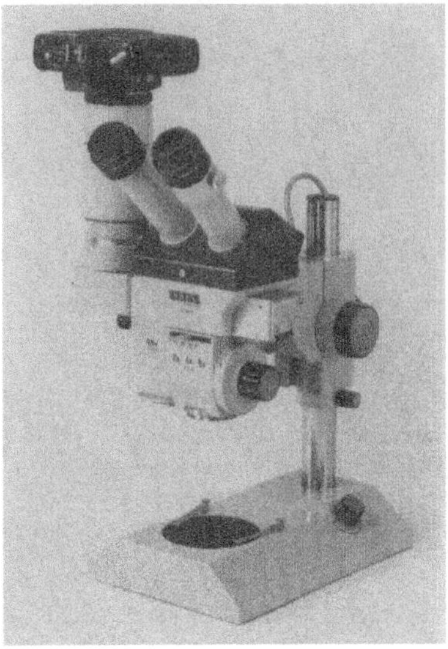

Bild 4.42
Stereomikroskop mit Fototubus (Carl Zeiss, Oberkochen)

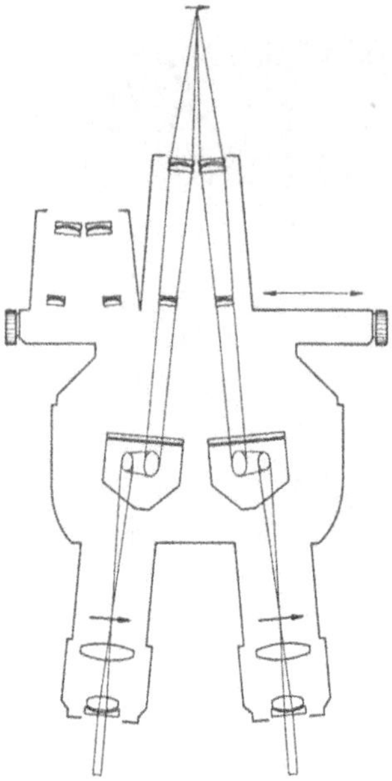

Bild 4.43
Strahlengang eines Stereomikroskops (Carl Zeiss, Oberkochen)

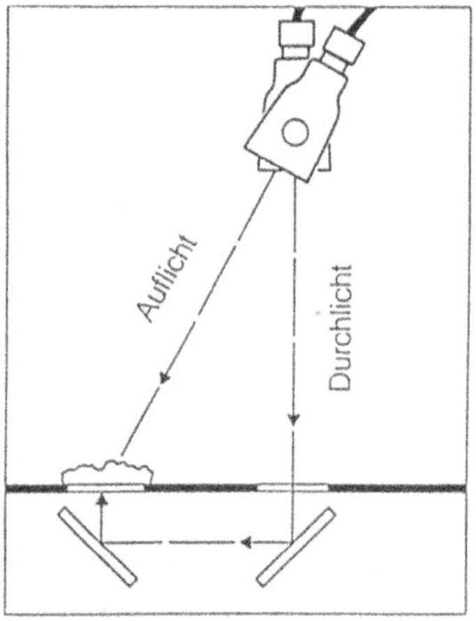

Bild 4.44
Durchlichtbeleuchtung an einem Stereomikroskop (Carl Zeiss, Oberkochen)

Allgemein werden für Meßaufgaben die folgenden Verfahren angewendet:

- *Schattenbildverfahren:* dabei wird die Schattenkante des Prüflings optisch an einem Fadenkreuz angelegt;
- *Achsschnittverfahren:* es dient der Vermessung von Werkstücken, die keine scharfe Kante entwerfen, wie z. B. Gewinde oder Walzen. Dabei werden Meßschneiden an die Mantellinie des Prüflings angelegt. Bei Prüflingen, die auf dem Plan- oder Rundtisch liegen, werden diese Schneiden entweder direkt auf der Grundplatte festgeklemmt oder mit Endmaßen auf die Meßhöhe gebracht. Das Prüfen von Gewinden wird im Abschnitt 7.5 behandelt;

- *mechanische Antastverfahren:* damit werden beispielsweise Lochdurchmesser, Schlitze, Grundlöcher, Außenflächen, Innengewinde oder Höhenunterschiede vermessen. Der Taster ist mit einem Spiegel verbunden, der einen leuchtenden Spalt ablenkt. Mit Hilfe der Doppelbildeinrichtung wird dieser Spalt in ein rotes und grünes Spaltbild aufgeteilt;
- *Profilvergleich:* dabei wird der Prüfling mit einer Strichplatte des Revolverokulars verglichen;
- *Doppelbildverfahren;* es wird zur Symmetrieprüfung, zum Messen von Lochabständen u.ä. benutzt.

Eine moderne Ergänzungseinrichtung zum *Stereomikroskop* (SR-Zeiss) ist ein *Profillinienprojektor.* Er dient zum berührungslosen Messen von Erhebungen und Vertiefungen beliebiger Strukturen. Damit können Höhen von 40 bis 500 µm ausgemessen werden. Strukturen bis 5 µm Höhe sind noch qualitativ erfaßbar, und Höhen von 0,5 bis > 1 µm sind abschätzbar. Ausmeßbar sind Oberflächen z.B. aus Metall, Keramik, Stein, Kunststoff, Strukturen von Lack- und Farboberflächen, von Ätzungen, Prägungen, Beschichtungen, Glasierungen sowie dünne, geprägte Folien, Papier und Pflanzenblätter.

Der Profillinienprojektor, verbunden mit dem Stereomikroskop, projiziert ein Strichgitter unter einem Winkel von 45° auf das Objekt. Erhebungen und Vertiefungen kennzeichnen sich durch entsprechenden Versatz der Linien, der der Höhe bzw. Vertiefung im Prüfling entspricht (Bild 4.45).

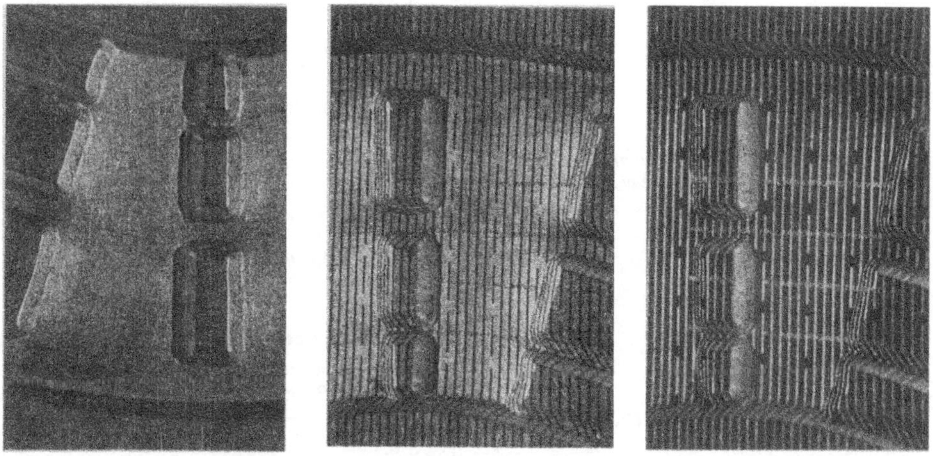

a) b) c)

Bild 4.45 Strichbild des Profillinienprojektors (Carl Zeiss, Oberkochen)
Höhe der Struktur 800 bis 850 µm
a) Prüfling ohne Strichbild
b) Strichbild dunkel auf hellem Grund
c) Strichbild hell auf dunklem Grund

4.4.4 Interferenzeinrichtungen und Interferenz-Mikroskope

Eine besondere Ergänzung für Mikroskope stellen Einrichtungen zum Messen von Längen mit Hilfe der Interferenz (s. Abschn. 2.5.1) dar. Bei den Interferenzeinrichtungen können durch die Interferenz zwischen der Objektfläche und dem Referenzspiegel Höhendifferenzen in Vielfachen von $\frac{\lambda}{2}$ abgelesen werden.

Mit *Interferenz-Mikroskopen* sind grundsätzlich Direktuntersuchungen von Rauhigkeit und Form der Oberfläche sowie Dickenmessungen dünner Schichten durchzuführen [4.4]. Bild 4.46 zeigt den prinzipiellen Aufbau der Optik eines Interferenz-Mikroskops.

Mit Weißlicht-Interferenz (meist aus Tageslicht) können Dickenmessungen an Chromschichten, Lackschichten, Eloxalschichten u. ä. bis 10 μm Dicke gemessen werden. Dabei ist Voraussetzung, daß eine Stelle der Oberfläche des Schichtträgers von der Schicht selbst frei bleibt. Aufgrund der größeren Weglänge, welche die Strahlen, die auf den Schichtträger fallen, gegenüber den Strahlen, die die Schicht treffen, zurücklegen müssen, sind die beiden Interferenzstreifensysteme beider Flächen zueinander versetzt. Bei monochromatischem Licht wäre dieser Versatz nicht zu erkennen.

4.4.5 Lichtschnittmikroskop

Mit dem *Lichtschnittmikroskop* werden überwiegend technische Oberflächen im Hinblick auf die Oberflächengüte von Werkstücken geprüft (Abschn. 7.2). Es kann aber auch zur zerstörungsfreien *Dickenbestimmung* an transparenten Schichten und Folien, sowie an (auch gefärbten) Eloxalschichten eingesetzt werden. Bild 4.47 demonstriert den Strahlengang, die Bilder 4.48 a bis c zeigen die Auswertung von Messungen (Abschn. 2.5.1).

Zur Ermittlung der wahren Schichtdicke muß der Brechungsindex „n" der Schicht rechnerisch berücksichtigt werden; er liegt bei Eloxalschichten zwischen 1,59 und 1,62

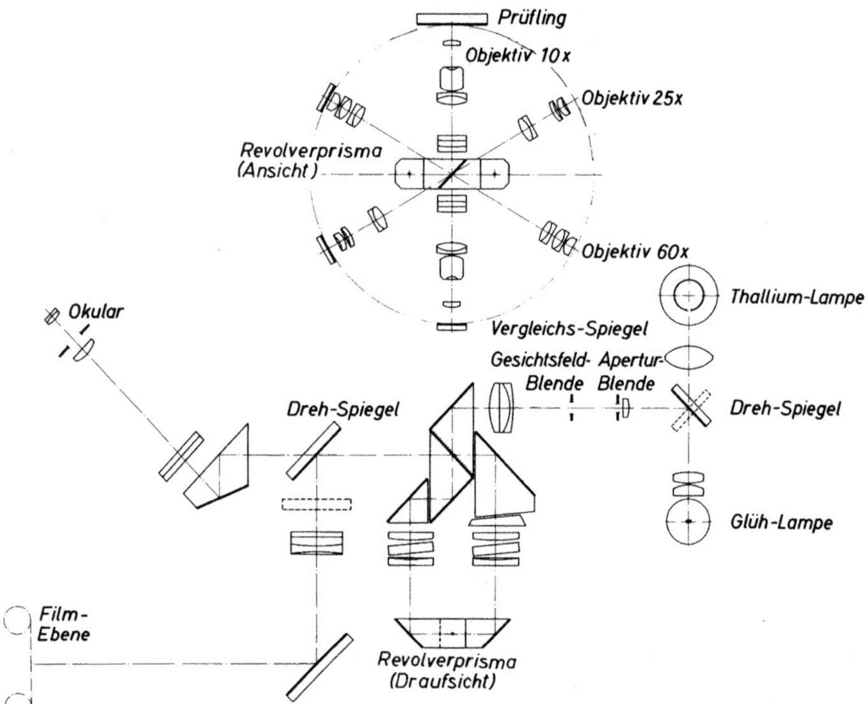

Bild 4.46 Optische Anordnung im Interferenzmikroskop (Carl Zeiss, Oberkochen [4.5])

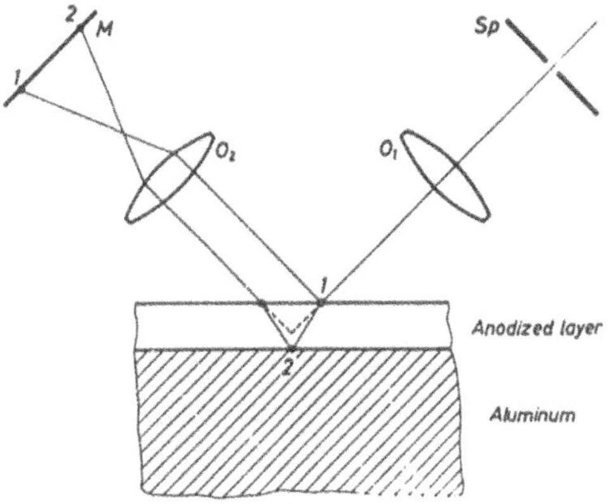

Bild 4.47 Strahlengang beim Lichtschnittmikroskop bei der Bestimmung einer Schichtdicke (Carl Zeiss, Oberkochen)

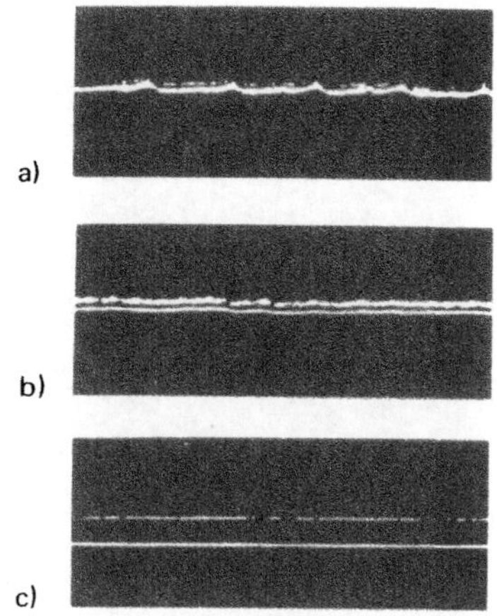

Bild 4.48 Lichtschnittmikroskopien (Carl Zeiss, Oberkochen)
a) Eloxalschicht von 13 μm Dicke; 200-fache Vergrößerung
b) Metalloberfläche mit (transparenter) Lackschicht von 8 μm Dicke; 400-fache Vergrößerung
c) Klarsichtfolie von 70 μm Dicke; 200-fache Vergrößerung

[4.3]. Im Bild 4.47 ist zu erkennen, daß ein Teil des Lichts in die durchlässige Schicht eindringt und an der Unterseite der Schicht, also der Oberseite des Aluminiums, reflektiert. Der andere Teil des Lichts wird an der Schichtoberfläche reflektiert. So erscheinen im Okular zwei Lichtbänder (Bild 4.47).

4.4.6 Profilprojektoren

Das Objektiv eines *Projektors* bildet auf einem Bildschirm oder einer Mattscheibe ein reelles vergrößertes Bild des Prüfobjekts ab. *Profilprojektoren* werden sowohl zum Ausmessen von Werkstücken als auch zur Prüfung von Profilen verwendet. Im Gegensatz zu den meisten anderen optischen Meßgeräten finden sie auch unmittelbar im Fertigungsbetrieb vorteilhafte Verwendung. Das vergrößerte Bild des Prüfobjekts kann z. B. mit einem vorgezeichneten Profil unter Beachtung der Toleranzfelder leicht und schnell verglichen werden. So ist es auch möglich, Werkstücke mit schwierigeren Formgebungen durch Vergleichsmessungen zu prüfen.

Profilprojektoren für den Meßraum und den Fertigungsbetrieb sind mit Ausbaustufen, wie z.B. digitale Meßeinrichtungen, automatische Kantenabtastungen und CNC[1]-Steuerungen, für ein genaueres und schnelleres Messen als dasjenige mit maßstabsgerechten Zeichnungen einzusetzen. Je nach Ausbaustufe kann z. B. der Meßprojektor ST 500 CNC (Optotechnik, Dr. Schneider) wie eine Koordinaten-Meßmaschine benutzt werden (Bild 4.49).

[1]) CNC = Computerized Numerical Control (Rechnersteuerung einzelner Maschinen)

Bild 4.49
Meß-Projektor
(Dr. H. Schneider)

Wie in der sonstigen Fertigungsmeßtechnik, so zeigt sich auch bei den Profilprojektoren der Trend zur Automatisierung, der automatischen Datenerfassung und Verarbeitung in Rechnerprogrammen. Die Digitalanzeige erlaubt es, die Größe 1 µm abzulesen. Die Vergrößerungsobjektive sind mit 10-facher, 20-facher, 50-facher bzw. 100-facher Vergrößerung erhältlich.

4.4.7 Ebenheitsprüfer

Interferenz-Mikroskope haben einen relativ kleinen Meßfelddurchmesser. Besteht aber die Notwendigkeit, größere Flächen im ganzen zu prüfen, weil z. B. durch eine stückweise Untersuchung Meßfehler auftreten können, so ist der *Ebenheitsprüfer* von Nutzen. Er hat bis 70 mm Meßfelddurchmesser, jedoch nur eine 1,7- bis 11-fache Vergrößerung. Bild 4.50

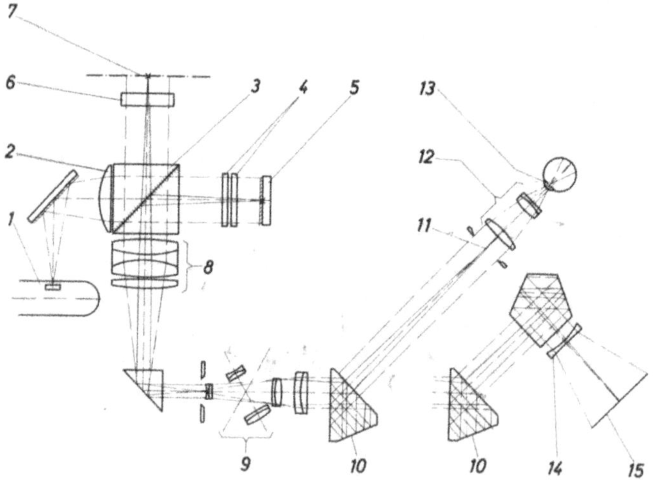

1 Thalliumlampe,
2 Kollimator (Fresnel-Linse),
3 Teilungswürfel,
4 Drehkeilpaar,
5 Vergleichsspiegel,
6 Kompensationsplatte für das Drehkeilpaar,
7 Probenauflage (Objektebene),
8 Objektiv zur Abbildung von Probe und Interferenzen,
9 Vergrößerungswechsler,
10 Umkehrprisma,
11 Reelles Zwischenbild,
12 Okular,
13 Auge des Beobachters,
14 Hilfslinse im Photostrahlengang,
15 Photoansatz

Bild 4.50 Strahlengang im Interferenz-Flächenprüfer (Carl Zeiss, Oberkochen [4.5])

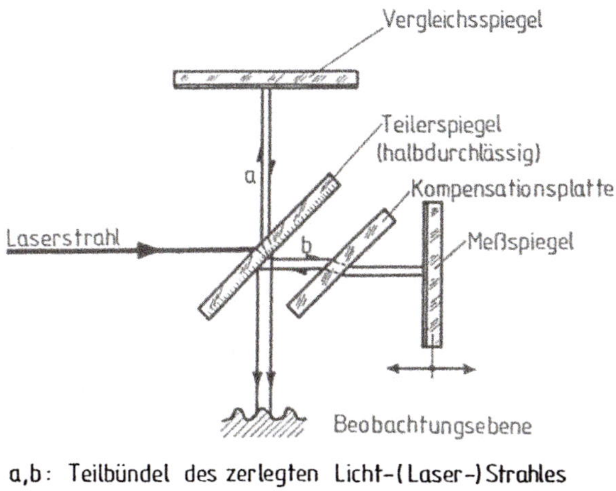

Bild 4.51
Michelson-Interferometer; Prinzip des Strahlenganges

zeigt den Strahlengang, der dem eines Interferometers (Bild 4.51) gleicht. Das eigentliche Interferometer besteht aus einer genauen Planfläche als Vergleichsfläche. Prüfling und Vergleichsfläche haben einen sehr geringen Abstand, in dessen Luftkeil die Interferenzen (sog. Fizeau-Streifen) entstehen. Mit auswechselbaren Okularen (4×, 10×, 25×) sind die Objektfelddurchmesser 70, 46 und 23 mm zu erreichen [4.5].

Die Interferenzaufnahmen ergeben prinzipiell Interferenzstreifen, die als Höhenschichtlinien z.B. im Abstand von $\frac{\lambda}{2}$ = 0,27 µm zu deuten sind (Abschn. 2.5.1).

4.5 Digitale Längenmessung mit Maßstäben

Die Meßverfahren mit *photoelektrischer Abtastung* und die mit *magnetisiertem Maßstab* weichen von den bisher behandelten Meßprinzipien ab. Beiden Funktionsprinzipien ist gemeinsam, daß sie grundsätzlich verschleißfrei arbeiten, ein beliebiger Nullpunkt zuordnungsbar ist, die Zählrichtung umgeschaltet werden kann, und der Anschluß von Meßwertdruckern möglich ist.

4.5.1 Glasmaßstab mit Strichgitterteilung

Der *photoelektrischen Abtastung* liegt ein Glasmaßstab mit Strichgitterteilung nach Bild 4.52 zugrunde, deren Gitterteilung z.B. aus 5 µm breiten Strichen und gleich breiten Lücken besteht. Bei einer Bewegung des Maßstabs relativ zur Abtasteinheit erzeugen die Abtastphotoelemente periodische Signale und beim Überfahren der Referenzmarke ein zusätzliches Signal (Bild 4.53).

Die Ausgangssignale des Meßtasters werden in der Meßwertanzeige verstärkt, unterteilt und in Rechteckimpulse umgewandelt. Der Meßwert entsteht durch richtungsabhängiges Zählen der Impulskanten, wobei der Nullpunkt an jeder beliebigen Stelle des Meßweges festgelegt werden kann. Eine weitere elektronische Verarbeitung der Meßwerte ist genauso möglich wie der Anschluß eines Meßwertdruckers.

Der Meßweg kann je nach Meßaufgabe 10 bis 100 mm betragen. Die Meßgenauigkeit beträgt ± 1 µm. Der Meßbolzen wird je nach Lage mit einer Meßkraft von 0,1 bis 1,4 N in

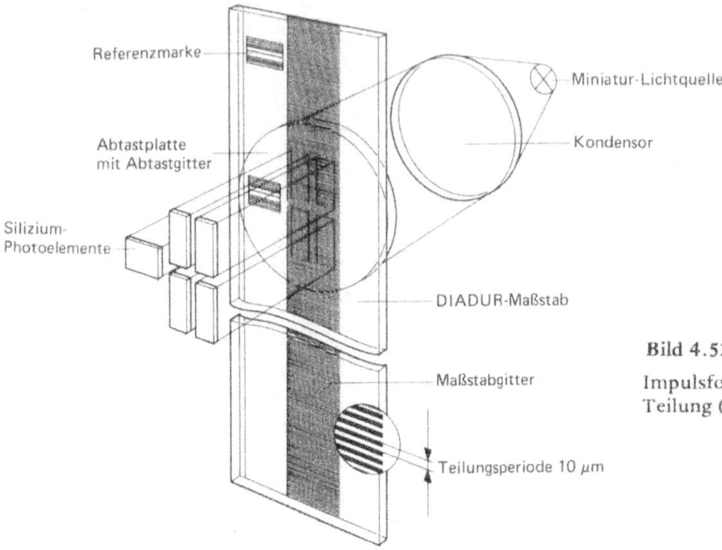

Bild 4.52

Impulsformer mit Strichgitter-Teilung (Heidenhain)

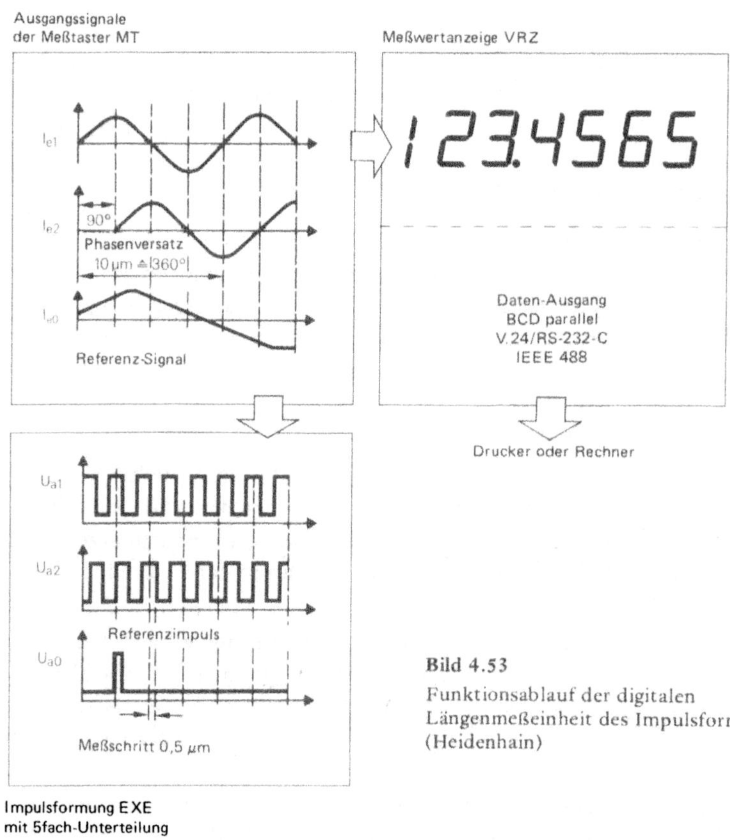

Bild 4.53

Funktionsablauf der digitalen Längenmeßeinheit des Impulsformers (Heidenhain)

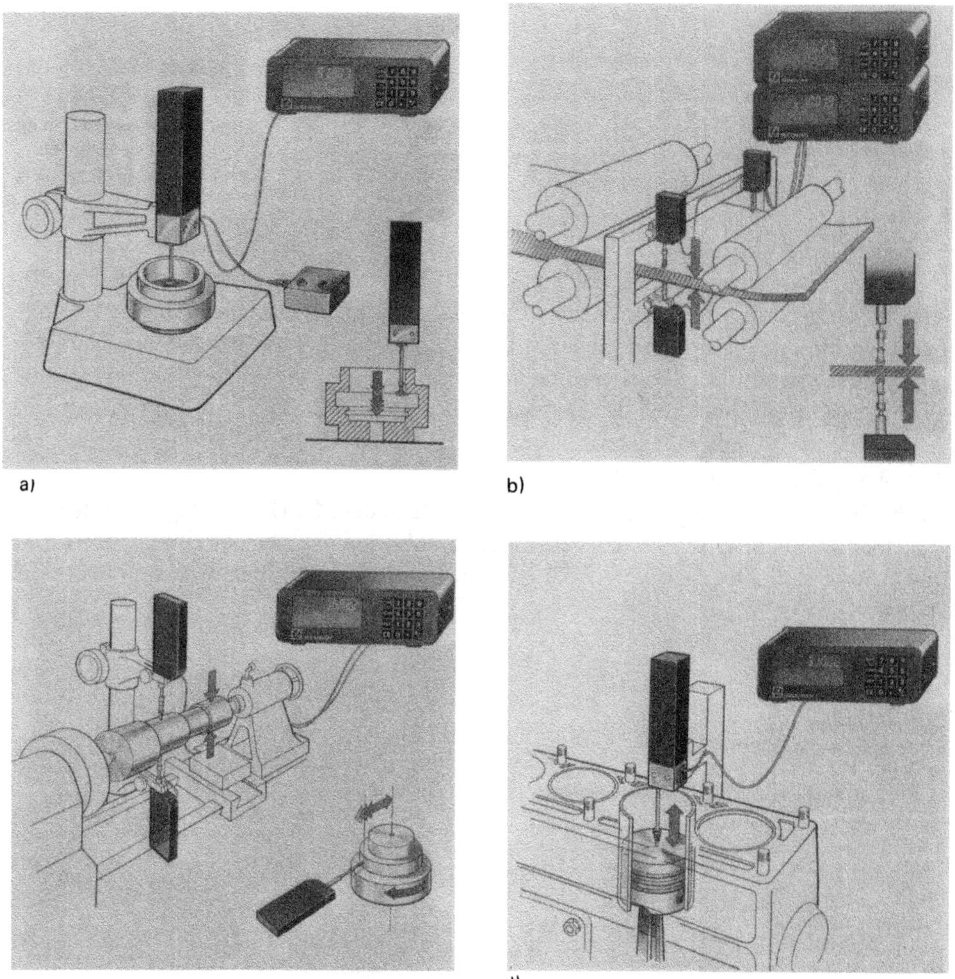

Bild 4.54 Anwendungsbeispiele mit photoelektrischer Abtastung (Heidenhain)
a) Höhenmeßeinrichtung
b) Dickenmessung an Werkstücken oder kontinuierlich hergestellten Halbzeugen
c) Durchmessermessung mit zwei Tastern und Summen/Differenzzähler
d) Dynamisches Messen z.B. des Kolbenhubes

Meßschritten von 1 µm bewegt. Der Einsatz dieser Digital-Meßtaster ist vielfältig und eignet sich z.B. für Maximum/Minimum-, Differenz/Summen- und Einzelmeßwert-Anzeigen (Bild 4.54a bis d).

4.5.2 Maßstab aus magnetisierbarem Werkstoff

Für digitale Positionsanzeigen eignet sich auch das Prinzip der *Magnetaufzeichnung* nach Bild 4.55. Das *Magnescale-System* besteht aus dem magnetisierbaren Maßstab, dem *Magnetkopf* und dem *Detektor*. Dem Maßstab ist eine feste Teilung von 0,2 mm aufmagnetisiert.

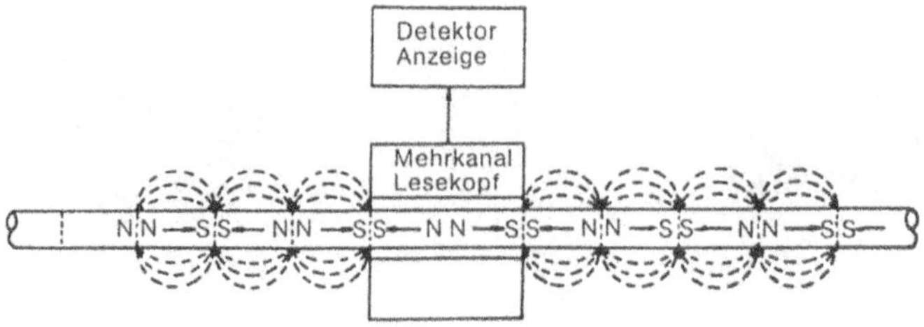

Bild 4.55
Prinzip der Magnet-Aufzeichnung nach dem System Sony-Magnescale (Hommel-Sony)

Durch die Sinus-Charakteristik der induktiven Widerstandsänderung wird eine hohe Interpolationsgenauigkeit gewährleistet. Der Magnetkopf unterscheidet die Bewegungsrichtung und erlaubt ein Ablesen im Stillstand. Der die Impulse vestärkende Detektor interpoliert das vom Meßkopf erfaßte Signal, das dann für die Auswertung verarbeitet wird. Der Digitalzähler, also der Detektor, übernimmt auch das Vor- und Rückwärtszählen. Das vollständige Meßgerät enthält keine mechanischen Übertragungselemente und ist somit quasi verschleißfrei.

Die Bilder 4.56 a bis c zeigen schematisch den Aufbau des Mehrkanal-Magnetkopfes. Die einzelnen Magnetköpfe sind nebeneinander im Abstand der Magnetteilung angeordnet und in Serie geschaltet. Der Anwendungsbereich umfaßt sowohl den Meß- und Prüfraum

Bild 4.56
Magnescale-System (Hommel-Sony)
a) Prinzip des Mehrkanal-Kopfes
b) Aufbau zweier Magnetköpfe
c) Schematische Anordnung der Elemente

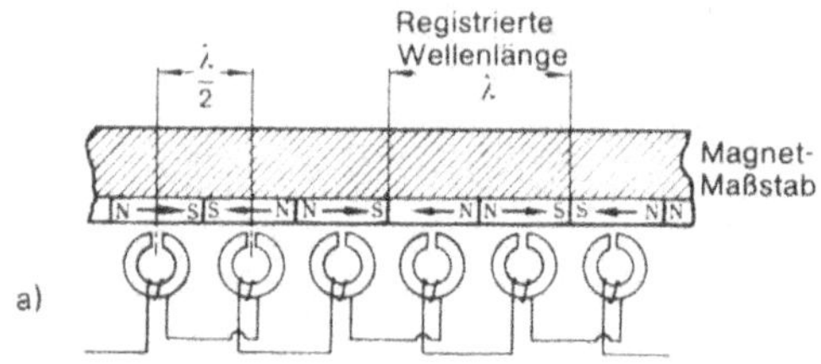

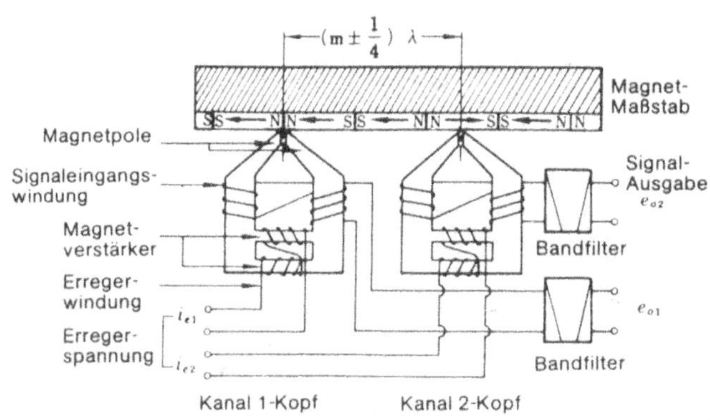

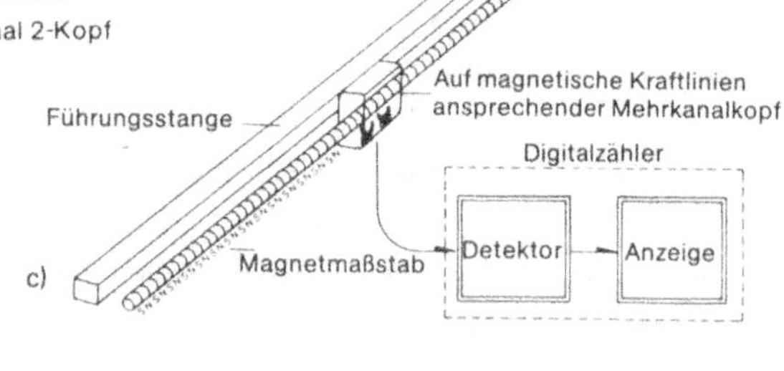

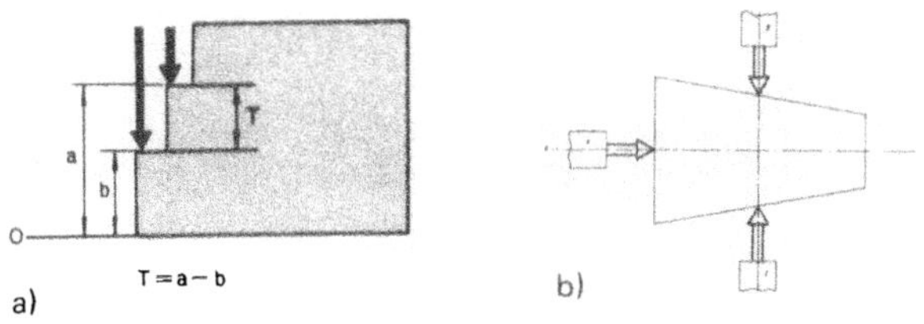

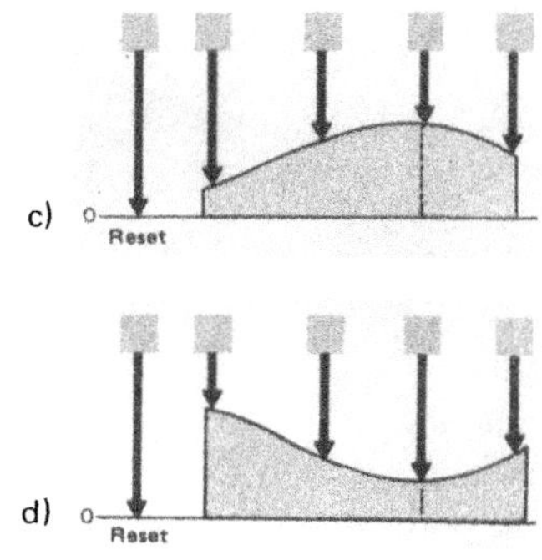

Bild 4.57 Anwendungsbeispiele mit digitalen Mehrkanal-Meßköpfen (Hommel-Sony)
a) Differenz b) Außenmessung mit drei Längenmeßsonden
c) Maximalwertmessung d) Minimalwertmessung

als auch die direkte Messung von Werkstücken während des Bearbeitungsvorganges für die Summen- und Differenzmessung. Ferner sind Außen- und Innenmessungen mit Maximal- und Minimalwerterfassung möglich (Abschn. 7). Die Bilder 4.57a bis d zeigen Anwendungsbeispiele.

Das Magnescale-Längenmeßsystem wird in vielfältiger Weise u.a. in Meßgeräten für die Höhen- und Tiefenmessung sowie in Bügelmeßschrauben mit Digitalanzeigen verwendet. Auch ist der Einsatz in 3-Koordinaten-Meßmaschinen (Abschn. 6.2) gegeben. Je nach Geräteart und Anwendung beträgt die Meßlänge zwischen Null und 3000 mm. Das Prinzip der Magnet-Aufzeichnung wird auch bei inkrementalen Drehgebern und zur digitalen Winkelpositionsanzeige (Abschn. 7.8) verwendet.

4.6 Richtmittel

Zum Ausrichten und Prüfen ebener und zylindrischer Flächen steht eine Vielzahl von Meß- und Richtmitteln zur Verfügung. Hierzu gehören auch Lineale und Winkel (Abschn. 2.3 und 2.4). Nachfolgend werden insbesondere solche *Richtmittel* behandelt, die auch für das Ausrichten von Maschinen (Abschn. 8) und das Prüfen von Winkeln (Abschn. 7.8) benötigt werden.

4.6.1 Wasserwaagen

Wasserwaagen dienen zum Prüfen von Neigungen und Höhenunterschieden mit Hilfe einer Flüssigkeit. Die in einem Flüssigkeitsbehälter, *Libelle* genannt, eingeschlossene Flüssigkeit hat das Bestreben, sich stets waagerecht, also horizontal, einzustellen. Damit wandert die darin befindliche Luftblase an die höchste Stelle in der Libelle. Der Skalenteilungswert einer Libelle entspricht der Neigung z.B. in Millimeter je Meter.

Bild 4.58a zeigt eine Wasserwaage mit Längs- und Querlibelle, deren Skalenteilungswert 0,05 $\frac{\text{mm}}{\text{m}}$ beträgt. Die im Bild 4.58b gezeigte Rahmen-Richtwaage, ebenfalls mit Längs- und Querlibelle, hat wahlweise 0,05 oder 0,02 $\frac{\text{mm}}{\text{m}}$ Skalenteilungswert.

Mit *Neigungswasserwaagen* können mit einer drehbaren Kreisteilung (2 · 180 Grad) Messungen in jeder Winkellage ausgeführt werden. Zum Nivellieren unterbrochener oder langer Flächen eignet sich die *Schlauch-Wasserwaage*, die aus zwei kalibrierten Glasröhrchen in Säulen und Füßen aus Messing besteht. Diese Glasröhrchen sind je zur Hälfte mit Wasser gefüllt und mit einem Schlauch verbunden (Prinzip der kommunizierenden Röhren).

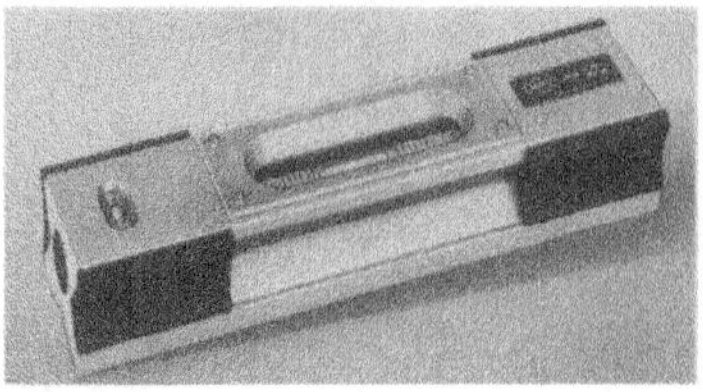

a)

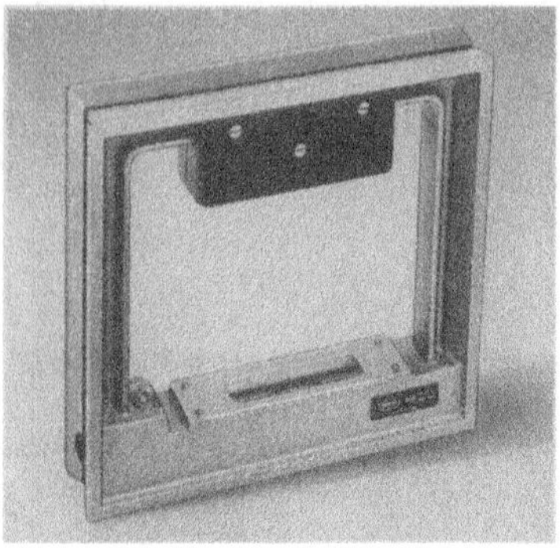

b)

Bild 4.58
Wasserwaagen (Mahr)
a) Richtwaage
b) Rahmenrichtwaage

4.6.2 Elektronische Richtwaage

Mit *elektronischen Richtwaagen* wird das Ausrichten und Prüfen ebener und zylindrischer Flächen durch das bequeme Ablesen von Digital- oder Analog-Anzeigen erleichtert. Bild 4.59 zeigt Richtwaagen mit feineinstellbarer Digital-Anzeige und einem Ziffernschritt von 0,01 mm, das Bild 4.60 ein elektronisches *Nivelliergerät* mit eingebauter Analoganzeige. Das induktive Meßprinzip beruht auf der Eigenschaft des Pendels, das nach einer Auslenkung in die Vertikale zurückschwingt. Am Ende des Pendels befindet sich ein Ferritkern, der in eine mit der Meßbasis fest verbundenen Doppelspule eintaucht. So bewirkt eine vorhandene Neigung eine entsprechende Spannungsänderung, die nach einer Verstärkung und Gleichrichtung zur Anzeige kommt. Die Pendelschwingungen werden durch magnetische Dämpfung gebremst. Über den Analogausgang kann ein Registriergerät angeschlossen werden.

a)

b)

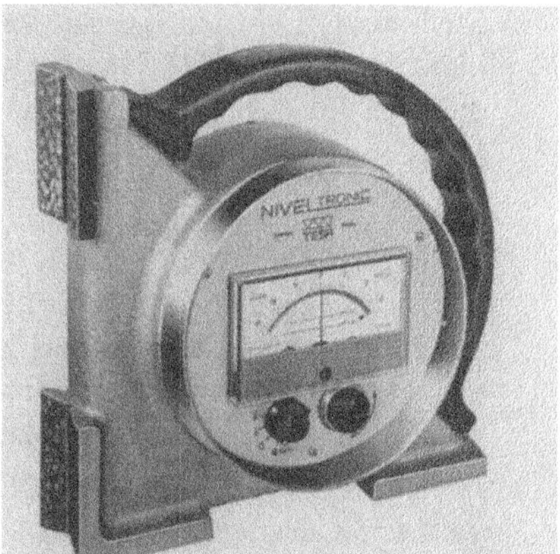

Bild 4.60
Elektronisches Nivelliergerät (TESA)

Bild 4.59
Elektronische Richtwaagen (Mahr)
a) Maschinenrichtwaage
b) Rahmenrichtwaage

4.7 Hilfsmittel

Messungen und Prüfungen können in vielen Fällen erst unter Einbeziehung von *Hilfsmitteln* durchgeführt werden. Wie auch in anderen Bereichen der rationellen Fertigung, z.B. im Vorrichtungsbau (Fertigungsmittel), so werden in der Fertigungsmeßtechnik immer mehr handelsübliche *Bauelemente* angeboten, die bei bestimmten Meßgeräten die Technik der *Modulbauweise* (Abschn. 12) verwirklichen. Hilfsmittel (nach DIN 2257 T1) haben Bezugs- und Aufnahmeflächen, sowie Führungen.

Zur Grundausstattung der allgemeinen Fertigungsmeßtechnik gehören *Meß-* und *Tuschierplatten*. Sie werden hergestellt aus Hartgranit und dichtem, hartem Sonderguß. Ihre Genauigkeit entspricht den Anforderungen nach DIN 876. Die Ebenheitstoleranzen genügen den Genauigkeitsgraden 1 (Normalausführung), 0 und 00. Die Plattenmaße betragen 250 mm × 250 mm bis 2000 mm × 1000 mm.

Bild 4.61 zeigt eine Meßplatte aus schwarzem Hartgranit (Diabas), der feinkörnig und porenfrei ist. Die T-Nut dient der Aufnahme von *Spitzenböcken*. Hartgranit hat eine mehrfach höhere Festigkeit und ein nur etwa halb so großes Feuchtigkeitsabsorptionsvermögen wie normaler Granit. Meßplatten aus Gußeisen sind verrippt und im wesentlichen spannungsfrei. Sie werden in den Besselschen Punkten (nach Bild 1.4) unterstützt.

Zur Aufnahme von zylindrischen Prüfgegenständen dienen *Prismenblöcke*, die auch als magnetische Meß- und Spannprismen (Bild 4.62) handelsüblich sind. Ihre Genauigkeit ist sehr hoch; in der Ebenheit beträgt der Genauigkeitsgrad 0 nach DIN 876. Die Parallelität der Prismeneinschnitte zur Standfläche hat eine Abweichung von höchstens 10 µm.

Hartgesteine werden aufgrund ihrer besonderen Vorteile gegenüber metallischen Werkstoffen auch für Parallel-Unterlagen und *Richtschienen*, z.B. als Winkelleisten mit Winkeln von 45° und 60°, verwendet. Diese Hilfsmittel genügen auch den Genauigkeitsanforderungen 1 nach DIN 876.

Parallel-Unterlagen aus gehärtetem Stahl sind paarweise in Sätzen unterschiedlicher Höhen handelsüblich.

Bild 4.61
Meßplatte mit Spitzenböcken (Mahr)

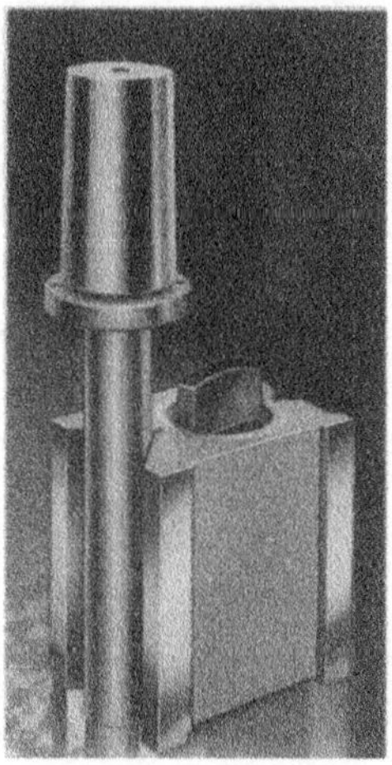

Bild 4.62
Magnetisches Meß- und Spannprisma (Mahr)

Eine zunehmende Bedeutung erlangen auch in der Fertigungsmeßtechnik *standardisierte Bauelemente* (Abschn. 12). So bietet z. B. die Firma Mahr eine umfangreiche Palette von Meß-Normteilen für horizontale und vertikale Meßeinrichtungen, desgleichen viele Ergänzungs-Bauelemente zu Ausbausteinen an. Sie umfaßt beispielsweise Meßköpfe, Tastarme, Meßbügel, Klemmtaster, Meßeinsätze, Werkstückauflagen, Einspannköpfe. TESANORM enthält standardisierte Bauelemente der Firma TESA, die oft in Meßeinrichtungen für die Serienfertigung verwendet werden. Damit kann man Meß- und Prüfvorrichtungen zusammensetzen, die höchsten Ansprüchen genügen, wie sie beim Arbeiten mit Meßuhren, Feintastern und elektronischen Meßköpfen auftreten. Bild 4.63 zeigt eine Mehrstellen-Meßeinrichtung, größtenteils aufgebaut aus TESANORM-Teilen.

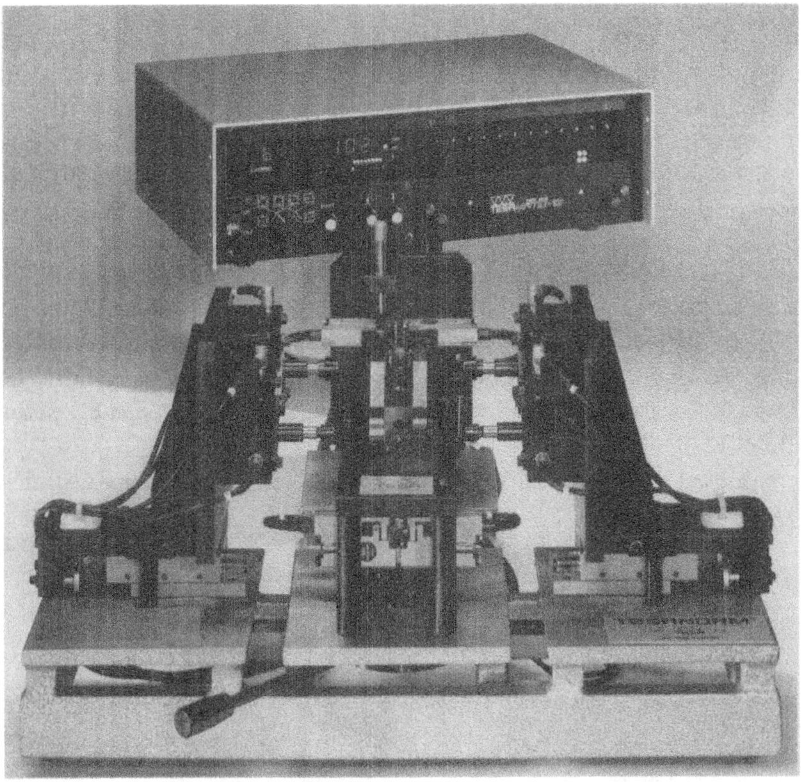

Bild 4.63 Mehrstellen-Meßeinrichtung (TESA)

5 Meßverfahren mit kohärentem Licht

Kohärenz ist die Eigenart von Lichtbündeln, die gleiche Wellenlänge und übereinstimmende Schwingungsart haben; sie hat also die Interferenzfähigkeit der Lichtwellen zur Folge. Mit ihr werden die Beziehungen zwischen den Phasen sich überlagernder Wellen (Bild 2.1) ausgedrückt. Anders als das natürliche Licht, bei dem infolge seiner spontanen Entstehung die Emission nicht kohärent ist (Phase und Amplitude der einzelnen Wellenzüge ändern sich nicht regelmäßig), sind Strahlenbündel von einer Lichtquelle, insbesondere das Licht eines *Lasers*, weitgehend kohärent.

5.1 Laser

Der *Lasereffekt* wurde Anfang der sechziger Jahre entdeckt. Sein Name rührt von der Abkürzung der englischen Beschreibung für die *Lichtverstärkung* her: light amplification by stimulated of radiation. Mit der stabilisierten Wellenlänge des He-Ne-Lasers als Lichtquelle mit getrennten *Interferometern* ergibt sich zur Zeit die genaueste Längenmaßverkörperung für die Fertigungsmeßtechnik. Laser-Interferometer sind leicht zu bedienen und in der *Automatisierung* vorteilhaft anzuwenden.

Laserstrahlungen mit Wellenlängen von 1400 nm $\leqq \lambda \leqq$ 3000 nm (mittlerer Infrarotbereich) können gesundheitsschädlich sein (s. Unfallverhütungsvorschrift VBG 93, u.a.). Der Laserstrahl kann, wie auch andere Lichtstrahlen, als Normal für die Geradheitsmessung verwendet werden.

Nach dem *Aggregatzustand* unterscheidet man Festkörper-, Halbleiter-, Flüssigkeits- und Gaslaser. Bild 5.1 zeigt das Prinzip eines He-Ne-Lasers. Hier übernimmt das Helium die Rolle des Hilfsgases. Das *Laserlicht* besteht aus eng gebündelten, *kohärenten* und *monochromatischen Strahlen* mit hoher *Leuchtdichte.*

Wie auch bei anderen Aufgaben in der Fertigungsmeßtechnik, so müssen beim Einsatz von Laser-Interferometern stabile Umweltbedingungen (Luftdruck und besonders Luft-

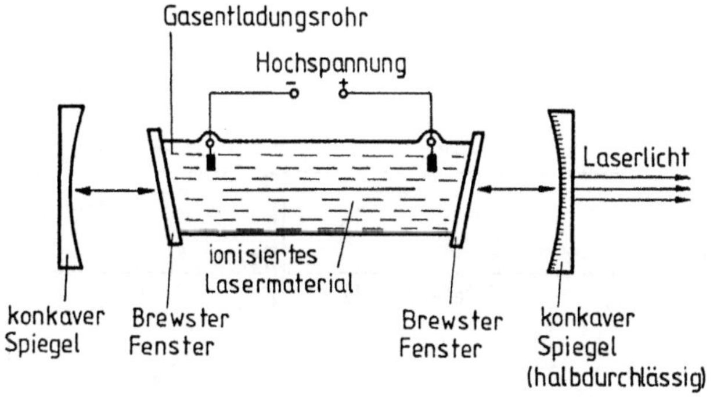

Bild 5.1
Helium-Neon-Laser als Lichtquelle

temperatur) bestehen. Das bezieht sich auch auf die Oberflächentemperaturen der Prüfobjekte. Die verwendeten Laserquellen haben mit weniger als 1 mW eine relativ geringe Ausgangsleistung. Dennoch ist das Bedienungspersonal für Laser einer regelmäßigen Augenuntersuchung zu unterziehen.

Laserinterferometer werden in der Fertigungsmeßtechnik wegen ihrer relativ leichten Handhabung und großen Genauigkeit in zunehmendem Maße verwendet (Abschn. 7 und 8).

5.2 Holographie

Mit der *Holographie* ist es möglich, *dreidimensionale Wellenfelder* auf *zweidimensionalen Speichern* (Fotoplatten) aufzunehmen, wobei der Abbildungsvorgang – im Unterschied zur optischen Abbildung durch Linsen- oder Spiegelsysteme – in zwei zeitlich voneinander getrennten Schritten erfolgt. Mit sichtbarem Licht lassen sich die vom angestrahlten Prüfobjekt ausgehenden Lichtwellen so speichern, daß das zweidimensionale *Hologramm* ein räumliches Bild ergibt. Diese Bildstruktur entsteht durch Interferenz, für die insbesondere die *Laserlichtquelle* geeignet ist, da sie einen hohen Grad an *Kohärenz* gewährleistet. Die photographische Platte nennt man Hologramm.

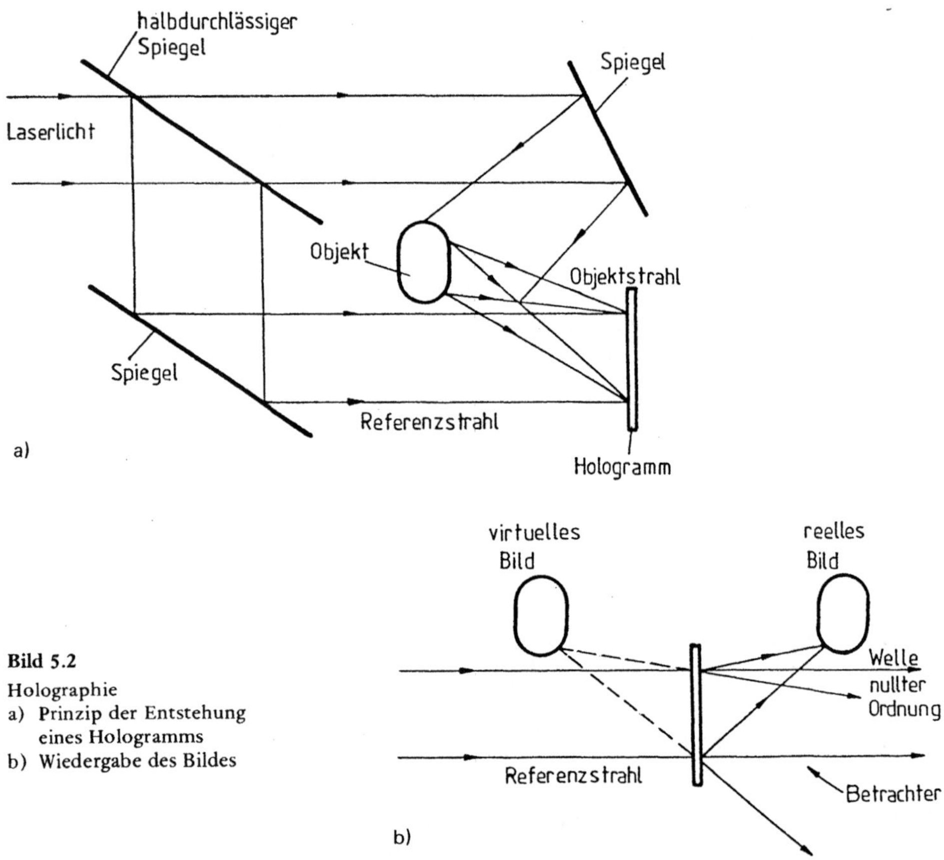

Bild 5.2
Holographie
a) Prinzip der Entstehung eines Hologramms
b) Wiedergabe des Bildes

Die Anwendung der Holographie in der Fertigungsmeßtechnik dürfte an Bedeutung zunehmen. Sie wird bei der Messung von Verformungen (Spannungsverlauf, Schwachstellen), Schwingungen (kritischen Drehzahlen) und der Formprüfung angewendet [5.1]. Bei der Prüfung von Ebenheiten an rauhen Oberflächen liefert das Interferenzbild die *Topographie*[1)] der Formabweichungen.

Bild 5.2 zeigt eine mögliche Anordnung zur Aufnahme und Wiedergabe eines mittels Holographie gewonnenen Bildes, dem Hologramm. Dazu wird ein von einem Laser kommender kohärenter Lichtstrahl so gespalten, daß ein Teilstrahl auf das Objekt gerichtet wird, von dem eine Objektwelle (Objektstrahl) auf die Ebene einer Photoplatte reflektiert wird. Ein anderer Teilstrahl (Referenzstrahl, Referenzwelle), fällt nach Spiegelung direkt auf die Photoplatte, wo durch Interferenz der beiden Strahlen das Hologramm entsteht.

In Hologrammen lassen sich z.B. bis etwa 10^8 bit[2)] je mm^2 speichern (holographischer Speicher). Das ist eine wesentlich höhere Speicherkapazität als beim Magnetband.

In Volumenhologrammen werden die Interferenzmuster nicht in einer Ebene, sondern dreidimensional, z.B. in einem Kristall, gespeichert.

1) Topographie: die Darstellung des Zustandes, der Lage und der Form
2) bit (engl.: binary digit): eine Ziffer im binären Zahlensystem

6 Meßmaschinen und Mehrkoordinaten-Meßtechnik

Für Genauigkeitsmessungen von Außen- und Innendurchmessern, Längen und Gewinden stehen auch *Meßmaschinen* zur Verfügung. Sie sind zur Messung von *Präzisionsteilen* in der Fertigung und zum Prüfen von Lehren im Prüfraum besonders geeignet. Elektronische Meßmaschinen weisen vergleichbare *Wegmeßsysteme* der *NC*[1]-Technik auf. In der Fertigung werden damit NC-Maschinen zur Herstellung von Werkstücken durch solche numerische Daten gesteuert, die geometrische und technologische Informationen für die Form-, Zustands- und Lageveränderungen enthalten. In der Meßmaschine werden nun diese Veränderungen des Werkstücks in eine digitale Informationsdarstellung umgewandelt. Damit läßt sich eine *Optimierung* sowohl in der Fertigung als auch in der Fertigungsmeßtechnik erreichen.

Die ständig steigenden Qualitätsanforderungen und die Weiterentwicklung der Datenverarbeitung in der Fertigung finden zunehmend auch ihren Ausdruck in der Fertigungsmeßtechnik. So kommt der *3-Koordinatenmeßtechnik* eine immer größere Bedeutung zu, da mit ihr die Erfassung nahezu aller Werkstückflächen von einer gemeinsamen Meßbasis möglich ist. Die Mehrstellen-Meßtechnik gewährt einen Zeitgewinn und eine hohe Zuverlässigkeit, also zwei Voraussetzungen, die ein schnelles Eingreifen in Produktionsprozesse erlauben.

Ausbaustufen der Meßmaschinen gestatten den Anschluß von *Datendruckern,* die alle Meßwerte protokollieren können und somit eine eindeutige Zuordnung der Meßprotokolle zu den in den Werkstückzeichnungen ausgewiesenen numeralen Meßstellen geben. Die digital am Datendrucker erfaßbaren Meßwerte lassen sich weiterhin in datenverarbeitenden Einrichtungen aufbereiten, speichern und bearbeiten. Dieser Prozeß erfolgt in *Rechenautomaten* der EDV[2]. Mit Meßprogrammen sind damit auch Soll-/Istwertvergleiche möglich. Die direkte Kopplung der Meßmaschine mit einer NC-Maschine erlaubt die Kopplung des Meßprogramms mit dem Fertigungsprogramm z.B. für die Bearbeitung von Werkstücken. Somit wird in der Fertigungsmeßtechnik die höchste Entwicklungsstufe, die *Automatisierung,* erreicht, die grundsätzlich drei Merkmale hat: *Prozeßablauf, Prozeßführung* und *Programmüberwachung.* Bild 6.1 nennt wesentliche Gründe für eine Automatisierung. Die automatisierte Fertigung machte die automatisierte Meßtechnik notwendig. Jedoch gilt auch hier sinngemäß: ‚nur soviel wie nötig automatisieren'. Jede höhere *Mechanisierung* und schließlich die *Automatisierung* setzt den Einsatz geeigneter *Fachkräfte* voraus [6.1, 6.2].

Eine hohe *Rationalisierung* und Beschleunigung der *Qualitätskontrolle* in der Produktion sind mit speziellen *Industrie-Computern* für die Meßtechnik zu erreichen. Schnelle, automatische und genaue Messungen in modernen und flexiblen *Fertigungsanlagen* werden immer mehr von *prozeßgesteuerten Meßrobotern* übernommen.

---

1) NC (engl.: numerical control) numerische Steuerung

2) EDV: elektronische Datenverarbeitung

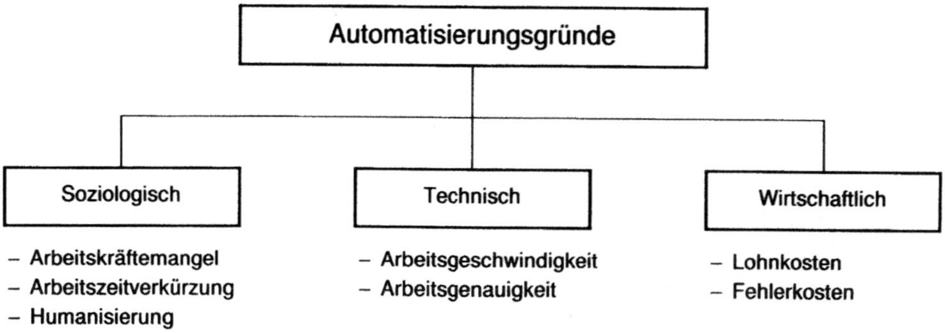

Bild 6.1 Mögliche Gründe für die Einführung einer Automatisierung

6.1 Meßmaschinen

Als gemeinsames Konstruktionsmerkmal weisen *Meßmaschinen* ein stabiles Maschinenbett mit gehärteten Führungsbahnen auf. Der Auflagetisch ermöglicht z. B. das direkte Aufsetzen der Prüflinge (Bild 6.2). Der Einstellschlitten kann mit einer Meßschraube mit großer Meßtrommel für parallaxenfreie Ablesung verstellt werden.

Mit einem vielfältigen Zubehör finden Meßmaschinen universelle Anwendung. Die Meßbereiche umfassen z. B. die Spanne von Null bis 725 mm. Die *Reproduzierbarkeit* der Meßwerte liegt bei 0,1 μm. Zur Anpassung an Größe und Gestalt des Prüflings ist die Meßkraft einstellbar (0 bis 10 N). Die Antastung kann wahlweise mit mechanischem Feinzeiger oder mit elektronischen Längenmeßgeräten mit analoger oder digitaler Anzeige erfolgen. Digitale Anzeigegeräte arbeiten mit eingebautem Inkremental-Maßstab (Abschn. 4.5), deren Ziffernschritt 0,5 μm beträgt. Mit einem umfangreichen, handelsüblichen Zubehör sind Meßmaschinen für speziellere Prüfaufgaben, wie beim Messen von Innenmaßen (Bild 6.3) und Gewinden (Abschn. 7.5), einzusetzen. Entsprechend den Prüfaufgaben gibt es 1-, 2- und 3-Koordinaten-Meßmaschinen.

In der industriellen Fertigung wird der Koordinatenmeßtechnik eine zunehmende Bedeutung gegeben. Die Universalität dieser Meßtechnik erlaubt die rationelle Messung nahezu aller Werkstückformen. In der NC-Fertigung und in flexiblen Fertigungssystemen sowohl der spangebenden als auch der spanlosen Fertigung dient sie der meßtechnischen Produktionsuberwachung.

Bild 6.2
Universal-Meßmaschine (Mahr)

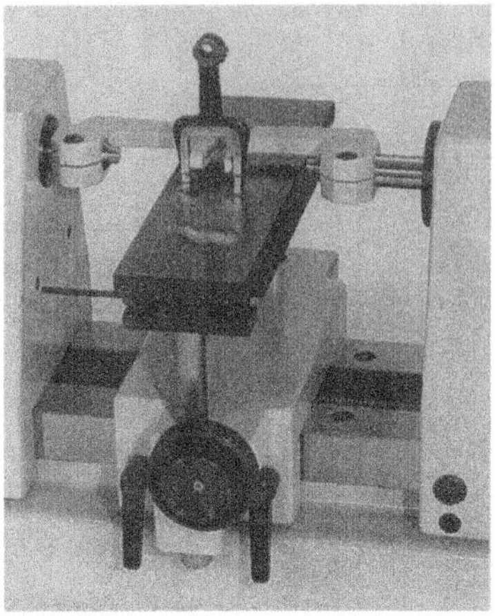

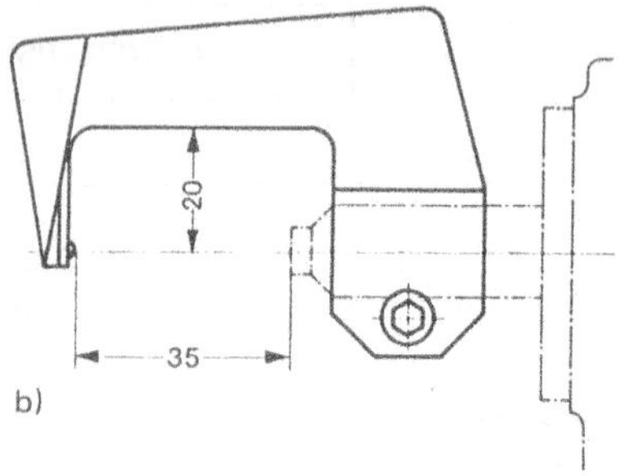

Bild 6.3
Meßbügel für planparallele Innenflächen (Mahr)
a) Messung auf einer Meßmaschine
b) Meßbügel mit kugeliger Meßfläche

Weitere. Vorteile der Koordinatenmeßtechnik sind das mit modernen Geräten erfolgende selbstzentrierende Antasten und das rechnerische Ausrichten.

Mehrkoordinatenmeßgeräte mit Kugeltaster und Computer ermöglichen das Messen in drei Ebenen. Mit hochempfindlicher Sensorik und optischer Antastung können auch solche Werkstücke gemessen werden, die ein mechanisches Antasten nicht erlauben, weil z.B. der Werkstoff zu weich ist [6.7] (s. auch Bild 7.37).

6.2 Mehrkoordinaten-Meßtechnik

Die Herstellung von Werkstücken auf numerisch gesteuerten Werkzeugmaschinen (NC-Maschinen) und die Prüfung dieser Werkstücke auf ihre geometrische Beschaffenheit erfolgt sinnvollerweise unter Einsatz von *Mehrkoordinaten-Meßgeräten* anhand der Zeichnungseintragung in *Koordinatenmaßen.* Für die Bemaßung von Werkstücken können zwei- und dreidimensionale Koordinatensysteme verwendet werden. Zweidimensionale Koordinaten werden für ebene Flächen (z. B. Angabe der Lage von Bohrungen und Ausschnitte) und die dreidimensionalen Koordinaten für räumliche Bestimmungen benötigt. Bild 6.4 zeigt die verschiedenen Koordinatenmeßsysteme, die sich mit dem *Polarwinkel* und dem *Elevationswinkel* (Winkel der Ziellinie gegen die waagerechte Linie) umrechnen lassen nach:

$$
\begin{aligned}
X_c &= R_Z \cos \varphi_Z &&= R_K \cos \tau_K \cos \varphi_K \\
Y_c &= R_Z \cos \varphi_Z &&= R_K \cos \tau_K \sin \varphi_K \\
Z_c &= Z_Z &&= R_K \sin \tau_K \\
R_Z &= \sqrt{X_c^2 + Y_c^2} &&= R_K \cos \tau_K \\
\varphi_Z &= \arctan \frac{Y_c}{X_c} &&= \varphi_K \\
Z_Z &= Z_c &&= R_K \sin \tau_K \\
R_K &= \sqrt{X_c^2 + Y_c^2 + Z_c^2} &&= \sqrt{R_Z^2 + Z_c^2} \\
\tau_K &= \arctan \frac{Y_c}{X_c} &&= \tau_Z \\
\tau_K &= \arctan \frac{Z_c}{\sqrt{X_c^2 + Y_c^2}} &&= \arctan \frac{Z_z}{R_z}
\end{aligned}
$$

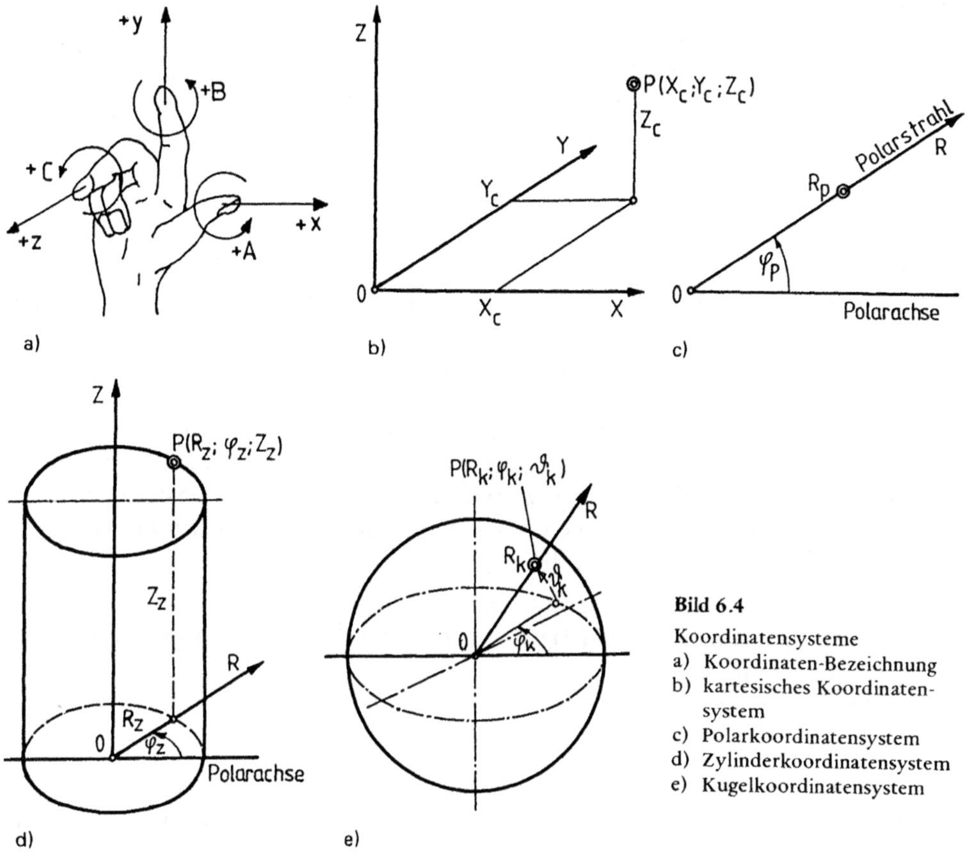

Bild 6.4
Koordinatensysteme
a) Koordinaten-Bezeichnung
b) kartesisches Koordinatensystem
c) Polarkoordinatensystem
d) Zylinderkoordinatensystem
e) Kugelkoordinatensystem

Am häufigsten wird das *kartesische Koordinatensystem* (DIN 406 T1) in zwei- oder dreidimensionaler Form angewandt. Die senkrecht (orthogonal) aufeinanderstehenden Koordinatenachsen werden mit A, B, C oder X, Y, Z gekennzeichnet.

Die Bemaßung für die Bearbeitung von Werkstücken auf NC-Maschinen kann nach DIN 406 T4 erfolgen. Tafel A 6.1 zeigt, daß anstatt der herkömmlichen Maßeintragung die geometrischen Elemente, aus denen sich das Werkstück zusammensetzt, mit Kennzeichen nach Tafel A 6.2 zu versehen sind. Dabei darf jedes Kennzeichen nur einmal vergeben werden. Dieses kann bis zu 6 Stellen haben. An einem Werkstück können mehrere Koordinatensysteme auftreten, die dann aufeinander zu beziehen sind.

Für die Prüfung von Koordinatenmaßen werden entsprechend der Art des verwendeten Koordinatensystems und der erforderlichen Meßgenauigkeit Meßgeräte benötigt, die unterschiedliche Längen- und Winkelmeßverfahren (Abschn. 7.7) realisieren. Jede Meßmethode hat ihre Systemeigenschaften, die sich entsprechend den Anforderungen im Meßergebnis als Meßunsicherheit zeigen. Sogar ein quasi „fehlerfreies Gerät" besitzt je nach Handhabung eine Meßunsicherheit [6.3].

In der Werkstattzeichnung werden Körper als Projektionen oder Schnitte dargestellt. In der rechnergerechten Darstellung muß man von Flächen ausgehen, da Kanten, Profile, Schnitt- und Eckpunkte keine echten Werkstückelemente sind,sondern nur als Körper-

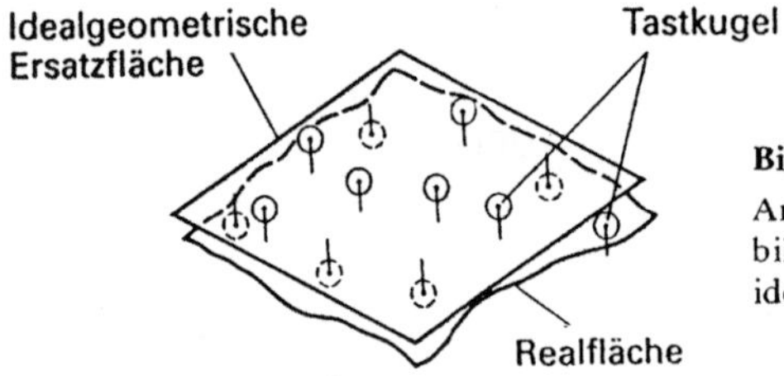

Bild 6.5
Antasten einer Realfläche. Mittelpunkte der Tastkugel bilden eine Punktwolke, durch die eine ausgleichende idealgeometrische Ersatzfläche gelegt wird

schnitte oder Projektionen dargestellt werden. Ende der sechziger Jahre wurde die (1881 von Graßmann entwickelte) *Vektorgeometrie* in 3-Koordinaten-Meßgeräten mit *On-line-Rechnern* in der meßtechnischen Handhabung verwirklicht. Bei der Realgeometrie eines Werkstücks wird jedes zu kontrollierende Werkstückmerkmal an der zugehörigen Werkstückfläche auf dem entsprechenden 3-Koordinaten-Meßgerät punktweise angetastet. Diese Antastpunkte können nicht auf idealgeometrischen Flächen liegen, da Werkstückflächen Formabweichungen und Meßvorgänge Meßunsicherheiten haben (Bild 6.5). Die gesamte Erfassung einer Werkstückgeometrie erfolgt also durch Antasten der Werkstückflächen und durch die nachfolgende Berechnung der idealgeometrischen Ersatzflächen. Die Qualität der Erfassung der Werkstückgeometrie hängt ab von

- der Meßunsicherheit des 3-Koordinaten-Meßgerätes;
- dem Berechnungsalgorithmus (Algorithmus = endlicher Rechenvorgang zur Lösung eines Problems;)
- der Punktzahl als Funktion der Formabweichung und der Antastunsicherheit und von
- der Punkteverteilung auf der Werkstückfläche.

Die *Realgeometrie* wird durch Nennform, Maß und Lage der idealgeometrischen Ersatzfläche sowie der Standardabweichung im Rechner gespeichert. Die Geometriemerkmale sind in die vier Gruppen Maß-, Lage-, Form- und Rauheitsmerkmale zu unterscheiden [6.4]. Der Einsatz von *Mehrkoordinatenmeßmaschinen* steht in einem direkten Zusammenhang mit dem der *NC-Werkzeugmaschinen* und der *rechnerunterstützten Konstruktion* (CAD = Computer aided design). Bild 6.6 zeigt schematisch den Arbeitsablauf in der 3-Koordinaten-Meßtechnik [6.5]. Dabei empfiehlt es sich, sämtliche Werkstückflächen zu numerieren (z. B. nach Bild 6.7). Mit der dreidimensionalen Meßtechnik können höchste Anforderungen an die Qualitätssicherung erfüllt werden. Diese modularen *Präzisionsmeßmaschinen* (Modul = Baustein) liefern auf schnellem und sicherem Wege Meßwerte, die sonst meist nur mit verschiedenen herkömmlichen Meßinstrumenten ermittelt werden können. Vom automatischen Programmablauf wird ein *Meßprotokoll* angefertigt.

Bild 6.8 zeigt eine dreidimensionale Meßmaschine. Bei der Ausführung beispielsweise mit einem MPC1-Mikroprozessor (TESA) wird das Werkstück automatisch ausgerichtet. Die gemessenen X-, Y- und Z-Werte von den Durchmessern, Positionen und Abständen werden digital angezeigt oder auf externen Druckern ausgedruckt. So ergeben sich z. B. mit einem für den Computer Hawlett-Packert 85 entwickelten TESA-MEAS 1-Programm weitere Vorteile, wie

- das automatische Ausrichten der Werkstücke;
- das Messen und Berechnen von Maß und Lage;
- das Berechnen der Abweichungen und Toleranzflächen;
- das Berechnen der Formabweichungen;
- das Speichern von Werkstückprogrammen.

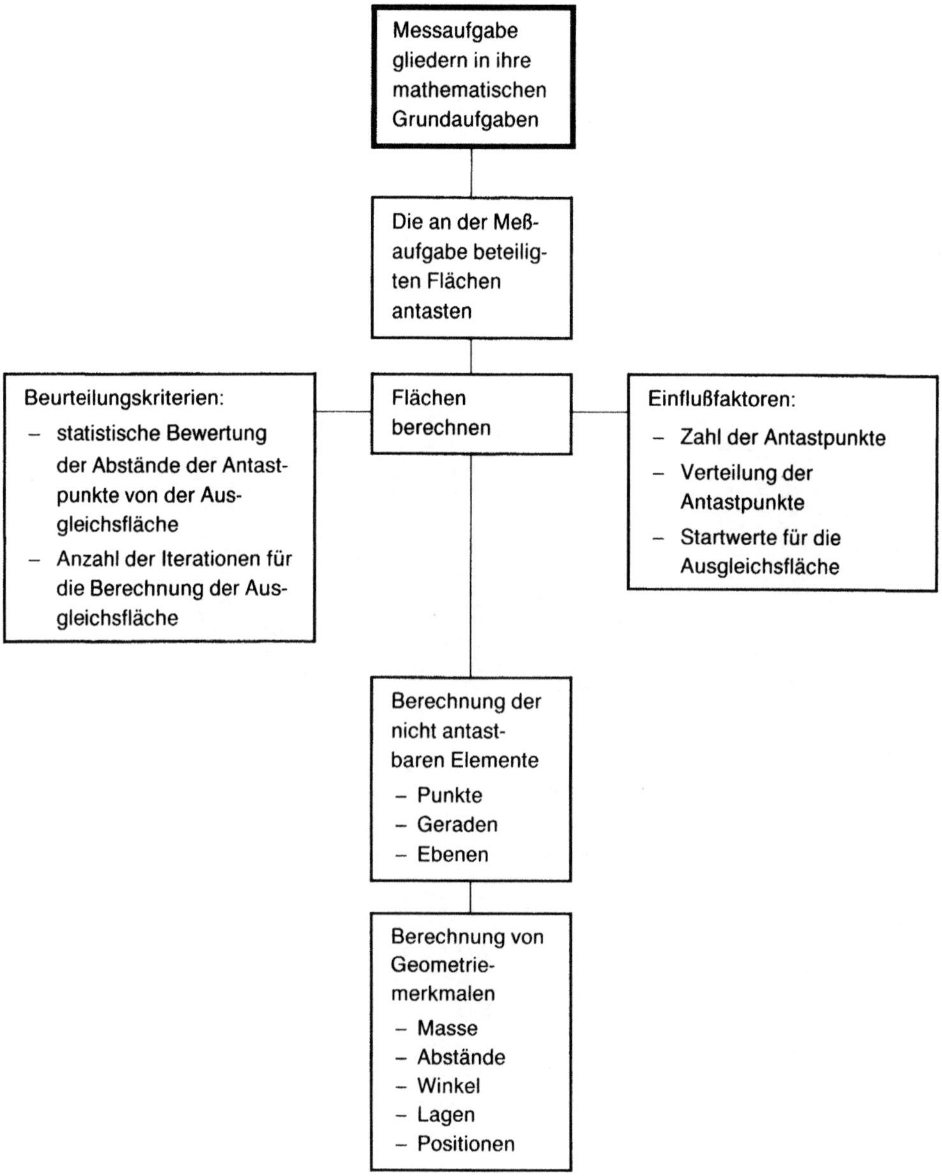

Bild 6.6 Schematische Darstellung des Arbeitsablaufs in einer 3-Koordinaten-Meßmaschine (TESA)

Diese Meßmaschinen können je nach Ausstattung von Hand, mit Motor oder automatisch betrieben werden. Bestimmte Typen von Meßmaschinen erlauben den Einsatz von *Profilprojektoren* und das berührungslose Messen mit *Laserfühlern,* die sich als besonders vorteilhaft in Industriezweigen mit hoher Präzisionsfertigung erwiesen haben. 3-Koordinaten-Meßmaschinen werden auch als Ständer- und Portal-Maschinen ausgeführt.

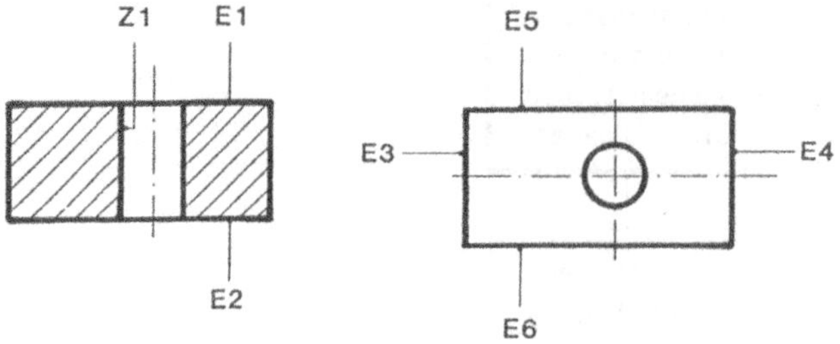

Bild 6.7 Numerierung von Werkstückflächen

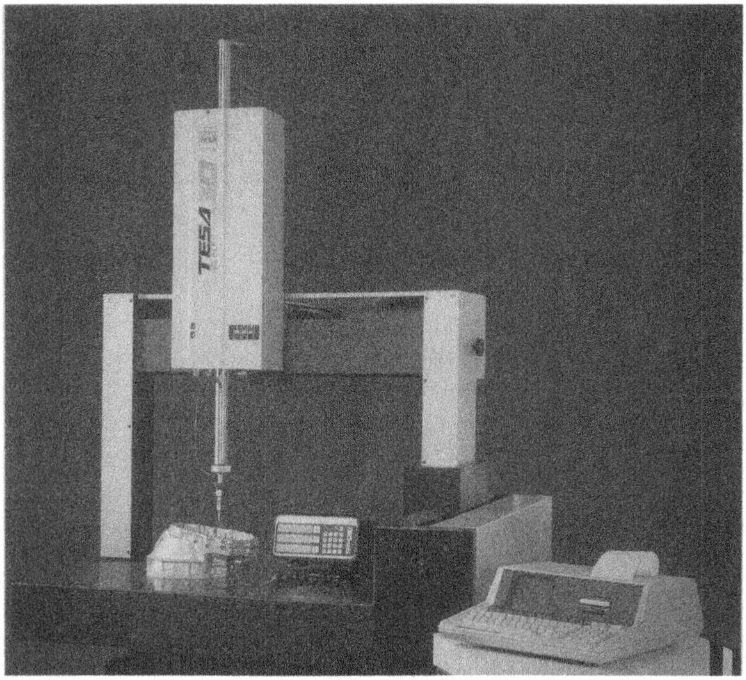

Bild 6.8 Dreidimensionale Meßmaschine mit elektronischem Tastkopf (TESA)

6.3 Meßroboter

Die moderne automatisierte Fertigung ist durch Einrichtungen zur *Maschinenverkettung* gekennzeichnet. Verkettungseinrichtungen sind häufig Kombinationen von Transport- und Zuführvorrichtungen. Insbesondere in *flexiblen Fertigungsanlagen* und *Bearbeitungszentren* kann die Produktivität und die Fertigungsqualität durch *prozeßgesteuerte Meßautomaten*, sog. *Meßroboter*, erhöht werden. Damit wird die Qualität von Werkstücken schnell und sicher überprüft, ohne den Fertigungsablauf zu unterbrechen.

Die Beschickung solcher *prozeßgesteuerter Meßroboter* geschieht über einen Handling-Roboter, einen automatisch gesteuerten Schlitten oder ein anderes Fördersystem. Ein

Prüfobjekt- bzw. *Schlittencode* ruft das entsprechende *Meßprogramm* z. B. nach Positionierung des Schlittens ab. Allgemein werden im automatischen Fertigungsbetrieb alle Meßdaten gespeichert und stehen so der späteren Auswertung zur Verfügung. Bei Toleranzüberschreitungen oder bei aufgetretenen und erfaßten Problemen erfolgt eine sofortige Meldung an die zentrale Recheneinheit, die dann einen Eingriff in den *Prozeßablauf* ermöglicht.

Bild 6.9 zeigt einen Prozeßablauf mit Meßroboter in der Fertigung, und Bild 6.10 gibt einen Überblick für eine Prüfstation mit Meßroboter und Handling-Roboter. Die Meßprogramme können im *„On-line"-Betrieb* (also mit direkter Kopplung mit einem Systemteil) oder im *„Off-line"-Betrieb* (also ohne Kopplung mit einem Systemteil, bzw. ohne gekoppelten Transport der Daten oder Datenträger; der Transport erfolgt dann von Hand) erstellt werden. Der „Off-line"-Betrieb hat dabei den Vorteil, daß die Meßprogramme mit den Werkstückzeichnungen erstellt werden können. Meßroboter besitzen automatische *Meßkopfwechsler* mit elektronischen, optischen oder berührungslosen *Lasermeßköpfen.* Die Meßbereiche für die X-, Y- und Z-Achse erlauben Werte bis zu 1000 mm. Die Auflösegenauigkeit beträgt 1 µm bei einer Positionsgeschwindigkeit von 500 mm je Sekunde.

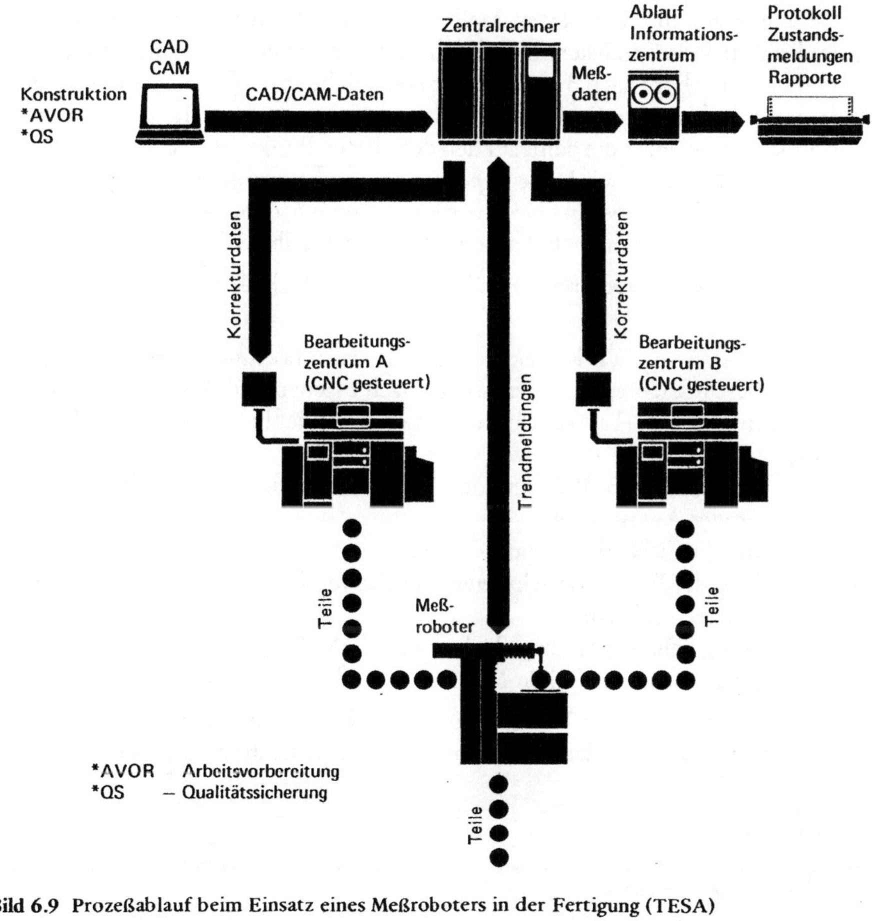

Bild 6.9 Prozeßablauf beim Einsatz eines Meßroboters in der Fertigung (TESA)

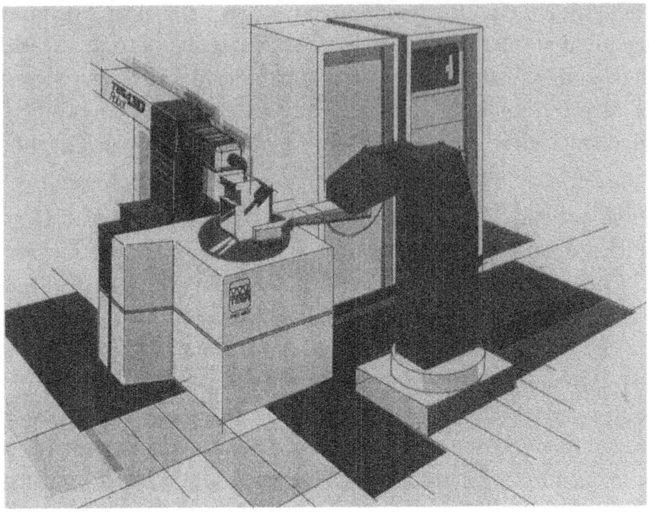

Bild 6.10
Zusammenwirken von Handlingroboter und Meßroboter (TESA)

Es ist das Ziel einer automatisierten Meßtechnik, die objektiviert-automatische Antastung des Prüfobjekts zu realisieren. In der dreidimensionalen Antastung erfüllt z. B. der elektronische Abtastkopf nach Bild 6.11 hohe Ansprüche an die Genauigkeit. Dieser Tastkopf hat drei *translatorische Freiheitsgrade.* Alle eingesetzten Taststifte sind in Bezug auf die Koordinaten zu eichen, die dann auf den definierten Punkt gespeichert werden. Zum Ansteuern der Sollposition wird eine *Repetiersteuerung*[1)] verwendet, die in der automatischen Fertigung als *Schnellspeicher* bei einem ersten (meist handbedienten) Meßprozeß alle Arbeitsinformationen speichert und anschließend einen selbsttätigen Zyklus gestattet.

Die automatische *Meßwertverarbeitung* übernimmt ein Rechner mit folgenden Funktionen [6.6]:

- der Umrechnung von Werkstück-Koordinaten auf Maschinen-Koordinaten (womit zeitraubendes Ausrichten der Werkstücke nach Flächen und Bohrungen entfällt);
- der Kompensation der Tastkugeldurchmesser einschließlich vorhandener Durchbiegungen;
- der Berechnung von z. B. Bohrungsdurchmessern auf die Mittelpunktskoordinaten aus drei oder vier Antastungen;
- der Berechnung von Winkeln und Distanzen;
- der Ermittlung der Formabweichungen von Kurven in Ebenen und im Raum;
- dem Soll-/Istwertvergleich;
- der Nullsetzung beliebiger Bezugsflächen am Werkstück;
- der Umrechnung von metrischen Meßwerten in das Zollsystem.

So können grundsätzlich vom Rechner auch Mittelwerte, Extremwerte und Standardabweichungen errechnet werden. Ein besonderer Vorteil ist die Möglichkeit der rechne-

1) Unter der Repetiersteuerung versteht man ein Verfahren in der automatischen Fertigungstechnik zur Wiederholung eines Vorganges

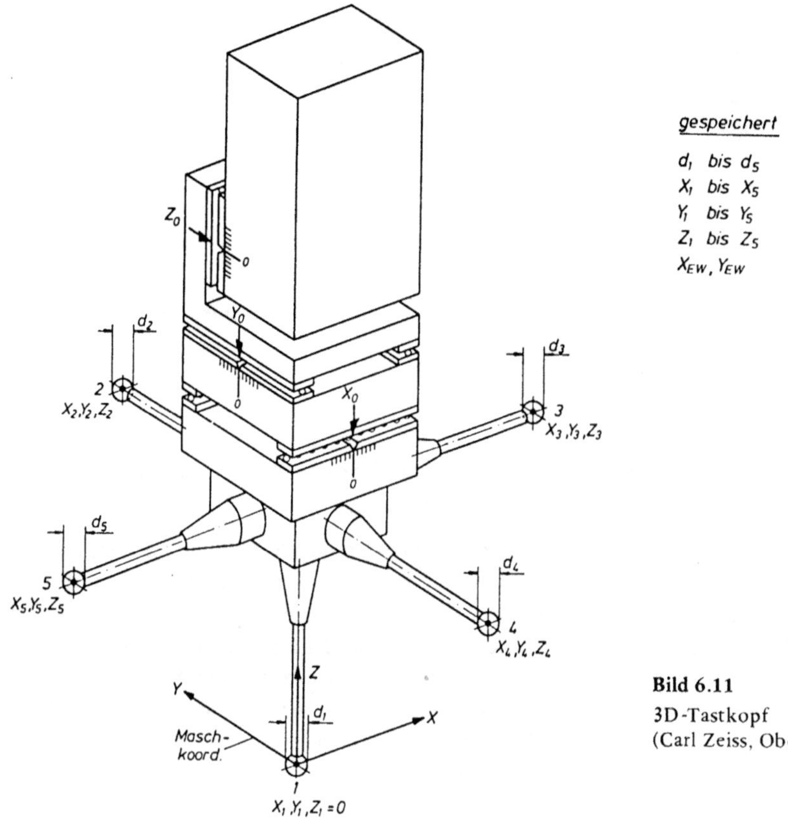

Bild 6.11
3D-Tastkopf
(Carl Zeiss, Oberkochen)

rischen Kompensation von *Ausrichtfehlern* des Werkstücks. Dabei wird eine Fläche, die Bezugsfläche, zweimal beliebig angetastet. Durch diese zweifache Antastung wird ein zufälliger Winkelfehler zum rechtwinkligen Koordinatensystem der Werkzeugmaschine bestimmt. Dieser *Winkelfehler* wird dann für alle Messungen automatisch als *Korrekturfaktor* berücksichtigt. Dadurch kann zeitraubende Rüstzeit beim Einmessen gespart werden.

6.4 Prüfmaschinen

Die Prüfung von Meßuhren, Feinzeigern, Fühlhebelmeßgeräten, induktiven und pneumatischen Meßtastern auf zulässige Abweichungen (Gesamtabweichungen f_e und f_{ges}, Wiederholbarkeit f_w und Umkehrspanne f_u) geschieht nach DIN 878, DIN 879 und DIN 2270. Hierfür gibt es zum einen spezielle *Prüfmaschinen,* beispielsweise wie in Bild 6.12, zum anderen können aber auch die in den Abschnitten 6.2 und 6.3 beschriebenen Meßmaschinen Verwendung finden. Bei den Prüfmaschinen sollte die Genauigkeit der Auflösung bis 0,1 µm reichen, der Meßbereich sollte mindestens 3 mm bei einer Meßgenauigkeit von ± 1 µm bis ± 0,15 µm betragen. Die Bewegung der Meßspindel an Prüfmaschinen wird auf den Prüfling übertragen. Einem *inkrementalen Vergleichsnormal,* gebildet durch einen Spezialtaster mit *Strichgitter-Glasmaßstab* (Bild 4.52), ist ein Digitalanzeige-

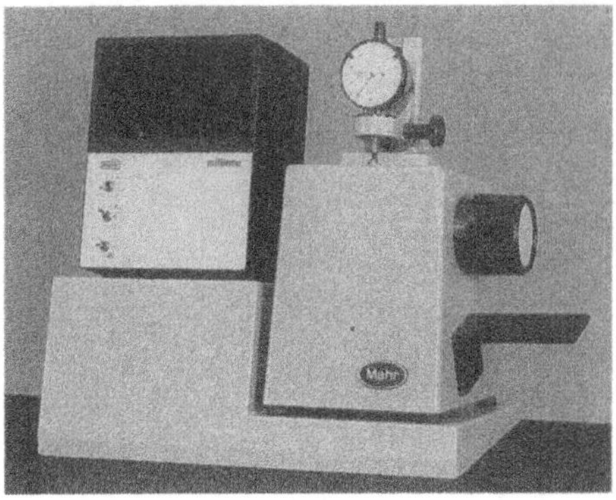

Bild 6.12
Prüfmaschine für Meßuhren und Feinzeiger (Mahr)

gerät nachgeschaltet. Zur Vereinfachung der Auswertung des Prüfvorganges können *Meßwertdrucker* und *Mikrocomputer* angeschlossen werden.

Zur graphischen Darstellung von Meßergebnissen eines *Digitalrechners* können *Kurvenschreiber* oder *Plotter* genannt, eingesetzt werden. Plotter sind direkt an die Rechenanlage anzuschließen (on-line-Betrieb) oder über ein von der Anlage ausgegebenes Magnetband zu steuern (off-line-Betrieb). Die Zeicheneinrichtung ist eine Schreibmine oder eine mit Tusche gefüllte Feder. Der *Koordinatograph*, ein x-y-Schreiber, arbeitet mit einem Zeichentisch. Das *Positioniersystem* entspricht dem *Bahnsteuerungssystem* numerisch gesteuerter Werkzeugmaschinen. Zum Antrieb dienen Schrittmotoren, die mit Inkrementalwerten bedient werden. Bei elektronischen Ausführungen wird z.B. mit Hilfe einer *Katodenstrahlröhre* ein *Mikrofilm* belichtet.

Die Plottergeschwindigkeit kann bis zu 150 $\frac{mm}{s}$ in Achsrichtung bei 0,1 mm Schrittgröße betragen. Die Wiederholgenauigkeit ist besser als 0,3 mm.

7 Prüfen und Messen besonderer geometrischer Größen

Neben den allgemein gültigen Grundlagen für Prüfgrößen (Abschn. 1.3) wurden aufgrund der in der Fertigungstechnik erforderlichen Maßbestimmung für besondere Anforderungen *spezielle Prüfverfahren* [7.2] und *Prüfeinrichtungen* entwickelt. Hierbei handelt es sich vornehmlich um das Bestimmen von komplexen Abweichungen mit dem Ziel, die *Qualität* zu verbessern und damit die *Wirtschaftlichkeit* zu erhöhen. Nach VDI/VDE 2601 Bl. 1 kann festgestellt werden: „Jedes Werkstück, und sei es noch so genau hergestellt, weist Abweichungen von der geometrisch-idealen Gestalt auf." Diese Abweichungen werden entsprechend DIN 4760 (Tafel A 7.1) eingeteilt in:

- Grobgestaltabweichungen: Maß-, Form- und Lageabweichungen und
- Feingestaltabweichungen: Welligkeit und Rauheit.

Formabweichungen, wie Geradheits-, Ebenheits- und Rundheitsabweichungen, sind *Gestaltabweichungen 1. Ordnung*. Bei ihnen ist das Verhältnis der Wellenabstände zur Tiefe im Regelfall größer als 1000:1. *Gestaltabweichungen 2. Ordnung* sind *Welligkeiten* (DIN 4761), die überwiegend periodisch auftreten, und bei denen das Verhältnis der Wellenabstände zur Wellentiefe zwischen 1000:1 und 100:1 liegt. *Rauheiten* sind *Gestaltabweichungen 3. bis 5. Ordnung*. Dabei handelt es sich um wiederkehrende Abweichungen der Istoberfläche eines Formelementes, bei denen das Verhältnis der Abstände zur Tiefe zwischen 100:1 und 5:1 liegt. Rauheiten als Gestaltabweichungen 3. Ordnung sind Rillen (DIN 4761), die 4. Ordnung Riefen, Schnuppen und Kuppen (DIN 4761), s. auch Tafel A 7.5. Tafel A 7.2 enthält Beispiele für Formabweichungen und Tafel A 7.3 Beispiele für Lageabweichungen. Funktion, *Funktionalität* und wirtschaftliche Herstellung von Bauteilen erfordern konstruktive Vorschriften zur Einhaltung bestimmter Grob- und Feingestaltabweichungen. Tafel A 7.4 zeigt gebräuchliche zusätzliche Symbole für tolerierte Eigenschaften. Der Konstrukteur hat unter Beachtung der *Qualitätskriterien* zu entscheiden, wie hoch die *Toleranzforderungen* für Maß-, Form- und Lagegenauigkeit zu stellen sind. Die Schwierigkeit dieser Entscheidung zeigt folgender Grundsatz: Meßvorschriften sollen so genau wie nötig, aber so grob wie möglich sein!

Hierbei muß der Konstrukteur mit den Erkenntnissen aus der Fertigung (Fertigungstechnik und Fertigungsmeßtechnik) unterstützt werden.

Im Folgenden werden exemplarisch Meßeinrichtungen und Meßverfahren für Gestaltabweichungen 1. bis 4. Ordnung (nach DIN 4760) behandelt, soweit ihnen eine besondere Bedeutung in der Fertigungsmeßtechnik hinsichtlich der Aufgabe und Anwendung zukommt. Weitere meßtechnische Aufgaben werden im Abschnitt 8 im Rahmen der Abnahme und des Einsatzes von Werkzeugmaschinen – und dort speziell numerisch gesteuerter Werkzeugmaschinen – behandelt.

DIN, ISO 1101: Form- und Lagetolerierung enthält die in technischen Zeichnungen zu beachtenden Form-, Richtungs-, Orts- und Lauftoleranzen, sowie die dafür zu verwendenden Symbole.

7.1 Das Prüfen der Formen und Lagen von Elementen

Ursachen für *Form-* und *Lageabweichungen* an Werkstücken können grundsätzlich werkstück- und maschinenbedingt sein. Werkstückbedingte Form- und Lageabweichungen entstehen z. B. durch Inhomogenitäten im Werkstoff, durch Deformationen des Werkstücks beim Bearbeiten, durch Wärmespannungen und Freiwerden innerer Spannungen nach der Beendigung des Verformungsverfahrens; siehe auch Tafeln A 1.15 und A 1.16.

Maschinenbedingte Form- und Lageabweichungen können ihre Ursache haben in

- den mangelhaften Stabilitäten von Werkstück- und Werkzeugaufnahmen (Vorrichtungen [7.1]), von Führungen und Lagerungen der Werkzeugmaschine,
- den Positionierabweichungen in den Meß- und Steuersystemen der Werkzeugmaschine,
- den Schwingungen im System Werkzeug-Werkstück-Werkzeugmaschine,
- den Verschleißerscheinungen am Werkzeug und den Lagern, sowie an den Führungen der Werkzeugmaschine und
- dem zu großen Spiel (also ungünstigen Passungen) in den Lagern und Führungen.

Bild 1.14 zeigt Beispiele geometrischer *Formelemente.* Die Tafeln A 1.11 bis A 1.13 enthalten *Symbole* und Anwendungsbeispiele von Form- und Lagetoleranzen.

Bei der Beurteilung der Qualität von Werkstücken hat die Formgebung und Genauigkeit auf die Funktion eine herausragende Bedeutung. Die funktionsgerechte Abgrenzung von *Formabweichungen* sind eine Voraussetzung für die Entfeinerung der *Rauheitsgüte;* dies führt zu erheblicher *Kostensenkung.* Bild 7.1 zeigt den Verlauf der Kosten, wonach der Schwerpunkt der Kosteneinsparung in den Planungsphasen, besonders in der Konstruktion liegt, also vor der Fertigung.

Die *Formgestaltung* kann in 6 Gruppen beschrieben werden: Geradheit, Ebenheit, Rundheit bzw. Kreisform, Zylinderform, Linienform und Flächenform (Bild 1.14).

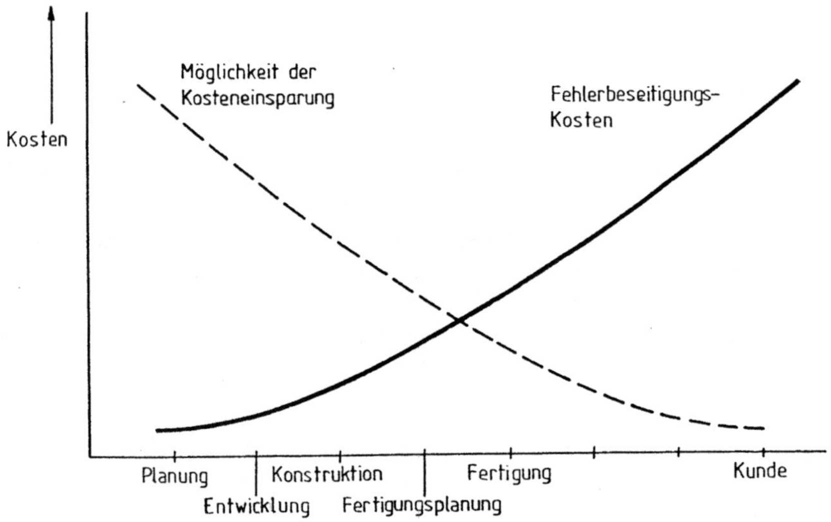

Bild 7.1 Kostenoptimierung in der Fertigung

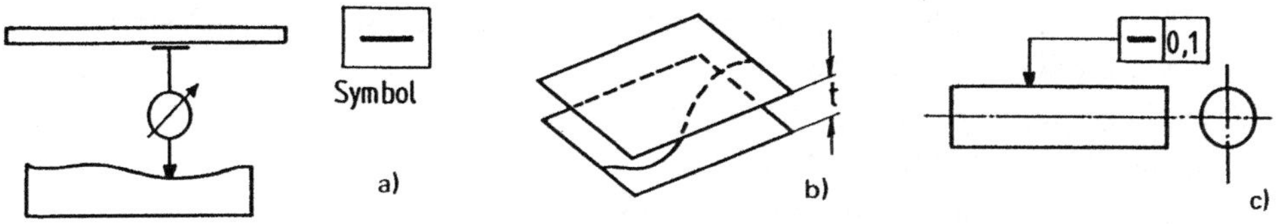

Bild 7.2 Geradheit

a) Messung der Geradheitstoleranz in einer Richtung
b) Geradheitstoleranz als Abstand t zweier paralleler Ebenen
c) Beispiel: Jede Mantellinie des Zylinders muß in der tolerierten (Pfeil-)Richtung zwischen zwei parallelen Ebenen im Abstand von 0,1 mm liegen

7.1.1 Zulässige Formgestaltabweichungen

Die *Geradheit* wird durch eine Gerade bestimmt (Bild 7.2). Ihre Toleranz ist der Abstand t zweier paralleler Ebenen, zwischen denen alle Punkte der Linie (z.B. Mantellinie eines Zylinders) liegen müssen, wenn die Toleranz nur in einer Richtung angegeben ist.

Die Prüfung der Geradheit kann z.B. erfolgen mit

- einem Haarlineal unter Beachtung des Lichtspalts (Bild 2.2 und Abschn. 3.2.4). Längere Lineale (nach DIN 874) können als Geradheitsnormal auf zwei gleiche Endmaße gelegt werden, die auf dem Prüfling aufliegen. Der Abstand zwischen Normal und Prüfling kann dann z.B. mit Endmaßen oder Feinzeiger gemessen werden. Ggf. ist die Durchbiegung des Lineals (Bild 1.4, Abschn. 1.2.1) zu beachten;
- einem Fluchtfernrohr (Fernrohr mit Zielmarke). Das Normal ist die optische Achse (Abschn. 8);
- einem Laserstrahl (Abschn. 5.1), der als Normal dient (Abschn. 8);
- elektrischen Tastschnittgeräten für kurze Strecken (Abschn. 7.2);
- einem Spanndraht (z.B. aus einer Klaviersaite) als Normal für große Strecken;
- einem pneumatischen Meßdorn wie nach Bild 4.38 b.

Mit *Ebenheit* wird die Eigenschaft einer Fläche bezeichnet, bei der die Verbindungsgerade zweier ihrer Punkte in dieser Fläche liegt (Bild 7.3). Die Ebenheitstoleranz ist durch den Abstand t zweier paralleler Flächen nach Bild 7.3 b gegeben.

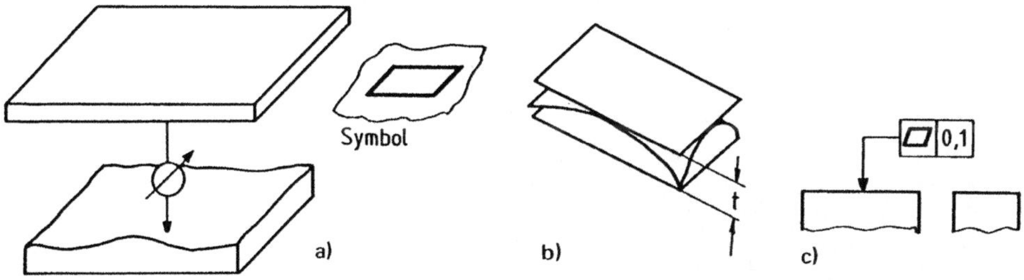

Bild 7.3 Ebenheit

a) Messung der Ebenheitstoleranz
b) Ebenheitstoleranz als Abstand t zweier paralleler Flächen
c) Beispiel: Die tolerierte Fläche muß zwischen den zwei parallelen Ebenen im Abstand von 0,1 mm liegen

Die Prüfung der Ebenheit kann außer den für die Geradheit beschriebenen Verfahren z. B. auch durchgeführt werden mit

- Plangläsern (Bild 2.15, Abschn. 2.5.2);
- Ebenheitsprüfern (Bild 4.50, Abschn. 4.4.7);
- Meßverfahren mittels kohärenten Lichts (Abschn. 5).

Die *Rundheit* oder die *Kreisform* ist eine ebene, geschlossene Kurve mit konstanter Krümmung. Die Rundheitstoleranz ist der Abstand t zweier in einer Ebene liegender konzentrischer Kreise, zwischen denen alle Punkte der Linie liegen müssen (Bild 7.4).

Die Prüfung der Rundheit oder der Kreisform kann z. B. erfolgen mit

- elektronischen oder pneumatischen Meßdornen (Bild 4.37 und 4.38);
- vom Durchmesser unabhängigen Prüfmethoden, wie bei der Rundlaufprüfung zwischen Spitzenböcken (Bild 7.5);
- Rundlaufprüfmaschine für Zahnräder (Abschn. 7.4);
- Form-Meßmaschinen (Bild 7.6).

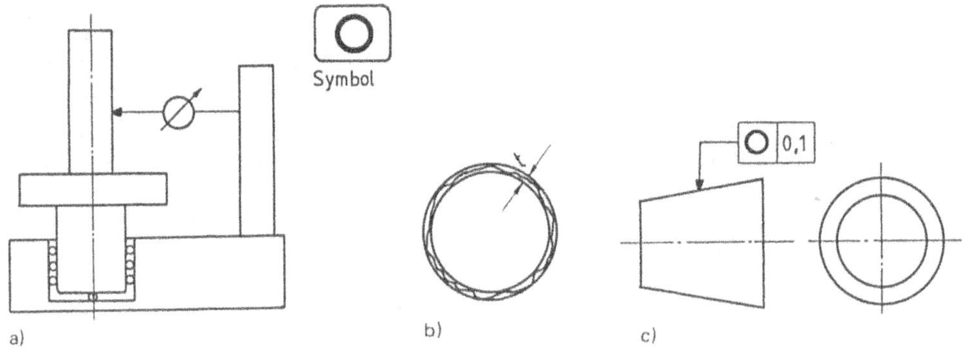

Bild 7.4 Rundheit

a) Messen der Rundheitstoleranz

b) Rundheitstoleranz als Abstand t zweier konzentrischer Kreise

c) Beispiel: An jeder Schnittebene senkrecht zur Achse muß die tolerierte Umfangslinie zwischen zwei konzentrischen Kreisen im Abstand von 0,1 mm liegen

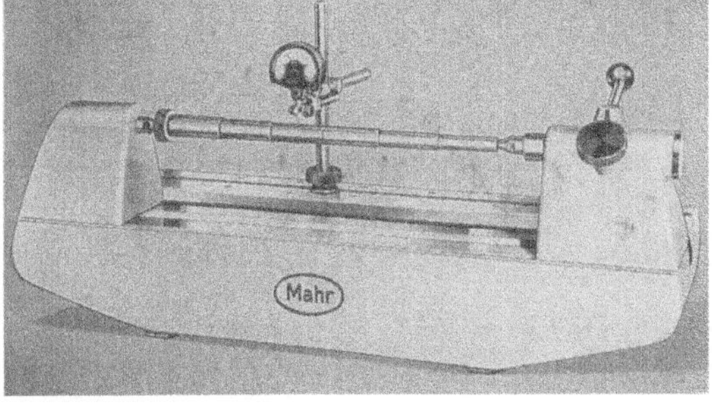

Bild 7.5
Rundlaufprüfung auf einer Prüfbank mit Spitzenböcken (Mahr)

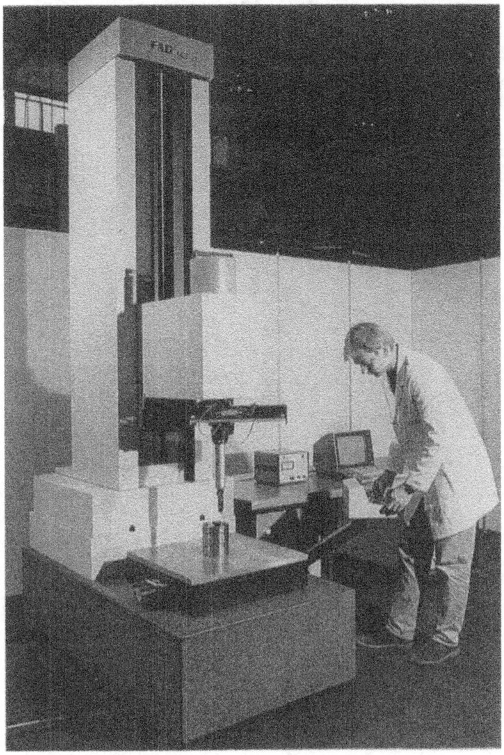

Bild 7.6
Form-Meßmaschine mit zwei Führungsachsen (FAG-Kugelfischer)

Das Messen der Rundheit ist gegenüber einer *Referenzspindel* eine genaue und schnelle Methode. Die Referenzspindel kann mechanisch, hydrostatisch oder pneumatisch gelagert sein. Der Prüfling kann beispielsweise auf einem Zentrier- oder Taumeltisch mittig ausgerichtet werden (Bild 7.7). Je nach Wahl eines Normfilters (0 – 50, 0 – 150, 0 – 500 oder 15 – 500 Wellen pro Umdrehung) werden nieder- oder höherfrequente Formanteile unterdrückt. Mit diesen Wellenfiltern ist es möglich, die Rauheit herauszufiltern, die nicht zwingend zur Beurteilung der Rundheit beachtet werden muß.

Eine gebräuchliche Form der Auswertung des Polardiagramms (Bild 7.8) ist die Bestimmung der Abweichung durch den Kreis der kleinsten Abstandsquadrate. Der Bezugspunkt ist der Mittelpunkt dieses Kreises, der dem Flächenschwerpunkt entspricht.

Die *Zylinderform* ist bestimmt durch zwei parallele Ebenen und einer Zylinderfläche mit geschlossener Leitlinie (Bild 7.9). Die Zylinderformtoleranz ist der Abstand t zweier koaxialer Zylinder, zwischen denen alle Punkte der Zylindermantelfläche liegen.

Die Prüfung der Zylinderform kann z. B. erfolgen mit

- elektronischen oder pneumatischen Meßdornen oder Meßringen (Bild 4.37 und 4.38);
- einer Meßeinrichtung zwischen den Spitzen mit Hilfe der Referenzgeraden. Die Messung selbst wird mit Feinzeiger oder elektronischen Längenmeßgeräten (Abschn. 4.2) durchgeführt.

Bild 7.7 a) und b)
Formtester für Rundheit, Planlauf, Parallelität, Konzentrizität und Koaxialität mit Profilschreiber (polar und linear) (Mahr/Perthen)

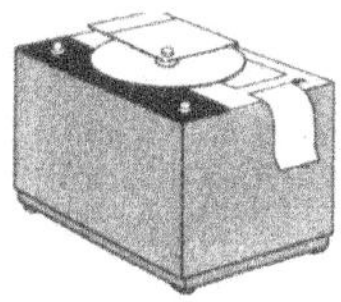

a)

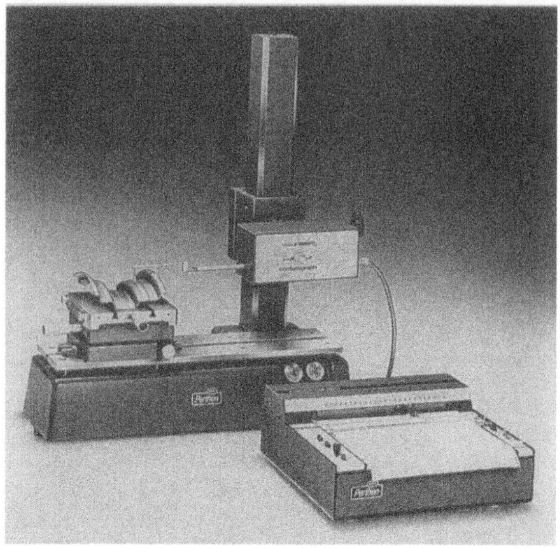

b)

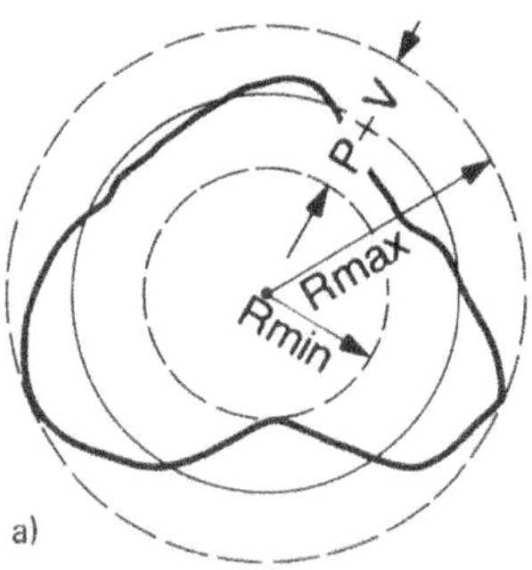

a)

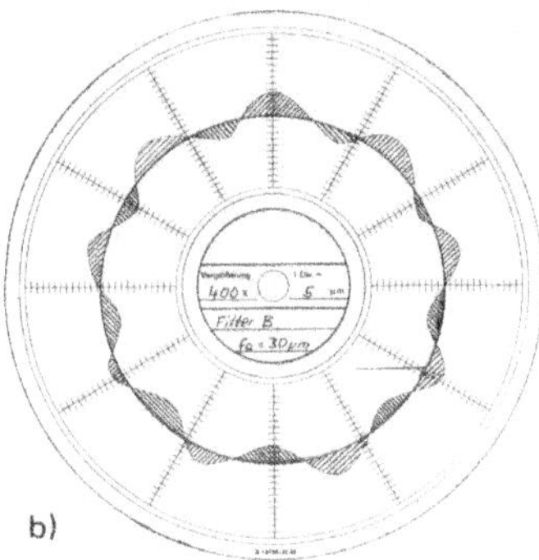

b)

Bild 7.8 Polardiagramm; Auswertung nach der Methode des Kreises der kleinsten Abstandsquadrate

Die Zylinderform kann konisch, hohl, ballig, wellig oder krumm sein. Der Prüfling sollte mindestens zweimal um 180° verdreht abgetastet werden.

Die *Linienform* beschreibt die Form einer gekrümmten Linie oder Kurve mit unbestimmter Bogenhöhe (Bild 7.10). Ihre Toleranz ist der Abstand t zweier in einer Ebene liegender Linien, zwischen denen sich alle Punkte der tolerierten Linie befinden. Die Hüll-Linien liegen an den Kreisen mit dem Durchmesser t, deren Mittelpunkte auf der geometrisch idealen Linie angesiedelt sind.

Die Prüfung der Linienform erfolgt

- als Abweichung der Soll- (Referenz-Linienform) zur Ist-Linienform;
- als Linienform gegenüber einer Referenzgeraden;
- durch Messen der Bogenhöhe in Kreisabschnitten.

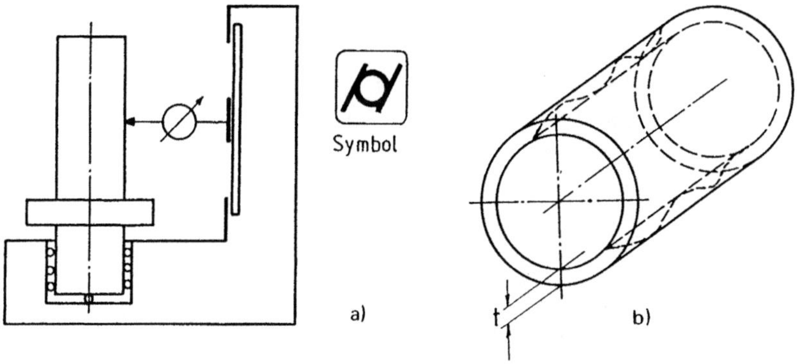

Bild 7.9 Zylinderform

a) Messen der Zylinderformtoleranz
b) Zylinderformtoleranz als Abstand t zweier koaxialer Zylinder
c) Beispiel: Die tolerierte Zylindermantelfläche muß zwischen zwei koaxialen Zylindern liegen, deren Abstand 0,1 mm beträgt

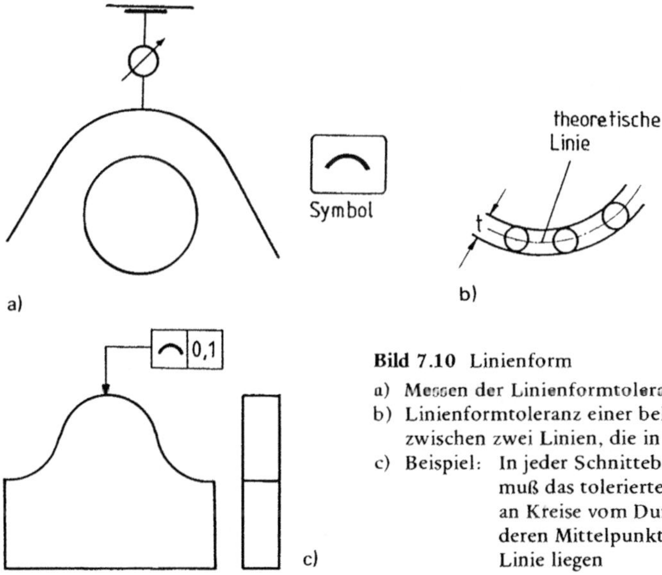

Bild 7.10 Linienform

a) Messen der Linienformtoleranz
b) Linienformtoleranz einer beliebigen Linie als Abstand t zwischen zwei Linien, die in einer Ebene liegen
c) Beispiel: In jeder Schnittebene parallel zur Zeichenebene muß das tolerierte Profil zwischen den Hüllinien an Kreise vom Durchmesser 0,1 mm liegen, deren Mittelpunkte auf der geometrisch idealen Linie liegen

Bei der Prüfung der Linienform gegenüber einer Referenzlinienform muß die Dreh- und Verfahrensrichtung synchron sein. Bild 7.11 zeigt die Abtastung der Linienform an einer Nockenwelle. Das Messen der Bogenhöhe in Kreisabschnitten geschieht mit genauen winkelkodierten Meßweggebern (Abschn. 7.8) und Meßtastern mit großen Meßwegen (Abschn. 4.2 und 4.5).

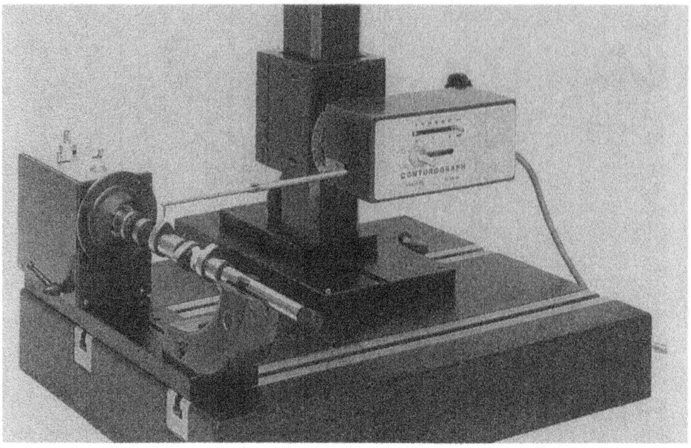

Bild 7.11
Abtasten der Linienform einer Nockenwelle mit dem Conturograph (Mahr/Feinprüf)

Die *Flächenform* ist bestimmt durch die mathematische Definition der Fläche als geometrischer Ort einer Gesamtheit von Punkten, die eine bestimmte Bedingung erfüllen, so z. B. die Kugeloberfläche als geometrischer Ort aller Punkte, die von einem festen Punkt, dem Mittelpunkt der Kugel, den gleichen Abstand haben (Bild 7.12). Die beiden Flächen sind Hüll-Flächen an Kugeln mit dem Durchmesser t, deren Mittelpunkte auf der geometrisch idealen Fläche liegen.

Das Prüfen einer Flächenform kann erfolgen mit

- Meßmikroskopen (Abschn. 4.4.3);
- Dreikoordinaten-Meßmaschinen (Abschn. 6);
- Evolventen- und Zahnschrägen-Prüfmaschinen (Abschn. 7.4).

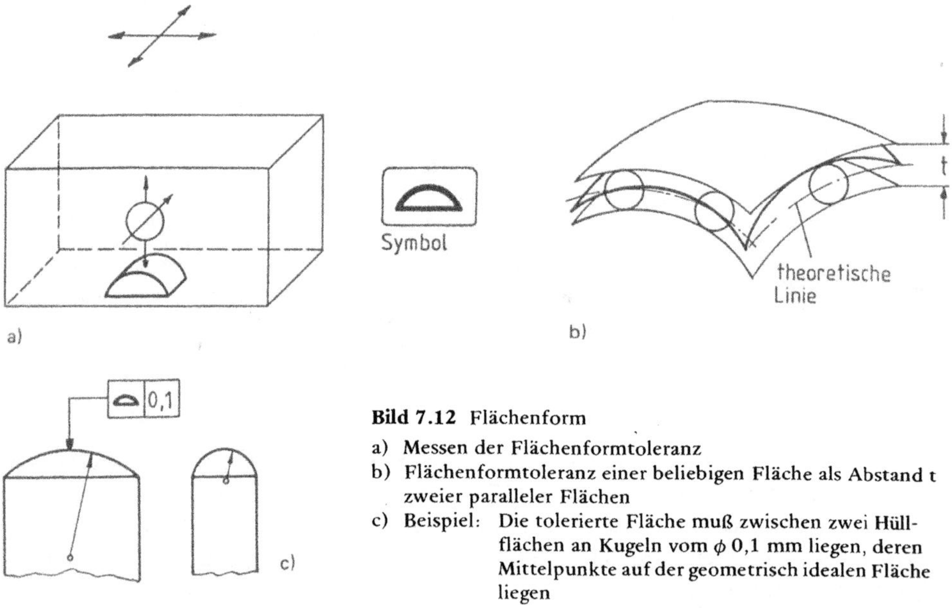

Bild 7.12 Flächenform

a) Messen der Flächenformtoleranz
b) Flächenformtoleranz einer beliebigen Fläche als Abstand t zweier paralleler Flächen
c) Beispiel: Die tolerierte Fläche muß zwischen zwei Hüllflächen an Kugeln vom ϕ 0,1 mm liegen, deren Mittelpunkte auf der geometrisch idealen Fläche liegen

Zum Prüfen sowohl in vertikaler als auch in horizontaler Lage dienen *Rundheitsmeßspindeln* (FAG-Kugelfischer). Damit können im Werkstattbetrieb großflächige, schwere oder sperrige Prüflinge unmittelbar gemessen werden. Ihre Rundlaufgenauigkeit beträgt 0,2 µm, die Planlaufgenauigkeit 0,15 µm bei einem Meßbereich von Durchmessern zwischen 3 bis 300 mm. Der elektrische Antrieb für die Rundlaufabtastung hat 6 Umdrehungen je Minute.

Zur Messung z. B. der Radialluft von Wälzlagern stehen *Radialluft-Meßgeräte* (FAG-Kugelfischer) zur Verfügung, die das Radialspiel eines Wälzlagers nach einem Meßzyklus an der Analoganzeige eines Meßverstärkers ablesbar machen. Gemessen wird damit der mögliche radiale Verschiebeweg zwischen Innen- und Außenring. Die Meßwertanzeige kann je nach Ausführung digital oder analog erfolgen. Desgleichen gibt es Meßgeräte zur Bestimmung der *Axialluft* von *Wälzlagern.*

Hüllkreismeßgeräte dienen der Bestimmung des genauen Radialspiels oder der genauen Vorspannung eingebauter Wälzlager (FAG-Kugelfischer).

7.1.2 Maß-, Form- und Lagetoleranzen

Der Konstrukteur geht häufig davon aus, daß eine hohe Oberflächenqualität und eine enge Passung in einem direkten Zusammenhang stehen. Dabei wird oft übersehen, daß Maßtoleranzen nur die Istmaße eines Formelements begrenzen, nicht aber seine Formabweichungen (s. auch DIN ISO 8015). Darum gelten Form- und Lageabweichungen unabhängig von Istmaßen der einzelnen Formenelemente (wie Punkte, Linien, Flächen, Achsen). Falls vom Konstrukteur keine einschränkenden Angaben gemacht werden, können die Formabweichungen die gesamte Maßtoleranz ausnutzen.

Ausschlaggebend für die richtige Tolerierung von Maß, Form und Lage, sowie die Bestimmung der Oberflächengüte, also der Rauheitstoleranz, ist in der Regel die Funktion des Bauteils bzw. die von Bauteilen. Tafel A 7.2 enthält eine Zusammenfassung der Formabweichungen.

Lageabweichungen sind Abweichungen der Istlage von zwei oder mehreren Elementen, z.B. Linien (Kanten, Mittellinien von Einzelflächen, Mantellinien, Kreislinien und beliebig geformten Linien) und Einzelflächen, von der geometrisch idealen Lage. Die Tafeln A 7.3 und A 7.4 enthalten Zusammenstellungen von Lageabweichungen.

7.2 Das Prüfen von Oberflächen

Es ist bekannt, daß Abweichungen einer Oberfläche von ihrer geometrisch idealen Gestalt einen großen Einfluß auf das erwartete Funktionsverhalten von Elementen (z. B. Maschinenteilen) haben können. So betreffen sie z. B. das *Verschleißverhalten,* die *Reibungs- und Gleiteigenschaften,* die *Schmierfähigkeit,* die *Ermüdungsfestigkeit,* die *Passungseigenschaften,* die *Korrosionsanfälligkeit* und auch den *optischen Eindruck.*

DIN 4760 beschreibt das Ordnungssystem für Gestaltabweichungen:

1. Ordnung: *Formabweichungen* (Abschn. 7.1).
2. Ordnung: *Welligkeit* (nach DIN 4761); Beispiele für ihre Entstehung sind: außermittige Einspannung von Werkstücken, Form- oder Laufabweichungen eines Fräsers, Schwingungen der Werkzeugmaschine oder des Werkzeugs.
3. Ordnung: *Rauheit* als Rillen, die z. B. durch die Form der Werkzeugschneide, den Vorschub oder die Zustellung des Werkzeugs entstanden.
4. Ordnung: *Riefen*, Schuppen, Kuppen (nach DIN 4761), die z.B. von der Spanbildung herrühren (s. Tafel A 7.5).

Die 5. und 6. Ordnung betreffen die Gefügestrukturen und den Gitteraufbau des Werkstoffs; sie gehören überwiegend in das Gebiet der Werkstoffprüfung und werden hier grundsätzlich nicht behandelt.

Gestaltabweichungen 1. bis 4. Ordnung werden nach den *Profilarten* gemäß Bild 7.13 unterschieden. Die Formabweichung ist langwellig und kann sich durchgehend über die ganze Funktionsfläche erstrecken. Die Welligkeit, der Abstand von Welle zu Welle, ist größer als der Abstand von Rille zu Rille, der Rauheit. Aber die vertikale Abweichung von Formabweichung und Rauheit kann dagegen die gleiche Größenordnung haben. Bild 7.14 enthält zu unterscheidende Abweichungen, und Bild 7.15 zeigt Beispiele für Arten von Rauheitsprofilen. Die Tafeln A 7.13 bis A 7.15 geben einen Überblick der Oberflächenzeichen in Zeichnungen nach DIN ISO 1302.

7.2.1 Meßtechnik für die Erfassung der Gestaltabweichungen

Grundsätzlich gilt für die Erfassung der Gestaltabweichungen 1. bis 4. Ordnung, daß die Oberfläche dreidimensional ist. In der Regel erfolgt die Messung jedoch in einem zweidimensionalen Profilschnitt senkrecht zum geometrisch idealen Profil. Mit Ausnahme der Abweichungen bei der Ebenheit und Profilform beruhen alle genormten Oberflächenkennwerte auf dem zweidimensionalen Tastschnitt. In DIN 4768 ist die Ermittlung der *Rauheitsmeßgrößen* R_a, R_z, R_{max} mit elektrischen Tastschnittgeräten festgelegt. Tafel A 7.6 enthält die Zusammenstellung der Oberflächenmeßgrößen.

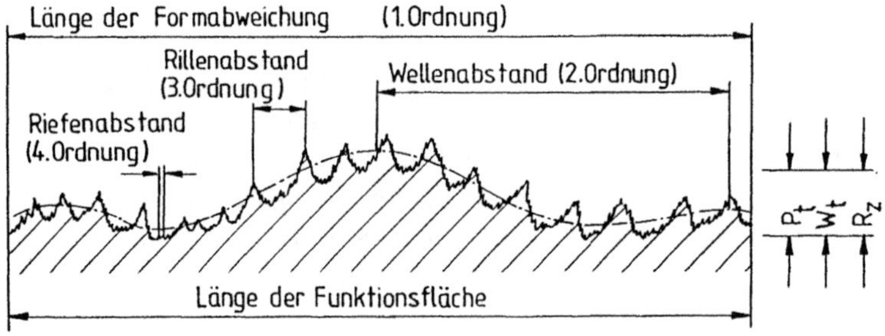

Bild 7.13 Überlagerungen der Gestaltabweichungen 1. bis 4. Ordnung (Formabweichung, Welligkeit, Rauheit)

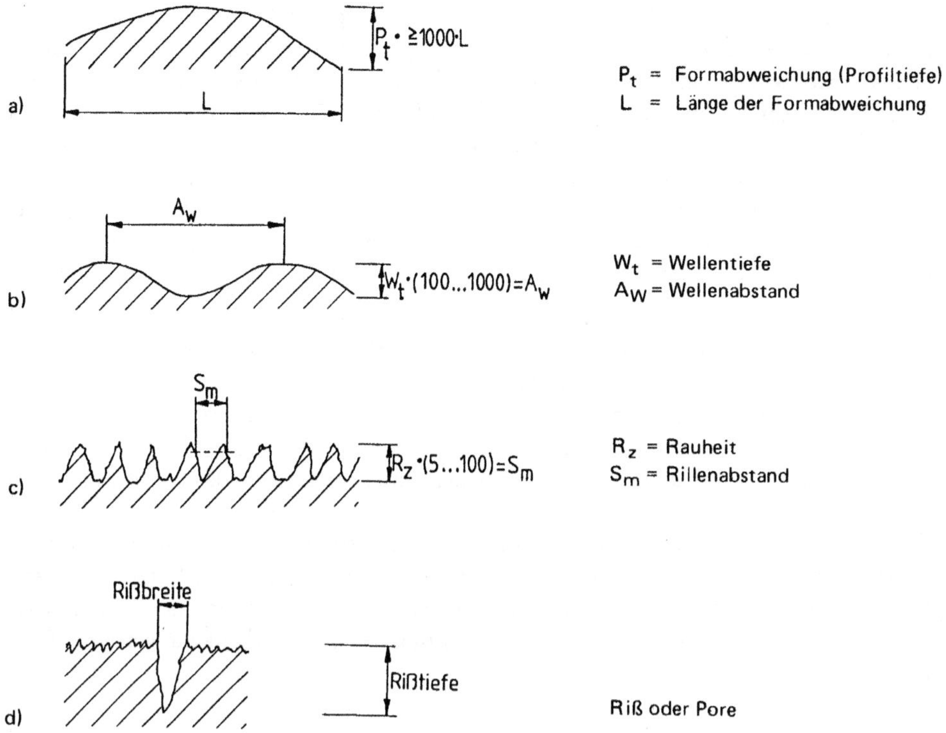

Bild 7.14 Unterscheidungsmerkmale für Oberflächenabweichungen
a) Formabweichung b) Welligkeit c) Rauheit d) Risse, Poren oder dergl.

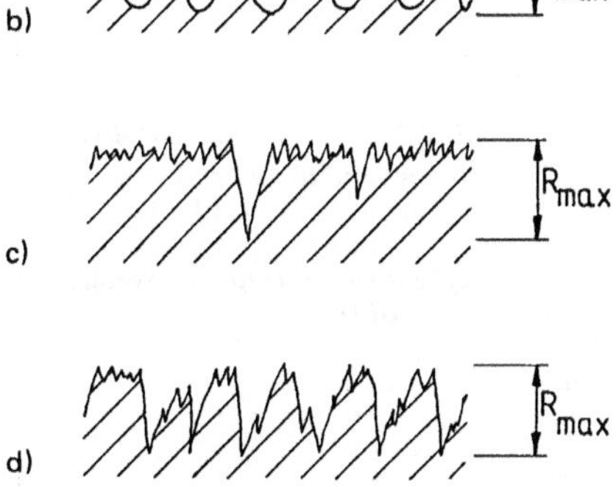

Bild 7.15

Arten von Rauheitsprofilen, z.B. bei allen R_{max} = 10 μm

a) rundkämmiges Profil
b) spitzkämmiges Profil
c) glatt mit einzelnen Ausreißern
d) unregelmäßiges Profil

Die *Tastschnitt-Meßlängen* l_m (Gesamtmeßstrecke) betragen in Abhängigkeit vom Rillenabstand bzw. des Rauheitsprofils 0,4 bis 40 mm. Je nach Anforderung können Oberflächenkennwerte aus einem ungefilterten Profil, also einem tatsächlichen Profil (Bild 7.16a), oder aus einem gefilterten Rauheitsprofil (Bild 7.16b) ermittelt werden. Beim Rauheitsprofil werden langwellige Anteile der Gestalt- und der Formabweichungen und der Welligkeit durch elektrische Hochpaßfilter gedämpft, so daß innerhalb der Meßstrecke nur die Rauheitskenngrößen, wie beispielsweise R_z, R_a, R_{max}, R_p, M_r, erfaßt werden. Beim gefilterten Welligkeitsprofil werden die kurzwelligen Abweichungen, die Rauheit, durch elektronische Tiefpaßfilter oder auch durch mechanische Filterungen, wie Tastkufen, gedämpft.

Die Ermittlung genormter Oberflächenkennwerte erfolgt innerhalb definierter Grenzen:
- die *horizontale Begrenzung* ist die Meßstrecke l_m, und
- die *vertikale Begrenzung* erfolgt durch eine obere und untere Begrenzungslinie, die das Oberflächenprofil an seinem höchsten und tiefsten Profilpunkten berühren. Die Begrenzungs- bzw. Bezugslinien sind Parallelen zum geometrisch idealen Profil bzw. zur mittleren Linie.

Wie sich die Taststrecke l_t, Meßstrecke l_m, Einzelmeßstrecke l_e, Vor- und Nachlaufstrecke l_v und l_n zueinander verhalten, erkennt man aus Bild 7.17. Die Einzelmeßstrecke l_e ist der 5. Teil der Strecke l_m und entspricht einer Grenzwellenlänge (cut off; s. auch Bild 7.35 und Tafel A 7.10); sie dient u.a. der Ermittlung der Oberflächenkennwerte R_z, R_{max}, R_{3z} und R_{pm}.

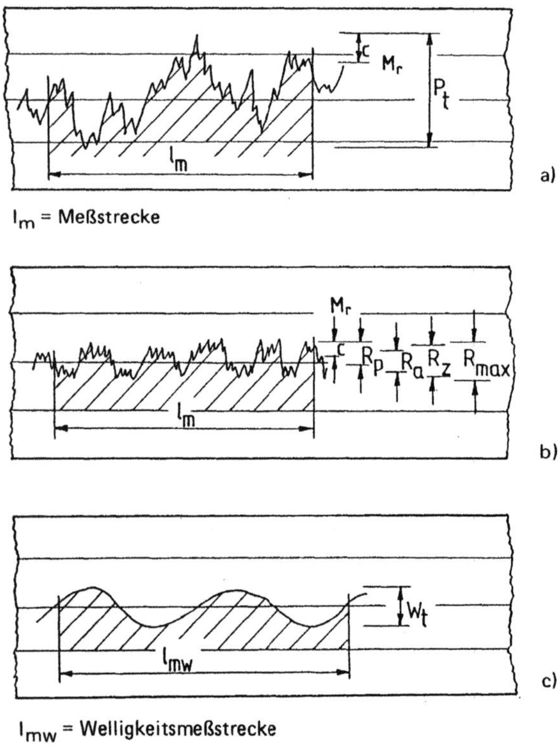

Bild 7.16 Oberflächenprofile
a) ungefiltert (P-Profil)
b) gefiltert (R-Profil = Rauheitsprofil)
c) gefiltert (W-Profil = Welligkeitsprofil)

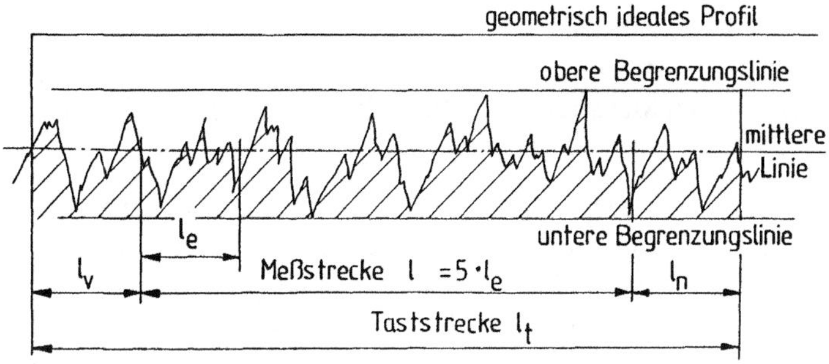

Bild 7.17 Oberflächenprofil und ihre Begrenzungslinien

Nach Bild 7.18 wird die *Profiltiefe* P_t aus dem ungefilterten P-Profil ermittelt (DIN 4771). Hierfür legt der Konstrukteur die Länge der Meßstrecke durch die Funktionsforderungen an den Prüfling fest, z. B. durch eine Zeichnungsangabe $\surd$25/P_t 1,6 (d. h. auf einer Länge von 25 mm darf die Summe der Gestaltabweichungen 1. bis 5. Ordnung P_t = 1,6 µm betragen.).

Nach DIN 4771 sind die *Vorzugs-Bezugsstrecken* 0,5; 1,5; 5; 15 und 40 mm lang. Profilausreißer können das Meßergebnis von P_t stark beeinflussen. Bei der Ermittlung von P_t wird weder mechanisch noch elektronisch gefiltert. Hat das Oberflächenmeßgerät keine elektronische Ausrichtung für die Lageabweichung der Meßführung zum Prüfling, so muß die Ausrichtung der Meßführung des Tastsystems zum Prüfling manuell so erfolgen, daß das Oberflächenprofil weitgehend parallel zum Profildiagramm verläuft (Bild 7.19).

P_t wird grundsätzlich dann ermittelt, wenn aus funktionstechnischen Gründen nicht nur die kurzwelligen Abweichungen (Rauheit), sondern auch die langwelligen Abweichungen (Form und Welligkeit) wichtig sind, wie bei Paß- und Gleitlagerflächen.

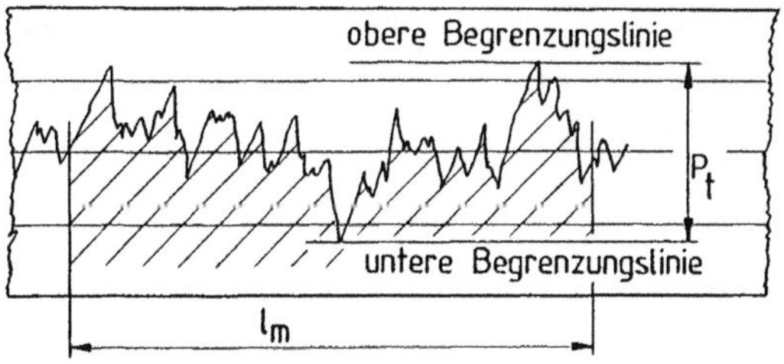

Bild 7.18
Ungefiltertes Oberflächenprofil

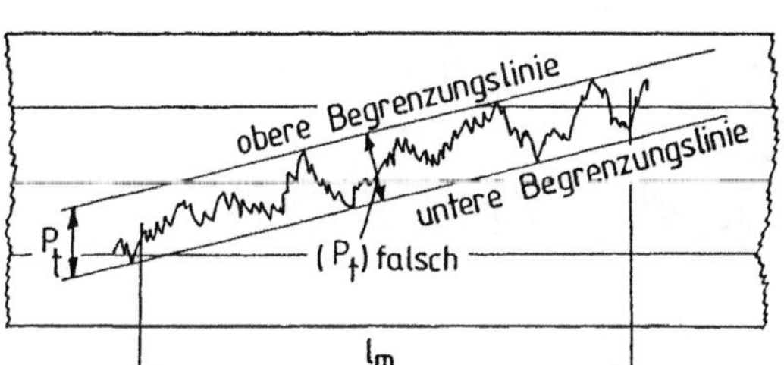

Bild 7.19
Auswertung der Profiltiefe P_t

Die *Rauhtiefe* R_t (nach DIN 4762), die heute nicht mehr verwendet werden sollte, ist das Maß für die Differenz von der höchsten Profilerhebung bis zum tiefsten Profiltal innerhalb einer nicht genau festgelegten Meßstrecke l_m (Bild 7.20). R_t ist nach DIN 4768 durch R_z und R_{max} zu ersetzen.

Die *gemittelte Rauhtiefe* R_z ist der Mittelwert aus den einzelnen Rauhtiefen fünf aufeinander folgender Einzelmeßstrecken l_e und gibt ein Maß für die durchschnittlich vertikale Oberflächenzerklüftung. Einzelne Ausreißer werden in Abhängigkeit ihrer Anzahl nur zum Teil berücksichtigt. Befindet sich z. B. innerhalb l_m nur ein Ausreißer, so wird dieser nur noch zu $\frac{1}{5}$ bzw. 20 % berücksichtigt:

$$R_z = \frac{Z_1 + Z_2 + Z_3 + Z_4 + Z_5}{5}$$

R_z sollte in den Fällen Anwendung finden, in denen einzelne *Profilausreißer* die Funktion des Prüflings nicht beeinflussen, wie Lager- und Gleitflächen, Preßsitzen und Meßflächen. Da in der Regel einzelne Profilausreißer die Funktion von Bauelementen nicht entscheidend beeinflussen, ist R_z neben dem *Mittenrauhwert* R_a die maßgebende Oberflächenkenngröße.

Eine Zeichnungsangabe wäre z. B. $\sqrt{}$ gedreht R_z 6,3

Die *maximale Rauhtiefe* R_{max} ist die größte Einzelrauhtiefe Z_i der 5 aufeinander folgenden Einzelmeßstrecken l_e (Z_3 im Bild 7.20). R_{max} ist allgemein kleiner als R_t.

Die Größe R_{max} ist nur dann maßgebend, wenn einzelne Profilausreißer funktionsentscheidend sind, z. B. bei dynamisch beanspruchten Bauteilen (wegen der Kerbwirkungen) und bei Dichtflächen.

Zeichnungsangaben wären z. B. $\sqrt{}$ R_{max} 6,3

Die *gemittelte Rauhtiefe* R_{3z} ist der Mittelwert aus den Einzel-Rauhtiefen 5 aufeinander folgender Einzelmeßstrecken l_e. Jedoch wird bei R_{3z} jeweils nur die dritthöchste Profilerhebung und das drittiefste Tal der jeweiligen Einzelmeßstrecke l_e (Bild 7.20) ermittelt. Dabei werden einzelne Ausreißer noch weniger als bei R_z erfaßt. R_{3z} findet Anwendung bei porigen Oberflächen, wie bei Zylinderlaufbuchsen aus Grauguß.

$$R_{3z} = \frac{R_{3z/1} + R_{3z/2} + R_{3z/3} + R_{3z/4} + R_{3z/5}}{5}$$

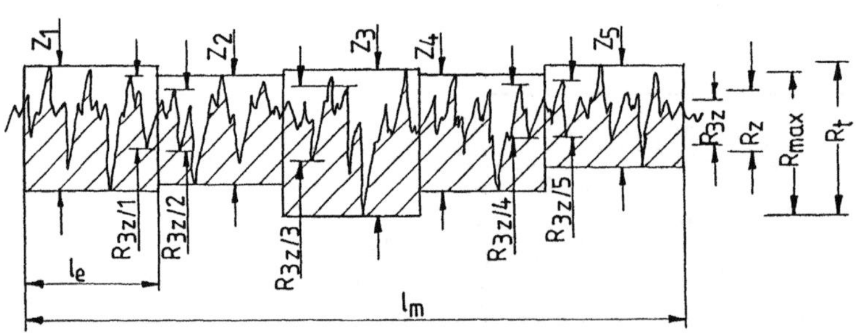

Bild 7.20 Auswertung der Rauheitswerte R_{3z}; R_z; R_{max}; R_t

Der *Mittenrauhwert* R_a ist der arithmetische Mittelwert der absoluten Beträge der Abstände y des Rauheitsprofils von der mittleren Linie innerhalb der Meßstrecke (Bild 7.21). Das ist gleichbedeutend mit der Höhe eines Rechtecks der Länge l_m und flächengleich mit der Summe der zwischen Rauheitsprofil und mittlerer Linie eingeschlossenen Fläche: $\Sigma A_{oi} = \Sigma A_{ui}$ und $A_g = \Sigma A_{oi} + \Sigma A_{ui}$

$$R_a = \frac{1}{l_m} \int_{x=0}^{x=l_m} |y| \, dx$$

R_a hat über die Feingestalt einer Oberfläche nur geringe Aussagekraft, wie z.B. nach Bild 7.22 zu erkennen ist. Eine Aussage über die Profilform ist nicht möglich (Bild 7.15). In der Bundesrepublik Deutschland wird R_z häufiger verwendet als R_a; beispielsweise in England, der Schweiz und USA ist R_a[1)] jedoch ein viel verwendetes Oberflächenmaß.

Eine Zeichnungsangabe wäre z.B. $\overset{3,2}{\nabla}$ gedreht

Die folgende Auflistung gibt einen Überblick für die Anwendung von R_a und R_z [7.2].

Vor- und Nachteile der Oberflächenmaße R_a und R_z

Merkmale	R_a	R_z
Verbreitung	weltweit	nur Europa
Meßgerät	einfach	weniger einfach
Streuung der Meßwerte	gering	gering
Ermittlung aus Profildiagramm	nicht möglich	einfach
Aussagefähigkeit	sehr unsicher	gut
Anschaulichkeit	schlecht	gut
Tauglichkeit zur Erfassung von Ausreißern	schlecht[2)]	gut
Messung mit optischen Geräten	nicht möglich	näherungsweise möglich
Messung an kurzen Flächen < 0,5 mm	kaum möglich	möglich

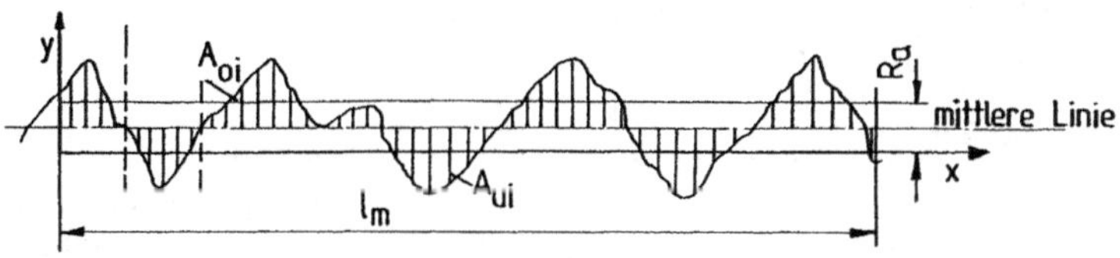

Bild 7.21 Mittenrauhwert R_a

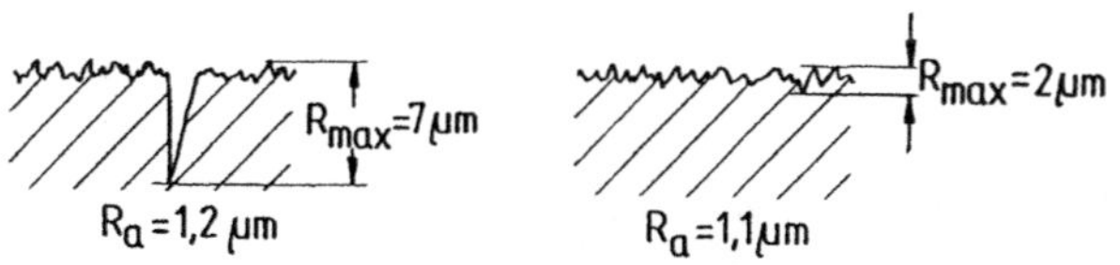

Bild 7.22 Auswirkung von R_{max} auf R_a

1) R_a = CLA = AA; CLA, AA in mikroinch (1 µin = 0,025 µm)
CLA (Center Line Average Height), britische Norm
AA (Arithmetical Average Height), USA Norm

2) Ausreißer lassen sich durch $\frac{R_{max}}{R_z} > 1,3$ definieren, jedoch nicht durch $\frac{R_{max}}{R_a}$.

Die *Glättungstiefe* R_p entspricht dem maximalen Abstand der mittleren Linie zur höchsten Profilerhebung innerhalb von l_m (Bild 7.23). Die gemittelte Glättungstiefe R_{pm} errechnet sich aus

$$R_{pm} = \frac{R_{p/1} + R_{p/2} + R_{p/3} + R_{p/4} + R_{p/5}}{5}$$

Theoretisch entspricht R_p demjenigen Wert, um den die obere Begrenzungslinie absinken würde, wenn alle Profilberge in die Profiltäler gewalzt werden (wie z. B. beim Effekt des Rollierens). Große Glättungstiefen weisen auf ungünstiges Verschleißverhalten hin. R_p hat eine relativ große Aussagekraft für die Funktion von Oberflächen und wird angewendet z. B. bei Lager- und Gleitflächen, der Schrumpffähigkeit von Preßpassungen oder der Lackierfähigkeit.

Eine Zeichnungsangabe wäre z.B $\overset{\text{geschliffen}}{\sqrt{R_{pm}\ 1\ R_z\ 4}}$

Der *Materialanteil* M_r (früher t_p = Traganteil) ist das Verhältnis der *Schnittlängen* L_n (im Bild 7.24:L_1 bis L_4) des in einer bestimmten Schnittiefe c geschnittenen Profils zur Bezugsstrecke l_m in Prozent.

Beispiel:

$$M_r = \frac{L_1 + L_2 + L_3 + L_4}{l_m} \cdot 100 \text{ (in \%)}$$

Die Lage der Bezugslinie (z.B. bestimmt durch $M_r = 2\%$) und die *Schnittlinientiefe c* sind in Abhängigkeit von der Funktion des Prüflings vom Konstrukteur vorzuschreiben.

M_r gibt gute Informationen über den Profilaufbau der Oberfläche und somit über das zu erwartende Einlauf- und Verschleißverhalten einer Fläche.

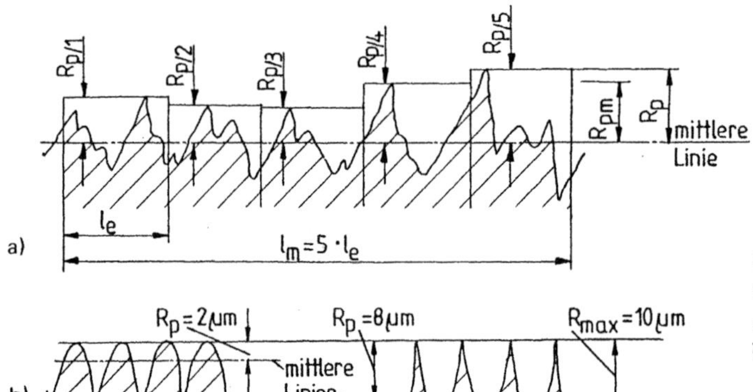

Bild 7.23
Glättungstiefe R_p
a) Auswertung von R_p
b) Einfluß der Profilart auf R_p

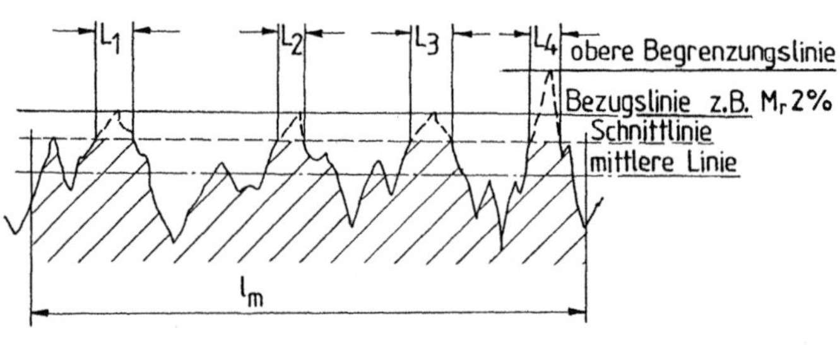

Bild 7.24
Materialanteil M_r

Da einzelne Profilerhöhungen die Funktion eines Prüflings nur selten beeinflussen, ist zu empfehlen, daß die Bezugslinie um einen vom Konstrukteur vorzuschreibenden Betrag in das Profil gelegt wird (Bild 7.25).

Eine Zeichnungsangabe wäre z.B. $\sqrt{R_z\ 4,\ M_r\ 1\ /\ 70\%\ \text{Bezugslinie}\ 5\%}$ (über dem Symbol: gehont)

(d.h. der Mikroprofilanteil muß im Abstand c = 1 µm 70% betragen, wobei die Lage der Bezugslinie von einem Profiltraganteil M_r = 5% bestimmt wird).

Die *Traganteilkurve* (TPK), auch *Abbott'sche Tragkurve* genannt, ermöglicht ein aussagefähiges Bild über den Aufbau des Oberflächenprofils (Bild 7.26a):

- eine flachabfallende Kurve hat ein geringes Talvolumen, also eine hohe Tragfähigkeit und somit gutes Verschleißverhalten (z.B. für Lagerflächen) und gute Einlaufeigenschaften (z.B. für Motorkolben);
- eine steil abfallende Kurve läßt auf eine stark zerklüftete Oberfläche und ungünstiges Verschleißverhalten schließen.

Der Bedeutung der Abbott-Kurve wird durch die Normung Rechnung getragen (DIN 4776), in der auch porige Oberflächen, wie bei Keramik und Grauguß, besondere Beachtung finden.

Mit der DIN 4776 (Mai 1990) werden relativ neue Kenngrößen aus der Abbott-Kurve eingeführt. Das Rauheitskernprofil ist das Rauheitsprofil nach dem Abschneiden der herausragenden Spitzen und der tiefen Riefen. Es werden nun unterschieden (Bild 7.26a):

- die Kernrauhtiefe R_K in µm,
- der Materialanteil M_{r1} in %
- der Materialanteil M_{r2} in %
- die reduzierte Spitzenhöhe R_{PK}
- die reduzierte Riefentiefe R_{VK}

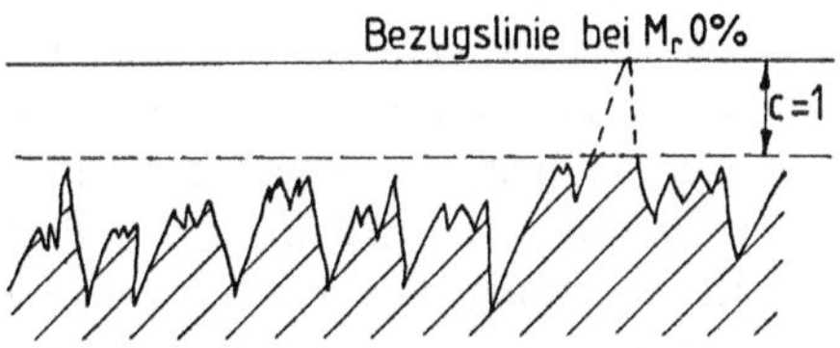

Bild 7.25
Bezugslinie bei M_r = 0 % für eine Schnittiefe c = 1 µm bei M_r = 7 %

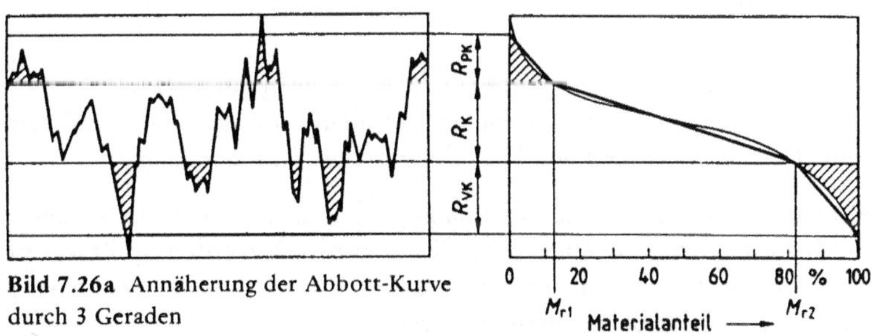

Bild 7.26a Annäherung der Abbott-Kurve durch 3 Geraden

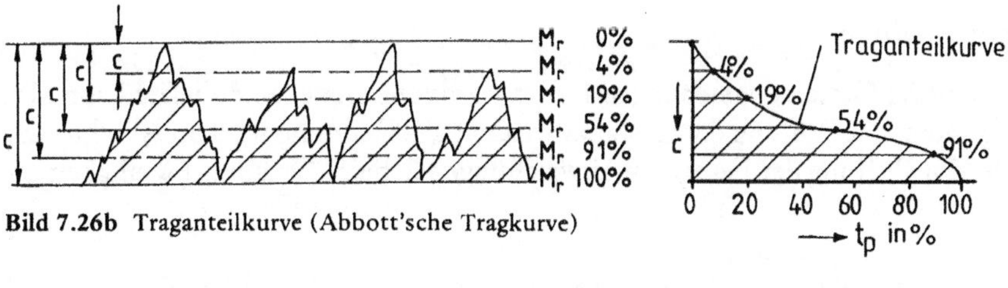

Bild 7.26b Traganteilkurve (Abbott'sche Tragkurve)

Der *mittlere Rillenabstand* S_m (DIN 4762) ist der Abstand der Profilunregelmäßigkeiten innerhalb der Meßstrecke l_m (Bild 7.27),

$$\text{z.B.}\quad S_m = \frac{S_{m1} + S_{m2} + S_{m3} + S_{m4}}{l_m} \quad \text{(in mm)}.$$

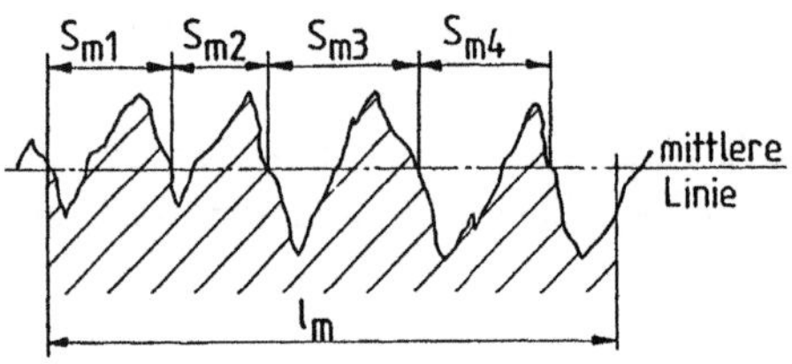

Bild 7.27
Mittlerer Rillenabstand S_m

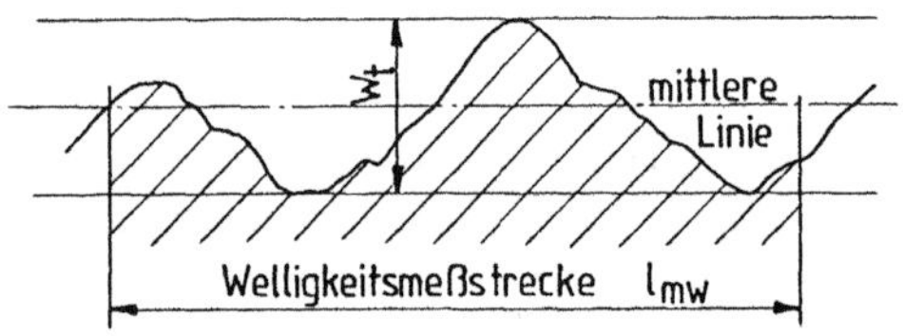

Bild 7.28
Wellentiefe W_t

Die *Wellentiefe* W_t (DIN 4774) ist der Abstand zwischen den durch den höchsten und tiefsten Punkt des Wellenprofils innerhalb der Welligkeitsmeßstrecke l_{mw} gelegten Parallelen zur Mittellinie (Bild 7.28), die gleichzeitig die *Regressionslinie* der Form des geometrisch idealen Profils ist, da sie durch das ungefilterte Profil innerhalb der Welligkeitsmeßstrecke geht. Die Welligkeit umfaßt die Gestaltabweichungen 1. und 2. Ordnung. Beim Messen wird die Rauheit (die kurzwelligen Gestaltabweichungen) durch Tiefpaßfilter (also spiegelbildlich zu den Hochpaßfiltern nach DIN 4768) wellenunabhängig gedämpft. Die Meßstrecke sollte mindestens 2 Wellen enthalten. Zum Messen ist ein Bezugsflächen-Tastsystem zu verwenden.

Zwischen den einzelnen Oberflächenkennwerten gibt es keine mathematischen Beziehungen, die man in der Vergangenheit immer wieder zu finden versuchte. Tafel 17.17 zeigt die Beziehungen von R_z und R_a unter Berücksichtigung eines Streubereichs.

Grundsätzlich sollten mehrere voneinander unabhängige Oberflächenmaße in Abhängigkeit zur Funktion für die Beurteilung einer Oberfläche ermittelt werden und zwar mit und ohne Filter, um auch das tatsächliche Profil zu erfassen. Tafel A 7.9 gibt eine Orientierung über die Aussagekraft von Oberflächenkennwerten.

7.2.2 Prüfverfahren

Zur Erfassung der Gestaltabweichungen 1. bis 5. Ordnung gibt es eine Vielzahl von Meß- und Prüfgeräten. Die Prüfung der Gestaltabweichung 1. Ordnung wird im Abschn. 7.1.1 behandelt. Zur Prüfung der Feingestaltabweichungen 2. bis 5. Ordnung (Welligkeit und

Rauheit) werden überwiegend *Tastschnittverfahren* angewendet. Damit können die dreidimensionalen Oberflächen in zweidimensionalen Profilschnitten abgetastet werden (Bild 7.29) und zwar in der Regel mit einer Diamantspitze mit einem Spitzenhalbmesser von 5 ± 2 µm, die vertikal beweglich gelagert ist. Bild 7.30 zeigt den schematischen Aufbau eines Oberflächenmeßgerätes. Bei den Tastsystemen wird unterschieden zwischen

- Bezugsflächen-Tastsystemen (Bild 7.31a) und
- Kufen-Tastsystemen (Bild 7.31b).

Bei den *Bezugsflächen-Tastsystemen* (früher auch Freitastesysteme genannt) werden die Relativbewegungen der Tastspitze zur geometrisch idealen Bezugsfläche (ohne mechanische Filterung) gemessen (Bild 7.31a). Damit sind Rauheit und Welligkeit, sowie auch Formabweichungen als Funktion der Bezugsstrecke zu erfassen.

Da ein Bezugsflächen-Tastsystem im Gegensatz zum Kufen-Tastsystem keine Verfälschung des Oberflächenprofils überträgt, wird es auch in Schiedsfällen benutzt. Mit ihm können insbesondere die Werte P_t, W_t und M_r erfaßt werden.

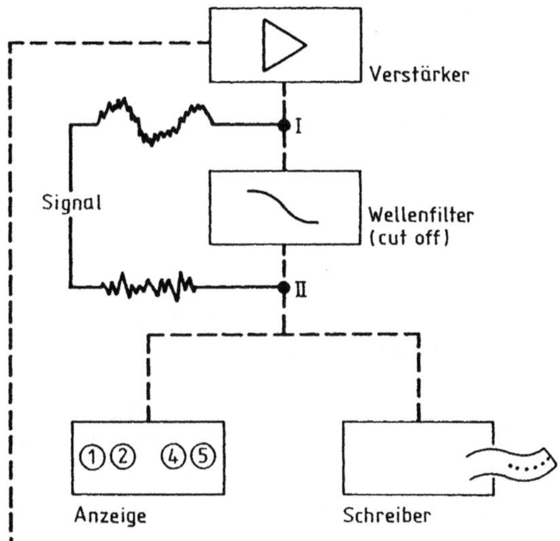

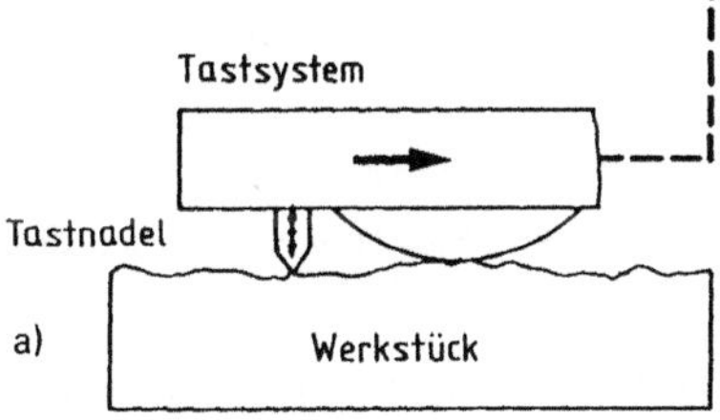

Bild 7.29
a) Aufbau eines Mikrotastsystems (mit Gleitkufe)
b) Schema eines Tastkopfes

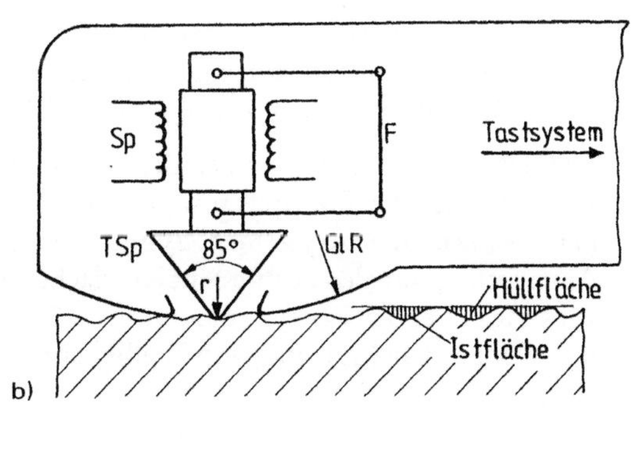

Sp = Spulensystem
F = Federgelenk
TSp = Tastspitze; r = 5 µm
GlR = Gleitkufenhalbmesser (z.B. 25 mm)

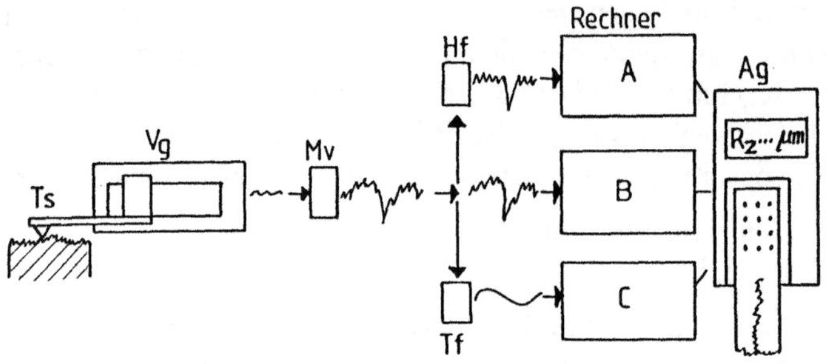

Bild 7.30 Schematischer Aufbau eines Oberflächenmeßgeräts

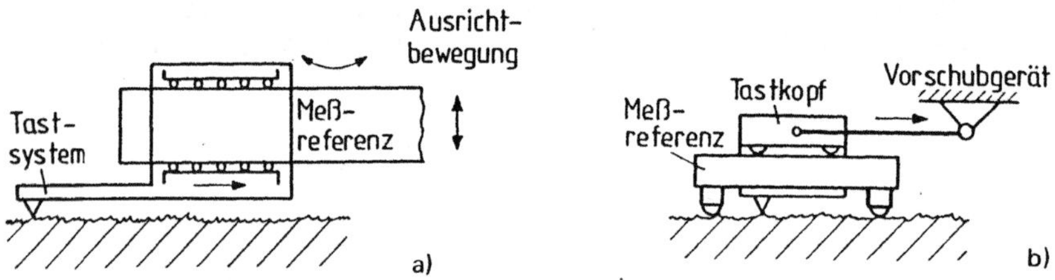

Bild 7.31 Tastsysteme
a) mit auszurichtender Meßfrequenz
b) selbstausrichtend

Als Nachteil zeigt sich, daß die Bezugsfläche des Tastsystems parallel zur zu messenden Oberfläche auszurichten ist. Aber Geräte mit elektronischer Ausrichtung erfassen und eliminieren die Lageabweichungen rechnerisch.

Bei den *Kufen-Tastsystemen* stützt sich das Meßsystem mit einer Kufe (Einkufen-Tastsystem, Bild 7.32a) oder mit zwei Kufen (Pendel-Tastsystem, Bild 7.32b) auf der zu messenden Oberfläche ab. Damit wird nur die Relativbewegung der Tastspitze zur Gleitkufe gemessen. Diese Taster lassen sich einfach ausrichten, haben aber den Nachteil, daß Formabweichungen gar nicht und Welligkeiten nur in Abhängigkeit von der Kufenform (also dem Kufenabstand zur Tastspitze) und des Wellenabstandes im Oberflächenprofil erfaßt werden können.

Um Profilverfälschungen weitgehend auszuschließen, sollten mindestens stichprobenartige Vergleichsmessungen mit einem Bezugsflächen-Tastsystem durchgeführt werden. Beispiele für eine bevorzugte Anwendung der Kufen-Tastsysteme sind:

- Rauheitsmessungen an geometrisch komplizierteren Flächen, wie Kugellagerrillen, Zahnflanken oder Bohrungen sind auch mit Einkufen-Tastsystemen möglich;
- mit Zweifkufen-Tastsystemen, zylindrischen oder kugeligen Gleitkufen, erfolgt die Ausrichtung auf der zu messenden Fläche auf Grund der gelenkigen Aufhängung selbsttätig. Pendel-Tastsysteme mit etwa 2 mm langen zylindrischen Gleitkufen eignen sich gut zur Erfassung von Welligkeiten z.B. an Walzen, Blechen, gefrästen Flächen.

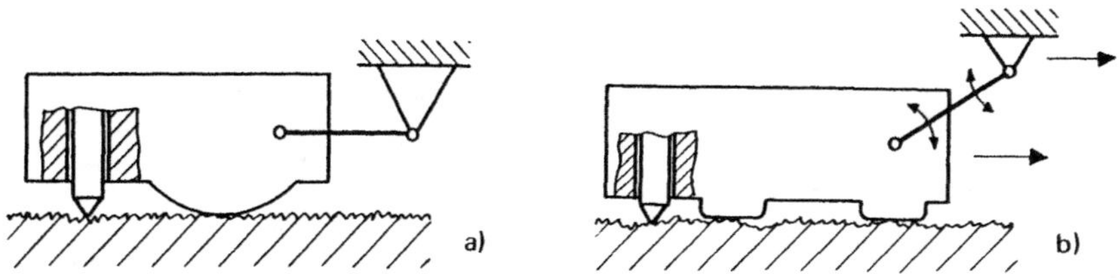

Bild 7.32 Kufen-Tastsysteme
a) Einkufen-Tastsystem
b) Pendel-Tastsystem (Zweikufen-Tastsystem)

Die normgerechte Erfassung der in der Horizontalen unterschiedlichen Oberflächen-Abweichungen, Formabweichung, Welligkeit und Rauheit macht es notwendig, eine Trennung vorzunehmen. In der Praxis erfolgt diese Trennung mit Hilfe mechanischer und elektrischer Filterungen.

Bei der *mechanischen Filterung* wird zur Abtastung der Oberfläche allgemein ein Wegaufnehmer verwendet, der eine Tastkufe mit großem Kufenhalbmesser, z.B. 2,5 mm, hat (Bild 7.33). Bei der Abtastung werden die kurzwelligen Abweichungen, Rauheit und z.T. (je nach Wellenabstand und Kufenhalbmesser) auch die Welligkeit von der Kufe überbrückt, also nicht erfaßt.

Dieses mechanische Filterverfahren wird allgemein zusätzlich zu einer elektronischen Filterung bei der Ermittlung der Formabweichung angewendet.

Bei der *elektrischen Filterung* wird mit elektronischen Tastgeräten eine Trennung der Gestaltabweichungen Welligkeit und Rauheit erreicht. Dabei werden *Hoch-* und *Tiefpaßfilter* verwendet, die in Abhängigkeit von der Wellenlänge und der Wahl der Filterstufen entweder die lang- oder kurzwelligen Abweichungen mehr oder weniger stark unterdrücken (Bild 7.34). Wird das Tastsystem mit einer konstanten Geschwindigkeit über das Oberflächenprofil geführt, entstehen Tastspitzenbewegungen verschiedener, sich überlagernder Wellenlängen. Langwellige Oberflächenabweichungen (Welligkeit) erzeugen langsame vertikale Tastspitzenbewegungen, also niedere Frequenzen, und die kurzwelligen Abweichungen (Rauheit) schnelle, also hohe Frequenzen.

In einem *Hochpaßfilter* werden die niedrigen Frequenzen in Abhängigkeit von der Wahl des Filters und Wellenabstandes der zu messenden Oberfläche gedämpft. Die durch die Rauheit erzeugten hohen Frequenzen können das Filter ungedämpft passieren. Übrig bleibt somit das Rauheitsprofil, das R-Profil, aus dem die Rauheitsmaße, z.B. R_z, R_{max}, R_a, R_p und t_{pi}, errechnet werden. Wird aber das Frequenzgemisch durch einen *Tiefpaßfilter* geleitet, so werden die kurzwelligen Abweichungen, die Rauheit, gedämpft, die niedrigen Frequenzen, die Formabweichung und die Welligkeit, passieren das Filter unge-

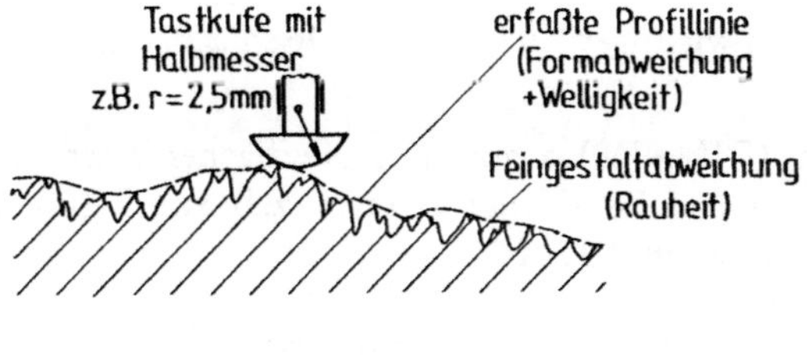

Bild 7.33
Mechanische Filterung

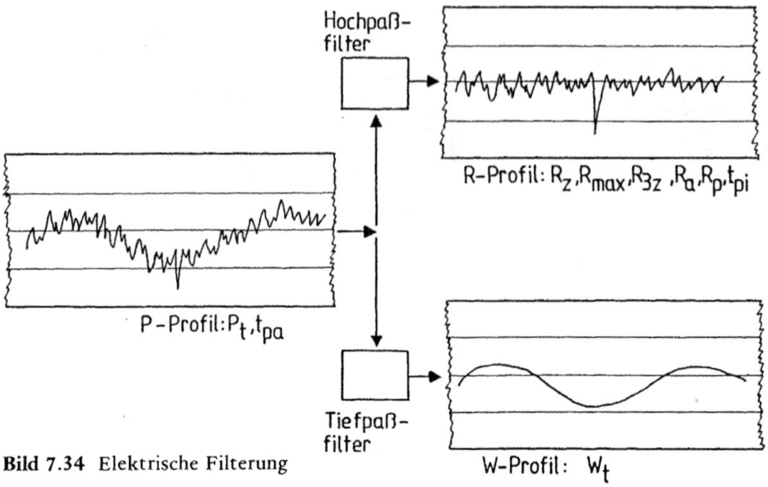

Bild 7.34 Elektrische Filterung

dämpft. Nach dem Filter bleibt das Welligkeitsprofil übrig, aus dem z. B. das Oberflächenmaß W_t errechnet werden kann.

Nach DIN 4768 und 4777 sind *5 Wellenfilter* mit den *Grenzwellenlängen* 0,08; 0,25; 0,8; 2,5 und 8 mm festgelegt. Diese Filter sind gemäß einer Filtercharakteristik (Bild 7.35a) bestimmt. Als Grenzwellenlänge λ_c, auch cut off[1)] genannt, bezeichnet man die Wellenlänge einer Sinuswelle, die vom Wellenfilter noch mit 75% ihrer ursprünglichen Amplitude übertragen wird.

Wird beispielsweise bei einem Wellenabstand der zu messenden Oberfläche von 0,8 mm ein Wellenfilter mit der Grenzwellenlänge (co) 0,8 verwendet, so verringert sich die Amplitude der Welle auf 75 % ihrer ursprünglichen Höhe. Also werden 25 % der Welle ausgefiltert, und der noch vorhandene Wellenanteil von 75 % wird der Rauheit zugeordnet (Bild 7.35 b).

Wird z. B. bei einem Wellenabstand von 0,8 mm ein Wellenfilter mit dem co 0,25 mm verwendet, so werden 75 % der Wellenamplitude ausgefiltert, und der Rest der noch vorhandenen Welligkeit von 25 % wird der Rauheit zugeordnet. Also: je kleiner der co ist, desto mehr Wellenanteile werden ausgefiltert (Bild 7.35 b).

Um die Gefahr von Fehlmessungen zu vermeiden, d. h. einen zu großen Rauheitswert durch zu groß gewählten co (also zuvielen Wellenanteile) bzw. einen zu kleinen Rauheitswert durch Verfälschung des Rauheitsprofils aufgrund eines zu klein gewählten co zu erhalten, besteht gemäß DIN 4768 folgende Forderung: Bei periodischen Profilen (gedreht, gehobelt) soll der co 2,5- bis 8 mal größer sein als der Rillenabstand. Bei aperiodischen Oberflächenprofilen (geschliffen, gehont, . . .) richtet sich der co nach der Rauheitsgröße; s. Tafel A 7.10.

Die richtige Wahl des Wellenfilters ist ein wichtiger Faktor in der Oberflächenmeßtechnik.

Gestaltabweichungen 1. bis 5. Ordnung (DIN 4760) können mit Oberflächentastern mit und ohne Kufenausführung gemessen werden. Bei solchen Geräten (z. B. von FAG) beträgt der Meßbereich 0,1 mm und die Meßkraft 0,002 N.

---

1) cut off (co) ist aus dem Englischen übernommen und bedeutet: Wellenabschneider

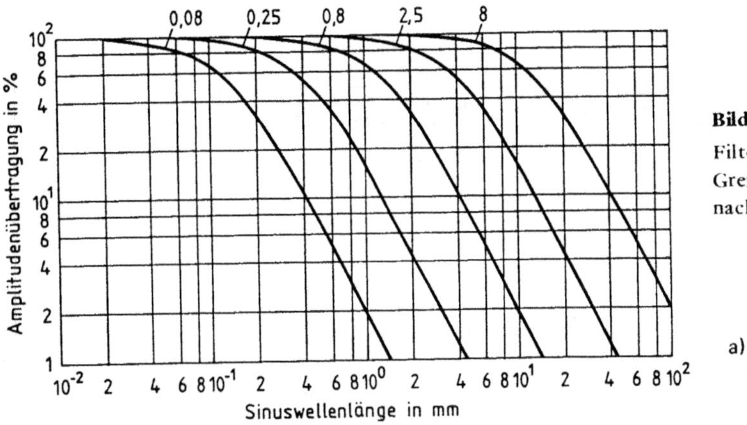

Bild 7.35
Filtercharakteristiken mit Grenzwellenlängen λ_c nach DIN 4777

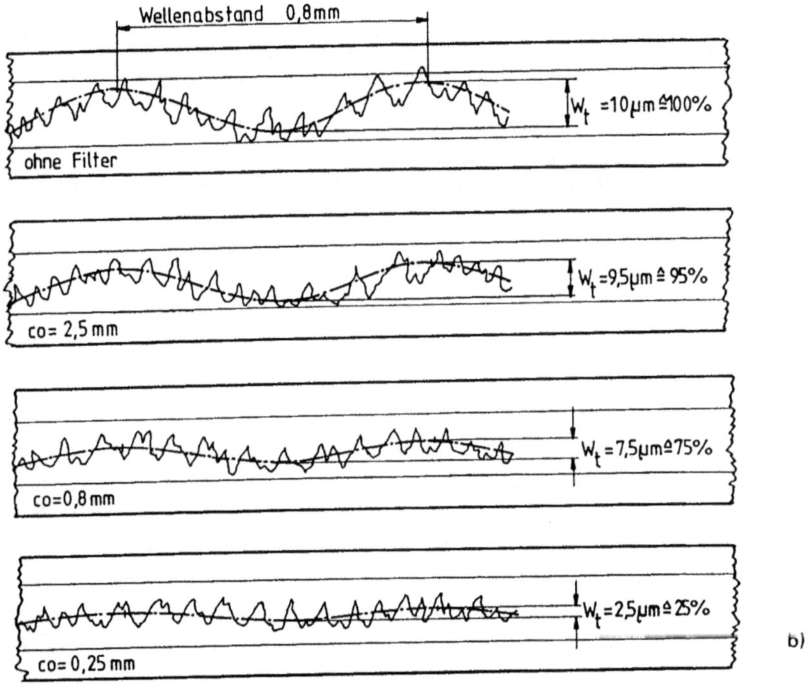

Für das Messen von Oberflächen gilt in der Regel diejenige *Tastrichtung*, die die größten Rauheitswerte ergibt. Eine andere Richtung, z.B. aus Gründen der Funktion, ist besonders vorzuschreiben. Um Zufallsergebnisse größtenteils auszuschließen, sollte an 3 (oder mehr) Flächenausschnitten gemessen werden. Danach ergeben die Mittelwerte aus mehreren Messungen statistisch fundierte Aussagen zur Rauheit. Die zu messenden Flächenausschnitte müssen repräsentativ zur Gesamtfläche sein.

Die *Genauigkeit der Abtastung* ist mit Diamantspitzen von ca. 5 µm Spitzenhalbmesser und ca. 85° Abtastwinkel sehr groß, da bei mechanisch bearbeiteten Oberflächen (wie Drehen, Schleifen) Rauheitsprofile entstehen, deren Öffnungswinkel größer als 120° ist.

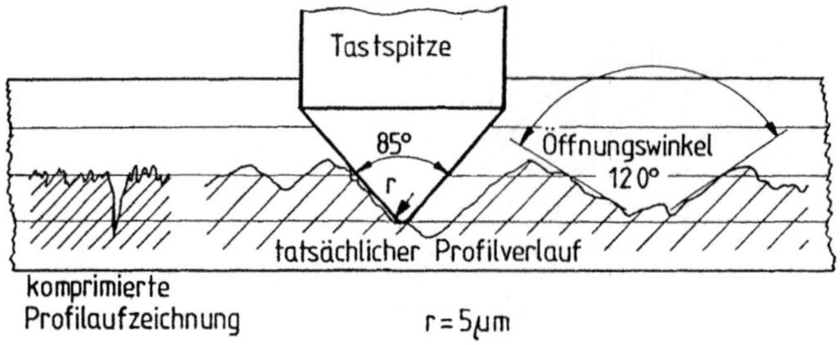

Bild 7.36
Profilverlauf in natürlichen Proportionen

Die Profilaufzeichnung erfolgt in horizontaler Richtung – im Gegensatz zur vertikalen Richtung – stark komprimiert (Bild 7.36). Bei der Wahl der horizontalen Vergrößerung (Vorschubgeschwindigkeit) ist darauf zu achten, daß sie weder zu groß (schwierige Auswertung) noch zu klein (schlechtes Erkennen des Profilaufbaues) ist. Zu jedem Profildiagramm gehören die Angaben von Maßstab und Filter.

Die *Überprüfung elektrischer Tastschnittgeräte* hat nach den Angaben der jeweiligen Bedienungsanleitung zu erfolgen, und zwar unter Verwendung von folgenden Normalen:

- dem *Einstellnormal* mit Rille zur Überprüfung der richtigen Schreibvergrößerung,
- dem *Rauhnormal* zur Überprüfung der Gerätefunktion und
- dem *Geometrienormal*, ein Rauhnormal mit regelmäßigem Rillenprofil (Sinus-, Dreieck- oder Trapezform).

Tafel A 7.11 zeigt die PTB-Einstell- und -Rauhnormale nach Dr. Hillmann.

Neben den Tastschnittgeräten mit einer Tastspitze aus Diamant, der dem Verschleiß unterliegt, werden in speziellen Fällen auch *optische Oberflächenmeßgeräte* verwendet, nämlich:

- das *Lichtschnittmikroskop* (Abschn. 4.4.5) und
- das *Interferenzmikroskop* (Abschn. 4.4.4).

Dem Vorteil der berührungslosen dreidimensionalen Erfassung der Oberflächen steht entgegen, daß die Prüfflächen möglichst eben und gut reflektierend sein müssen; Oberflächenkennwerte, wie R_z, R_a, M_r, können mit den mikroskopischen Prüfverfahren nicht ermittelt und nicht aufgezeichnet werden.
Die Vorteile der Tastschnittgeräte und die der optischen, also berührungslosen Oberflächenprüfgeräte vereinigt zu einem großen Teil der optischen Mikrotaster FOCODYN, Bild 7.37 [7.7]. Dieser Mikrotaster, mit einem *Rodenstock* – Mikroobjektiv ausgestattet, stellt ein kräftefreies Meßverfahren dar und ist somit besonders geeignet zum Messen auch von weichen Materialien, wie Aluminium, Gummi und Kunststoffe.
Das Prinzip der dynamischen Fokussierung beruht auf einer Laserdiode, deren Licht in einem Kollimator zu einem parallelen Strahlenbündel zusammengefaßt wird. Ein Linearmotor, über einen elektronischen Regelkreis gesteuert, hält den Meßhebel im Abstand von 0,9 mm zur Prüfoberfläche.
Mit dem FOCODYN können auch berührungslose Rauheitsmessungen in Bohrungen, Nuten und ähnlich schwer zugänglichen Prüfobjekten durchgeführt werden.

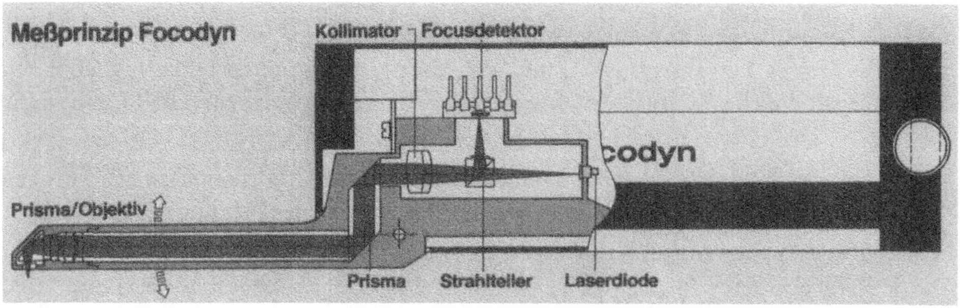

Bild 7.37 Schematischer Aufbau des optischen Mikrotasters FOCODYN

Mit *Interferenzmikroskopen* können auch Rauhigkeiten und Formen der Oberfläche von Prüflingen gemessen werden. Die Vergrößerungen betragen 80 ×, 200 × und 480 ×, also wird die Oberfläche mikroskopisch vergrößert abgebildet. Die Tiefe wird mit Hilfe der Lichtinterferenz erfaßt. *Höhenschichtlinien* werden als Niveau-Linien abgebildet. Die Höhenschichtlinien werden von Interferenzlinien gebildet, wobei der Abstand von Linie zu Linie $\frac{1}{2}\lambda$ (λ = Wellenlänge des zur Messung verwendeten Lichts) beträgt. Bild 7.38 zeigt das Prinzip des Interferenzbildes; die Rillentiefe mißt 40% des Streifenabstandes, also ist bei *Thalliumlicht* die Rille $t = 0{,}4 \cdot 0{,}27\ \mu m \approx 0{,}11\ \mu m$ tief. Der freie Abstand zwischen Objektiv und Oberfläche des Prüflings beträgt z. B. bei 10facher Vergrößerung 4 mm und bei 60facher Vergrößerung 0,6 mm. Zur Beleuchtung wird meistens Thalliumlicht mit $\lambda = 0{,}54\ \mu m$ Wellenlänge verwendet.

Bei unregelmäßigen und größeren Rauhigkeiten wird die Auswertung von *monochromatischem Licht* wegen der Farbgleichheit sehr schwierig. Darum ist dann *weißes Licht* geeigneter, das aus farbigem Licht zusammengesetzt ist. Von jeder Farbe entsteht ein Streifensystem mit anderen Streifenabständen.

Zur wirtschaftlichen Prüfung von Serienteilen (z. B. Kolbenbolzen) im Produktionsfluß können *Oberflächenprüfautomaten* (FAG) in voller Verkettung integriert eingesetzt werden. Die Prüfung erfolgt optoelektronisch auf Oberflächenfehler (z. B. Kratzer, Eindrücke, Rost, Anschliffe, Ausbrüche, Risse, Verfärbungen), mit *Wirbelstrom* in oberflächennahen Schichten in einer Tiefe von 10 bis 50 μm und mit *Ultraschall* bis 10 mm Tiefe. Entsprechend der jeweiligen Prüfungsart können fehlerhafte Teile aussortiert werden.

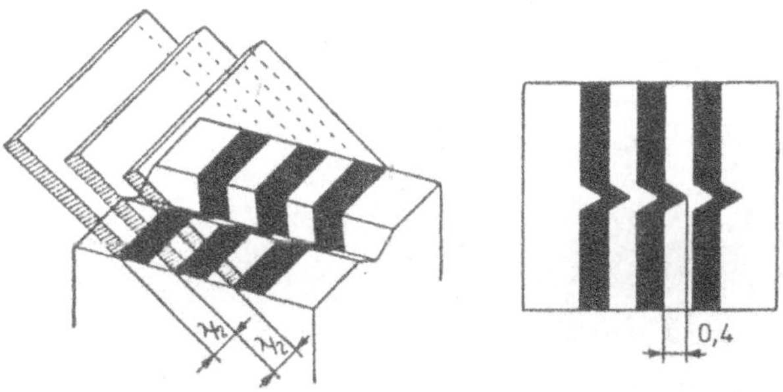

Bild 7.38
Interferenzlinien eines Prülings mit Rille

Oberflächenprüfungen können auch mit *Profilabdruckverfahren* durchgeführt werden, wenn das Messen mit Tastsystemen und Mikroskopen nicht unmittelbar brauchbar ist. Zwei spiegelbildliche Abdruckverfahren haben sich mit Genauigkeiten ≧ 1 µm bewährt und zwar

- das *Kunststoffabdruckverfahren:* in eine kaltaushärtende Abdruckmasse aus flüssigem Kunststoff, in einem Knetgummibett eingegossen, wird der Prüfling gelegt. Nach der Aushärtezeit (ca. 7. Minuten) kann nach Entnahme des Prüflings der Abdruck gemessen werden.
- das *Filmabdruckverfahren:* ein etwa 0,3 mm dicker, in Aceton löslicher durchsichtiger Film wird nach Reinigung der Oberfläche des Prüflings mit einem Tropfen Aceton aufgelegt und angedrückt. Dabei schmilzt der durch das Aceton gelöste Film in die Oberfläche, und nach Verdunsten des Lösungsmittels kann der Film abgehoben, auf eine Glasplatte mit etwas Aceton aufgeklebt und dann abgetastet werden.

Mit *Oberflächen-Vergleichsmustern* (DIN 4769) oder mit aus der Fertigung entnommenen Musterstücken bekannter Rauheit kann nach der sog. *Fingernagelprobe* tastend und betrachtend der Prüfling verglichen werden (Bild 7.39). Damit kann in der Werkstatt die Rauheit von Prüflingen wirtschaftlich überwacht werden. Vergleichsmuster dienen aber auch dem Konstrukteur und dem Arbeitsvorbereiter als Vorstellungshilfe für vorzuschreibende Oberflächengüten. Dieser Tast- und Sichtvermerk ist subjektiv und hat allgemein eine Prüfunsicherheit von mehr als ± 30%.

Jeder messenden Oberflächenprüfung sollte eine Sichtprüfung vorausgehen, um so Aufschluß über die sinnvolle Art einer Rauheitsmessung zu erlangen. Um Fehlmessungen besonders durch Oberflächenmeßgeräte zu verhindern, ist zu beachten, daß

- das Tastsystem einschließlich Tastspitze nicht beschädigt und verschmutzt ist;
- die Justierung der Meßverstärker (bei Analog-Rechnern) stimmt;
- die elektrische Empfindlichkeit des Tastsystems abgestimmt ist;
- die Schreibvergrößerung justiert ist;
- der Wellenfilter, also der co (Grenzwellenlänge) richtig gewählt ist;
- das Tastsystem (Bezugsflächen- oder Kufen-Tastsystem) richtig gewählt worden ist, um z.B. P_t, W_t, M_r messen zu können.

Tafel A 7.12 enthält eine Zusammenstellung der Prüfverfahren für Oberflächenrauheiten.

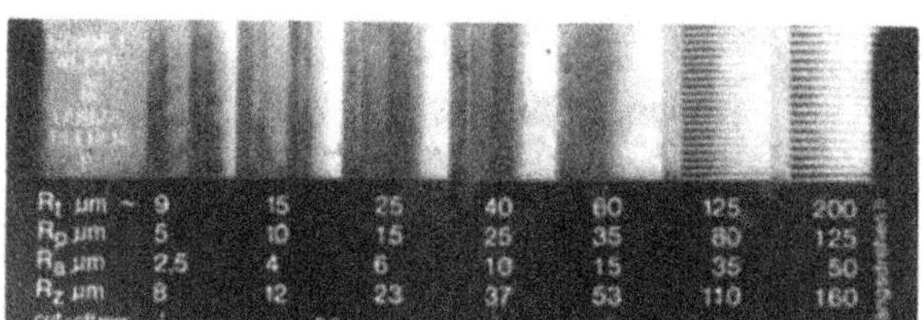

Bild 7.39 Oberflächen-Vergleichsmuster (Hommel-Werke)

7.2.3 Oberflächenkennzeichnungen

Der Endzustand einer technischen Oberfläche, also die Oberflächengüte, wird nach DIN 3141 durch Oberflächenzeichen gekennzeichnet. Zukünftig soll diese Kennzeichnung von Rauheitsangaben nach DIN ISO 1302 erfolgen.

Zur Erzielung einer eindeutigen Oberflächengüte sollte bei Neukonstruktionen nur noch DIN ISO 1302 angewendet werden.

Tafel A 7.14 gibt einen Überblick alter und neuer Oberflächenzeichen.

Tafel A 7.15 enthält die Symbole für Oberflächenbeschreibungen; die Tafel A 7.16 gibt nach DIN 4766 Beziehungen zwischen Herstellverfahren und erzielbaren Rauheiten R_z an.

Bild 7.40 zeigt Beispiele für Oberflächenangaben; heute sollten nur noch die Angaben nach DIN ISO 1302 Anwendung finden, da damit eine umfassende Beschreibung der technischen Oberflächen möglich ist.

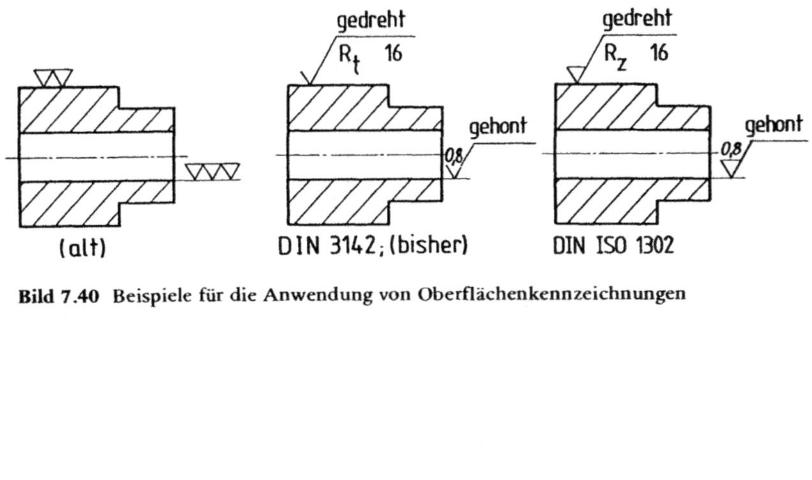

Bild 7.40 Beispiele für die Anwendung von Oberflächenkennzeichnungen

7.3 Das Prüfen von Bohrungen

Das Prüfen von *Bohrungen* erfolgt durch Lehren (Abschn. 3) und Messen. Das Messen mit mechanischen Meßgeräten wird in Abschnitt 4.1.4, das Messen mit pneumatischen Meßgeräten in Abschnitt 4.3 behandelt. Für besondere Anforderungen zum Messen von Bohrungen gibt es spezielle Meßeinrichtungen und Prüfverfahren, die besonders in der Serienfertigung vorteilhaft sein können. Dabei übernimmt das berührungslose Messen mit pneumatischen Meßeinrichtungen während des Produktionsprozesses einen großen und vielfältigen Aufgabenbereich.

Beim Messen von Bohrungen mit *Zweipunkt-Meßgeräten* ist das Aufsuchen des *Umkehrpunktes* (Bild 7.41) wichtig. Mit den Zweipunkt-Innenvergleichsmeßgeräten nach Bild 7.42 können mit verschiedenen Einsätzen Bohrungen mit Durchmessern von 25 bis 550 mm gemessen werden. Dabei wird der Meßweg mit einem *Umlenksystem* (Bild 7.42a) auf eine Meßuhr oder ein elektronisches Längenmeßgerät mit Digital- oder Analoganzeige übertragen.

Bild 7.43 zeigt ein Meßgerät mit auswechselbaren Spezialbacken. Die im Bild 7.44 dargestellte Innenmeßsonde hat den Vorteil, daß der Umkehrpunkt nicht gesucht werden muß. Mit diesem elektronischen Gerät können Bohrungen bis ∅ 2600 mm im Genauigkeitsbereich ± 0,001 mm bei einem Meßweg bis 10 mm gemessen werden.

Bei der industriellen Fertigung von *Massengütern* ist anzustreben, daß durch wiederholtes Messen zwischen den einzelnen Fertigungs- und Montagephasen rechtzeitig Korrekturen an den Arbeitsmaschinen vorgenommen, und so die Fertigung optimiert werden kann. Solche Meßaufgaben lassen sich mit pneumatischen Säulengeräten, die nach dem *Baukastenprinzip* aufgebaut und zu Mehrsäulengeräten zusammengesetzt werden können, rationell lösen (Bild 7.45). Bild 7.46a zeigt einen Düsenmeßdorn für Durchgangsbohrungen bis zu einem Durchmesser von 150 mm, Bild 7.46b einen Meßdorn für Grundloch-

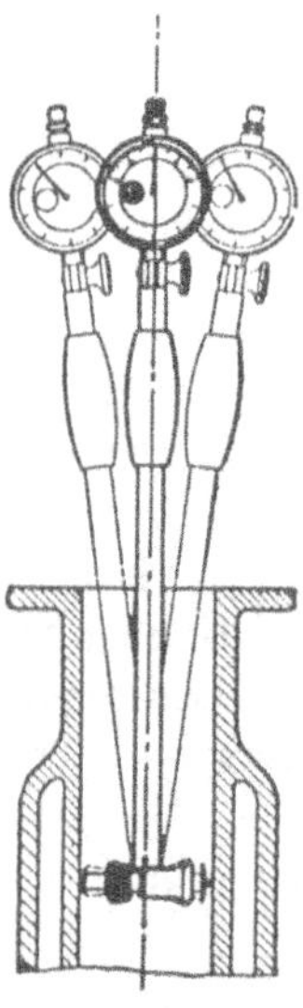

Bild 7.41 Aufsuchen des Umkehrpunktes

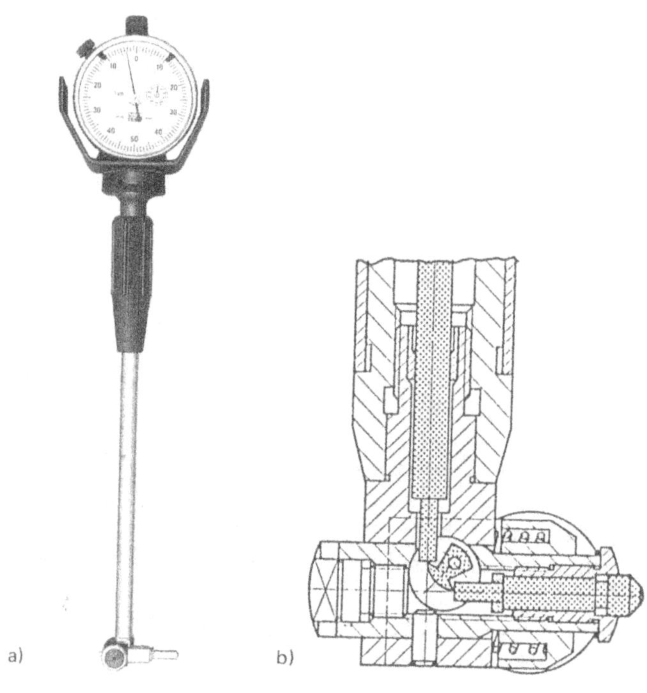

Bild 7.42 a) Zweipunkt-Innenvergleichsmeßgerät (TESA)
b) Meßwegumlenkung (TESA)

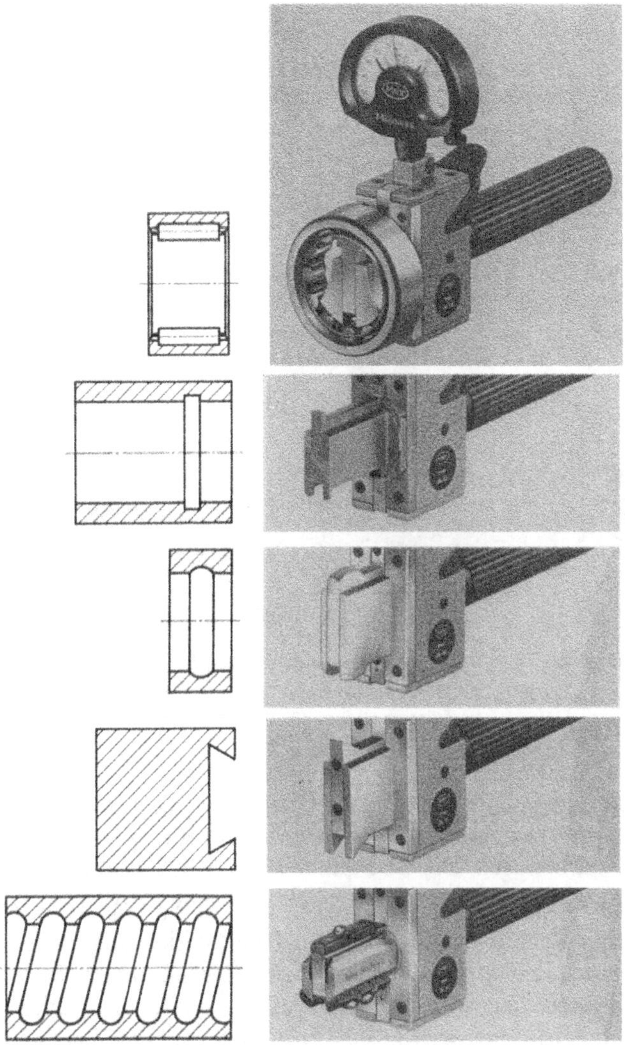

a)

b)

c)

d)

e)

Bild 7.43

Anzeigendes Meßgerät mit Universalmeßdorn und Spezialmeßbacken (Mahr) zur Messung

a) des Hüllkreisdurchmessers an Wälzlagern ohne Innenring
b) des Durchmessers von Einstichen oder Nuten in Bohrungen
c) des wirksamen Laufbahndurchmessers an Kugellageraußenringen
d) von Schwalbenschwanzprofilen
e) von steilgängigem Rundgewinde mit Meßkugel (s. auch Abschnitt 7.5)

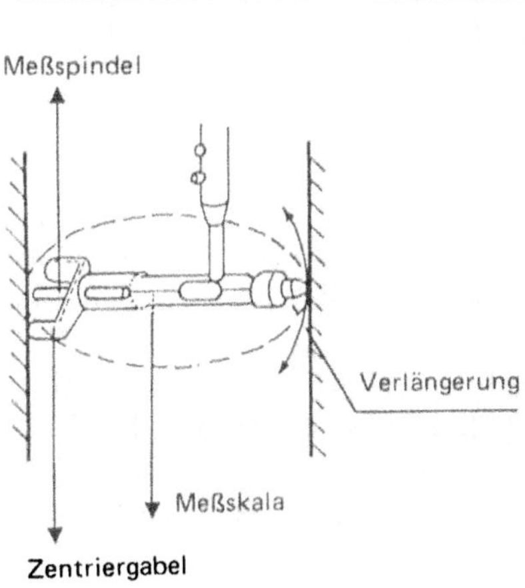

Bild 7.44

Arbeitsweise der Innenmeßsonde (Hommel/Sony)

Bild 7.45 Pneumatisches Mehrsäulengerät (Mahr)

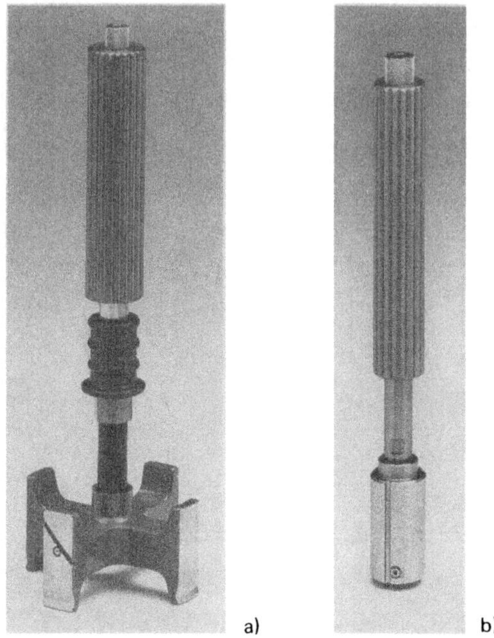

Bild 7.46 Millipneu-Düsenmeßdorne (Mahr/Feinprüf)
a) Düsenmeßform für Durchgangsbohrungen
b) Düsenmeßdorn für Grundlochbohrungen

bohrungen für Durchmesser bis 150 mm. Je nach Wahl der Übersetzung beträgt der Meßbereich zwischen 15 und 1000 μm bei Skalenteilungswerten von 0,5 bis 50 μm. Die Druckluft sollte zwischen 3,5 und 10 bar betragen. Die Übersetzungen von allgemein 250 × – 20000 × werden durch auswechselbare Gerätedüsen und Skalen bestimmt (Abschn. 4.3).

Zum Messen von Bohrungen mit Rauhtiefen größer als 3 μm und starken Rauhtiefenschwankungen eignen sich pneumatisch wirkende Meßdorne mit Hebelkontakt (Bilder 7.47 und 4.37 d). Damit wird der Meßwert von zwei gegenüberliegenden, hartmetallbestückten Tastspitzen, die durch Meßkraftfedern in den Prüfling zur Anlage gebracht werden, mechanisch berührend erfaßt. Mit diesen Meßdornen können sowohl Durchmesser als auch die Rundheit und die Zylindrizität von Bohrungen gemessen werden.

7.4 Das Prüfen von Zahnrädern

Zu den wichtigsten *Zahnradgetrieben* gehören Stirn-, Kegel- und Schraubradgetriebe sowie Schneckengetriebe (Bild 7.48a bis f; DIN 868). Bild 7,49 enthält Bezeichnungen an Stirnrädern, die in DIN 3960 behandelt werden. Grundsätzlich ist das Zahnprofil ein Teil einer *Evolvente,* deren Einheitskreisevolvente nach Bild 7.50 als Evolventenfunktion $\mathrm{inv}\,\alpha = \tan\alpha - \hat{\alpha}$ mit $\hat{\alpha} = \frac{\pi \cdot \alpha^\circ}{180^\circ}$ tabelliert ist [7.3 u. 7.4]. Bild 7.51 stellt das durch DIN 867 genormte Bezugsprofil dar. Tafel A 02 enthält u.a. Abkürzungen und Formelzeichen für Zahnradgetriebe. Toleranzen für Stirnradverzahnungen sind in DIN 3961, 3962, 3963 und 3967 genormt.

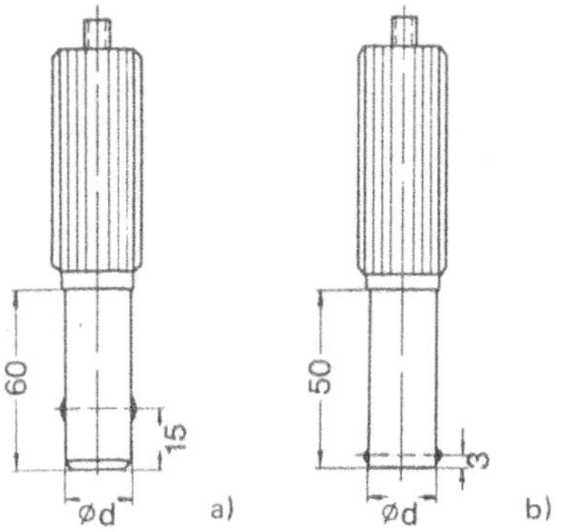

Bild 7.47
Millipneu-Hebelkontaktmeßdorn (Mahr/Feinprüf)
a) für Durchgangsbohrungen
b) für Grundlochbohrungen

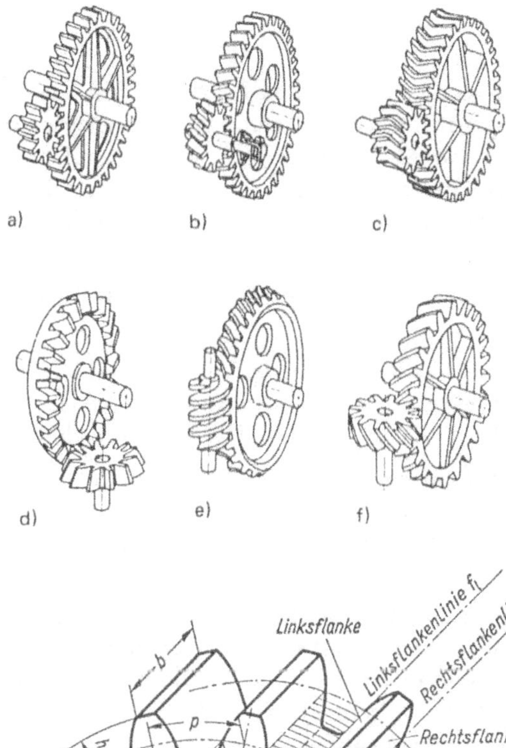

Bild 7.48
Grundformen der Zahnradgetriebe
a) Geradstirnradgetriebe
b) Schrägstirnradgetriebe
c) Stirnräder mit Pfeilverzahnung
d) Kegelradgetriebe
e) Schneckengetriebe
f) Stirnrad-Schraubgetriebe

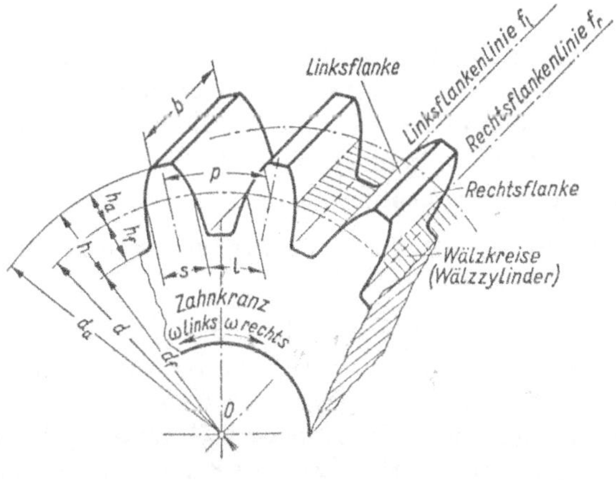

Bild 7.49 Bestimmungsgrößen an Stirnrädern (Roloff/Matek)

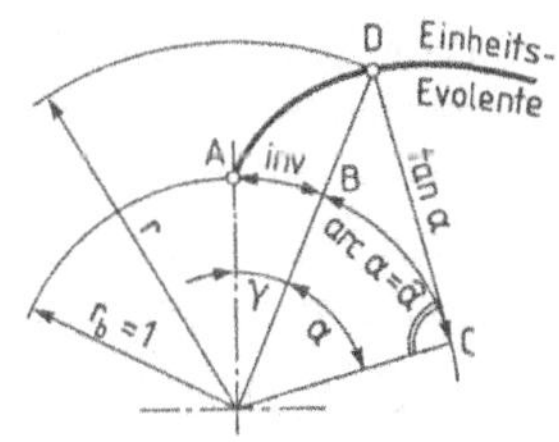

Bild 7.50 Einheitsevolvente

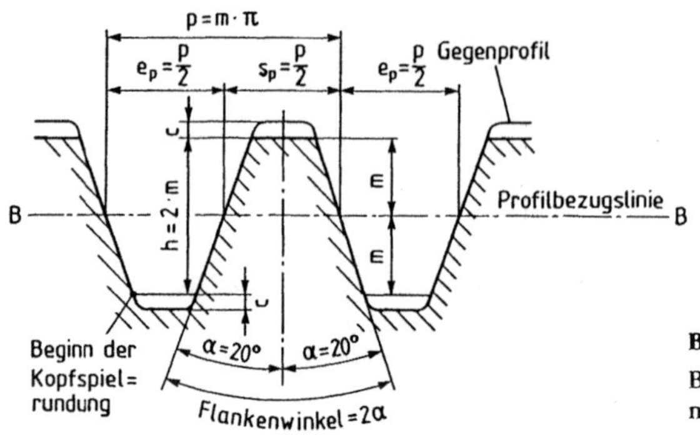

Bild 7.51
Bezugsprofil für Stirn- und Kegelräder nach DIN 867

Abweichungen der Zahnräder von der geometrisch exakten Form erhöhen den Verschleiß, beeinträchtigen die schwingungsarme Kraftübertragung und verursachen verstärkte Geräuschentwicklung im Betriebszustand. Damit die Lebensdauer von Zahnradgetrieben sowie die Laufeigenschaften der Zahnräder und somit die Qualität der Zahnradgetriebe beurteilt werden können, sind je nach den Erfordernissen diese Abweichungen zu erfassen und zu beurteilen.

An einem Zahnrad kann eine Vielzahl einzelner *Verzahnungsgrößen* fehlerhaft sein (Tafel A 7.18).

Sie können ihre Ursachen in Abweichungen der Radkörper, der Verzahnungen, der Einbaubedingungen und im Lauf der gepaarten Räder haben. Bei den Abweichungen der Verzahnung ist grundsätzlich zu unterscheiden zwischen Einzel- und Sammelabweichungen:

- Einzelabweichungen beziehen sich auf einzelne Bestimmungsgrößen, wie Teilung, Eingriffswinkel, Grundkreis, Profil- und Längsform;
- Sammelabweichungen haben eine gemeinsame Auswirkung der Einzelabweichungen. Sie erscheinen als Wälzabweichungen.

Um alle Abweichungen einzeln zu erfassen, müßte der Prüfaufwand sehr groß sein. Die Prüfkosten wären dann im Verhältnis zu den *Herstellkosten* zu hoch. Darum wird in der Regel das Prüfen der *Einzelverzahnungsgrößen* auf einige wichtige beschränkt. Dabei sind das Herstellverfahren, die gefertigte Stückzahl (Losgröße) und die Art des späteren Einsatzes für die zu prüfenden Verzahnungsgrößen maßgebend.

Abweichungen einzelner Verzahnungsgrößen vom Nennwert werden mit *f* bezeichnet, und die Gesamtabweichungen erhalten die Bezeichnung *F*.

Die wichtigsten Messungen der *Einzelabweichungen* sind die der *Zahndicke*, der *Zahnteilung*, des *Verzahnungsrundlaufs*, der *Profilform* und der *Flankenlinie* (Bild 7.52). Eine besondere Bedeutung hat die Prüfung der *Gesamtabweichungen*, wie die Aufnahme des *Tragbildes*, die *Geräuschprüfung*, die *Zweiflanken-* und die *Einflanken-Wälzprüfung*. Dabei erfolgt die Beurteilung der Verzahnungsgüte durch *Abwälzen* eines Radpaares. Die so zu erkennenden Rückschlüsse auf die *Verzahnungseigenschaften* erübrigen in manchen Fällen die Messung von Einzelabweichungen.

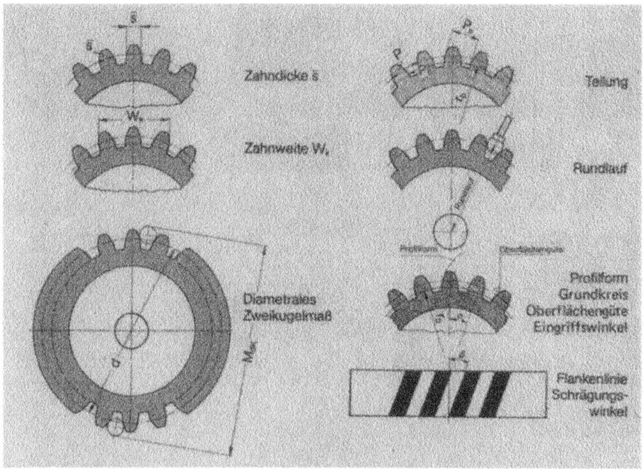

Bild 7.52
Prüfbare Einzelverzahnungsgrößen an Stirnrädern (Mahr)

7.4.1 Messen der Einzelabweichungen an Stirnrädern

Geprüft werden *Zahndicke, Zahnweite, Durchmesser, Teilung, Rundlauf, Profilform* und *Flankenlinie.*

Die *Zahndicke* s (Bild 7.53) wird als *Zahndickensehne* $\bar{s}$ mit dem *Zahndicken-Meßschieber* bestimmt. Mit dem senkrechten Schieber wird die Höhe h_a über der konstanten Sehne eingestellt. Am waagerechten Schieber kann das Istmaß der Zahndickensehne $\bar{s}$ abgelesen werden. Ein Nachteil dieser direkten Messung ist, daß sie nicht bezugsfrei erfolgt, weil der Kopfkreisdurchmesser Abweichungen haben kann. Ein genaueres Meßverfahren ist das der *Zahnweiten-Messung* (Wildhaber-Verfahren).

Mit der *Zahnweite* W_k wird die Zahndicke indirekt bestimmt. Bei einem Außenrad ist die Zahnweite der über k Zähne (Bild 7.54), bei einem Hohlrad der über k Zahnlücken gemessene Abstand zweier paralleler Ebenen. Die Zahl der Zähne k kann errechnet (DIN 3960)

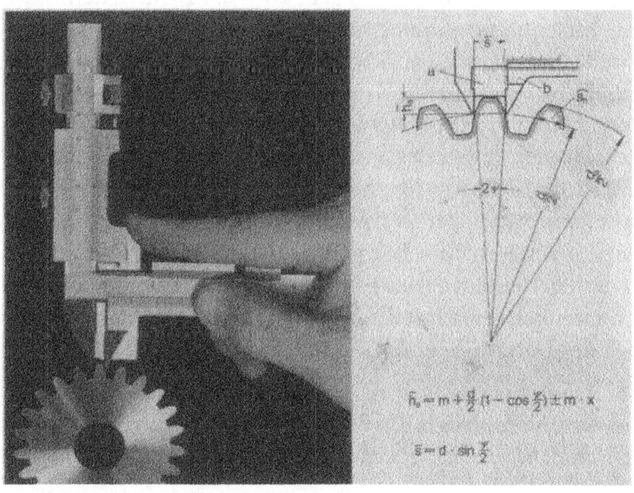

Bild 7.53
Prüfen der Sehne $\bar{s}$ der Zahndicke s mit einem Zahndickenmeßschieber (Mahr)

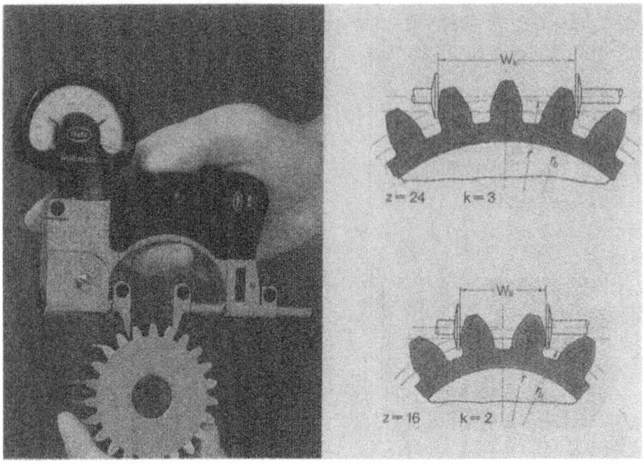

Bild 7.54
Prüfen der Zahnweite W_k mit Feinzeiger-Rachenlehre (Mahr)

oder aus Tabellen in Abhängigkeit von der Zähnezahl z, dem Modul m und dem *Eingriffswinkel* α der Verzahnung entnommen werden. Für *Schrägstirnräder* gibt es Nomogramm-Tafeln (DIN 3960). Die Zahnweite wird mit einer *Zahnweiten-Meßschraube* oder Feinzeiger-Rachenlehre gemessen. Im Gegensatz zur Meßschraube ist die Feinzeiger-Rachenlehre ein Vergleichsmeßgerät, das vor der Messung mit einem Normal, z. B. Parallel-Endmaß, eingestellt wird. Beide Meßflächen müssen sich beim Messen tangential an die Zahnflanken anlegen. Da bei Schrägstirnrädern im *Normalschnitt* gemessen wird, muß die Zahnbreite ein Mindestmaß haben. Bei sehr schmalen Schrägstirnrädern und solchen mit großem *Steigungswinkel* β kann die Zahnweiten-Messung nicht angewendet werden. Dann ist die Messung der Zahndicke indirekt über den Durchmesser vorzunehmen. Weil die Zahndicken am Radumfang schwanken können, sollten mindestens vier Zahnweitenmessungen am Umfang versetzt durchgeführt werden. Das Istmaß ergibt sich dann aus der Mittelwertbildung. Mit den Formeln nach DIN 3960 und den Angaben in DIN 3962 T1 und 3967 können die gesuchten Werte errechnet werden.

Ist eine bezugsfreie Messung der Zahndicke erforderlich, aber die Zahnweitenmessung nicht durchführbar, so kann vorteilhaft das *diametrale Zweikugelmaß* M_{dK} benutzt werden. Bei einem Außenrad ist M_{dK} das größte äußere Maß über zwei Kugeln, bei einem Innenrad das kleinste innere Maß zwischen zwei Kugeln mit dem Durchmesser D_M. Die Größen M_{dK} und D_M werden häufig in Fertigungs-Zeichnungen für Zahnräder angegeben. Die Meßkugeln sind so bemessen, daß sie sich in der Nähe des Teilkreises an die Zahnflanken anlegen, da dort die Profil-Formabweichung f_f am wenigsten das Meßergebnis beeinflussen kann. Bei Zahnrädern mit ungerader Zähnezahl (Bild 7.55) wird das Zweikugelmaß nicht als Durchmesser sondern als Sehne gemessen. Das Messen mit losen Kugeln ist ungünstig. Darum werden Meßschrauben oder Feinzeiger-Rachenlehren mit kugelförmigen Meßeinsätzen verwendet. Das Einstellmaß für das Meßgerät erfolgt mit Hilfe von Parallel-Endmaßen nach der Formel $E = M_{dK} - 2\,D_M$.

Zahndickenabmaße A_s und *Zahnweitenabmaße* A_w sind die jeweiligen Unterschiede zwischen einem Istmaß und dem Nennmaß (DIN 3960). Bei den im Eingriff stehenden Zähnen muß die *Teilung* p gleichmäßig und möglichst fehlerfrei sein. Durch *Teilungsfehler*

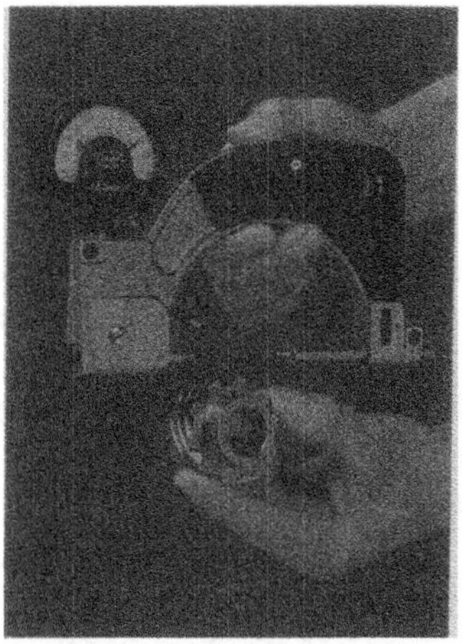

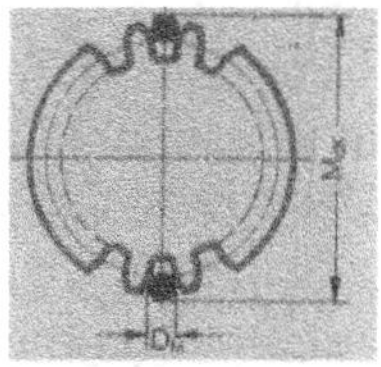

gerade Zähnezahl

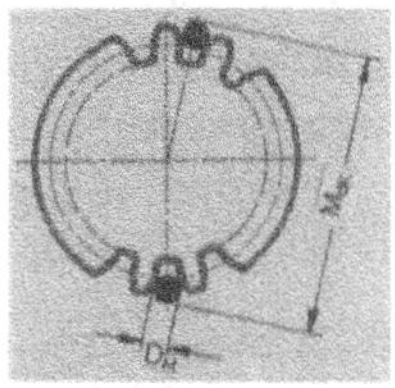

ungerade Zähnezahl

Bild 7.55
Indirekte Zahndickenmessung durch Bestimmen des diametralen Zweikugelmaßes M_{dk} mit einer Feinzeiger-Rachenlehre (Mahr)

kann Kanteneingriff entstehen, wodurch die Laufgeräusche der Verzahnung verstärkt werden. Bei der Zahnteilung wird unterschieden nach der Eingriffsteilung p_e, der *Teilung* auf dem *Grundzylinder* Hp_p und der *Teilung* auf dem *Teilzylinder* p (DIN 3960). Zur Erfassung der Eingriffsstörungen ist besonders die *Eingriffsteilung* p_e zu messen. Sie ist mit einem Eingriffsteilungs-Prüfgerät leicht meßbar (Bild 7.56). Mit einem beweglichen Meßtaster mit balliger Meßfläche wird eine Zahnflanke beim Schwenken des Meßgerätes abgetastet. Der beim Durchschwenken des Gerätes festgestellte Umkehrpunkt gibt über den Zeiger den kleinsten Abstand der beiden Zahnflanken und damit die Eingriffsteilung p_e an. Zur Bestimmung von *Eingriffsteilungs-Abweichungen* f_{pe} vom Nennmaß der Eingriffsteilung wird das Meßgerät auf dieses Nennmaß mit einer Einstellehre eingestellt. Da der Stützfinger zwischen Meßleiste und Meßtaster einstellbar ist, können die Zahnflanken an verschiedenen Stellen abgetastet werden. Weisen die Meßergebnisse an verschiedenen Meßebenen Unterschiede aus, so liegen *Profil-Formabweichungen* f_f vor.

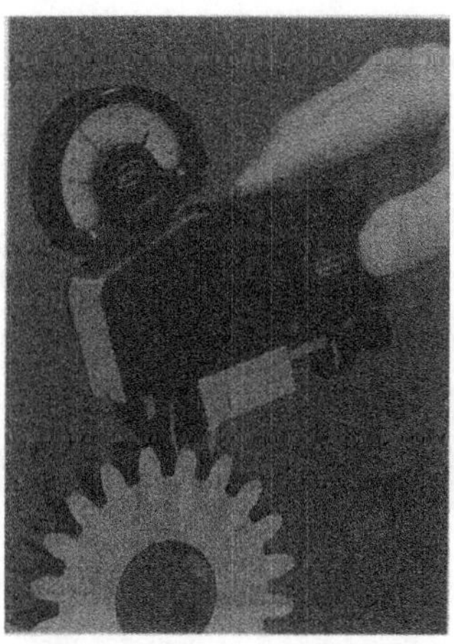

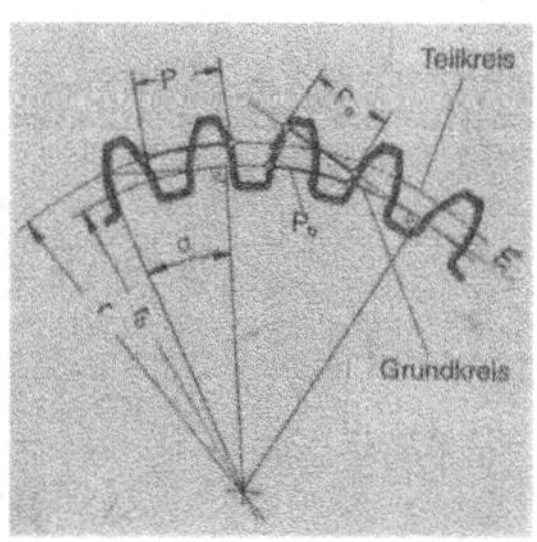

Bild 7.56
Prüfen der Eingriffsteilung p_e mit einem Eingriffsteilungsprüfgerät (Mahr)

Mit dem Eingriffsteilungs-Prüfgerät können Zahnräder bereits auf der Verzahnungs-Maschine während der Fertigung genau geprüft werden. Zur Prüfung von Zahnrädern in größeren Stückzahlen gibt es vollautomatische Teilungsprüfgeräte (Bild 7.57). Das Messen erfolgt dabei mit zwei induktiven Tastern in einem Meßkopf.

Rundlaufabweichungen sind in einem Zahnrad stark geräuschbildend. Darum ist der Rundlauf der Verzahnung zur Radachse zu prüfen. Dazu wird der Prüfling auf einem Meßdorn aufgenommen. Mit einem Meßbolzen mit kugeligem Meßeinsatz wird die Zahnlücke des Prüflings angetastet. Bei der ersten Messung wird die Meßuhr oder der Feinzeiger auf Null gestellt. Dann wird an mehreren, am Umfang verteilten Zahnlücken gemessen und so die Rundlaufabweichung festgestellt. Zum Weiterdrehen des Zahnrades wird jeweils der Meßtaster aus der Verzahnung abgehoben. Bild 7.58 zeigt einen Meßkopf zum Prüfen des Rundlaufs auf einer *Zweiflanken-Wälzprüfmaschine.*

Die *Rundlaufabweichung* F_r wird im wesentlichen durch eine Außermittigkeit der Verzahnung in der zur Radachse senkrechten Meßebene und durch eine Ungleichmäßigkeit der Lückenweiten infolge *Teilungsabweichungen* der Rechts- und Linksflanken verursacht (DIN 3960).

Der Rundlauf kann auch vollautomatisch geprüft werden (s. Bild 7.57). Die Abtastung der Eintauchtiefen erfolgt mit einem kugelförmigen Meßtaster in einem induktiven Meßkopf. Dabei werden die Meßwerte von einem Steuer- und Registriergerät erfaßt und mit einem Meßschreiber aufgezeichnet.

Profilform und *Flankenlinie* bestimmen in großem Maße die Laufeigenschaften und somit die Güte eines Zahnrades. Die Überprüfung dieser Bestimmungsgrößen ist besonders

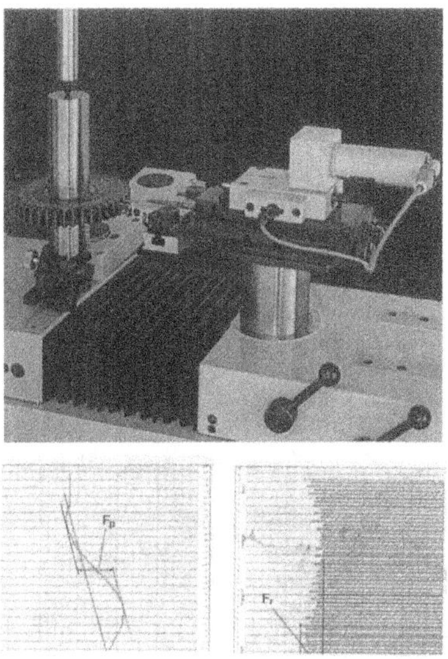

Bild 7.57 Meßgeräte zum Prüfen von Teilung und Rundlauf (Mahr)

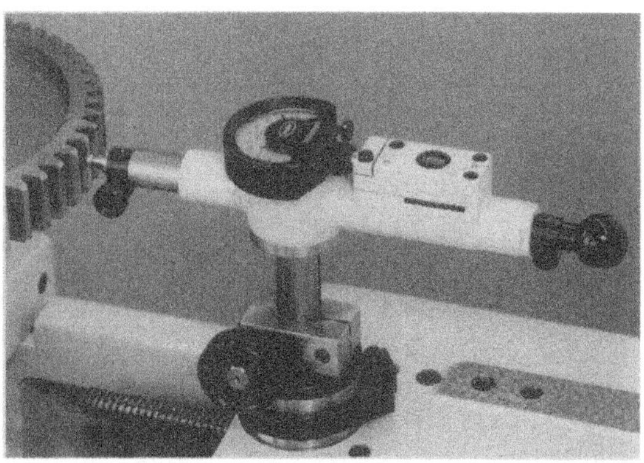

Bild 7.58 Prüfen der Rundlaufabweichung F_r mit Meßkugeln (Mahr)

wichtig bei der Herstellung geschliffener Zahnräder. Dafür können Prüfmaschinen verwendet werden, mit denen die Profilform (Zahnform, meist Evolventenform) und die Flankenlinie (Zahnschräge oder Schrägungswinkel) des Prüflings in einer Aufspannung nacheinander geprüft werden können.

Da das Evolventenprofil der Verzahnung durch das Abwälzen einer Geraden auf dem Grundkreis entsteht (Bild 7.59), wird zum Prüfen der *Profil-Formabweichung* f_f der Meßtaster auf einer theoretisch richtigen Evolvente des Soll-Grundkreises geführt. Die Aufzeichnung der Abweichungen des Zahnprofils erfolgt, mechanisch oder elektrisch, vergrößert auf einem Diagrammstreifen (Tafel A 7.19). Aus diesem Flankenprüfbild können die Profil-Gesamtabweichung F_f, -Formabweichung f_f, -Winkelabweichung $f_{H\alpha}$ und -Welligkeit f_{fw} abgelesen werden.

Der Profilprüfbereich ist die Eingriffsstrecke bei der Paarung des Prüflings mit dem Gegenrad oder mit der Zahnstange.

Zur Prüfung der Profilform gibt es Prüfmaschinen mit festen Grundkreisscheiben und solche mit stufenloser Einstellung des Grundkreises.

Bei der Prüfung der *Flankenlinie*, z. B. nach Bild 7.60, wird ein Meßtaster ebenfalls an die zu prüfende Zahnflanke angelegt und auf dem fehlerfreien *Schrägungswinkel* geführt. Dabei werden die Abweichungen der Flankenlinie von der Soll-Flankenlinie (allg. eine Schraubenlinie) vergrößert auf einem Diagrammstreifen aufgezeichnet (Tafel A 7.19). Es gilt hier, die Flankenlinien-Gesamtabweichung F_β, -Formabweichung $f_{\beta f}$, -Winkelabweichung $f_{H\beta}$ und -Welligkeit $f_{\beta w}$ zu unterscheiden.

Die Tafel A 7.19 enthält alle aus den Diagrammen zu entnehmenden Abweichungen. Zu dessen Auswertung wird die ausgleichende Gerade $\overline{BB}$ als Ist-Evolvente ermittelt (ggf. nach der „Methode der kleinsten Summe der Fehlerquadrate"). Die Profil-Formabweichung f_f umfaßt auch die Wellentiefe der Profil-Welligkeit. Entsprechendes gilt für die Flankenlinien-Formabweichung $f_{\beta f}$.

Die Profil-Winkelabweichung $f_{H\alpha}$ wird durch eine Abweichung des Eingriffswinkels α oder durch eine am Zahn sich auswirkende Außermittigkeit des Grundkreises verursacht.

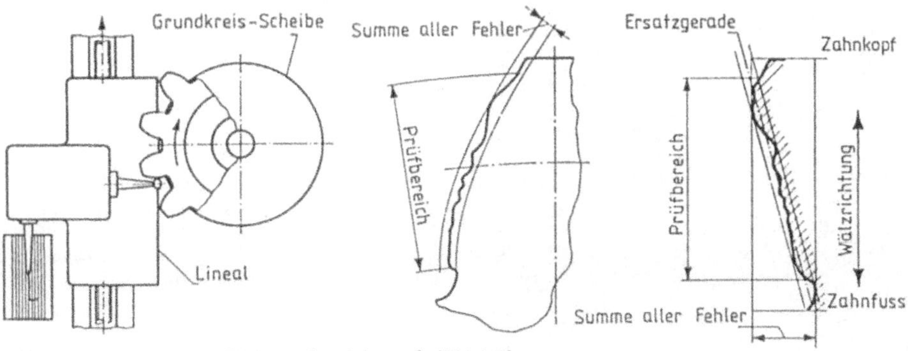

Bild 7.59 Prüfen der Profil-Formabweichung f_f (MAAG)

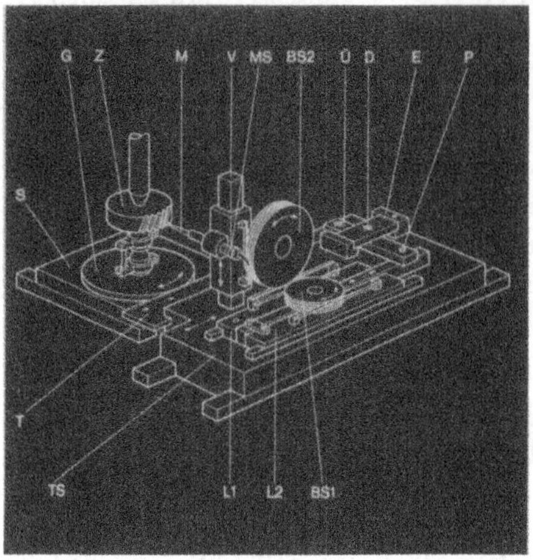

G = Grundkreisscheibe
Z = Prüfling
M = Meßtaster
V = Vertilkalführung
MS = Mikrometerschraube
BS1, BS2 = Bandscheiben
Ü = Übertragungshebel
D = verstellbarer Drehpunkt
E = Einstelleinrichtung
P = Einhängepunkt
S = Zustellschlitten
T = Tangentenlineal
TS = Tastschlitten
L1, L2 = Lineale

Bild 7.60
Wirkungsweise einer Zahnradprüfmaschine für Profilform, Flankenlinie und Zahnteilung (Mahr)

Die Flankenlinien-Winkelabweichung $f_{H\beta}$ ergibt sich durch eine Nichtparallelität von Verzahnungs- und Drehachse (als Taumeln), die sich am einzelnen Zahn auswirkt, oder durch eine Abweichung des Schrägungswinkels β.

Die Flankenlinien-Welligkeit ist eine über die Zahnbreite sich periodisch wiederholende Flankenlinien-Formabweichung $f_{\beta f}$, die durch Wellentiefe und Wellenlänge gekennzeichnet ist. Bei der Serienprüfung der Profilform wird vorzugsweise mit festen Grundkreissscheiben gearbeitet.

Bild 7.61 zeigt die Wirkungsweise eines elektronischen Zahnrad-Meßzentrums, mit dem die Profilform und die Flankenlinien gemessen werden können. Die damit graphisch erfaßten Abweichungen werden rechnerisch ausgewertet. Dazu werden während des Meßvorganges in feinsten gleichmäßigen *Horizontalschnitten* die analogen Meßwerte erfaßt und in Digitalwerte umgewandelt, die dann ein Mikrocomputer zu den gewünschten Meßwerten umwandelt.

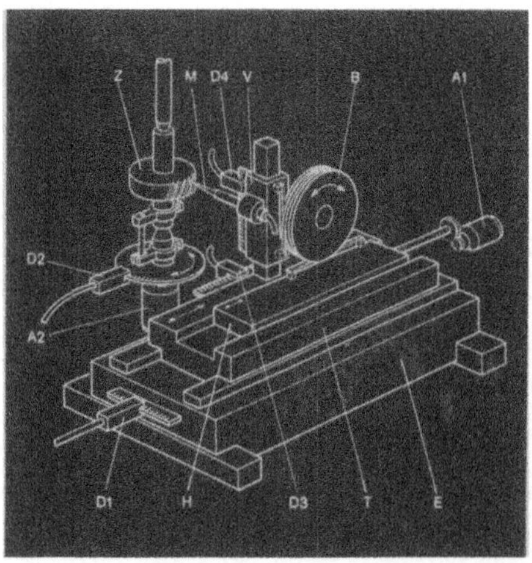

Z = Prüfling
M = Meßtaster
V = Vertikalwagen
B = Bandscheibe
A1 = Antrieb für Tastwagen
A2 = Antrieb für Prüfling
D1 = Längenmeßsystem
D2 = Winkelmeßsystem
D3 = Wegmeßsystem
D4 = Wegmeßsystem
T = Tastwagen
E = Einstellwagen

Bild 7.61
Wirkungsweise eines elektronischen Zahnrad-Meßzentrums für Profilform, Flankenlinie und Zahnteilung (Mahr)

7.4.2 Prüfungen der Gesamtabweichung an Stirnrädern

In Prinzip gibt es vier Arten der Prüfung auf *Gesamtabweichung:* die Aufnahme eines *Tragbildes,* die *Geräuschprüfung,* die *Zweiflanken-* und die *Einflanken-Wälzprüfung.*

Das Prüfen des *Tragbildes* (Bild 7.62) erfolgt mit dem Gegenrad oder einem Lehrzahnrad durch Antuschieren und Abrollen. Dadurch können wichtige Verzahnungsabweichungen der Profilform, der Flankenlinie und des Rundlaufs qualitativ dargestellt werden. Das Tragbild bezeichnet den Bereich einer Zahnflanke, in dem die Berührung mit der Gegenflanke stattfindet. Tragbilder können auf einfachsten *Rundlaufprüfeinrichtungen* auch unter Belastung aufgenommen werden.

Die *Geräuschprüfung* dient als Beurteilungsgrundlage der Laufruhe für das Zusammenwirken eines Zahnradpaares. Eine solche *Geräuschanalyse* wird insbesondere bei schnellaufenden Zahnradgetrieben angewendet. Die Prüfung erfolgt meistens paarweise zur Ermittlung des Summengeräusches. Eine Einzelprüfung mit einem Lehrzahnrad ist aber ebenfalls möglich. Mit Geräuschprüfmaschinen wird unter betriebsmäßigen Bedingungen, also mit vorgegebenem Flankenspiel und mit Nenndrehzahlen, geprüft. Ein Wechsel der Drehrichtung und eine Veränderung der Drehzahl ist allgemein möglich.

Die *Zweiflanken-Wälzprüfung* (Bild 7.63) ist die wichtigste Zahnradprüfung. Mit ihr werden unter Einwirkung einer (definierten) Kraft zwei Zahnräder spielfrei miteinander abgewälzt. Dabei berühren sich die linken und die rechten Zahnflanken.

Die mit der Zweiflanken-Wälzprüfung erzielten Meßergebnisse lassen die Eigenschaften und die Qualität eines Zahnradpaares oder eines einzelnen Rades erkennen. Aus dem

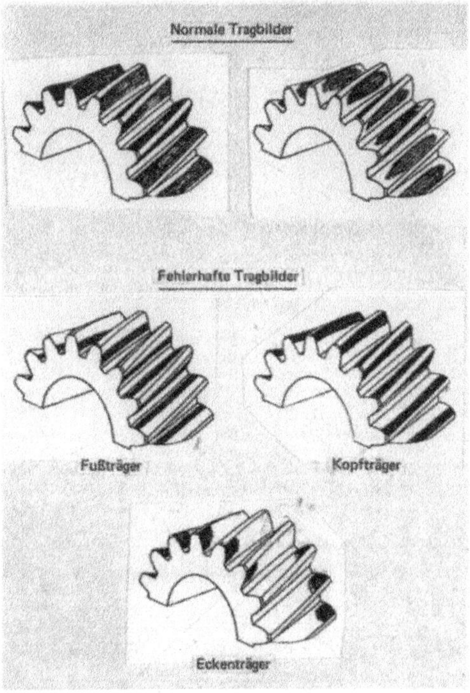

Bild 7.62
Tragbilder von Stirnrädern, entstanden durch Antuschieren und Abrollen zweier Räder (Mahr)

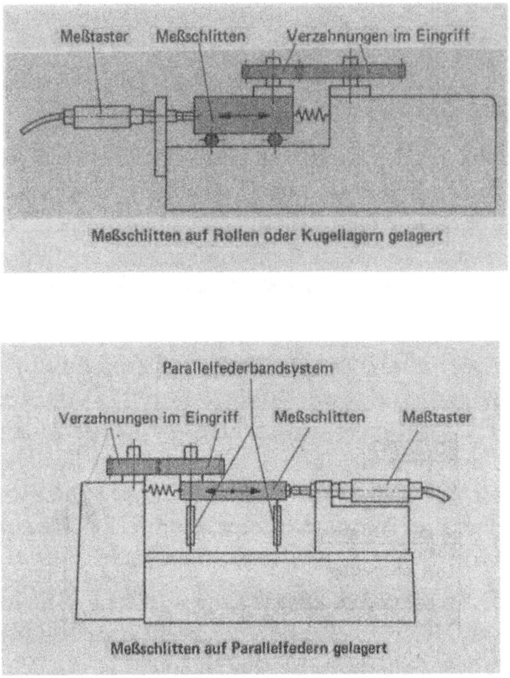

Bild 7.63
Prinzip der Zweiflanken-Wälzprüfung (Mahr)

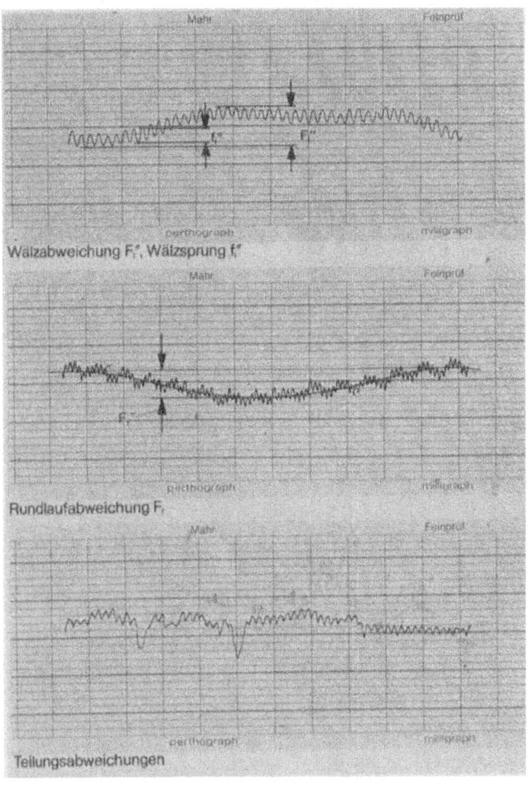

Bild 7.64
Zweiflanken-Wälzdiagramme (Mahr)

Zweiflanken-Wälzprüfdiagramm (Bild 7.64) können Abweichungen entnommen werden, die eine Einordnung des Prüflings in eine der *Qualitätsgruppen* nach DIN 3963 und 3967 zulassen.

Die *Zweiflanken-Wälzabweichung* F_i'' (Bild 7.64) ist die Schwankung des *Wälz-Achsabstandes a''* bei einer Umdrehung des Prüflings. Dabei muß der schwimmende Meßschlitten des Prüfgerätes eine exakt geradlinige Verschiebung ausführen. Bei Zweiflanken-Wälzprüfmaschinen für kleinere Zahnräder und solche aus Kunststoff ist der Schlitten auf Parallelfedern gelagert.

Die *Wälz-Rundlaufabweichung* F_r'' ist der langwellige Anteil im Prüfbild. F_r'' ergibt sich durch Einzeichnen des ausmittelnden Linienzuges. Exzentrischer Lauf ist ein bei Zahnrädern häufig vorkommender Fehler. Die Rundlaufabweichung F_r'' ist in der Wälzabweichung F_i'' enthalten.

Der *Zweiflanken-Wälzsprung* f_i'' ist der größte Unterschied des Wälz-Achsenabstandes während eines Zahneingriffs. Tafel A 7.20 zeigt Zweiflanken-Wälzdiagramme mit den Bestimmungsgrößen für die Wälzabweichung F_i'', den Wälzsprung f_i'' und die Wälz-Rundlaufabweichung F_r'', sowie die Abweichungen der Profilform und der Teilung.

Bild 7.65 zeigt die üblichen drei Arten der Zweiflanken-Wälzprüfung:

- Die *paarweise Prüfung* des Räderpaares, das im Betrieb miteinander laufen soll. Die Abweichungen beider Verzahnungen geben Aufschluß über die Laufeigenschaften.

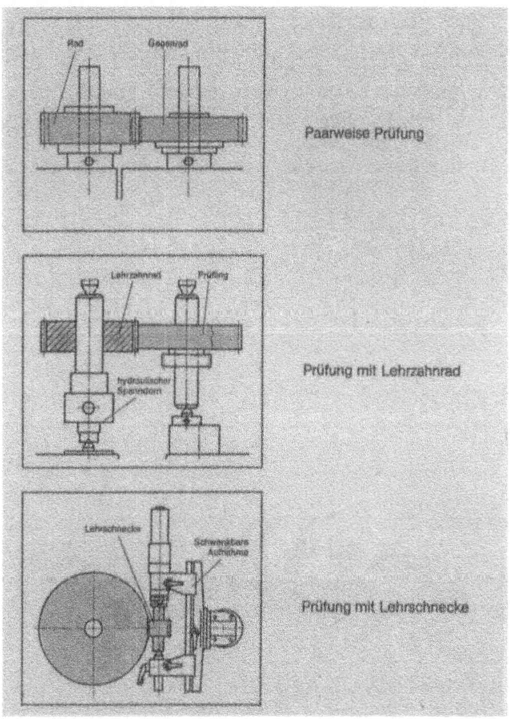

Bild 7.65
Die drei Arten der Zweiflanken-Wälzprüfung (Mahr)

- Die *Prüfung mit Lehrzahnrädern* (DIN 3970); sie wird dort angewendet, wo die Zahnräder austauschbar sein müssen und die Wälzabweichungen des Prüflings zu bestimmen sind. Dabei wird das Lehrzahnrad als fehlerfreies Wälznormal betrachtet. Schrägstirnräder werden mit einem Lehrzahnrad gleichen Schrägungswinkels, aber entgegengesetzter Schrägungsrichtung des Prüflings geprüft. Zahnräder mit Profilverschiebung können im allgemeinen mit Lehrzahnrädern ohne Profilverschiebung geprüft werden.

- Die *Prüfung mit Lehrschnecken,* die als fehlerfreie Wälznormale zu werten sind (Bild 7.65), können mit einer schwenkbaren Aufnahmevorrichtung auf den Schrägungswinkel des Prüflings eingestellt werden. Diese Schwenkbarkeit ermöglicht den Einsatz nur einer Lehrschnecke für alle Zahnräder gleichen Moduls und gleichen Eingriffswinkels, aber beliebiger Zähnezahl und beliebigen Schrägungswinkels. Das Arbeiten mit Lehrschnecken ist dort vorteilhaft, wo viele verschiedene Zahnräder zu prüfen sind.

Aufgrund der herausragenden Bedeutung der Zweiflanken-Wälzprüfung kann die Automatisierung dieser Prüfung wirtschaftlich sein. Mit Automaten wird die Achsabstandsänderung mit einem induktiven Meßtaster aufgenommen, elektronisch verstärkt und von einem Mikrocomputer digitalisiert und gespeichert. Die einzelnen Abweichungsgrößen, wie Wälzabweichung F_i'', Wälzsprung f_i'' und oberes und unteres Achsabstandsmaß sind nach Beendigung des Meßvorganges abrufbar.

Bei der *Einflanken-Wälzprüfung* werden zwei Zahnräder unter dem vorgeschriebenem Achsabstand miteinander abgewälzt. Dabei bleiben entweder die Rechts- oder die Linksflanken ständig im Eingriff (Bild 7.66). Es werden die Abweichungen der Drehstellungen des Prüflings gegenüber den durch Stellung des Gegenrades und durch das Zähnezahlverhältnis gegebenen Sollstellung gemessen. Dazu ist eine Vergleichsmeßeinrichtung, ein Vergleichsgetriebe, erforderlich. Abweichungen zeigen sich als voreilender oder zurückbleibender Drehwinkelanteil zur abweichungsfreien Drehwinkelstellung. Die Abweichungen werden in der Regel als Strecke längs des Umfangs eines Meßkreises, z. B. vom Teilkreis oder Grundkreis, angegeben. Die Angabe kann auch im Winkelmaß erfolgen.

Die Vergleichsmeßeinrichtung kann eine mechanische, elektronische, optische oder eine kombinierte Funktionsweise haben.

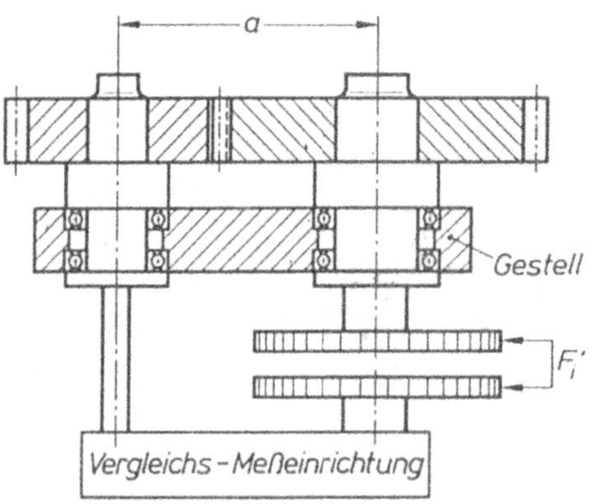

Bild 7.66
Meßanordnung für die Einflanken-Wälzprüfung

Bei den zu erfassenden Abweichungen handelt es sich zum Teil um analoge Bestimmungsgrößen wie bei der Zweiflanken-Wälzprüfung: Einflanken-Wälzabweichung F_i' und Einflanken-Wälzsprung f_i'. Der langwellige Anteil im Prüfbild der Einflanken-Wälzabweichung wird Wälz-Summenteilungsabweichung F_p' und die kurzwelligen Anteile werden Wälz-Einzelabweichungen f_p' genannt (Bild 7.67).

Die Einflanken-Wälzprüfung ist theoretisch exakt. Trotzdem hat sie sich nicht umfassend durchgesetzt, weil der Aufwand gegenüber der Zweiflanken-Wälzprüfung erheblich größer ist. Auch zeigen Vergleiche der Prüfergebnisse mit denen der Zweiflanken-Wälzprüfung keine so wesentlichen Unterschiede, daß der größere Aufwand gerechtfertigt wäre.

7.4.3 Verzahnungsqualitäten und Toleranzen von Stirnrädern

Die für die Betriebsbedingungen von Zahnrädern und den Zahnradgetrieben notwendigen Herstellungsgenauigkeiten sind für Stirnräder mit Modul 1 bis 70 mm und Teilkreisdurchmesser bis 10000 mm in *12 Verzahnungsqualitäten* gestuft (DIN 3961). Dafür sind die *Toleranzen* in DIN 3962 T1 bis T3 und DIN 3963 genormt. Die zur Herstellung des Flankenspiels notwendigen Zahndickenabmaße behandelt DIN 3967.

Entsprechend der Bedeutung der geradverzahnten Außen-Stirnräder mit *05-Verzahnung* werden u. a. die Zahnweite W, das Prüfmaß M für das diametrale Zweikugelmaß und die Zahndickensehne $\bar{s}$ in DIN 3995, Blatt 4 bis 6, behandelt.

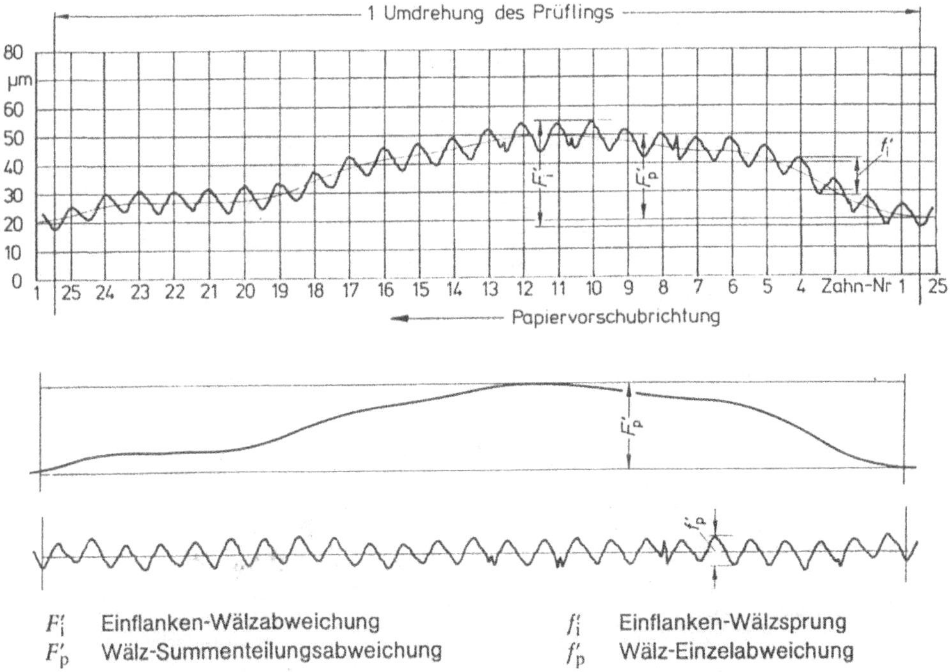

Bild 7.67 Streifenförmiges Einflanken-Wälzdiagramm (DIN 3960)

7.4.4 Achsabstandsmaße und Achslagetoleranzen

In der Norm DIN 3964 sind *Achsabstandsmaße* und *Achslagetoleranzen* für die Gehäuse von Stirnradgetrieben empfohlen. Das Ausmessen von Achsabständen kann mit Prüfdornen und Parallelendmaßen (Bild 2.3) geschehen. In DIN 3960 werden die Abweichungen der Achslagen von Stirnradpaaren beschrieben.

7.4.5 Prüfen von Kegelrädern

Für das Festlegen der Radkörpermaße und deren Prüfung ist die Kegelradspitze der Ausgangspunkt. Da diese Spitze nur auf der Zeichnung und nicht am Radkörper vorhanden ist, werden Bezugsflächen für den Ausgang von Messungen benötigt. Eine solche Bezugsfläche könnte die später als Anlage benutzte Fläche sein. Ist das auf Grund der Gestaltung nicht möglich, so muß man andere Flächen oder Hilfsflächen als Bezugsfläche festlegen. Bild 7.68 zeigt beispielsweise empfohlene Bezugs- und Hilfsflächen nach DIN 3971. Die Bezugs-Stirnfläche ist eine frei wählbare, zur Radachse senkrechte Ebene. Darauf wird die Verzahnung beim Herstellen, Messen und Einbauen bezogen.

Das *Einbaumaß* t_B wird als Bezugsmaß für die Herstellung, die Prüfung und den Einbau des *Kegelrades* unmittelbar benötigt. Der *Kopfkreisabstand* t_E ist das Maß am Kopfkreis zwischen Rückenkegel und der Bezugs-Stirnfläche.

Der *Hilfsebeneabstand* t_H ist das Maß zwischen der Bezugs-Stirnfläche und einer frei wählbaren, zur Achse senkrechten Hilfsebene.

Ähnlich wie bei Stirnrädern läßt sich an Kegelrädern die Zweiflanken- und Einflanken-Wälzprüfung durchführen. Dabei werden z. B. Aufnahmeeinrichtungen mit dem Achswinkel des Kegelradpaares auf dem Einstellschlitten der Zweiflanken-Wälzprüfmaschine verwendet.

Eine besonders wichtige Prüfung ist bei Kegelrädern die Laufprüfung, bei der das *Tragbild* durch Antouchieren und Abrollen Aufschluß über den späteren Betriebszustand geben kann. Hierfür geben die Hersteller von Kegelrad-Verzahnmaschinen Tragbilder typischer Erscheinungen als Orientierung für die Beurteilungen aus. Das an der Laufprüfmaschine erhaltene Tragbild kann über notwendige Korrekturen an der Verzahnungsmaschine Aufschluß geben.

Nach DIN 3965 T1 erfolgt die Bestimmung des Tragbildes bei Einbaudistanz mit leichter Prüflast und Prüfmittel (Touschierlack oder -pasten von etwa 5 μm Dicke). Bild 7.69

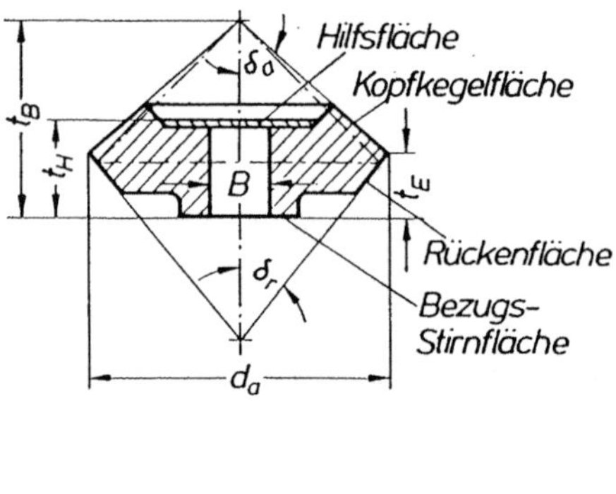

Bild 7.68
Bezugs- und Hilfsflächen am Kegelrad nach DIN 3971
Bezugsstirnfläche und eine Hilfsfläche

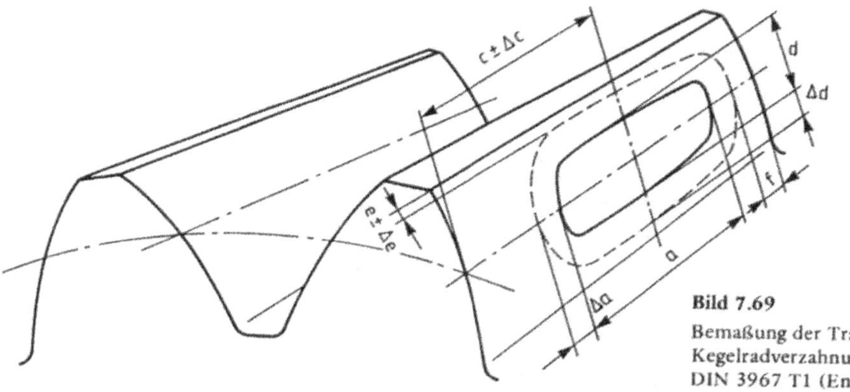

Bild 7.69
Bemaßung der Tragbilder von Kegelradverzahnungen nach DIN 3967 T1 (Entwurf)

zeigt die mögliche Bemaßung des Tragbildes in Bezug auf Lage und Größe. DIN 3971 enthält Beispiele für übliche Tragbildformen. DIN 3965 T1 enthält Toleranzen für Kegelradverzahnungen.

7.4.6 Prüfen von Zylinderschneckentrieben

Zweiflanken-Wälzprüfmaschinen für Stirnräder werden mit schwenkbarer Aufnahmeeinrichtung (Bild 7.70) zum Prüfen von *Schnecken* und *Schneckenrädern* oder zur paarweisen Prüfung von Schnecke und Schneckenrad verwendet. Als Wälznormal dienen *Lehrschnecken* zur Prüfung von Schneckenrädern. Entsprechend dienen zur Wälzprüfung von Schnecken *Lehrschneckenräder* oder *Lehrzahnräder* (wie für Gerad- und Schrägstirnräder). Die Abweichungen der einzelnen Bestimmungsgrößen für Schnecken und Schneckenräder behandelt DIN 3975. Ein weiteres Prüfmerkmal ist die Steigungshöhe p_z. Dafür werden Steigungsmeßgeräte benötigt.

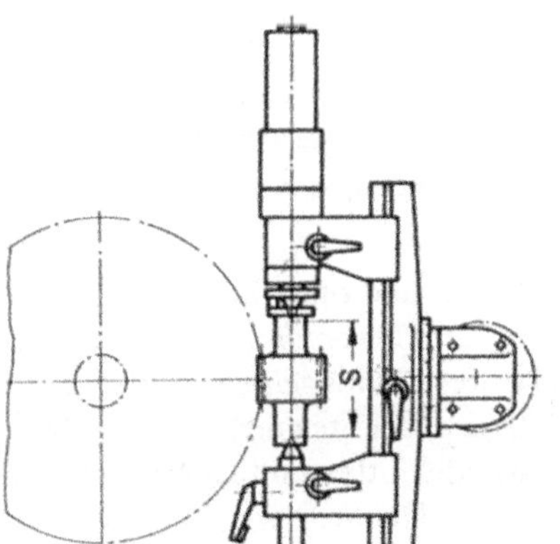

Bild 7.70
Schwenkbare Aufnahmevorrichtung zur Zweiflanken-Wälzprüfung von Stirn- und Schneckenrädern mit Lehrschnecken oder zur paarweisen Prüfung von Schneckenrad und Schnecke (Mahr)

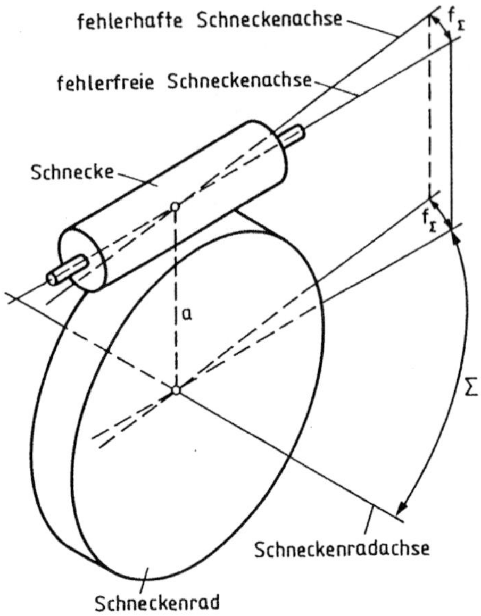

Bild 7.71
Achswinkelfehler f von Schneckentrieben

Im Prinzip gelten für die Prüfung von Schnecke und Schneckenrad die Grundsätze für Stirnradprüfungen. Mögliche Fehler an Schneckentrieben zeigt Bild 7.71 DIN 3966 enthält Angaben für Schnecken- und Schneckenradverzahnungen, und DIN 3998 T4 gibt Aufschluß über Benennungen an Schneckenradsätzen.

7.5 Prüfen von Gewinden

Gewinde sind Profilformen, die in einer Schraubenlinie um einen Zylinder laufen. Je nach Größe, Bauart und Aufgabe haben sie unterschiedliche Anforderungen zu erfüllen. Gewindeprüfungen nehmen in der Fertigungsmeßtechnik eine Sonderstellung ein, da sie spezielle Meßmittel und besondere Meßverfahren erfordern. Die Meßgrößen des Gewindes sind in einem durch die Gewindeachse gelegten Schnitt, dem Achsenschnitt (Bild 7.72), festgelegt. Da das Gewinde in der Regel als Paarung Bolzen-/Muttergewinde auftritt, hat die Prüfung auch diese Funktionsanforderung zu beachten. Die Anforderungen haben dem Verwendungszweck, z.B. als Übertragungs-, Bewegungs-, Dichtgewinde, zu entsprechen.

Gewinde können durch Lehren, mechanisches Messen und optische Prüfverfahren geprüft werden. Die wichtigste Größe am Gewinde ist der *Flankendurchmesser,* der achsensenkrecht in der Mitte des voll ausgeschnitten gedachten Profils gemessen wird. Besondere Bedeutung haben die Flankenmitte dieses Profils und der Steigungswinkel. Der Flankenmittelpunkt ist ein theoretischer Punkt des Achsenschnittes, und als Wendepunkt der Schraubenfläche ist er der „ruhende Pol“ des Gewindes. Der *Steigungswinkel* φ errechnet sich aus $\tan \varphi = \frac{P}{d_2 \pi}$.

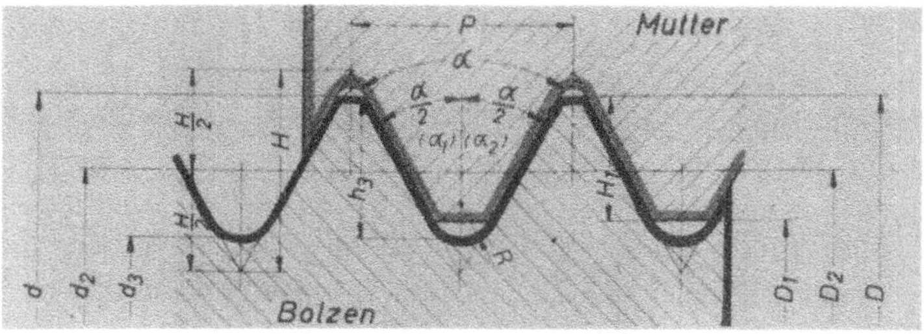

d = Außendurchmesser des Bolzengewindes
D = Außendurchmesser des Muttergewindes
d_2 = Flankendurchmesser des Bolzengewindes
D_2 = Flankendurchmesser des Muttergewindes
d_3 = Kerndurchmesser des Bolzengewindes (bisher d_1)
D_1 = Kerndurchmesser des Muttergewindes
P = Steigung (bisher h)
α = Flankenwinkel
α_1 und α_2 = Teilflankenwinkel (bei symmetrischem Profil ist $\alpha_1 = \alpha_2 = \frac{\alpha}{2}$)
H = Profilhöhe (bisher t)
h_3 = Gewindetiefe des Bolzengewindes (bisher t_1)
H_1 = Tragtiefe (Flankenüberdeckung) (bisher t_2)
φ = Steigungswinkel $\left(\tan \varphi = \frac{P}{d_2 \cdot \pi}\right)$
R = Rundungshalbmesser

Bild 7.72 Bestimmungsgrößen am Achsschnitt des Gewindes (nach DIN 13, Bl. 13, für ISO-Profil)

7.5.1 Gewindeprüfung mit Lehren

Austauschbare Gewinde werden allgemein mit *Gewindegrenzlehren* nach DIN 2279 – wie bei Rundpassungslehren – auf „Gut" und „Ausschuß" geprüft. Nach dem Taylorschen Grundsatz soll die Gut-Prüfung die Gesamtwirkung des Gewindes erfassen, während die Ausschuß-Prüfung die einzelnen Bestimmungsgrößen auf Einhaltung der Ausschußgrenzen überwachen soll.

Für die Prüfung von *Innengewinden* werden Gewinde-Grenzlehrdorne (DIN 2280, 2281, 2282) verwendet. Die Gesamtwirkung des Außengewindes wird mit einem Gewinde-Gutlehrring oder mit einer Grenzrollenlehre (Bild 7.73) geprüft. Gewinde-Grenzrollenlehren haben folgende Vorteile gegenüber den Lehrringen:

- Zeitersparnis, da kein Auf- und Zurückschrauben entsteht;
- geringe Abnutzung durch rollende Reibung;
- Verwendbarkeit sowohl für Rechts- als auch Linksgewinde;
- alle Toleranzklassen können mit Hilfe der exzentrisch gelagerten Rollen eingestellt werden;

a) b)

Bild 7.73

a) Gewinde-Grenzrollenlehre für Außengewinde (Mahr)
b) Schnellmeß-Rollenlehre

- Werkstücke, die zwischen Spitzen eingespannt wurden, sind in der Werkzeugmaschine zu prüfen;
- Unrundheiten des Gewindes können durch Prüfung in mehreren Ebenen erkannt werden.

Auf Ausschuß des Gewindes werden 5 Bestimmungsgrößen geprüft:

- der Außendurchmesser mit einer Grenzrachenlehre;
- der Flankendurchmesser mit Ausschußrollen der Gewinde-Grenzrollenlehre. Die Grenzrollen dürfen durch das Eigengewicht der Lehre nicht über den Prüfling gehen;
- der Kerndurchmesser kann nicht kleiner werden, als es die theoretische Spitze des Gewindeprofils zuläßt;
- das Gewindeprofil, also Flankenwinkel und Steigung, werden von den Ausschußrollen der Gewinde-Grenzrollenlehre erfaßt.

Gewinde-Gutlehrenkörper sind in DIN 2282, Gewinde-Ausschußlehrenkörper in DIN 2238, 2284 und Gewinde-Gut-Lehrringe in DIN 2285 und Gewinde-Ausschuß-Lehrringe in DIN 2299 genormt.

Der Grundsatz, daß die Meßgenauigkeit etwa zwischen dem 5. bis 10. Teil der Herstellgenauigkeit liegen soll, ist bei Gewindelehren nicht erreichbar. Oft wird nur die Hälfte der Herstelltoleranz als Meßgenauigkeit erreicht.

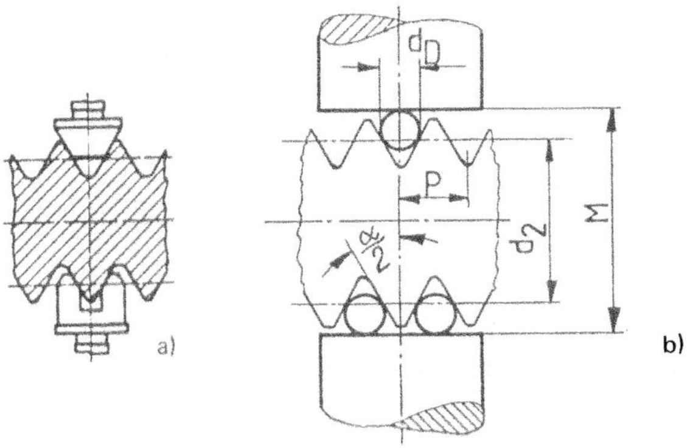

Bild 7.74
Gewindemessung (Mahr)
a) Auswechselbare Meßeinsätze von Kimme (Schneide) und Kegel
b) Dreidrahtmeßmethode

7.5.2 Das mechanische Messen von Gewinden

Von den mechanischen Meßmethoden kommt der Messung mit der *Dreidrahtmethode* (Bild 7.74b) besondere Bedeutung zu. Weniger genau ist die *Messung mit Kimme und Kegel* (Bild 7.74a), weil wegen der unvermeidlichen Verschiedenheit der Winkel an den Meßstücken und des Gewindes zu große Werte gemessen werden.

Die Dreidrahtmessung ist mathematisch genau zu bestimmen nach der Formel

$$M = d_2 + \frac{d_D}{\sin\frac{\alpha}{2}} - \frac{P}{2\tan\frac{\alpha}{2}} + d_D + \delta$$

M theoretisches Prüfmaß bei Meßkraft Null
d_2 theoretischer Flankendurchmesser
$\frac{\alpha}{2}$ halber Flankenwinkel
P Gewindesteigung
d_D Meßstift-Durchmesser $= \frac{P}{2\cos\frac{\alpha}{2}}$
δ Korrekturfaktor $= \frac{d_D}{2} \cdot \frac{P^2}{2} \cdot \frac{\cos\frac{\alpha}{2} \cdot \cot\frac{\alpha}{2}}{d_2{}^2}$

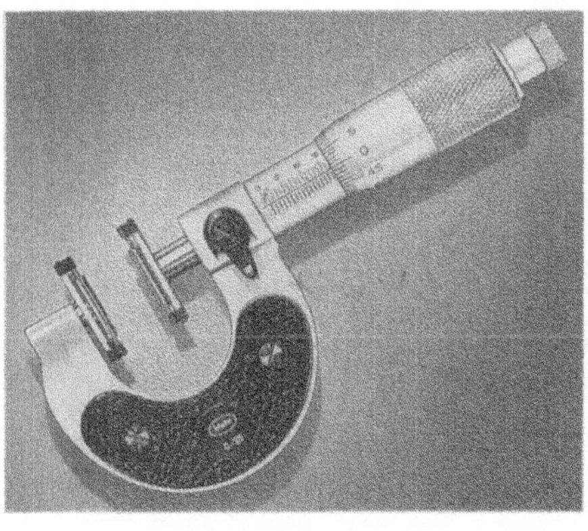

Bild 7.75
Feinmeß-Schraublehre mit auswechselbaren Einsätzen (Mahr)

Die *Prüfstifte* nach Bild 7.75 müssen einen der Steigung entsprechenden Durchmesser haben, damit eine Berührung am theoretischen Flankendurchmesser möglich ist.

Tafel A 7.21 zeigt eine Zuordnung der Meßdrähte zu den in der Praxis üblichen Steigungen.

Der Einfluß des Flankenwinkelfehlers auf das Meßergebnis wird praktisch eliminiert. Für metrisches Gewinde ist der Drahtdurchmesser $d_D = 0{,}577 \cdot P$.

Durch die Meßkraft von etwa 10 N der Feinmeß-Schraublehren werden die Prüfstifte etwas abgeplattet. Darum ist das gemessene Prüfmaß M_{gem} um einen Wert A zu klein. Bei Benutzung handelsüblicher Tabellen wird der Rechenaufwand minimiert. Beim Messen von spitzen Flankenwinkeln (z.B. bei Trapezgewinde) ist zu beachten, daß durch Keilwirkung die Prüfstifte in die Gewindegänge eingepreßt werden können.

Anzeigende Gewinde-Meßgeräte zeigen die Bilder 7.76a und b. Dreipunkt-Innenmeßgeräte können auch mit Gewinde-Meßköpfen (Bild 4.10) ausgestattet werden.

Die *Steigung* P eines Gewindes ist der achsparallele Abstand zweier benachbarter, zum selben Gewindegang gehörender, gleichgerichteter Flanken. Zum Messen der Steigung werden Geräte für Vergleichsmessungen von Gewindeflanke zu -Flanke benutzt (Bild 7.77).

Einen Universal-Meßdorn zum Prüfen von Innengewinden zeigt Bild 7.78. Tafel A 7.22 gibt für metrische Regel- und Feingewinde (nach DIN 13) einen Ausschnitt der Toleranzen für Bolzengewinde-Außendurchmesser, Muttergewinde-Kerndurchmesser und der empfohlenen Toleranzen für Flankendurchmesser an.

7.5.3 Die optische Gewindemessung

Das Gewinde des Prüflings wird mit einem schwach vergrößernden *Mikroskop* betrachtet (Abschn. 4.4.3), das eine Längen- und Winkelmeßeinrichtung haben muß. Die optische

a) b)

Bild 7.76 Anzeigende Gewinde-Meßgeräte (Mahr)
a) Feinzeiger-Gewinderachenlehre
b) Universal-Meßdorn

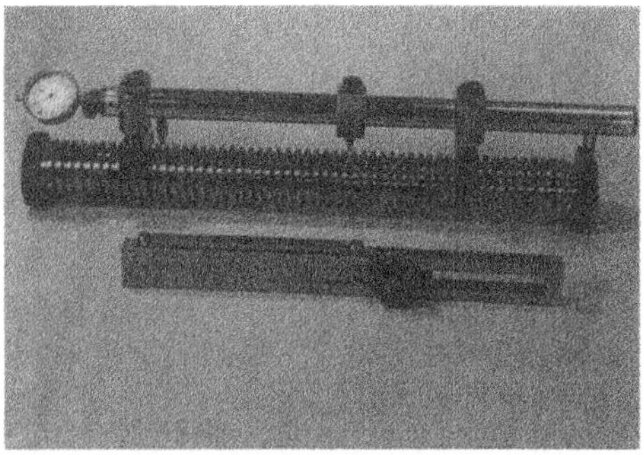
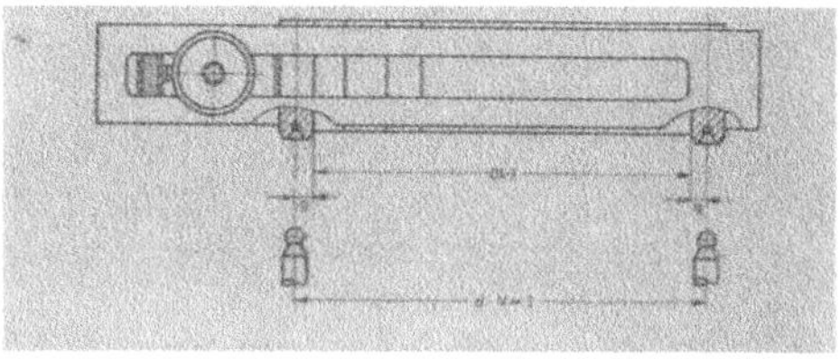

Bild 7.77 Gewinde-Steigungsprüfer für Spindeln (Mahr). Meßtaster in Kugelführung gelagert

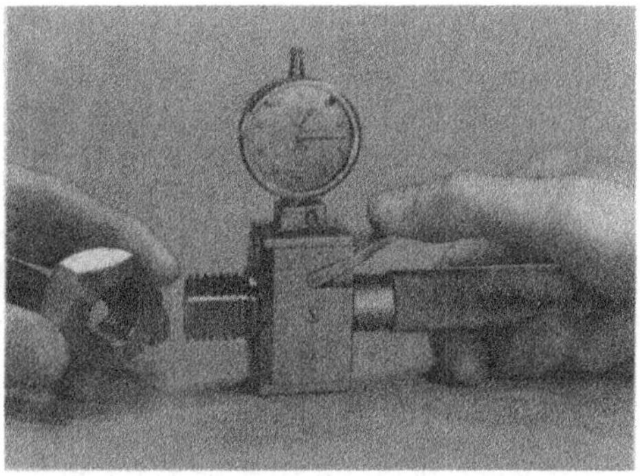

Bild 7.78
Universal-Meßdorn für Innengewinde (Mahr)

Gewindemessung bietet gegenüber den mechanischen Gewindemeßverfahren folgende Vorteile:

- der Zustand des Gewindes ist sofort erkennbar;
- die optische Flankenanlage paßt sich dem Gewinde an;
- alle Bestimmungsgrößen, einschließlich der Teilflankenwinkel des Gewindes, können in einer Einspannung mit dem gleichen Meßgerät ermittelt werden;
- keine Meßkraft.

Grundsätzlich wird in zwei Verfahren unterschieden (Abschn. 4.4.3):

- dem Schattenbildverfahren; es dient allgemein der Profilprüfung und
- dem Achsschnittverfahren.

Das *Schattenbildverfahren* ist wegen der Unschärfe der Schattenlinien unsicher, ist aber einfacher zu handhaben als das Achsschnittverfahren. Um eine optimale Einstellgenauigkeit auf die Schattenlinie zu erreichen, muß das Gewinde mit einem Mikroskop betrachtet werden, das unter dem *Steigungswinkel* gegen das Lot auf die Gewindeachse zu neigen ist. Bei großen Steigungswinkeln ist der für den Flankendurchmesser geltende mittlere Steigungswinkel zu wählen. Als Merkmal für die richtige Neigung des Mikroskops und seine Fokussierung dient der Schärfenvergleich beider Flankenkanten.

Beim *Achsenschnittverfahren* (Bild 7.79) dient als Einstellobjekt ein auf der Oberfläche der Meßschneide parallel zur Schneide gezogener Haarstrich (Schneidenstrich). Die Einstel-

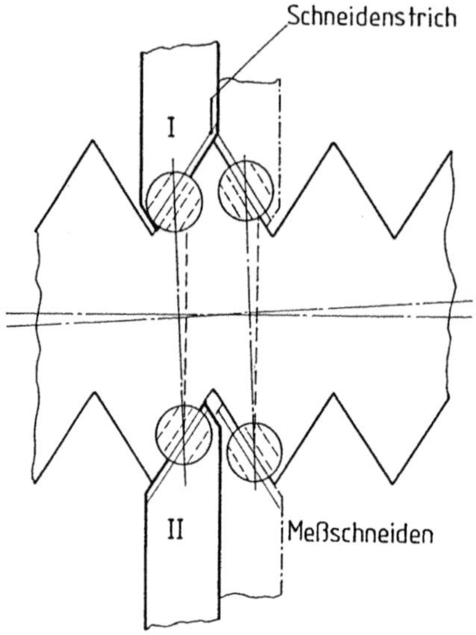

Bild 7.79
Gewindemessung mit Meßschneiden

lung auf diesen Schneidenstrich kann sehr genau erfolgen. Aber das Anlegen zum Verschwinden des *Lichtspalts* zwischen Schneide und Flankenlinie erfordert große Sorgfalt, da die *Schneidenkante* empfindlich gegen Beschädigung ist. Die Schneiden müssen mit Hilfe eines Prüfdornes laufend gegen Beschädigungen bzw. Verschleiß überwacht werden.

Die bisherigen Ausführungen gelten für *Außengewinde,* denn für *Innengewinde* sind unmittelbare optische Meßverfahren nicht anwendbar. Es ist jedoch eine optische Betrachtung mit *Meßkugeln* in Verbindung mit *Fühlhebeln* möglich. Dieses Verfahren bedeutet allerdings nur eine Vergleichsmessung entweder gegen einen ausgewerteten *Normalgewindelehrring* oder gegen ein Einstellmaß, z. B. aus Endmaßen mit zwei angesprengten Kimmenmeßschnäbeln.

7.6 Das Prüfen von Keilwellen und Kerbverzahnungen

Keilwellenprofile und *Kerbverzahnungen* sind lösliche Welle-/Nabeverbindungen zum Übertragen von Drehmomenten (z. B. in Getrieben von Fahrzeugen und Werkzeugmaschinen). Sie sind auch als längsbewegliche Verbindungen zu verwenden.

7.6.1 Keilwellenverbindungen

DIN 5461 gibt eine Übersicht mit den Hauptabmessungen. Unterschieden wird in leichte Reihe nach DIN 5462 und mittlere Reihe DIN 5463 mit jeweils 6,8 oder 10 Keilen und in schwere Reihe nach DIN 5464 mit 10 oder 16 Keilen. Keilwellenprofile für Werkzeugmaschinen mit 4 oder 6 Keilen sind in DIN 5471 und 5472 genormt. Die Toleranzen für festsitzende und bewegliche Naben sind der Norm DIN 5465 zu entnehmen.

Bei genauem Rundlauf ist eine *Innenzentrierung* und bei stoßartiger Beanspruchung oder wechselnden Drehmomenten ist eine *Flankenzentrierung* zu wählen.

Die Prüfung erfolgt durch Lehren oder Messen. Bild 7.80 zeigt einen Lehrdorn und einen Lehrring. Die Gut- und Ausschußprüfung von Keilnaben sollte nach DIN 5461 bis 5464 erfolgen, bzw. nach DIN 5471 und 5472. Grenzlehrdorne dienen der Prüfung des Gesamtprofils; die Ausschußseite mit zwei Keilen prüft die Keilnutenbreite. Entsprechend prüfen Lehrringe das Gesamtprofil mit voller Keilzahl und Ausschußlehrringe mit zwei Keillücken (Zahnlücken).

Das Messen erfolgt mit Meßgeräten ähnlich dem Meßvorgang an geradverzahnten Stirnrädern. Beim Prüfen der Teilung werden Teilköpfe oder Winkelmeßeinrichtungen (Abschn. 7.8) verwendet.

Das Prüfen von Keilwellen und Keilnaben mit Hilfe von Parallelendmaßen (Abschnitt 2.2) und Meßdornen (Abschnitt 3.1) wird in Tafel A 7.23 behandelt.

7.6.2. Kerbverzahnungen

Kerbverzahnungen sind den Keilwellenprofilen ähnlich, werden jedoch überwiegend für feste Verbindungen, wie Achsschenkel und Drehstabfedern, verwendet. Das Profil hat gerade oder evolventenförmige Flanken (DIN 5481). DIN 5482 enthält Bestimmungsgrößen und Prüfmaße. Die Innendurchmesser von Wellen und die Außendurchmesser von Naben werden allgemein nicht geprüft.

Bild 7.81 zeigt Lehrdorne und Lehrringe. Für die Gut- und Ausschußprüfung von Zahnnaben gilt DIN 5481 mit geraden Flanken und DIN 5480 bzw. DIN 5482 mit Evolventenprofil. Beim Messen der Kerbverzahnungen können ebenfalls vergleichbare Methoden und Meßgeräte für geradverzahnte Stirnräder (Abschn. 7.4.1) angewendet werden.

Zum Bestimmen des Außendurchmessers an Prüflingen mit ungerader, aber gleichmäßig verteilter Anzahl der Prüfflächen sind Meßschrauben mit drei Auflagepunkten geeignet (Bild 7.82).

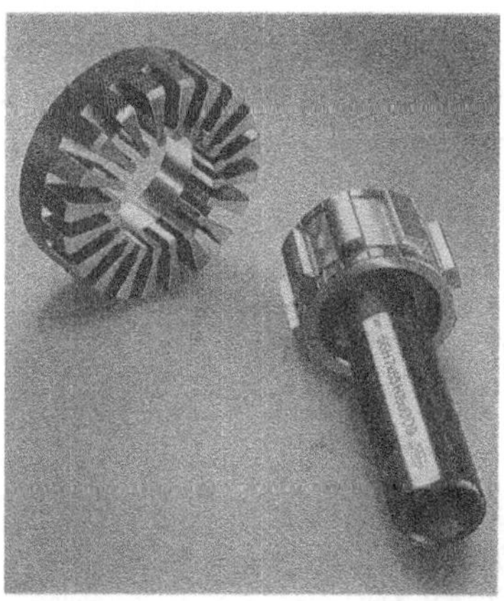

Bild 7.80 Lehrdorne und Lehrringe für Keilverzahnungen (Mahr)

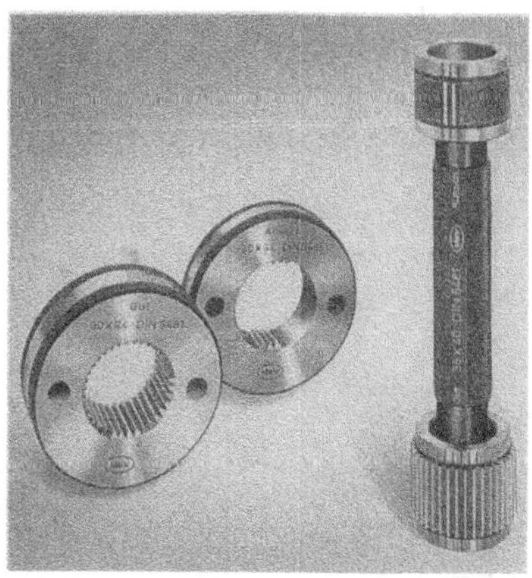

Bild 7.81 Lehrdorne und Lehrringe für Kerbverzahnungen (Mahr)

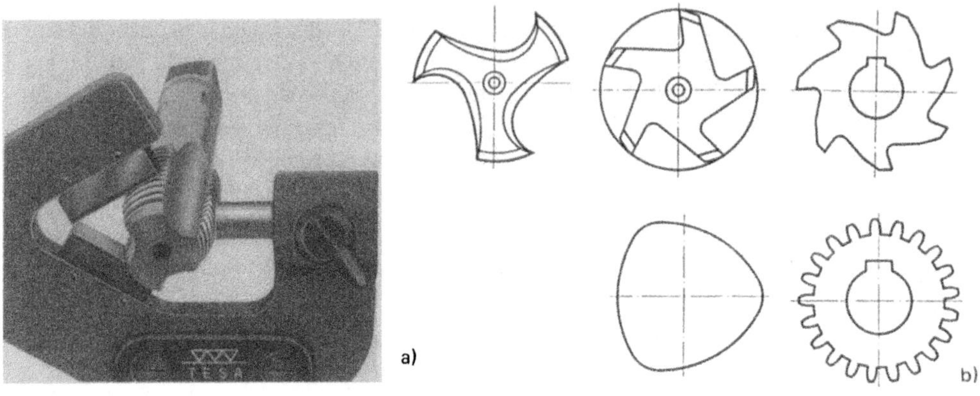

Bild 7.82 Meßschrauben mit drei Auflagepunkten (TESA)
a) Beispiel für ein dreischneidiges Werkzeug
b) Beispiele für geeignete Prüflinge

7.7 Das Prüfen von Kegeln

Kreiskegel dienen als Form- und Funktionselemente beispielsweise im Maschinen- und Fahrzeugbau zum genauen Zentrieren und kraftschlüssigen Verbinden von Wellen mit Naben. Außen- und Innenkegel müssen eine genügend enge Maß- und Formtoleranz haben, um eine ausreichende Lagesicherung auch beim Austauschbau zu gewährleisten, was in der Regel durch genormte Kegelsitze nach dem *Kegeltoleranzsystem* DIN 7178 geschieht.

Die Kegel-Durchmessertoleranz T_D beträgt gemäß Bild 7.83 [7.6]: $T_D = D_{max} - D_{min} = d_{max} - d_{min}$; sie ist also gegeben durch die Grenzkegel, die im Bereich der Nennkegellänge L (Bild 7.84) liegen. Neben der Kegellänge L und dem Kegelwinkel α wird oft das Kegelverhältnis $C = \frac{D-d}{L} = 1:x$ angegeben.

7.7.1 Prüfverfahren und Prüfgeräte

Das Prüfen mit *Kegellehren* erfordert einwandfreie Funktionserfüllung für *Kegelwinkel* (Kegelsteigung), Kegelform und Kegeldurchmesser. Bild 7.85 zeigt einen Kegellehrdorn nach DIN 229. Der Prüfling liegt in der Toleranz, wenn seine stirnseitige Kontur zwi-

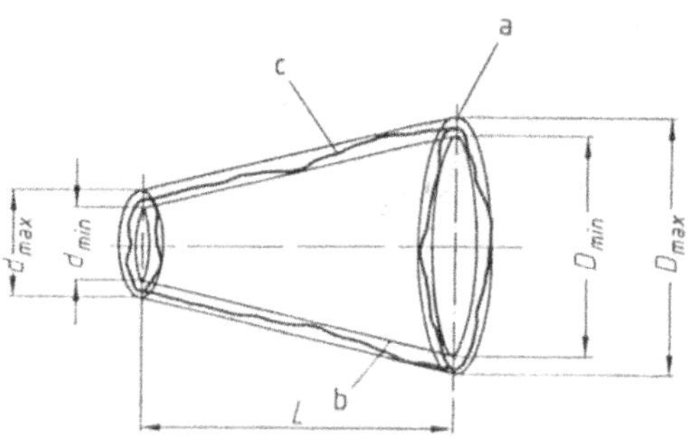

a = äußerer Grenzkegel
b = innerer Grenzkegel
c = Istkegel

Bild 7.83
Toleranzraum der Kegeldurchmesser-Toleranz T_D

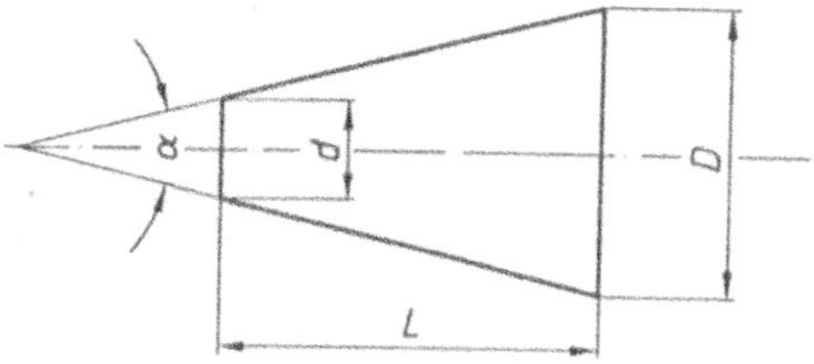

Bild 7.84
Maßangaben beim Kreiskegel

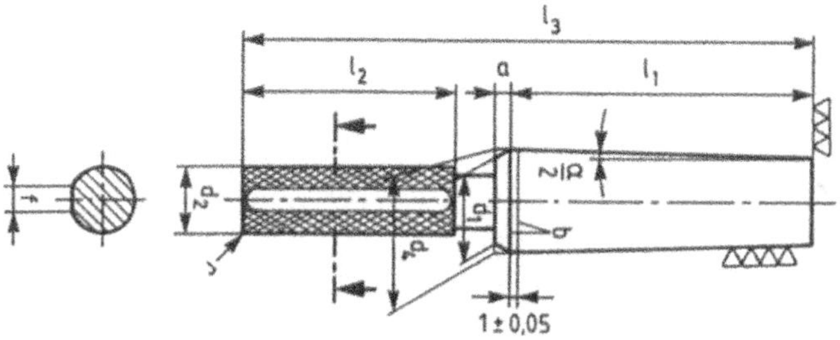

Bild 7.85
Kegellehrdorn für Morsekegel
b = Ringmarken

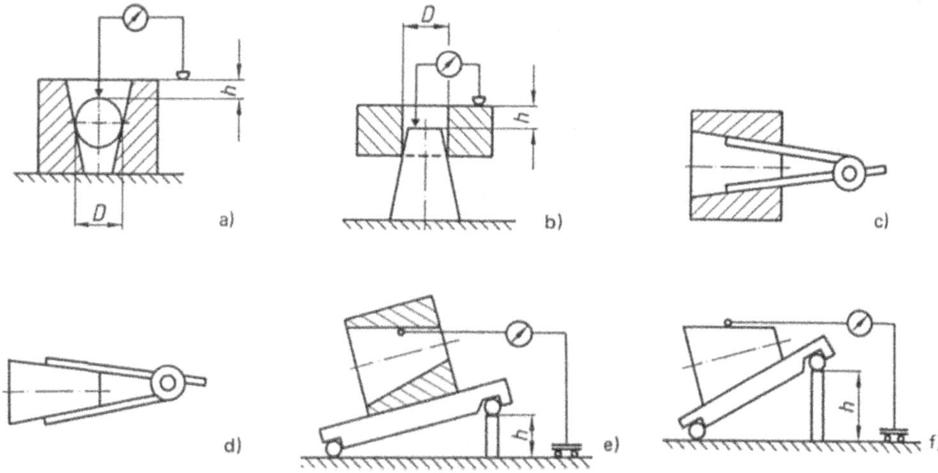

Bild 7.86 Absolutmessungen am Kegel [7, 6]

a) Innenprüfung mit Kegel (nach DIN 7168, Beibl. 1)
b) Außenprüfung mit Ring
c) und d) Innen- und Außenprüfung mit Universal-Winkelmesser
e) und f) Innen- und Außenprüfung mit Sinuslineal und Längenmeßtaster

schen den Ringmarken „b" des Lehrdorns liegen. Für die Prüfung von Außenkegeln mit Kegellehrhülsen gilt das Entsprechende. Örtliche Formabweichungen sind durch *Tuschieren* sichtbar zu machen. Das Prüfergebnis unterliegt subjektiven Einflüssen. Darum sind gegebenenfalls Messungen notwendig.

Zum Messen von Kegeln gibt es verschiedene Methoden. Absolutmessungen zeigen die Bilder 7.86 a bis f, vergleichende Messungen die Bilder 7.87 a bis f. Die Anwendung des

Sinuslineals wird im Abschnitt 7.8 behandelt. Bild 7.88 zeigt die Wirkungsweise einer Kegelprüfmaschine. Der Prüfling wird auf einem neigbaren Aufnahmetisch aufgespannt. Nach erfolgter Ausrichtung des Prüflings wird der Sinustisch durch Unterlagen von Parallelendmaßen, die dem Sollkegelwinkel α entsprechen, um den ganzen Kegelwinkel geschwenkt. Durch Abtasten der Kegelmantellinie wird beim Verschieben des Meßschlittens die Parallellage geprüft. Alle Kegelwinkel- und Formfehler werden aufgezeigt (Bild 7.89).

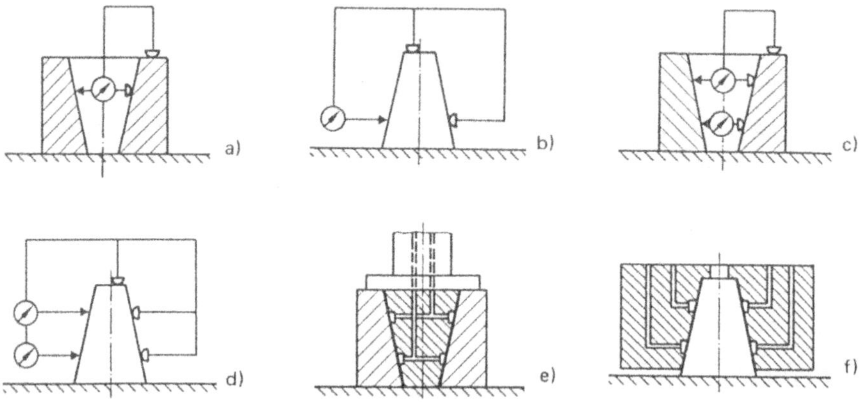

Bild 7.87 Vergleichende Meßverfahren zur Kegelprüfung [7.6]
a) und b) Durchmesserprüfung am Innen- und Außenkegel an identischen Achsabschnitten
c) und d) Bestimmen der Kegelabweichungen mit Längenmeßtastern
e) und f) Bestimmen der Kegelabweichungen mit pneumatischen Kegelmeßdüsen

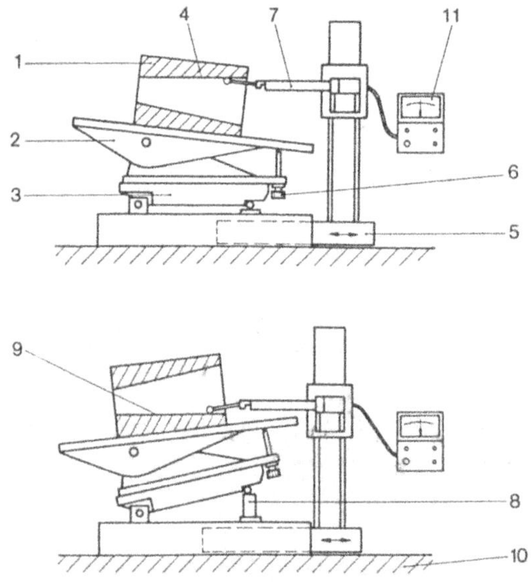

1 Prüfling
2 neigbarer Aufnahmetisch
3 Sinustisch
4 obere Kegelmantellinie
5 Meßschlitten
6 Justierschraube
7 induktives Tastsystem
8 Parallel-Endmaß
9 untere Kegelmantellinie
10 Grundplatte
11 Anzeigegerät

Bild 7.88 Wirkungsweise einer Kegelprüfmaschine (Mahr)

Bild 7.90 zeigt ein *Kegelvergleichsmeßgerät* zum Prüfen von Lagersitzen für Wälzlager mit kegeligen Bohrungen. Diese Vergleichsmeßgeräte müssen mit Lehrkegelsegmenten voreingestellt werden. Die Reproduzierbarkeit der Meßergebnisse liegt innerhalb 1 μm, wenn die Oberflächenqualität des zu messenden Kegels besser als R_a = 0,4 μm (R_t = 2,5 μm) ist.

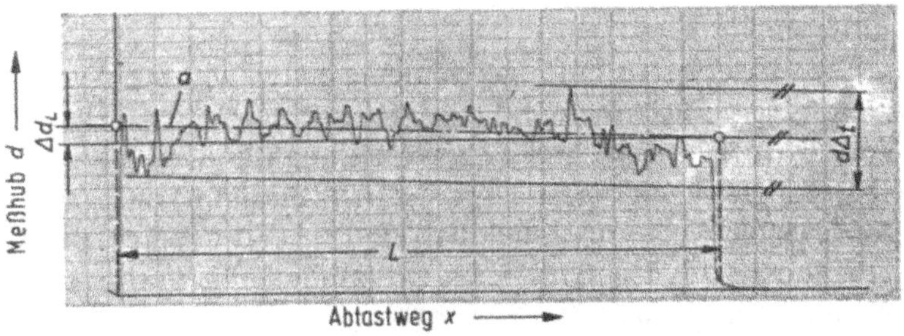

a	=	Ausgleichsgerade	L	=	Bezugslänge
x	=	Abtastweg	Δd_t	=	Geradheitsabweichung
d	=	Meßhub	Δd_L	=	Bezugslängenabweichung

Bild 7.89 Graphische Auswertung des Meßstreifens von einer durch Abtasten der Kegelmantellinie gewonnenen Meßkurve

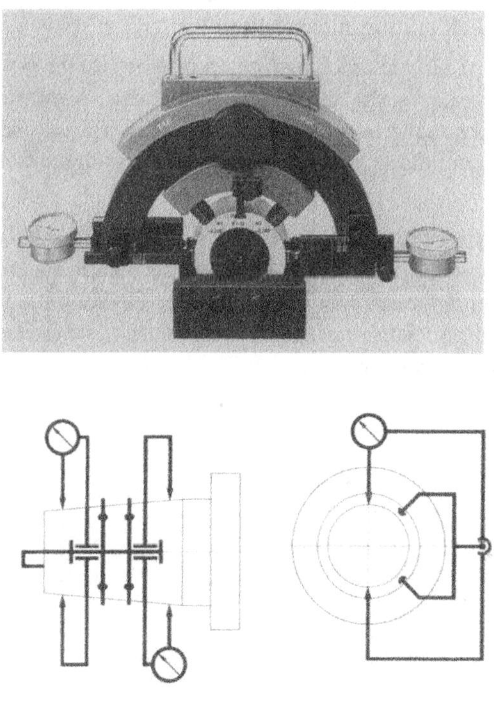

a)

b)

Bild 7.90
Kegel-Vergleichsmeßgerät (FAG-Kugelfischer)
a) Anwendung
b) Meßprinzip

7.8 Das Prüfen von Winkeln

Ebene *Winkel* sind gegeben durch den Richtungsunterschied zweier *Winkelschenkel.* Der Schnittpunkt dieser Schenkel heißt Winkelscheitel. Nach DIN 1315 ist die Einheit des Zentriwinkels eines vollen Kreisumfanges 1 pla = 2 π rad: 1 pla = 6,28318 rad = 360° = 400 gon. Die Neugradteilung (Zentesimalsystem) ist in der Feinmeßtechnik noch nicht üblich. Neben dem Gradmaß der (alten) Kreisteilung mit 360° (Sexagesimalsystem) hat das Bogenmaß Bedeutung; für den Halbmesser R = 1 gilt: arc 1° = $\frac{2\pi}{360}$ = 0,017453 . . .;

arc (arc = Bogen) kennzeichnet das Bogenmaß für φ = 1° bei R = 1 (arc $\varphi = \widehat{\varphi}$).

Es gibt 17 Genauigkeitsgrade AT 1 bis AT 17; innerhalb eines Genauigkeitsgrades sind die *Winkeltoleranzen* von den Schenkellängen abhängig (s. auch DIN 7178 T1). Im Gegensatz zur Längeneinheit ist die *Winkeleinheit* reproduzierbar und bedarf theoretisch keiner besonderen Verkörperung. In der Praxis werden jedoch *Winkelnormale* wie Längennormale verwendet, und zwar

- Teilkreise (z. B. für die Berechnung von Zahnrädern),
- Teilscheiben (z. B. für das Vermessen und Verstellen von Werkstücken und Werkzeugen),
- Spiegelpolygone (Bild 7.91): sie finden Anwendung für Präzisionsmessungen und haben gegenüber anderen Kreisteilungsnormalen den Vorteil, daß sie nicht genau auf der Achse des Prüflings zentriert sein müssen,
- Winkelendmaße (Abschn. 2.2.3) und
- feste Winkel (Abschn. (Abschn. 2.4).

Die Genauigkeit jeder Winkelmessung hängt von der Scheitel- und Schenkeldeckung ab:

- *Schenkeldeckung* (Bild 7.92a): bei Abweichung zwei zu vergleichender Winkel im Abstand R um den Betrag Δb ist Schenkeldeckung nicht erfüllt: arc $\Delta\varphi = \frac{\Delta b}{R} = \Delta\widehat{\varphi}$
- *Scheiteldeckung* (Bild 7.92b): trotz genauer Schenkeldeckung im Abstand R vom Scheitel ist eine Übereinstimmung zweier Winkel nur dann vorhanden, wenn die beiden Scheitel genau aufeinander liegen. Scheiteldeckung, also die Zentrierung der Winkel von Prüfling und Normal, ist technisch nur mit begrenzter Genauigkeit erreichbar.

Eine mangelhafte Zentrierung ergibt den *Exzentrizitätsfehler.* Dieser Fehler ist durch das Verfahren des Doppelablesens beherrschbar, indem die um 180° versetzte Doppelablesung durchgeführt wird, bei der an beiden Ablesestellen Fehler gleicher Größe mit entgegengesetzten Vorzeichen auftreten, sich also kompensieren. Diese Methode wird bei der Konstruktion optischer Winkelmeßgeräte angewendet.

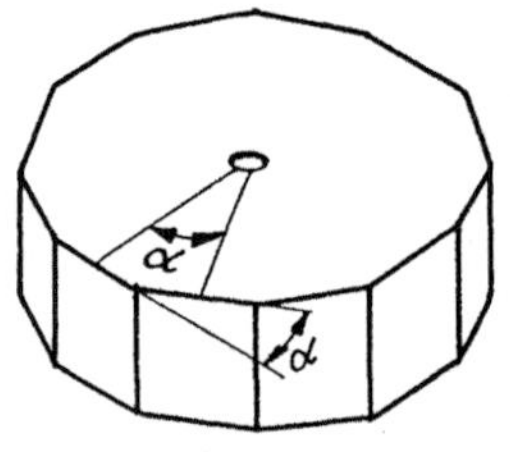

Bild 7.91
Polygonspiegel

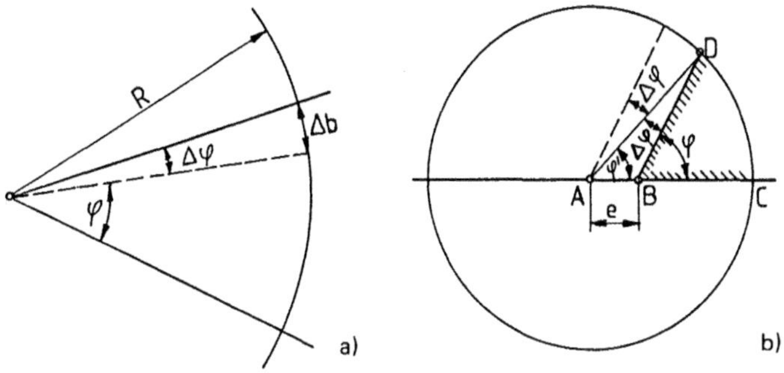

Bild 7.92
a) Schenkeldeckung
b) Scheiteldeckung

7.8.1 Prüfverfahren und Prüfgeräte

Bei *Wasserwaagen* (Abschn. 4.6) wird auf eine Scheiteldeckung verzichtet. Der Teilkreisbogen wird durch die mit dem Halbmesser R gekrümmte Innenwandung des Glasgefäßes (Bild 7.93) gebildet. Das Ablesen der Winkelwerte geschieht mit Hilfe der Luftblase in dem mit einer beweglichen Flüssigkeit gefüllten Glasgefäß.

Nutenteil- und *Lochteilscheiben* haben am Umfang radial gerichtete Teilungsflächen. Als Referenzfläche dient bei diesen Scheiben meistens eine Zentrier-Bohrung oder -Zylinder. *Strichkreisteilungen* haben als Winkelverkörperung Teilstriche auf polierten Metall- oder Glasoberflächen. Ähnlich den Inkremental-Maßstäben (Abschn. 4.2) gibt es auch inkrementale (zählende) Kreisteilungen als Impulsteilungen. Sie sind oft angewendet als codierte Teilungen z. B. in numerisch gesteuerten Werkzeugmaschinen.

Mit *Universalwinkelmessern* können Meßgenauigkeiten innerhalb von 5' erreicht werden. Bild 7.94a zeigt einen Winkelmesser mit Ableselupe und Bild 7.94 b einen optischen Universalwinkelmesser mit 40facher Okularvergrößerung.

Eine sehr genaue Winkelprüfung ist mit dem *Sinuslineal* (Bild 7.95) durchzuführen. Die Einstellung erfolgt mit Parallelendmaßen auf geläppter Auflagefläche. Der an der Stirnseite des Lineals befindliche Anschlag ist abnehmbar. Das erforderliche Einstellmaß für einen bestimmten Winkel ist $E = l_1 \cdot \sin \alpha$.

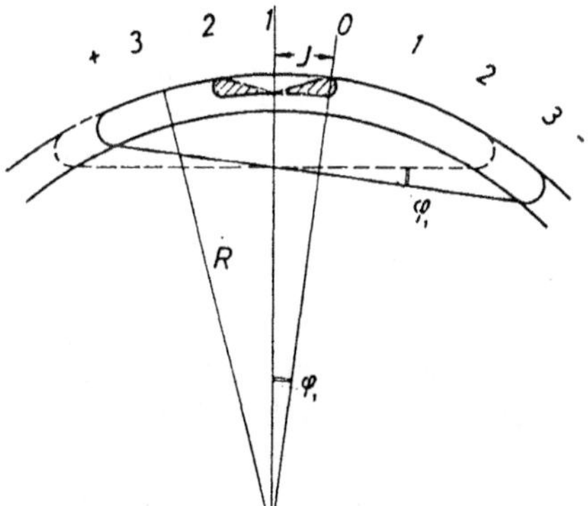

Bild 7.93
Röhrenlibelle

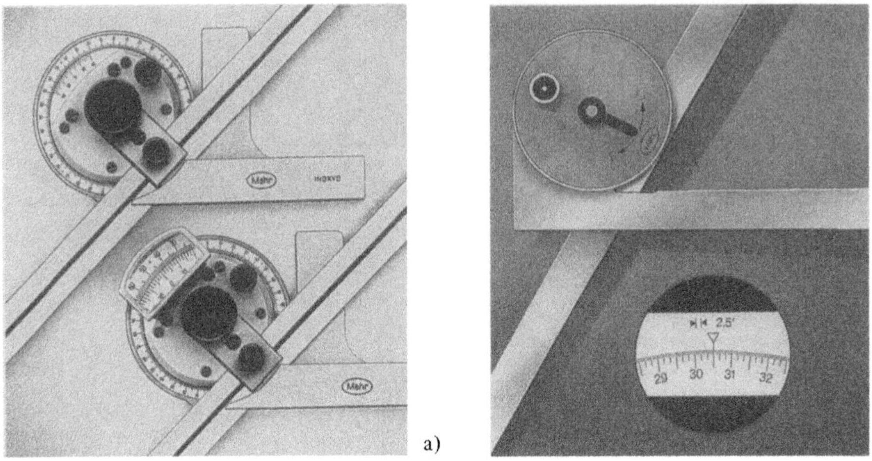

Bild 7.94
a) Universalwinkelmesser (Mahr)
b) Optischer Universalwinkelmesser

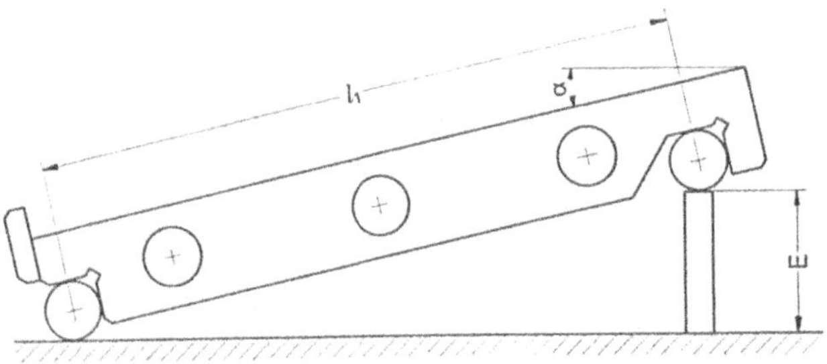

Bild 7.95
Sinuslineal (Mahr)

Autokollimationsfernrohre arbeiten mit Meßteilung und Visiermarke in der Brennebene. Das Licht wird auf eine am Prüfobjekt befindliche reflektierende Fläche geschickt. Bei einer Neigung dieser Fläche wird der zurückgeworfene Strahl um das Doppelte des Einfallwinkels abgelenkt. Mit Hilfe eines Polygonspiegels kann das Autokollimationsfernrohr als Teilungsprüfgerät verwendet werden.

Der aus geodätischen Meßgeräten bekannte *Theodolit* hat eine breite Anwendung in der Werkstattmeßtechnik. Zusammen mit einem Kollimator (optisches Gerät mit Meßmarke oder Skale und Spaltblende oder Lochblende, ähnlich den Fernrohrobjektiven) werden z. B. Teilungsfehler an Zahnrädern und Rastenteilscheiben mit hoher Genauigkeit gemessen.

Ähnlich der optischen Gewindemessung (Abschn. 7.5.3) können auch Winkel mit *Universalmikroskopen* gemessen werden.

Mit einer Tandem-Anordnung von Längenmeßtastern (Abschn. 4) können nach Bild 7.96 Keil- und Kegelwinkel gemessen werden. Die Berechnung des Winkels übernimmt bei bekanntem Abstand der Meßtaster ein angeschlossener Tischrechner. Die Differenz der Höhen X_A und X_B kann auch über Summen/Differenz-Anzeige direkt ermittelt werden.

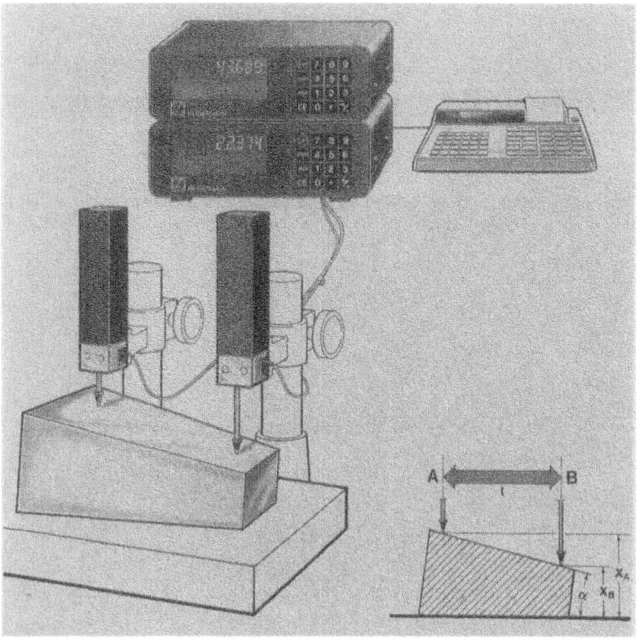

Bild 7.96
Keil- und Kegelwinkelmessung mit digitalen Meßtastern (Heidenhain)

Inkrementale Drehgeber dienen der genauen Bestimmung von Drehwinkeln und Winkelgeschwindigkeiten. Die Abtastung erfolgt photoelektrisch. Bild 7.97 zeigt den schematischen Signalgang. Die Systemgenauigkeit erreicht einen Wert von ± 2″. Die Auflösung je Umdrehung umfaßt bis 100000 Meßstriche.

Tafel A 7.24 zeigt Beispiele für das Messen und Berechnen von Kegeln und Winkeln.

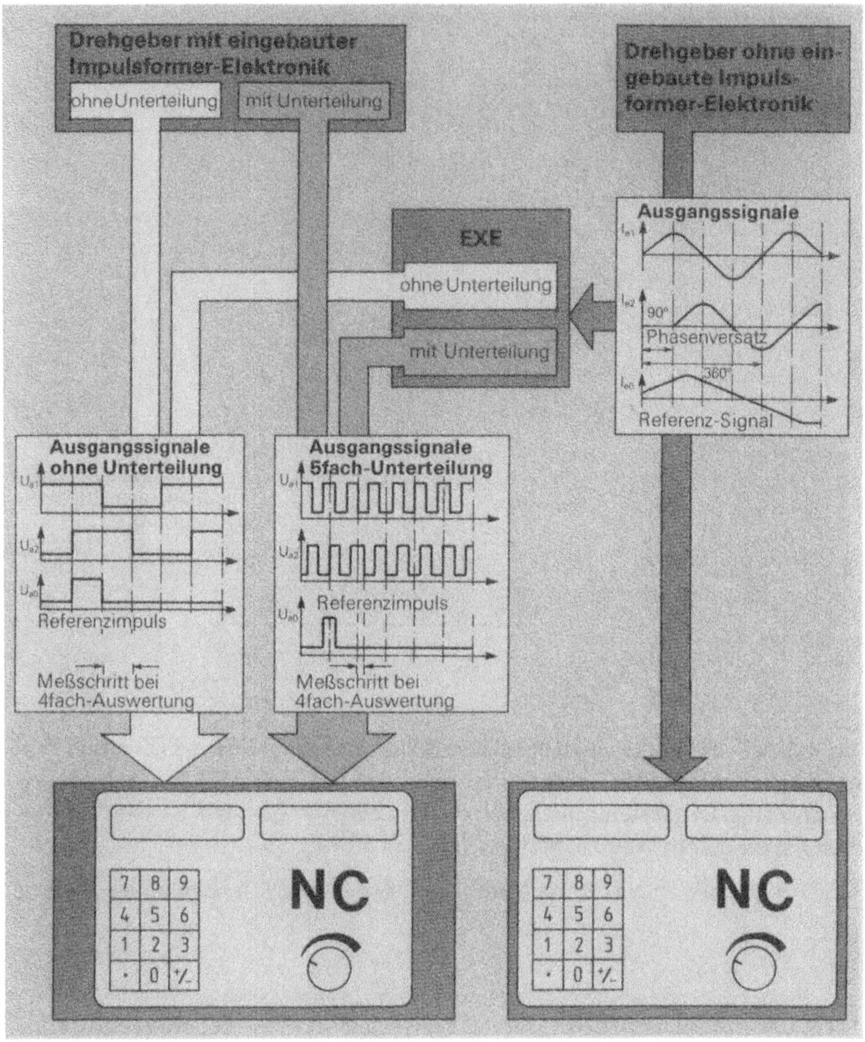

Bild 7.97 Inkrementaler Drehgeber (Heidenhain)

8 Prüftechnik an Werkzeugmaschinen und deren Abnahme

Die Maß- und Gestaltabweichungen technischer Erzeugnisse bestimmen im wesentlichen deren Qualität und damit auch die Zuverlässigkeit und Gebrauchssicherheit. Ein weiteres Qualitätskriterium ist die kostengünstige Produktion. Darum müssen die Produktionseinrichtungen, insbesondere die Werkzeugmaschinen, (nur) so gut wie nötig sein, d. h. so gut wie es die herzustellenden Produkte erforderlich machen. Bild 8.1 gibt einen Überblick für Auswahlkriterien [8.1].

Die Kenntnis über die Gründe von Maß-, Form- und Lageabweichungen (Abschn. 7) ermöglicht Aussagen über erzielbare IT-Qualitäten und Maßstreuungen in Form und Oberflächenrauheiten. Damit kann eine Werkzeugmaschine wirtschaftlich eingesetzt und deren Wartung bzw. Ausmusterung geplant werden. Bild 8.2 enthält sinnvolle Kriterien für die Beurteilung von Arbeitsmaschinen [8.2].

Nach DIN 8601 ist eine Werkzeugmaschine eine nicht von Hand betriebene Maschine mit Kraftantrieb zum Zwecke der Bearbeitung von Holz, Metall usw. durch Spanabnahme oder durch spanlose Umformung. Den Toleranzangaben für die Prüfung von Werkzeugmaschinen liegt ebenfalls DIN 8601 zugrunde. Danach erfolgt die Größentolerierung nach DIN ISO 286 (Abschn. 1.3), die Form- und Lagetolerierung nach DIN ISO 1101 (Abschn. 7.1). Für Prüfgeräte siehe auch ISO/R 230.

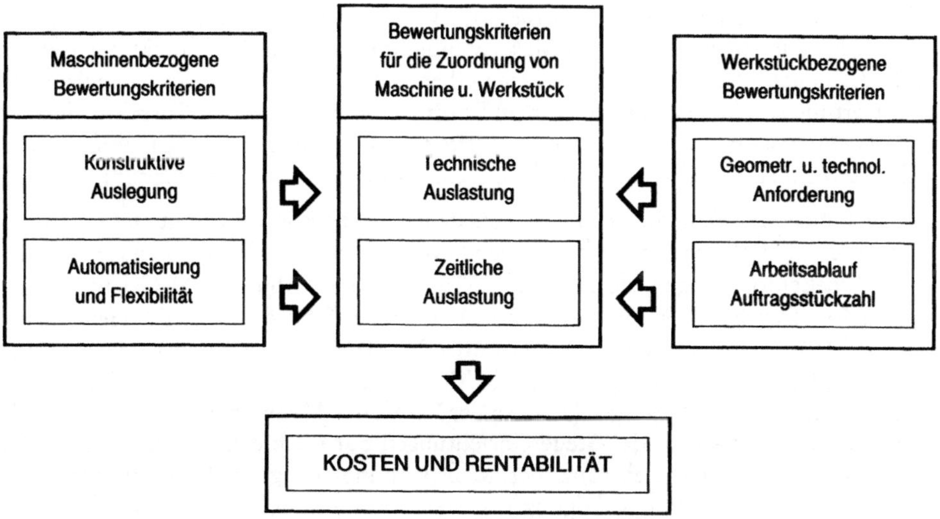

Bild 8.1 Auswahlkriterien für den Einsatz von Werkzeugmaschinen

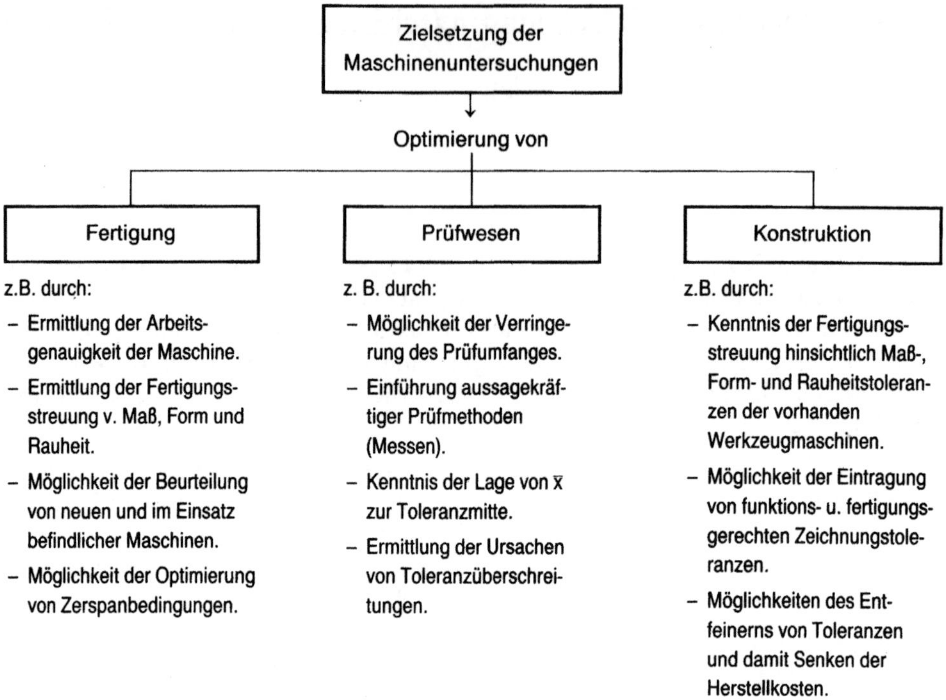

Bild 8.2 Zielsetzung von Maschinenuntersuchungen

8.1 Meßtechnik an Werkzeugmaschinen

Die industrielle Entwicklung führt auch auf dem Sektor der Fertigungsmeßtechnik zu einer ständig wachsenden *Automatisierung*, die objektbezogene *Mehrstellenmeßeinrichtungen* bis zur vollautomatischen Meßmaschine mit eigenem Werkstücktransport umfaßt. Dazu gehört auch die automatische Überwachung der Produktionsanlagen durch Auswertung von Meßergebnissen z. B. in Form von Warn-Stop- oder Korrektursignalen. Die *Qualitätsüberwachung* und die *Qualitätssteuerung* bedienen sich zunehmend statistisch errechneter Meßwerte mit Hilfe der elektronischen Datenverarbeitung.

Die mehrachsigen Bewegungen an Werkzeugmaschinen können mit numerischen *Positionsanzeigen* erfaßt und in Rechner gegeben werden, wie es z. B. besonders entwickelte Längenmeßeinrichtungen wie nach Bild 4.52 ermöglichen (Abschn. 4.5). Gekapselte Längenmeßsysteme haben Meßschritte von „1 µm bzw. 0,5 µm“ (z. B. Fa. Heidenhain). Solche Meßsysteme werden bevorzugt in der NC-Technik angewendet. Mit automatischen Meß-Steuereinrichtungen kann die Meßwertausgabe analog oder digital und für jede Meßstelle getrennt erfolgen (z. B. bei der Fa. Mahr). Meßwertanzeigen dienen in der Regel bei automatischen Meß-Steuereinrichtungen nur noch dem Einstellvorgang. Die Weiterverarbeitung der elektronischen Meßspannung erfolgt in Rechnern, Druckern, NC-Steuerungen oder zur Betätigung von Stellmotoren durch Zwischenschalten geeigneter Signalverstärker oder Umsetzer.

Meßsteuerungen werden auch zur automatischen Maßüberwachung und Schneidenkorrektur benötigt. Vorrangig ist dabei die Überwachung der Abnutzung an der Werkzeugschneide und Veränderungen der Schneidengeometrie und damit der Standzeit.

8.2 Das Prüfen von Werkzeugmaschinen

Bei der Prüfung von *Werkzeugmaschinen* werden Meßuhren nach DIN 878, Feinzeiger nach DIN 879 und elektrische/elektronische Längenmeßgeräte (Abschn. 4.5) sowie Richtmittel (Abschn. 4.6) und Lineale, Winkel (Abschn. 2), Prüfzylinder und optische Meßgeräte (Abschn. 4.4 und 5) benötigt.

Die *Abnahmebedingungen* für Werkzeugmaschinen für die spanende Bearbeitung von Metallen sind in DIN 8601 und in VDI/DGQ-Richtlinie 3441 grundsätzlich festgelegt [8.3]. Sie beziehen sich besonders auf die Prüfungen der Genauigkeit im Stillstand und Leerlauf der Maschine. Zu prüfen sind geometrische Größen: Maß, Form und Lage der Maschinenteile, sowie Relativbewegungen. Die Prüfung erstreckt sich allgemein auf

- die Ebenheit von Flächen,
- die Richtung von Achsen,
- Parallelitäten und
- Rechtwinkligkeiten von Linien und Ebenen,

soweit davon die Arbeitsgenauigkeit der Maschine abhängt. Letztlich entscheidet die Qualität hergestellter Probe-Werkstücke über die Arbeitsgenauigkeit. Werkzeugmaschinen sind auch ggf. unter statischer, thermischer und dynamischer Beanspruchung zu prüfen.

Die Normung der Abnahmebedingungen für Werkzeugmaschinen ist sehr umfassend und auf die Maschinenarten abgestellt [8.3]. Der Bedeutung numerisch gesteuerter Arbeitsmaschinen trägt die Norm DIN 66217 Rechnung.

9 Prüfplanung und Überwachung der Prüfmittel

Der ständig sich ändernden und auch steigenden Qualitätsanforderungen ist eine Prüfplanung zuzuordnen, die einer stetigen Anpassung bedarf (ISO 9002; 07,85). Neue Werkstoffe, andere Fertigungsverfahren und die Weiterentwicklung der Arbeitsmaschinen und der Prüfmittel selbst beeinflussen dieser Planung.

Von der VDI/VDE-Gesellschaft Meß- und Regelungstechnik wurde die Richtlinie „VDI/VDE/DGQ 2619 Prüfplanung" entwickelt, in der Begriffe definiert und bewährte Arbeitsunterlagen behandelt werden.

Die Prüfmittelüberwachung gehört zu den Fehlerverhütungsmaßnahmen, und die dabei auftretenden Kosten gehören zu den Qualitätskosten. Tafel A 9.1 gibt Beispiele und Richtwerte für die Kosten der Prüfmittelüberwachung.

Die Bedeutung der Prüfplanung liegt in der optimalen Arbeitsvorbereitung und ist damit ein wesentlicher Baustein der Qualitätssicherung. Untrennbar davon ist eine Organisation des Meßwesens, die hier besonders die innerbetriebliche Prüforganisation betrifft. Für die Einführung eines Prüfmittelüberwachungssystems bietet sich folgende Vorgehensweise an:

- Registrierung aller vorhandenen Prüfmittel,
- Entscheidung über zu überwachende Prüfmittel,
- Feststellen der Einsatzhäufigkeit,
- Entscheidung über Überwachungsturnus,
- Entscheidung über Prüfmittelkennzeichnung,
- Feststellen der organisatorischen und personellen Zuständigkeit (Abteilung, Meßraum, Mitarbeiter),
- Erstellen von Prüfvorschriften mit Angaben über Geltungsbereich, Prüfeinrichtung und Normal, Prüfablauf, Auswertung und Beurteilung, Prüfprotokoll, Prüfmittelkennzeichnung, Registrierung in der Kartei,
- Festlegung von Gebrauchsnormalen,
- Beschaffen von beglaubigten Bezugsnormalen und
- Verbindliche Einführung durch die Betriebsleitung.

Die in der Fertigungsmeßtechnik verwendeten Prüfmittel unterliegen größtenteils dem Verschleiß und der Alterung. Durch nicht sachgemäße Behandlung können Prüfmittel beschädigt werden. Darum sind alle Prüfmittel möglichst nach vorbestimmten Kriterien zu überwachen. Treten dabei unzulässige Abweichungen (Fehler) auf, sind sie sofort aus dem Verkehr zu ziehen, instandzusetzen oder auszumustern [7.1].

9.1 Prüfplanung

Die Prüfplanung hat einen Plan zu erstellen, der Prüfmerkmale, Prüfverfahren und Anweisungen für die Durchführung von Prüfungen enthalten soll. Grundlage sind die fertigungsgerechten Konstruktionsunterlagen, das Feststellen vorhandener Prüfmittel, ggf. die notwendige Anschaffung neuer Prüfmittel, die Anwendung neuer oder anderer wirtschaftlicher Prüftechniken und die Entwicklung von Sonderprüfmitteln – eventuell unter Verwendung von Baukasten – und handelsüblichen Normteilen.

Die Erstellung eines Prüfplanes ist die Aufgabe eines Teams, das auch die technologische Prüfplanung von der Eingangs- bis zur Versandprüfung durchzuführen hat [5.1]. Die Planung muß die personelle Verfügbarkeit der Prüfer insbesondere im Hinblick auf ihre fachliche Eignung einbeziehen. Das Prüfpersonal umfaßt die in der Produktion an den Arbeitsmaschinen tätigen Fachkräfte, denn die Anwendungsbedingungen der Prüfmittel erfordern aufgabenspezifische Qualifikationen. Auch darum sollten nur Prüfmittel festgelegt werden, die der Prüfaufgabe genügen. Sonst entstehen höhere Kosten sowohl bei den Prüfmitteln als auch bei dem Prüfpersonal. Prüfzeit und Prüfzuverlässigkeit sind weitere Bewertungsmerkmale.

Eine rechtzeitige Weiterqualifikation des Arbeits-/Prüfpersonals ist wichtig und bedarf der sorgfältigen Planung.

9.2 Überwachung der Prüfmittel

In einem Industriebetrieb sollte je nach der Notwendigkeit eine Überwachungsorganisation für alle Prüfmittel existieren. Tafel A 9.2 enthält eine Gruppierung von Prüfmitteln. Es ist die Aufgabe der Überwachungsorganisation, dafür zu sorgen, daß die einzelnen, zu koordinierenden innerbetrieblichen Prüfstellen möglichst wirtschaftlich arbeiten. Beispielsweise gewährleisten Eichorganisationen [9.1], daß die im Einsatz befindlichen Prüfmittel planmäßig überwacht und bei Überschreiten der Abweichungen ihrer Anzeige bzw. ihres Sollmaßes von der zulässigen Toleranz als „unbrauchbar" bezeichnet werden. Eine Hierarchie der betrieblichen Prüfstellen sorgt für eine verbindliche Zuordnung von Prüfaufgaben, die nach Prüfmitteln und Prüfterminen gegliedert sein können. Es ergibt sich folgende Stufung:

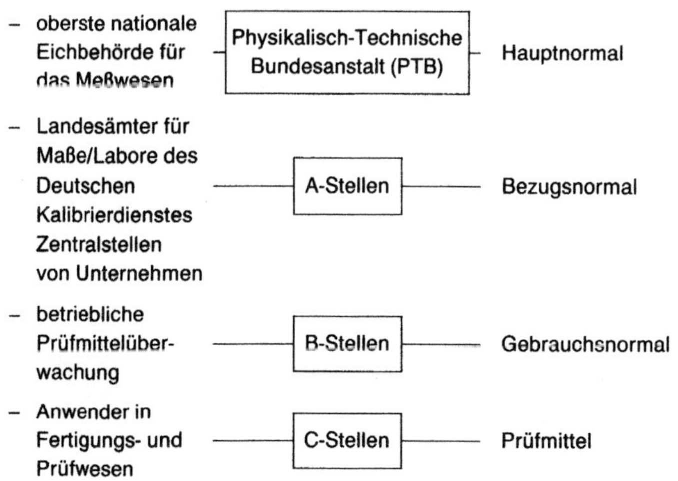

Das Ergebnis der Prüfung muß eindeutig sein und sollte zur klaren Kennzeichnung (z.B. brauchbar, bedingt brauchbar oder unbrauchbar) führen:

- brauchbar, wenn das Prüfmittel funktionsmäßig einwandfrei ist und die zulässigen Toleranzen nicht überschritten werden;
- bedingt brauchbar, wenn das Prüfmittel funktionsmäßig einwandfrei ist, aber auf Grund einer Überschreitung der zulässigen Toleranzen nur noch in einer niedrigeren Genauigkeitsklasse eingesetzt werden kann;
- unbrauchbar, wenn das Prüfmaterial funktionsmäßig nicht in Ordnung ist, oder die Abweichungen außerhalb (jeglicher) zulässiger Toleranzen liegen.

Die letztgültige Prüfung von Prüfmitteln kann überbetrieblichen Prüfstellen (Prüfstellen, die von der PTB bestätigt sind), wie den von der PTB beglaubigten Kalibrierstellen oder den staatlichen Dienststellen, z.B. den Eichämtern, den Landesämtern für Maß- und Gewicht und der Physikalisch-Technischen Bundesanstalt übertragen werden. Tafel A 9.3 enthält Beispiele für Prüfmöglichkeiten der Länge durch die PTB.

10 Statistik und deren Anwendung zur Meßdatenverarbeitung

Mit Hilfe statistischer Methoden [1.2] können quantitative Aussagen über die Genauigkeit eines Meßwertes gemacht werden. Häufig besteht die Aufgabe, eine unbekannte Grundgesamtheit (Kollektiv) durch Stichproben zu untersuchen.

Die *Grundgesamtheit* sind z. B. alle auf einem Drehautomaten gefertigten Werkstücke, alle Meßwerte und Prüfmerkmale einer Fertigungsreihe (Losgröße). Die aus *Stichproben* gewonnenen Ergebnisse sollen mit einer vorgegebenen Wahrscheinlichkeit (Aussagewahrscheinlichkeit als statistische Sicherheit) zutreffen [10.1].

Die Methoden der *statistischen Qualitätskontrolle* [9.1 und 1.2] gewährleisten die Sicherheit einer gleichmäßigen Güte der Werkstücke, also der Erzeugnisse. Die Qualitätskontrolle sollte während und nach dem Fertigungsablauf erfolgen. Dabei wird zwischen messender und attributiver Prüfung unterschieden. Bild 10.1 zeigt den allgemeinen Ablauf der Qualitätskontrolle.

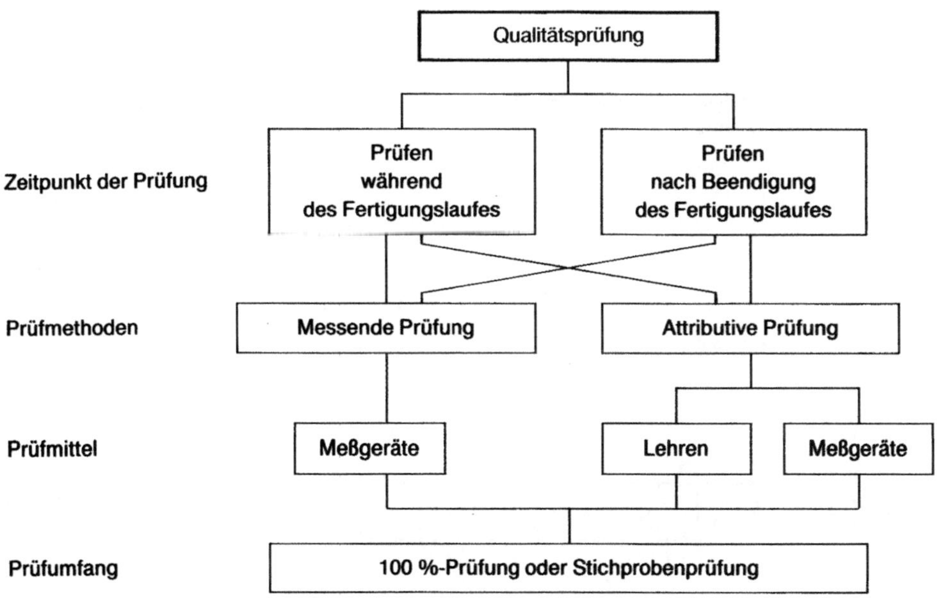

Bild 10.1 Die Durchführung einer Qualitätskontrolle

Die Teile für eine Stichprobe sind verteilt und willkürlich der Grundgesamtheit zu entnehmen. Bei der *attributiven Prüfung* wird nur zwischen „gut" und „schlecht", bzw. „Maß eingehalten" oder „Maß nicht eingehalten" unterschieden. Eine Wiederholung der Stichprobe darf nicht erfolgen. Bei der *messenden Prüfung* (variablen Prüfung) wird festgestellt, ob die Toleranz eingehalten ist oder nicht. Die ermittelten Istwerte werden auf einer Maßskale geordnet. Damit entsteht eine Häufigkeitsverteilung der Istwerte. Diese Verteilung ist durch zwei Werte gekennzeichnet:

- die *Streuung* s der Meßwerte. Sie ergibt die Breite der Verteilung. Ihr Kennwert ist die *Fertigungsstreuung* 6 s (Bild 10.2 zeigt einen Vergleich des Prozeßfähigkeitsindexes c_p);
- die Lage der Verteilung. Ihr Kennwert ist der *Mittelwert* $\bar{x}$.

Bei Maschinenfähigkeits-Untersuchungen nach VDI/DGQ gilt verfahrensabhängig eine Kurzzeit-Streuung von 60–90% der Toleranz als annehmbar; dies sind c_p-Werte zwischen 1,66 und 1,11.

$$c_p = \frac{\text{Toleranz (T)}}{\text{Fertigungsstreuung } (6 \cdot s)}$$

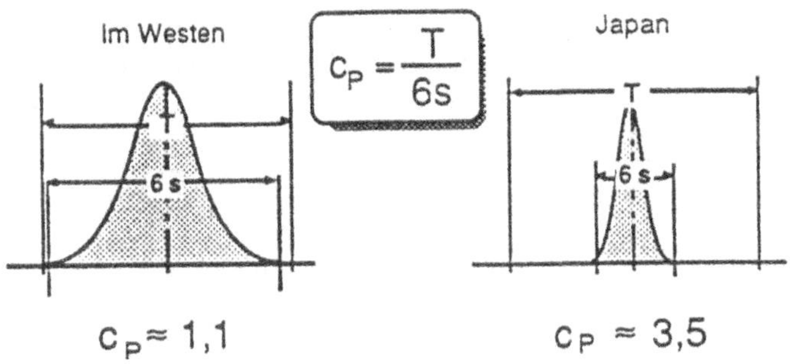

Bild 10.2 Prozeßfähigkeits-Index als Maß für die Fähigkeit eines Fertigungsprozesses, toleranzhaltig zu produzieren

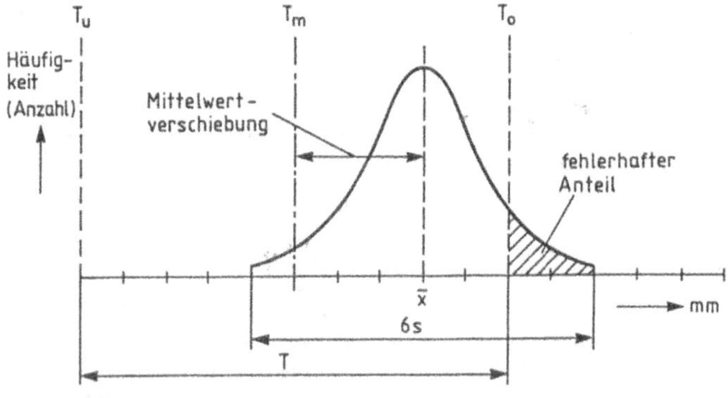

Bild 10.3 Häufigkeitsverteilung der Istwerte

Eine Beurteilung der Fertigungsstreuung 6s kann durch Vergleich mit der Toleranz T wie folgt geschehen (dabei gibt der Trend die Grundrichtung der statistisch erfaßten Entwicklung an):

Vergleich	Fertigung ohne Trend	Fertigung mit Trend
$6s \geqq T$	die geforderte Toleranz kann mit den verwendeten Fertigungsmitteln nicht eingehalten werden.	
$6s \approx \frac{2}{3} T$	die Fertigung ist einwandfrei	die Toleranz ist einzuhalten, jedoch sollte eine Kontrollkarte mit Zentralgrenzwerten geführt werden.
$6s \ll T$	das verwendete Fertigungsmittel ist nicht ausgenutzt.	die Fertigung ist einwandfrei.

Zur einfacheren Auswertung von Meßreihen teilt man die Meßwerte in Klassen ein. Die Anzahl der Klassen sollte zwischen 5 und 25 liegen. Damit werden die einzelnen Meßwerte den Meßwertbereichen, den Klassen, zugeordnet. Die Anzahl der Meßwerte, die Häufigkeit, wird in die jeweilige Klasse eingetragen (Bild 10.4). Für Stichproben mit dem Umfang n wird die Standardabweichung

$$s = \sqrt{\frac{1}{n-1} \sum_{i=1}^{n} (x_i - \bar{x})^2} \; .$$

Der arithmetische Mittelwert $\bar{x}$ ist die Summe der Einzelwerte, geteilt durch ihre Anzahl:

$$\bar{x} = \frac{1}{n}(x_1 + x_2 + \ldots + x_n) = \frac{1}{n} \sum_{i=1}^{n} x_i \; .$$

Bei einer sehr großen Anzahl von Meßwerten ergibt sich annähernd eine Normalverteilung, bei der symmetrisch zu $\bar{x}$ in Grenzen von $-1s$ bis $+1s$ 68,3% alle Werte liegen. In solch einem Fall liegt die statistische Sicherheit $P = 68{,}3\,\%$ vor. Bei $-2s$ bis $+2s$ ist die Sicherheit $P = 95{,}4\,\%$ und bei $-3s$ bis $+3s$ ist $P = 99{,}7\,\%$. Es wird empfohlen, daß neue Meßgeräte eine statistische Sicherheit von $P = 95\,\%$ haben sollen.

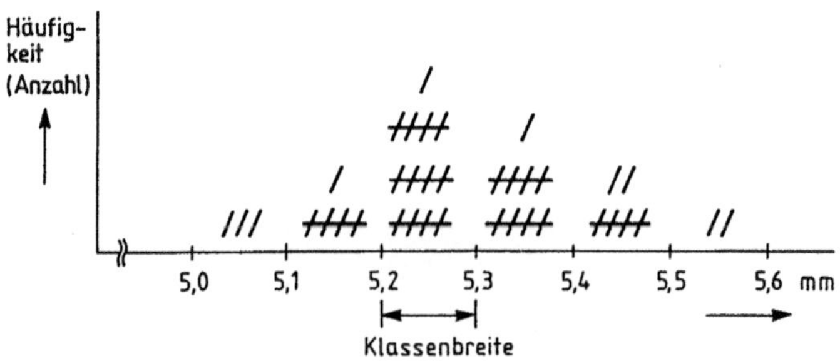

Bild 10.4 Häufigkeiten in Klassen aufgeteilt

Kontrollkarten dienen der Überwachung und Steuerung der Qualität während des Fertigungsablaufes. Damit wird die Prüfung vorgezogen, wodurch Fehler früher erkannt und behoben werden können. Für die Kontrollkartenprüfung wird häufig anstelle des Mittelwertes $\bar{x}$ der leichter zu erfassende *Zentralwert* $\tilde{x}$ verwendet. $\tilde{x}$ ist der mittlere Wert einer aufsteigenden Reihenfolge: z.B. 3, 4, $\underline{5}$, 6, 7, also $\tilde{x} = 5$. Den Kontrollkarten sind außer den Toleranzgrenzen T_o, T_u die Warngrenzen W_0 (obere) und W_u (untere) zuzuordnen (Bild 10.5). Aus der Kontrollkarte kann eine Beurteilung der Fertigung erfolgen z.B.:

- alle Werte liegen innerhalb der Warngrenzen; also ist die Fertigung gut;
- ein Wert liegt zwischen den Toleranz- und Warngrenzen; dann sind weitere Stichproben sorgfältig zu prüfen;
- in aufeinanderfolgenden Stichproben liegen ein oder mehrere Werte zwischen den Toleranz- und Warngrenzen. In solchen Fällen ist die Fertigung schlecht, und das Fertigungsverfahren ist zu überprüfen;
- ein oder mehrere Werte liegen außerhalb der Toleranzgrenze. Die Fertigung ist schlecht, das Fertigungsverfahren ist zu überprüfen und das Teillos nach „gut“ und „schlecht“ zu sortieren.

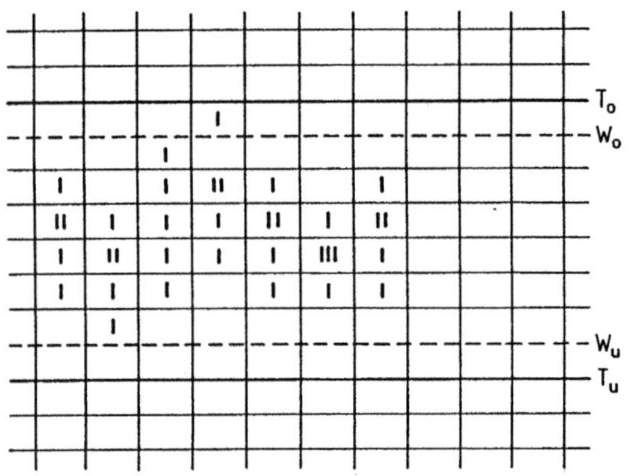

T_o = obere Toleranzgrenze (z.B. Zeichnungsmaß)
T_u = untere Toleranzgrenze (z.B. Zeichnungsmaß)
W_o = obere Warngrenze
W_u = untere Warngrenze

Bild 10.5 Kontrollkarte mit Toleranz und Warngrenzen

11 Qualitätslehre und Qualitätssicherung

Qualität ist die Gesamtheit von Eigenschaften und Merkmalen eines Produkts (oder einer Tätigkeit), die sich auf deren Eignung zur Erfüllung gegebener Erfordernisse beziehen (DIN 55350, T 11). Die Produkteigenschaften werden durch die Anforderungen der Kunden bestimmt oder von ihnen beurteilt. Das dafür notwendige Konzept ist in der Regel Gegenstand der Konstruktion (Bild 11.1). Letztlich sind alle Unternehmensfunktionen in das Qualitätsgeschehen eingebunden, wie es der *Qualitätskreis* im Bild 11.2 zeigt.

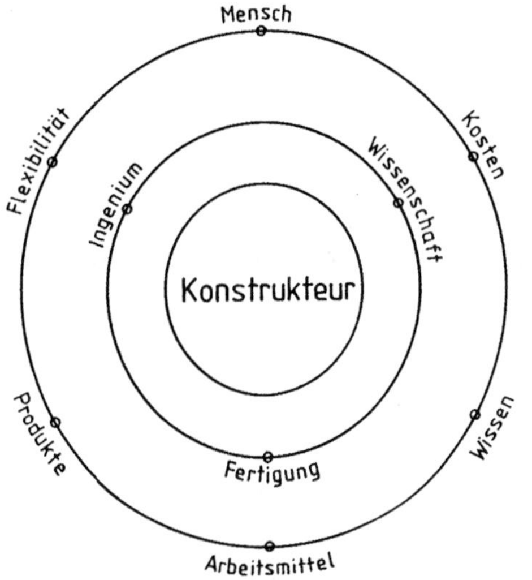

Bild 11.1
Aufgaben des Konstrukteurs

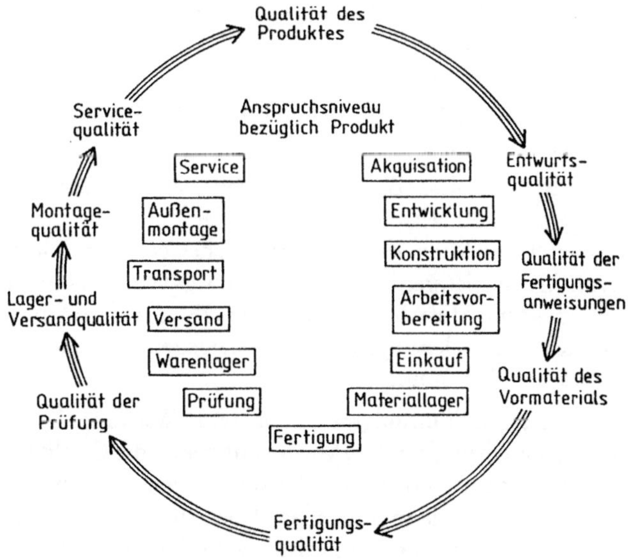

Bild 11.2
Qualitätskreis

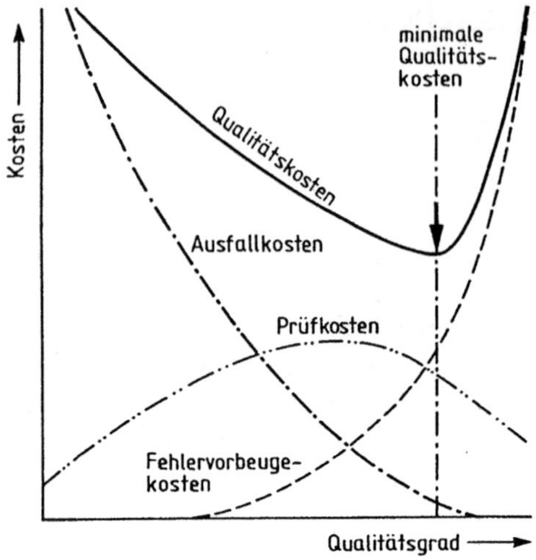

Bild 11.3
Optimierung der Qualitätskosten (Quelle: Philipps)

Es ist eine Zielsetzung der *Qualitätslehre*, die *Qualitätskosten* (Bild 11.3) zu erfassen. Damit ist sie ein wichtiges Steuerungsinstrument für Unternehmensleitungen. Die Qualitätskosten umfassen

- die *Fehlervorbeugekosten*, die insbesondere durch planende und andere präventive Maßnahmen entstehen;
- die *Prüfkosten*, die der Sicherung des Qualitätsniveaus durch Wareneingangs-, Fertigungs- und Endabnahmeprüfungen dienen;
- die *Ausfallkosten*, die in der Regel durch unzulässige Abweichungen (Fehler) entstehen, also Nacharbeit und Ausfall bedeuten.

Aufgabe der *Qualitätssicherung* ist es, die Qualität der Produkte zu planen, zu prüfen und zu überwachen. Sie hat zum Ziel,

- ein Urteil über die Produkte durch das Prüfen von Liefermengen und Fertigungslosen zu ermöglichen,
- Fehlerquellen zu bestimmen und
- alle beteiligten Betriebsabteilungen von den Prüfergebnissen und deren Analysen zu informieren.

Das Ergebnis dieser Bemühungen stellt sich als integrierte Qualitätsregelung dar. Bild 11.4 zeigt einen Arbeitsplatzregelkreis, der durch die vier Störgrößen Mensch, Maschine, Material und Methode als Fehlerursachen gekennzeichnet ist. Ergebnisse und Wirkungen von Arbeitsplatzregelkreisen gelangen als Qualitätsinformationen in Betriebsregelkreise, die meist mit Hilfe der elektronischen Datenverarbeitung (EDV) Entscheidungshilfen für Unternehmensleitungen liefern. Gleichzeitig können daraus Daten für Prüfplanungen (Abschn. 9) entnommen werden.

Bild 11.5 zeigt Einflußgrößen und deren Wirkung für eine Qualitätssicherung. Maßgabe dafür sind diejenigen Merkmale, mit denen die Qualität eines Erzeugnisses zu beurteilen ist. Fehler sind unzulässige Abweichungen von einem Qualitätsmerkmal. Zur Beherrschung der an die industriellen Produkte gestellten Qualitätsanforderungen sind Fachkräfte mit speziellen Kenntnissen erforderlich [11.1].

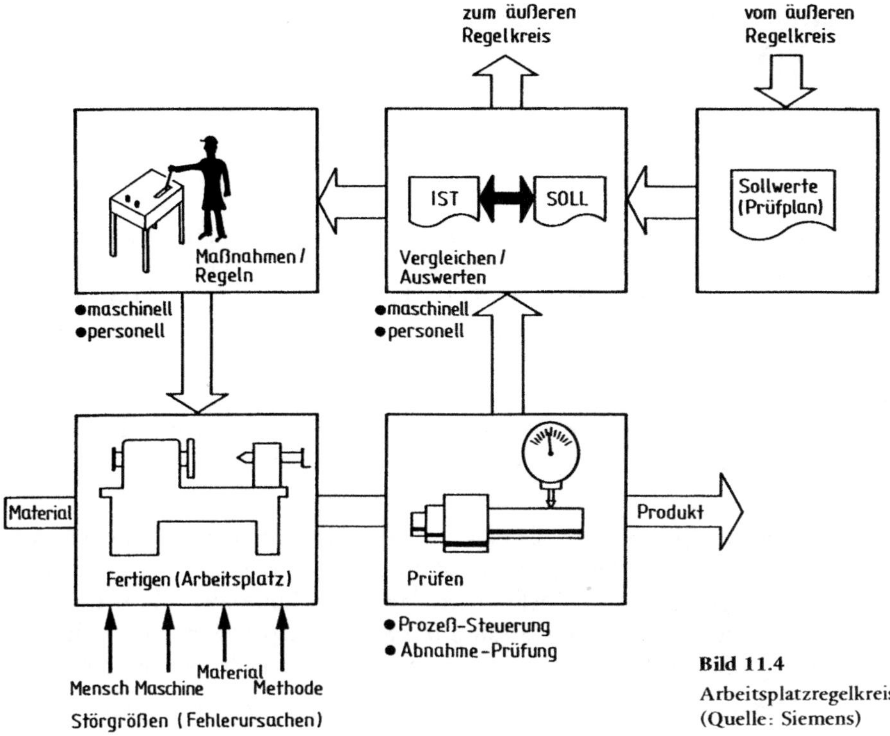

Bild 11.4
Arbeitsplatzregelkreis
(Quelle: Siemens)

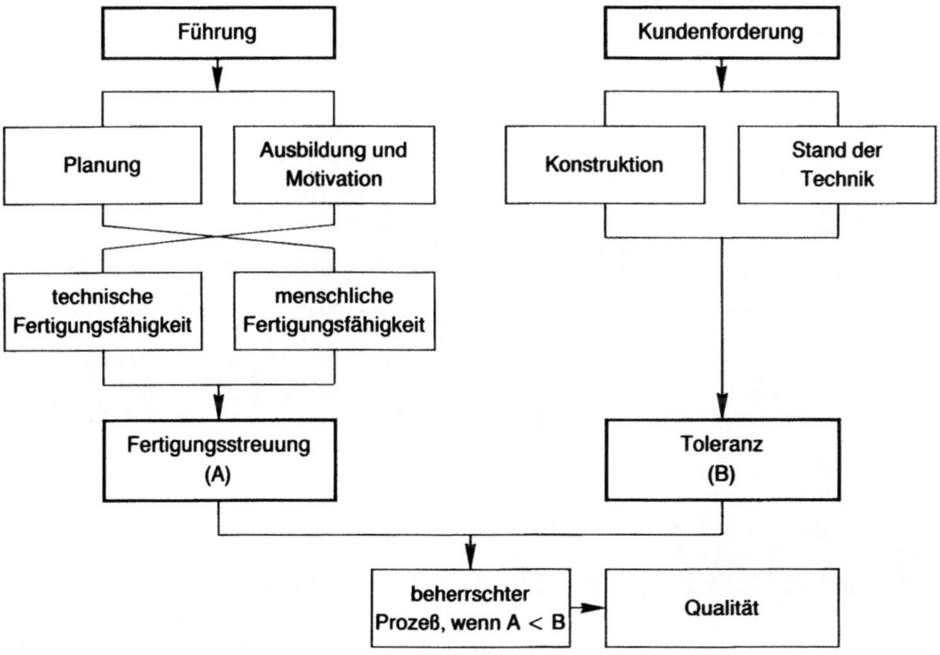

Bild 11.5 Der Weg zum beherrschten Fertigungsprozeß

12 Trends in der Fertigungsmeßtechnik und Qualitätssicherung

Die Entwicklung in der Fertigungsmeßtechnik ist zu vergleichen mit derjenigen in der Produktionstechnik. Sie zeigt eine zunehmende Automatisierung der Arbeitsmaschinen, die zwingend automatisierungsfähige Meßeinrichtungen zur Folge hat. Denn die Fertigungstechnik mit ihren ständig wachsenden Qualitäts- und Präzisionsanforderungen kann nur so gut sein, wie es die Meßtechniken und deren Prüfmittel ermöglichen. Eine weitere Forderung nach neuen und anderen Prüfmitteln ist damit begründet, daß die Toleranzen serienmäßig gefertigter Werkstücke immer enger werden. Je kleiner die Maßtoleranzen werden, um so wichtiger ist besonders die Prüfung von Formabweichungen (Abschn. 7.1).

Zur Bestimmung tatsächlicher Istmaße sind in vielen Fällen mittelnde Verfahren notwendig, die meistens nach dem Prinzip des quadratischen Fehlerminimums arbeiten. Das bedeutet, daß eine große Zahl von Meßpunkten längs einer Linie oder auf einer Fläche zu bestimmen ist. Dafür benötigen Meßgeräte große Speicherkapazitäten für die Meßwerte und erfordern große Rechenleistungen zur Weiterverarbeitung der Meßsignale.

Da in einer Meßvorrichtung nicht beliebig viele Meßtaster angeordnet werden können, müssen die wenigen Taster relativ zum Prüfling bewegt werden. Die Bewegungen erfolgen meistens kreisförmig oder geradlinig. Damit ist eine ausreichende Anzahl von Meßpunkten zeitlich äquidistant zu ermitteln. In vielen Fällen erfolgen solche Meßverfahren in Meßmaschinen mit hohem Automatisierungsgrad (Abschn. 6).

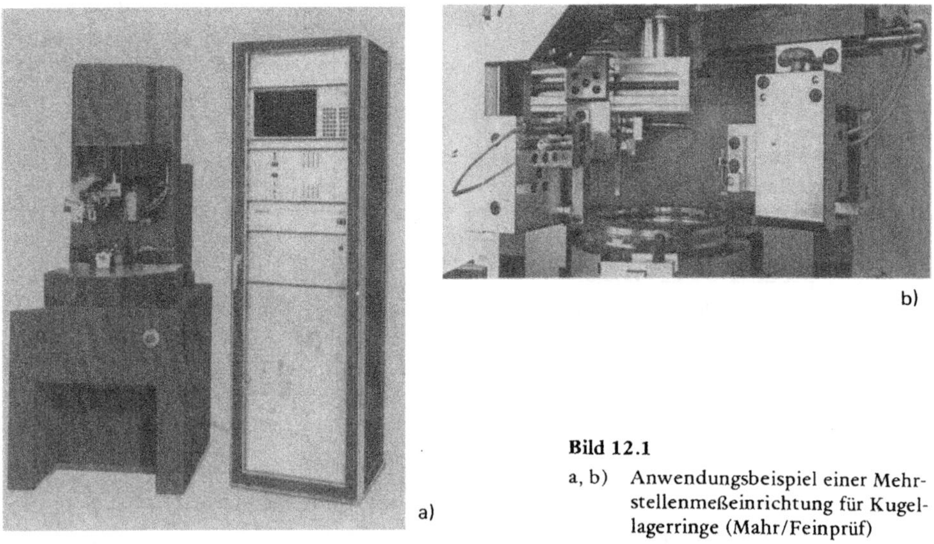

a) b)

Bild 12.1

a, b) Anwendungsbeispiel einer Mehrstellenmeßeinrichtung für Kugellagerringe (Mahr/Feinprüf)

Meß- und Steuersysteme in automatisierten Meßeinrichtungen sind sehr kostenaufwendig und in der Regel nur in der Großserienfertigung für spezielle Aufgaben zu rechtfertigen. Der modulare Aufbau in einzelne aneinanderreihbare Baugruppen ermöglicht angepaßte, also anwendungsbezogene Systemkomponenten. Bild 12.1 zeigt eine Mehrstellenmeßeinrichtung zum Ausmessen von Kugellagerringen für maximal 32 Rundheitsmessungen in mehreren Ebenen innen und außen. Das Be- und Entladen geschieht hier manuell, das Messen jedoch automatisch. Für das Umrüsten von Ringen mit Durchmessern von 50 bis 200 mm werden Parameterdateien verwendet.

Je nach Prüfmenge und Prüfumfang pro Werkstück ist eine mehr oder weniger umfassende Prüfautomatisierung zu vertreten. In vielen Fällen gebieten allein die Prüfkosten und besonders die Prüfmittel-Kosten einen geringeren Aufwand. Um spezielle Meßeinrichtungen für variable Prüfaufgaben kostengünstig zur Verfügung stellen zu können, gibt es eine immer größer werdende Zahl von Baukastenteilen und handelsüblichen Systembauelementen. Bild 12.2 zeigt beispielhaft den Zusammenbau von Bauelementen (TESANORM, s. Tafel A 12.1 und A 12.2) nach Zeichnungsvorlage. Diese Bauelemente sind im Maßstab 1:1 auf Transparentfolien dargestellt und erleichtern so die Konstruktionsarbeit (Bild 12.3). Bild 12.4 zeigt eine vertikale Meßeinrichtung aus einem Bausatz von Meßnormteilen (Mahr-Feinprüf, s. Tafel A 12.3). So lassen sich in der Fertigungsmeßtechnik zwei Trends erkennen:

- eine Entwicklung von Meß- und Steuereinrichtungen, die im Meßautomaten und in Meßrobotern eine maximale Lösung finden können und
- eine Entwicklung von Meßnormteilen zu Baukastensystemen.

Beide Entwicklungsrichtungen haben das gleiche Ziel: Rationalisierung durch Kostendämpfung bei gleichzeitiger Verbesserung der Produktqualität.

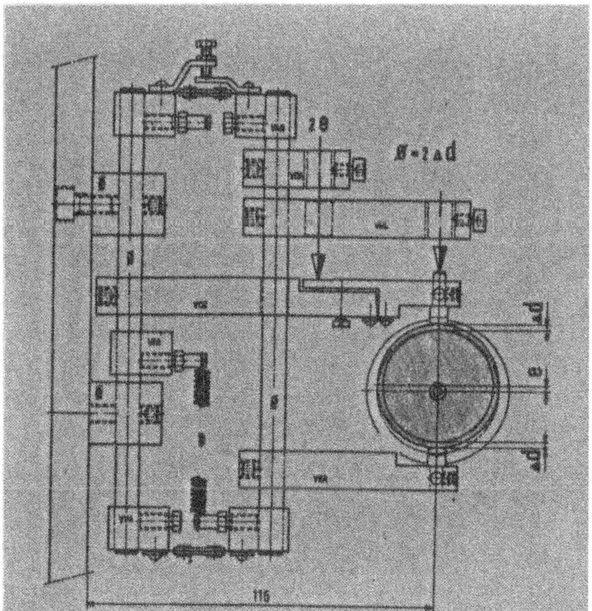

Bild 12.2
Anwendungsbeispiel für TESANORM-Bauelemente

Bild 12.3
Meßeinrichtung aus TESANORM-Bauelementen

Bild 12.4 a, b) Meßeinrichtung mit Meßnormteilen (Mahr/Feinprüf)

Tafel – Anhang

zu den Kapiteln 1–12

Tafel A 01

Verzeichnis von DIN- und VDI-Blättern (Auswahl)

DIN-Blatt Nr.	Ausgabe-Datum	Benennung
13	01.87	Metrisches ISO-Gewinde
102	10.56	Bezugstemperatur der Meßzeuge und Werkstücke
229 T 1	08.82	Morsekegellehren; Kegellehrdorne
230 T 1	08.82	Morsekegellehren; Kegellehrdorne für Kegellehrhülsen
234 T 1	08.82	Metrische Kegellehren; Kegellehrdorne
235 T 1	08.82	Metrische Kegellehren; Kegellehrdorne für Kegellehrhülsen
406 T 1	04.77	Maßeintragungen in Zeichnungen; Arten
406 T 2	08.81	Maßeintragungen in Zeichnungen; Regeln
406 T 3	07.75	Maßeintragungen in Zeichnungen; Bemaßung durch Koordinaten
406 T 4	12.80	Maßeintragungen in Zeichungen; Bemaßung für die maschinelle Programmierung
861 T 1	01.80	Parallelendmaße; Begriffe, Anforderungen, Prüfung
862	12.88	Meßschieber; Begriffe, Anforderungen, Prüfung
863 T 1	10.83	Meßschrauben; Bügelmeßschrauben; Normalausführung; Begriffe; Anforderungen; Prüfung
863 T 2	06.81	Meßschrauben; Einbaumeßschrauben; Tiefenmeßschrauben; Begriffe; Anforderungen; Prüfung
863 T 3	10.83	Meßschrauben; Bügelmeßschrauben; Sondermeßschrauben; Konstruktionsmerkmale; Anforderungen; Prüfung
863 T 4	06.81	Meßschrauben; Innenmeßschrauben; Begriffe; Anforderungen; Prüfung
865	03.83	Prüfmaßstäbe; Anforderungen
866	03.83	Strichmaßstäbe; Arbeitsmaßstäbe; Ausführungen; Anforderungen
867	02.86	Bezugsprofil für Stirnräder (Zylinderräder) mit Evolventenverzahnung für den allgemeinen Maschinenbau und den Schwermaschinenbau
868	12.76	Allgemeine Begriffe und Bestimmungsgrößen für Zahnräder (Zylinderräder) und Stirnradpaare (Zylinderradpaare) mit Evolventenverzahnung
874 T 1	08.73	Lineale; Flachlineale aus Stahl, Maße, Technische Lieferbedingungen
874 T 2	08.73	Lineale; Haarlineale, Maße, Technische Lieferbedingungen
875	03.81	Stahlwinkel 90°
876	08.84	Prüfplatten aus Naturhartgestein; Anforderungen, Prüfung
876 T 2	08.84	Prüfplatten aus Gußeisen; Anforderungen, Prüfung
877	06.86	Neigungsmeßgeräte (Richtwaagen)
878	10.83	Meßuhren
879 T 1	10.83	Feinzeiger mit mechanischer Anzeige
879 T 3	11.75	Feinzeiger mit elektrischen Grenzkontakten
1315	08.82	Winkel; Begriffe, Einheiten
1319 T 1	06.85	Grundbegriffe der Meßtechnik; Messen, Zählen, Prüfen
1319 T 2	01.80	Grundbegriffe der Meßtechnik; Begriffe für die Anwendung von Meßgeräten
1319 T 3	08.83	Grundbegriffe der Meßtechnik; Begriffe für die Unsicherheit
2239	05.89	Lehren der industriellen Längenprüftechnik; Anforderungen und Prüfung
2248 T 1	11.89	Gutlehrenkörper
2249 T 1	11.89	Ausschußlehrenkörper

Tafel A 01
Verzeichnis von DIN- und VDI-Blättern (Auswahl)

DIN-Blatt Nr.	Ausgabe-Datum	Benennung
2250 T 1	01.83	Gutlehrringe und Einstellringe von 1 bis 315 mm Nenndurchmesser für allgemeine Anwendung und pneumatische Längenmeßgeräte
2257 T 1	11.82	Begriffe der Längenprüftechnik; Einheiten, Tätigkeiten, Prüfmittel; Meßtechnische Begriffe
2257 T 2	08.74	Begriffe der Längenprüftechnik; Fehler und Unsicherheiten beim Messen
2258	09.86	Graphische Symbole in der Längenprüftechnik
2259	10.82	Lehren für Rund- und Flachpassungen; Übersicht, Beschriftung, Kennzeichnung
2268	10.75	Längenmaße mit Teilung; Kenngrößen, Tolerierung
2269	02.80	Prüfstifte
2270	04.85	Fühlhebelmeßgeräte
2271 T 1	09.76	Pneumatische Längenmessung; Grundlagen, Verfahren
2271 T 2	04.76	Pneumatische Längenmessung; Baumerkmale der Geräte für den Hochdruckbereich
2271 T 3	11.76	Pneumatische Längenmessung; Kenngrößen der Geräte für den Hochdruckbereich, Anforderungen, Prüfung
2276 T 1	08.85	Anforderungen an Prüfmittel der Längenmeßtechnik; Hilfsmittel
2271 T 4	11.77	Pneumatische Längenmessung; Allgemeine Angaben für die Anwendung und Beispiele
2273	05.79	Sinuslineale
2274	10.81	Prüfprismen; Ausführungen; Anforderungen
2275	09.77	Fühlerlehren
2276 T 1	06.86	Neigungsmeßeinrichtungen; Röhren-Libellen, Maße, Anforderungen
2276 T 2	06.86	Neigungsmeßeinrichtungen, Elektronische Neigungsmeßeinrichtungen
2279	08.82	Lehren für metrisches ISO-Gewinde; Lehrung des Innen- und Außengewindes, Übersicht, Beschriftung, Kennzeichnung, Anwendung
3960	03.87	Begriffe und Bestimmungsgrößen für Stirnräder (Zylinderräder) Stirnradpaare (Zylinderradpaare) mit Evolventenverzahnung
3961	08.78	Toleranzen für Stirnradverzahnungen; Grundlagen
3962 T 1	08.78	Toleranzen für Stirnradverzahnungen; Toleranzen für Abweichungen einzelner Bestimmungsgrößen
3962 T 2	08.78	Toleranzen für Stirnradverzahnungen; Toleranzen für Flankenlinienabweichungen
3962 T 3	08.78	Toleranzen für Stirnradverzahnungen; Toleranzen für Teilungs-Spannenabweichungen
3963	08.78	Toleranzen für Stirnradverzahnungen; Toleranzen für Wälzabweichungen
3964	11.80	Achsabstandsmaße und Achslagetoleranzen von Gehäusen für Stirnradgetriebe
3965 T 1	08.86	Toleranzen für Kegelradverzahnungen; Grundlagen
3966 T 1	08.78	Angaben für Verzahnungen in Zeichnungen, Angaben für Stirnrad-(Zylinderrad-)Evolventenverzahnungen
3366 T 2	08.78	Angaben für Verzahnungen in Zeichnungen; Angaben für Geradzahn-Kegelradverzahnungen
3966 T 3	11.80	Angaben für Verzahnung in Zeichnungen; Angaben für Schnecken- und Schneckenradverzahnungen

Tafel A 01
Verzeichnis von DIN- und VDI-Blättern (Auswahl)

DIN-Blatt Nr.	Ausgabe-Datum	Benennung
3967	08.78	Getriebe-Paßsysteme; Flankenspiel, Zahndickenabmaße, Zahndickentoleranzen; Grundlagen
3978	08.76	Schrägungswinkel für Stirnradverzahnungen
3992	03.64	Profilverschiebung bei Stirnrädern
4760	06.82	Gestaltabweichungen; Begriffe, Ordnungssystem
4761	12.78	Oberflächencharakter; Geometrische Oberflächentextur-Merkmale, Begriffe, Kurzzeichen
4762	01.89	Oberflächenrauheit; Begriffe (s. auch ISO 4287/1)
4763	03.81	Stufung der Zahlenwerte für Rauheitsgrößen
4764	06.82	Oberflächen an Teilen für Maschinenelemente und Feinwerktechnik; Begriffe nach der Beanspruchung
4766 T 1	03.81	Herstellverfahren der Rauheit von Oberflächen; Erreichbare gemittelte Rauhtiefe R_z nach DIN 4768 T 1
4766 T 2	03.81	Herstellverfahren der Rauheit von Oberflächen; Erreichbare Mittelrauhwerte R_a nach DIN 4768 T 1
4768	05.90	Ermittlung der Rauheitsmeßgrößen R_a, R_z, R_{max} mit elektrischen Tastschnittgeräten; Begriffe, Meßbedingungen
4769 T 1	05.72	Oberflächen-Vergleichsmuster; Technische Lieferbedingungen, Anwendung
4769 T 2	05.72	Oberflächen-Vergleichsmuster; Spanend hergestellter Flächen mit periodischem Profil
4769 T 3	05.72	Oberflächen-Vergleichsmuster; Spanend-hergestellter Flächen mit aperiodischem Profil
4769 T 4	07.74	Oberflächen-Vergleichsmuster; Gestrahlte Metalloberflächen
4771	04.77	Messung der Profiltiefe P_t von Oberflächen
4772	11.79	Elektrische Tastschnittgeräte zur Messung der Oberflächenrauheit nach dem Tastschnittverfahren
4774	06.81	Messung der Wellentiefe mit elektrischen Tastschnittgeräten
4775	06.82	Prüfen der Rauheit von Werkstückoberflächen; Sicht- und Tastvergleich, Tastschnittverfahren
4776	05.90	Rauheitsmessung; Kenngrößen R_K, R_{PK}, R_{VK}, M_{r1}, M_{r2} zur Beschreibung des Materialanteils im Rauheitsprofil; Meßbedingungen und Auswerteverfahren
Beiblatt zu 4776	05.90	(wie vor); Anwendungshinweis und Beispiele
4777	05.90	Oberflächenmeßtechnik; Profilfilter zur Anwendung in elektrischen Tastschnittgeräten; Phasenkorrekte Filter
5035 T 1	06.90	Beleuchtung mit künstlichem Licht; Begriffe und allgemeine Anforderungen
5035 T 2	06.90	Beleuchtung mit künstlichem Licht; Richtwerte für Arbeitsstätten in Innenräumen und im Freien
5040 T 1	02.76	Leuchten für Beleuchtungszwecke; Lichttechnische Merkmale und Einteilung
5471	08.74	Werkzeugmaschinen; Keilwellen; und Keilnabenprofile
5480 T 1	03.86	Zahnwellen-Verbindungen mit Evolventenflanken
5481 T 1	01.52	Kerbzahnnaben- und Kerbzahnwellen-Profile (Kerbverzahnungen)
5481 T 2	03.56	Kerbzahnnaben- und Kerbzahnwellen-Profile (Kerbverzahnungen); Lehrung der Kerbzahnnaben, Lehrenmaße
5481 T 3	07.65	Kerbzahnnaben- und Kerbzahnwellen-Profile (Kerbverzahnungen); Gutlehrung der Kerbzahnwellen, Lehrenmaße

Tafel A 01
Verzeichnis von DIN- und VDI-Blättern (Auswahl)

DIN-Blatt Nr.	Ausgabe-Datum	Benennung
5481 T 4	04.55	Kerbzahnnaben- und Kerbzahnwellen-Profile (Kerbverzahnungen); Ausschußlehrung der Kerbzahnwellen, Lehrenmaße
5481 T 5	04.55	Kerbzahnnaben- und Kerbzahnwellen-Profile (Kerbverzahnungen); Erläuterungen zu DIN 5481 Blatt 2 bis 4
7150 T 1 (ersetzt durch DIN ISO 286 T 1)	06.66	ISO-Toleranzen und ISO-Passungen für Längenmaße von 1 bis 500 mm; Einführung
7150 T 2	08.77	ISO-Toleranzen und ISO-Passungen; Prüfung von Werkstück-Elementen mit zylindrischen und parallelen Paßflächen
7151 (ersetzt durch DIN ISO 286 T 1)	11.64	ISO-Grundtoleranzen für Längenmaße von 1 bis 500 mm Nennmaß
7152 (ersetzt durch DIN ISO 286 T 1)	07.65	Bildung von Toleranzfeldern aus den ISO-Grundabmaßen für Nennmaße von 1 bis 500 mm
7154 T 1	08.66	ISO-Passungen für Einheitsbohrung; Toleranzfelder, Abmaße in μm
7154 T 2	08.66	ISO-Passungen für Einheitsbohrung; Paßtoleranzen, Spiele und Übermaße in μm
7155 T 1	08.66	ISO-Passungen für Einheitswelle; Toleranzfelder, Abmaße in μm
7155 T 2	08.66	ISO-Passungen für Einheitswelle; Paßtoleranzen, Spiele und Übermaße in μm
7157	01.66	Passungsauswahl; Toleranzfelder, Abmaße, Paßtoleranzen
7157 Beiblatt	10.73	Passungsauswahl; Toleranzfelderauswahl nach ISO/R 1829
7160 (ersetzt durch DIN ISO 268 T 2)	08.65	ISO-Abmaße für Außenmaße (Wellen); für Nennmaße 1 bis 500 mm
7161 (ersetzt durch DIN ISO 286 T 2)	08.65	ISO-Abmaße für Innenmaße (Bohrungen), für Nennmaße 1 bis 500 mm
7162	12.65	Arbeits- und Prüflehren für Längenmaße; Herstelltoleranzen und zulässige Abnutzung
7163	08.66	Arbeitsrachenlehren und Prüflehren für ISO-Paßmaße von 1 bis 500 mm Nennmaß, Lehrenmaße und Herstelltoleranzen
7167	01.87	Zusammenhang zwischen Maß-, Form- und Parallelitätstoleranzen; Hüllbedingung ohne Zeichnungseintragung
7168 T 1	05.81	Allgemeintoleranzen; Längen- und Winkelmaße
7168 T 2	07.86	Allgemeintoleranzen; Form und Lage
7168 T 2 Beiblatt	10.79	Allgemeintoleranzen (Freimaßtoleranzen); Form und Lage, Meßprotokoll für werkstattübliche Geradheitsabweichungen
7172 T 1	03.86	ISO-Toleranzen und ISO-Abmaße für Längenmaße über 500 bis 3150 mm; Grundtoleranzen
7172 T 2	03.86	ISO-Toleranzen und ISO-Abmaße für Längenmaße über 500 bis 3150 mm; Abmaße
7172 T 3	03.86	ISO-Toleranzen und ISO-Abmaße für Längenmaße über 500 bis 3150 mm; Einführung
7178 T 1	12.74	Kegeltoleranz- und Kegelmaßsystem für Kegel von Verjüngungen C = 1 : 3 bis 1 : 500 und Längen von 6 bis 630 mm; Kegeltoleranzsystem

Tafel A 01

Verzeichnis von DIN- und VDI-Blättern (Auswahl)

DIN-Blatt Nr.	Ausgabe-Datum	Benennung
7178 T 2	08.86	Kegeltoleranz- und Kegelpaßsystem für Kegel von Verjüngungen C = 1 : 3 bis 1 : 500 und Längen von 6 bis 630 mm; Kegelpaßsystem
7178 T 3	08.86	Kegeltoleranz- und Kegelpaßsystem für Kegel von Verjüngungen C = 1 : 3 bis 1 : 500 und Längen von 6 bis 630 mm; Kegelpaßsystem
7178 T 4	08.86	Kegeltoleranz- und Kegelpaßsystem für Kegel von Verjüngungen C = 1 : 3 bis 1 : 500 und Längen von 6 bis 630 mm; Errechnung der axialen Verschiebemaße
7182 T 1 (ersetzt durch DIN ISO 286 T 1)	05.86	Toleranzen und Passungen; Grundbegriffe
7186 T 1	08.74	Statistische Tolerierung; Begriffe, Anwendungsrichtlinien und Zeichnungsangaben
7190	07.88	Toleranzen und Passungen; Berechnung und Anwendung von Preßverbänden
8000	10.62	Bestimmungsgrößen und Fehler an Wälzfräsen für Stirnräder mit Evolventenverzahnung; Grundbegriffe
8601	12.86	Werkzeugmaschinen; Abnahmebedingungen für Werkzeugmaschinen für die spanende Bearbeitung von Metallen, Allgemeine Regeln
8605/06/07	06.76	Werkzeugmaschinen; Drehmaschinen ...
8609	03.79	Werkzeugmaschinen; Senkrecht-Drehmaschinen ...
8610	02.73	Werkzeugmaschinen; Revolver-Drehmaschinen ...
8611	01.76	Werkzeugmaschinen; Waagerecht-Drehmaschinen ...
8613	03.70	Abnahmebedingungen für Werkzeugmaschinen ...
8615	11.79	Werkzeugmaschinen; Fräsmaschinen ...
8626	01.76	Werkzeugmaschinen; Senkrechtbohrmaschinen ...
8660	05.81	Werkzeugmaschinen; Hobelmaschinen ...
19 226	05.68	Regelungstechnik und Steuerungstechnik; Begriffe und Benennungen
32 876 T 1	04.86	Elektrische Längenmessung mit analoger Erfassung der Meßgröße; Begriffe, Anforderungen, Prüfungen
Beiblatt 1 zu 32 876 T 1	04.86	Elektrische Längenmessung; Allgemeine Anwendungsbeispiele
32 876 T 2	09.88	mit digitaler Erfassung der Meßgröße; Begriffe, Anforderungen, Prüfung
33 400 (Beiblatt 1)	05.78	Gestalten von Arbeitssystemen nach arbeitswissenschaftlichen Erkenntnissen
33 402 T 1	01.78	Körpermaße des Menschen; Begriffe, Meßverfahren
33 403 T 1	04.84	Klima am Arbeitsplatz und in der Arbeitsumgebung; Grundlagen zur Klimaermittlung
33 405	02.87	Psychische Belastung und Beanspruchung; Allgemeines, Begriffe
50 035 T 1	03.89	Begriffe auf dem Gebiet der Alterung von Materialien; Grundbegriffe

Tafel A 01
Verzeichnis von DIN- und VDI-Blättern (Auswahl)

DIN-ISO-Blatt Nr.	Ausgabe-Datum	Benennung
286 T 1	11.90	ISO-System für Grenzmaße und Passungen; Grundlagen für Toleranzen, Abmaße und Passungen (identisch mit ISO 286-1: 1988)
286 T 2	11.90	ISO-System für Grenzmaße und Passungen; Tabellen der Grundtoleranzgrade und Grenzabmaße für Bohrungen und Wellen
45635 T 30	04.81	Geräuschmessung an Maschinen; Luftschallmessung, Hüllflächenverfahren, Getriebe
55350 (Beiblatt 1)	04.89	Begriffe der Qualitätssicherung und Statistik; Begriffe der Qualitätssicherung, Grundbegriffe
55350 T 12	03.89	Begriffe der Qualitätssicherung und Statistik; Begriffe der Qualitätssicherung, Merkmalsbezogene Begriffe
55350 T 13	07.89	Begriffe der Qualitätssicherung und Statistik; Begriffe der Qualitätssicherung, Genauigkeitsbegriffe
58405 Bl. 1	05.72	Stirnradgetriebe der Feinwerktechnik; Geltungsbereich, Begriffe, Bestimmungsgrößen
58405 T 1	05.72	Stirnradgetriebe der Feinwerktechnik; Getriebepassungsauswahl, Toleranzen, Abmaße
58413	11.87	Toleranzen der Wälzfräser der Feinwerktechnik
66217	12.75	Koordinatenachsen und Bewegungsrichtung für numerisch gesteuerte Arbeitsmaschinen
1101	03.85	Technische Zeichnungen; Form- und Lagetolerierung; Form-, Richtungs-, Orts- und Lauftoleranzen, Allgemeines, Definitionen, Symbole, Zeichnungseintragungen
1302	08.80	Technische Zeichnungen; Angaben der Oberflächenbeschaffenheit in Zeichnungen
2768 T 1	04.91	Allgemeintoleranzen; Toleranzen für Längen und Winkelmaße ohne einzelne Toleranzeintragung (identisch mit ISO 2768-1: 1989)
8015	06.86	Technische Zeichnungen; Tolerierungsgrundsatz
9002	1989	Qualitätssicherungssysteme (Prüfmittelüberwachung)
VDI/VDE		
2601 Blatt 1	08.77	Anforderungen an die Oberflächengestalt zur Sicherung der Funktionstauglichkeit spanend hergestellter Flächen; Zusammenstellung der Meßgrößen
VDI/VDE/DGQ		
2619 (Entw.)		Parallelendmaß, Prüfplanung
VDI/DGQ		
3441 bis 3445 Bl. 1–5		Grundlagen statistischer Prüfverfahren

Tafel A 02
Verwendete Abkürzungen und Formelgrößen

Zeichen	Erläuterungen
Abschnitt 1.2	
M	Meßgröße
M_W	Meßwert
A_Z	Anzeige
Sks	Strichskale
Skt	Skalenteilungswert (früher: Skalenwert)
Azb	Anzeigebereich
Meb	Meßbereich
Meg	Meßergebnis
u	Meßunsicherheit
u_Z	Zufallskomponente
u_S	systematische Komponente
t	Zufallsvariable (sog. t-Verteilung)
t_∞	bei Anzahl der Einzelwerte $n > 200$ ($t = t_\infty$)
s	Standardabweichung in der Stichprobe
σ_r	Standardabweichung
n	Anzahl der Einzelmeßwerte
f_k	Meßkraftumkehrspanne
f_u	Meßwertumkehrspanne
Abschnitt 1.3	
N	Nennmaß
D_g	Höchstmaß im Grenzmaß
D_k	Mindestmaß im Grenzmaß
T_m	Maßtoleranz
IT	ISO-Toleranzreihe
i	Toleranzfaktor (früher: Toleranzeinheit)
D	Durchmesser
R, S, T, U	Genauigkeitsgrade für Form und Lage (Allgemeintoleranzen nach DIN 7168 T 2)
AZ	Außenzylinder-Mantellinie (Welle)
AK	Außenkegel-Mantellinie
AF	Außenfläche
K	Kante (mit Funktionen)
IZ	Innenzylinder-Mantellinie (Bohrung)
IK	Innenkegel-Mantellinie
IF	Innenfläche
A	Achse
Abschnitt 2.1	
λ	Wellenlänge
nm	Nanometer (1 nm = 10^{-9} m)
Å	Ångström-Einheit (1 Å = 10^{-10} m)
Abschnitt 2.4	
pla	Vollwinkel (360°)
rad	Radiant
gon	Neuwinkel (400 gon = 360°)

Tafel A 02
Verwendete Abkürzungen und Formelgrößen

Zeichen	Erläuterungen
Abschnitt 2.5	
A	Amplitude
λ	Wellenlänge
Abschnitte 4.1 u. 6.4	
f_e	Abweichungsspanne
f_t	Abweichungsspanne in der Teilmeßspanne
f_{ges}	Gesamtabweichungsspanne
f_u	Meßwertumkehrspanne
f_{gw}	Schaltunsicherheit
Abschnitt 5.1	
mW	Milliwatt (Leistung: 1 mW = 10^{-3} W)
nm	Nanometer (1 nm = 10^{-9} m)
Abschnitt 6.2	
X-, Y-, Z-	Koordinatenwerte
Abschnitt 7.2	
R_t	Rauhtiefe (sollte nicht mehr verwendet werden)
P_t	Profiltiefe
R_a	Mittenrauhwert
R_z	gemittelte Rauhtiefe
$Z_{1 \ldots 5}$	R_{max} von 5 Einzelmeßstrecken l_e
R_p	Glättungstiefe
R_{pm}	gemittelte Glättungstiefe
M_r	Materialanteil
t_p	Profiltraganteil
L_i	Schnittlängen
c	Schnittlinientiefen
R_k	Kernrauhtiefe
R_{pk}	reduzierte Spitzenhöhe
R_{vk}	reduzierte Riefentiefe
l_m	Tastschnitt-Meßlänge (Gesamtmeßstrecke)
l_t	Taststrecke
l_e	Einzelmeßstrecke
l_v	Vorlaufstrecke
l_n	Nachlaufstrecke
S_m	mittlerer Rillenabstand
W_t	Wellentiefe
l_{mw}	Welligkeitsmeßstrecke
λ_c	Grenzwellenlänge, genannt: cut off (co)
M	Strichkreuz im Okular von Lichtschnittgeräten
A_r	Rillenabstand
W	Wellentiefe
λ	Wellenlänge
N1 ... N23	Rauheitsklassen (für R_a)

Tafel A 02
Verwendete Abkürzungen und Formelgrößen

Zeichen	Erläuterungen
Abschnitt 7.4	
d	Teilkreisdurchmesser
d_a	Kopfkreisdurchmesser
d_b	Grundkreisdurchmesser
$inv\alpha$	Evolventenfunktion von α (involut α)
α	Eingriffswinkel am Verzahnungswerkzeug $\alpha = 20°$
f_{pe}	Eingriffsteilungsfehler = Abweichung vom Nennmaß der Eingriffsteilung
h_a	Zahnkopfhöhe
l	Zahnlücke
m	Modul
p	Teilung am Teilzylinder
p_e	Eingriffsteilung
p_b	Grundkreisteilung ($p_e = p_b$)
p_n	Normalteilung bei $m = m_n$ (m_n = Normalmodul)
s	Zahndicke am Teilkreis
$\bar{s}$	Zahndickensehne
S_d	Verdrehflankenspiel
S_e	Eingriffsflankenspiel
β	Schrägungswinkel
β_b	Schrägungswinkel am Grundkreis
z	Zähnezahl
W_k	Zahnweite
k	Zähnezahl für Messung der Zahnweite
M_{dk}	diametrales Zweikugelmaß
D_M	Kugeldurchmesser der Meßkugel
E	Einstellmaß für Meßschrauben oder Feinzeiger-Rachenlehre mit kugelförmigen Meßeinsätzen
A_S	Zahndickenabmaß
A_W	Zahnweitenabmaß
f_f	Profil-Formabweichung
F_f	Profil-Gesamtabweichung
F_r	Rundlaufabweichung
$f_{H\alpha}$	Profil-Winkelabweichung
f_{fW}	Profil-Welligkeit
F_β	Flankenlinien-Gesamtabweichung
$f_{\beta f}$	Flankenlinien-Formabweichung
$f_{H\beta}$	Flankenlinien-Winkelabweichung
$f_{\beta W}$	Flankenlinien-Welligkeit
F_r''	Wälz-Rundlaufabweichung
a	Achsabstand
a''	Wälz-Achsabstand
F_i''	Zweiflanken-Wälzprüfung
f_i''	Zweiflanken-Wälzsprung
F_i'	Einflanken-Wälzabweichung
f_i'	Einflanken-Wälzsprung
F_p'	Wälz-Summenteilungsabweichung
f_p'	Wälz-Einzelabweichung

Tafel A 02
Verwendete Abkürzungen und Formelgrößen

Zeichen	Erläuterungen
t_B	Einbaumaß für Kegelräder
t_E	Kopfkreisabstand für Kegelräder
t_H	Hilfsebenenabstand für Kegelräder
Abschnitt 7.5	
P	Gewindesteigung
φ	Steigungswinkel
d_2	Flankendurchmesser
M	theoretisches Prüfmaß bei Meßkraft Null
α	Flankenwinkel
d_D	Meßstift-Durchmesser
δ	Korrekturfaktor
M_{gem}	gemessenes Prüfmaß
A	(Tabellen-)Wert aus Verformung der Prüfstifte
Abschnitt 7.7	
T_D	Kegel-Durchmessertoleranz
D_{max}	maximaler großer Kegeldurchmesser
D_{min}	minimaler großer Kegeldurchmesser
d_{max}	maximaler kleiner Kegeldurchmesser
d_{min}	minimaler kleiner Kegeldurchmesser
L	Kegellänge
α	Kegelwinkel
C	Kegelverhältnis 1 : x
b	Ringmarken für Kegeltoleranzbereich
Abschnitt 7.8	
pla	voller Kreisumfang (Planimetrie)
rad	Winkel im Bogenmaß (Radiant)
gon	voller Kreisumfang, Neugradteilung (Gonometrie)
arc	arcus (Bogenmaß)
φ	Winkelangabe
R	Halbmesser = 1
AT 1 ... AT17	Genauigkeitsgrade
E	Einstellmaß
l_1	Meßlänge am Sinuslineal
α	Neigungswinkel
Abschnitt 10	
s	Streuung der Meßwerte
6s	Fertigungsstreuung
x_i	Einzelmeßwert
$\bar{x}$	Mittelwert
T	Toleranz
T_m	Toleranzmitte
n	Anzahl der Einzelmeßwerte
P	Sicherheit

Tafel A 02
Verwendete Abkürzungen und Formelgrößen

Zeichen	Erläuterungen
$\tilde{x}$	Zentralwert
T_o	obere Toleranzgrenze
T_u	untere Toleranzgrenze
W_o	obere Warngrenze
W_u	untere Warngrenze

Tafel A. 1.1
Längenausdehnungskoeffizienten von Metallen

Stoff	in K^{-1} zwischen 0 und 100 °C
Aluminiumlegierungen	$20 \ldots 24 \cdot 10^{-6}$
Bronze 94 % Cu, 6 % Sn	$17{,}5 \cdot 10^{-6}$
Chrom	$8{,}4 \cdot 10^{-6}$
Gold	$14{,}2 \cdot 10^{-6}$
Gußeisen	$10{,}5 \cdot 10^{-6}$
Iridium	$6{,}5 \cdot 10^{-6}$
Kadmium	$30{,}0 \cdot 10^{-6}$
Konstantan 60 % Cu, 40 % Ni	$15{,}2 \cdot 10^{-6}$
Kupfer	$17{,}0 \cdot 10^{-6}$
Magnesiumlegierungen	$24{,}5 \cdot 10^{-6}$
Mangan	$23{,}0 \cdot 10^{-6}$
Messing 63 % Cu, 37 % Zn	$18{,}5 \cdot 10^{-6}$
Molybdän	$5{,}2 \cdot 10^{-6}$
Neusilber 64 % Cu, 11 % Ni, 25 % Zn	$18{,}0 \cdot 10^{-6}$
Nickel	$13{,}0 \cdot 10^{-6}$
Platin	$9{,}0 \cdot 10^{-6}$
Silber	$19{,}7 \cdot 10^{-6}$
Stahl unlegiert und niedrig legiert	$11{,}5 \cdot 10^{-6}$
Manganstahl 14 % Mn	$14{,}0 \cdot 10^{-6}$
Chromstahl 13 % Cr	$11{,}0 \cdot 10^{-6}$
Stahl legiert 18 % Cr, 8 % Ni (nicht rostend)	$16{,}0 \cdot 10^{-6}$
Nickel-Stahl 20 % Ni	$19{,}5 \cdot 10^{-6}$
Nickel-Stahl 30 % Ni	$12{,}0 \cdot 10^{-6}$
Nickel-Stahl (Invar) 36 % Ni	$1{,}5 \cdot 10^{-6}$
Wolfram-Stahl 18 % W	$11{,}2 \cdot 10^{-6}$
Titan	$8{,}2 \cdot 10^{-6}$
Zinklegierungen	$28{,}0 \cdot 10^{-6}$
Zinn	$26{,}9 \cdot 10^{-6}$

Ergonomische Daten für Arbeitsplätze

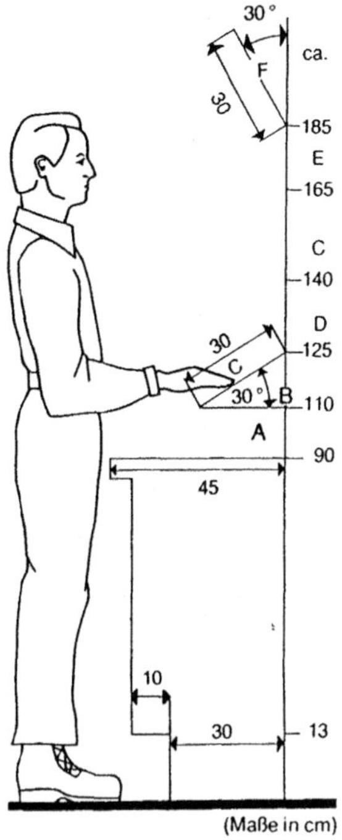

Steh-Arbeitsplätze für Männer

A Werkbank
B Schreibplatz
C Optimaler Bereich für Stellteile und Anzeigen
D Bereich für weniger wichtige Stellteile und Anzeigen
E Bereich für wesentliche Anzeigen und weniger wichtige Stellteile
F Hilfsfeld für weniger wichtige Anzeigen

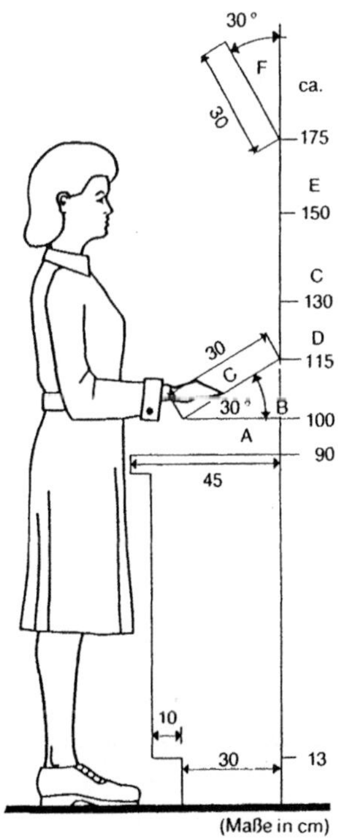

Steh-Arbeitsplätze für Frauen

A Werkbank
B Schreibplatz
C Optimaler Bereich für Stellteile und Anzeigen
D Bereich für weniger wichtige Stellteile und Anzeigen
E Bereich für wesentliche Anzeigen und weniger Stellteile
F Hilfsfeld für weniger wichtige Anzeigen

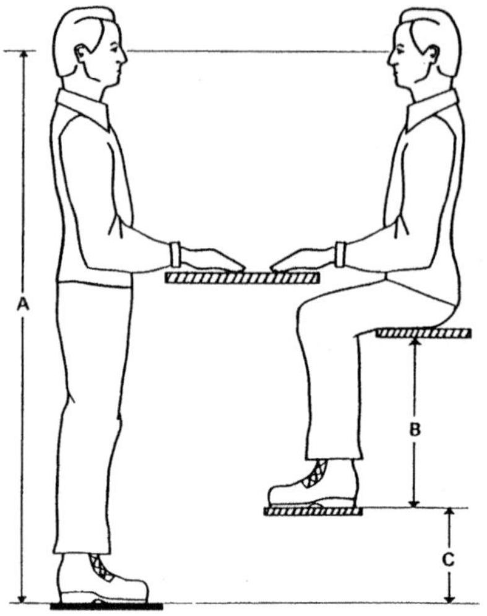

Bei Stühlen ist auf Folgendes besonders zu achten:

– hohe mechanische Festigkeit, denn der Stuhl wird als „dynamische Sitzmaschine“ benutzt

– gute Verstellmöglichkeit, denn der Stuhl muß im Mehrschichtenbetrieb häufig verschiedenen Körpergrößen angepaßt werden

– kurze, verständliche Gebrauchs- u. Wartungsanweisung, denn durch richtige Benutzung und Wartung kann die Lebensdauer des Stuhles wesentlich erhöht werden.

A:	Männer	165 ± 6 cm
	Frauen	158 ± 6 cm
B:		40 bis 50 cm
C:		32 bis 40 cm

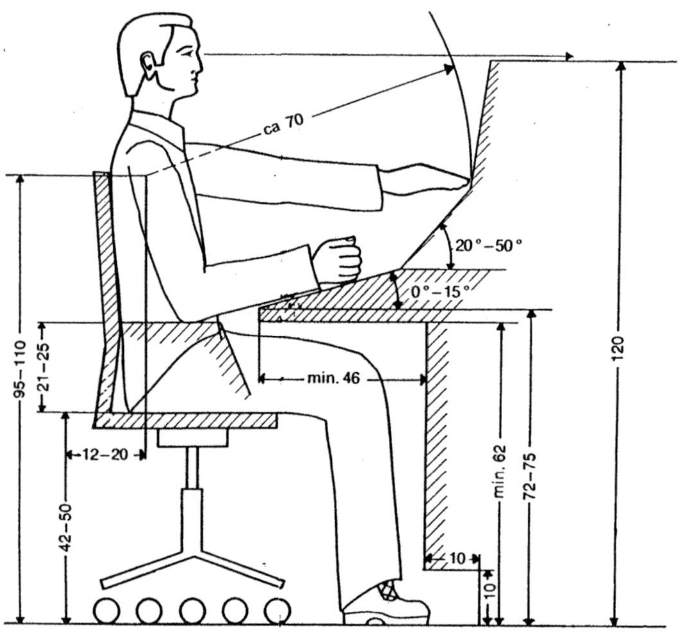

Sitz-Arbeitsplatz für Männer und Frauen
(Maße in cm)

Ergonomische Daten für Arbeitsplätze

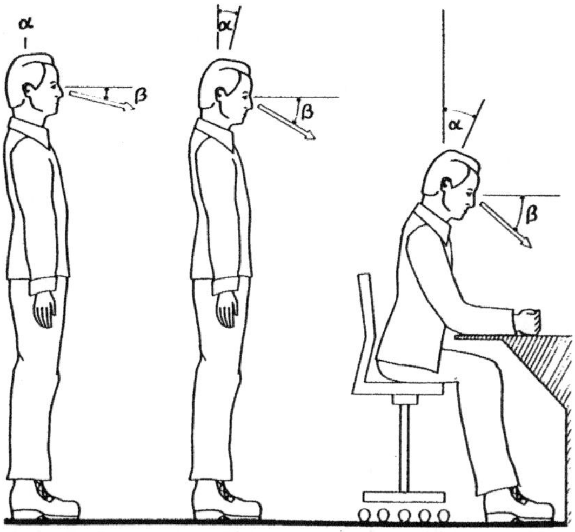

Blicklinien und Kopfhaltung

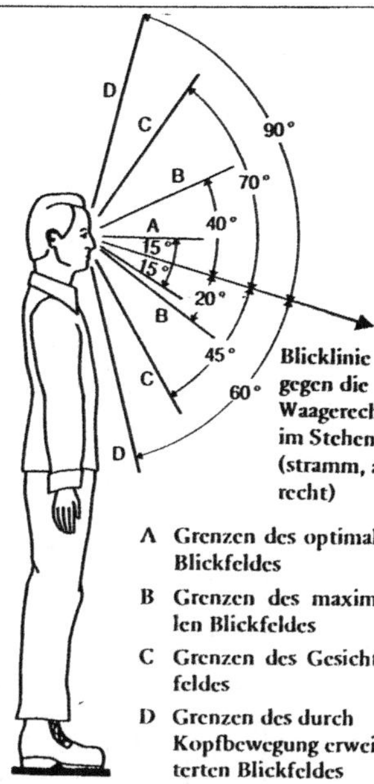

Blicklinie 15° gegen die Waagerechte im Stehen (stramm, aufrecht)

A Grenzen des optimalen Blickfeldes

B Grenzen des maximalen Blickfeldes

C Grenzen des Gesichtsfeldes

D Grenzen des durch Kopfbewegung erweiterten Blickfeldes

Grenzen von Blick- und Gesichtsfeldern (senkrecht)

Haltung	Kopf gegen die Senkrechte gebeugt (α)	Blicklinie gegen die Waagerechte geneigt (β)
Stehen, stramm aufrecht	0°	15°
Stehen, bequem	15°	30°
Sitzen, bequem aufrecht	25°	40°

Das **Blickfeld** umfaßt den Bereich, der bei fester Kopfhaltung und bewegten Augen fixiert werden kann.

Das **Gesichtsfeld** umfaßt den Bereich, der bei fixierenden Augen und fester Kopfstellung übersehen werden kann.

Lichttechnische Begriffe:

Lichtstrom in Lumen (lm): Die gesamte von einer Lichtquelle abgestrahlte sichtbare Strahlungsleistung.

Lichtstärke in Candela (cd): Die Lichtstrahlung in einer bestimmten Richtung (Lichtstrom pro Raumwinkel).

Beleuchtungsstärke in Lux (lx): Das auf eine Fläche auftreffende Licht (= Lichtstrom pro Flächeneinheit).

Leuchtdichte in cd/m^2: Ein Maß für den Helligkeitseindruck, den das Auge hat. Die Leuchtdichte ist die Lichtstärke bezogen auf die gesehene Fläche.

Beleuchtungsstärke und Sehaufgabe:

Stufe	Nennbeleuchtungsstärke lx	Zuordnung von Sehaufgaben
1	15	
2	30	Orientierung; nur vorübergehender Aufenthalt
3	60	
4	120	leichte Sehaufgaben; große Details mit hohen Kontrasten
5	250	
6	500	Normale Sehaufgaben; mittelgroße Details mit mittleren Kontrasten
7	750	
8	1 000	Schwierige Sehaufgaben; kleine Details mit geringeren Kontrasten
9	1 500	
10	2 000	sehr schwierigen Sehaufgaben; sehr kleine Details mit sehr geringen Kontrasten
11	3 000	
12	5 000	Sonderfälle; z. B. Operationsfeldbeleuchtung

Tafel A 1.3
ISO-Grundtoleranzen

Grund-toleranzen reihe	Nennmaßbereich mm												
	1 bis **3**	über **3** bis **6**	über **6** bis **10**	über **10** bis **18**	über **18** bis **30**	über **30** bis **50**	über **50** bis **80**	über **80** bis **120**	über **120** bis **180**	über **180** bis **250**	über **250** bis **315**	über **315** bis **400**	über **400** bis **500**
IT1	1,5	1,5	1,5	1,5	1,5	2	2	3	4	5	6	7	8
IT2	2	2	2	2	2	3	3	4	5	7	8	9	10
IT3	3	3	3	3	4	4	5	6	8	10	12	13	15
IT4	4	4	4	5	6	7	8	10	12	14	16	18	20
IT5	5	5	6	8	9	11	13	15	18	20	23	25	27
IT6	7	8	9	11	13	16	19	22	25	29	32	36	40
IT7	9	12	15	18	21	25	30	35	40	46	52	57	63
IT8	14	18	22	27	33	39	46	54	63	72	81	89	97
IT9	25	30	36	43	52	62	74	87	100	115	130	140	155
IT10	40	48	58	70	84	100	120	140	160	185	210	230	250
IT11	60	75	90	110	130	160	190	220	250	290	320	360	400
IT 12	90	120	150	180	210	250	300	350	400	460	520	570	630

Maßtoleranzen in μm

Tafel A 1.4
Passungsauswahl nach DIN 7157

Reihe I: bevorzugt anzuwenden im allgemeinen Maschinenbau

$\frac{H8}{x8/u8}$ $\frac{H7}{r6}$ $\frac{H7}{n6}$ $\frac{H7}{h6}$ $\frac{H8}{h9}$ $\frac{H7}{f7}$ $\frac{F8}{h6}$ $\frac{H8}{f7}$ $\frac{F8}{h9}$ $\frac{E9}{h9}$ $\frac{D10}{h9}$ $\frac{C11}{h9}$

Reihe II: Ergänzungen zu Reihe I

$\frac{H7}{s6}$ $\frac{H7}{k6}$ $\frac{H7}{j6}$ $\frac{H11}{h9}$ $\frac{G7}{h6}$ $\frac{H7}{g6}$ $\frac{H8}{e8}$ $\frac{H8}{d9}$ $\frac{D10}{h11}$ $\frac{C11}{h11}$

Reihe III: für Grobpassungen, z. B. herstellbar durch Bohren mit Spiralbohrern

$\frac{H11}{h11}$ $\frac{H11}{d9}$ $\frac{H11}{c11}$ $\frac{A11}{h11}$ $\frac{H11}{a11}$

Tafel A 1.5
Beispiele zum Erkennen von Passungen

System: Einheitsbohrung H 7
ISO-Passung: Übergangspassung

	Innenmaß (Bohrung) in mm	**Außenmaß** (Welle) in mm	**Passung** in mm
Paßmaß	50 H7	50 k6	50 H7/k6
Tabellenwert nach DIN 7154	$50^{+0{,}025}_{\ \ 0{,}000}$	$50^{+0{,}018}_{+0{,}002}$	–
Nennmaß N	50,000	50,000	–
oberes Abmaß A_o	+ 0,025	+ 0,018	–
unteres Abmaß A_u	0,000	+ 0,002	–
Größtmaß D_g	50,025	50,018	–
Kleinstmaß D_k	50,000	50,002	–
Maßtoleranz T_m	0,025	0,016	–
Größtspiel S_g	–	–	0,023
Kleinstspiel S_k	–	–	0,007
Größtübermaß U_g	–	–	0,018
Kleinstübermaß U_k	–	–	0,002

Tafel A 1.6
Kennzeichnungen und Richtlinien für die Anwendung von Passungen

Paarung bei Einheits-bohrung	Paarung bei Einheits-welle	Kennzeichnung, Anwendungsbeispiele sonstige Hinweise
		Preßpassungen
H7/s6 H7/r6	S7/h6 R7/h7	Teile unter größerem Druck oder durch Erwärmen oder Kühlen fügbar; Bronzekränze auf Zahnradkörpern, Lagerbuchsen in Gehäusen, Radnaben, Hebelnaben usw., Kupplungen auf Wellenenden; zusätzliche Sicherung gegen Verdrehen nicht erforderlich.
		Übergangspassungen
H7/n6	N7/h6	Teile unter Druck fügbar; Radkränze auf Radkörpern, Lagerbuchsen in Gehäusen und Radnaben, Laufräder auf Achsen, Anker auf Motorwellen, Kupplungen auf Wellenenden; gegen Verdrehen zusätzlich sichern.
H7/m6	M7/h6	Teile mit Handhammer fügbar; Zahnräder, Riemenscheiben auf kürzeren Wellen, Kupplungen auf Wellenenden, Kolbenbolzen, festsitzende Zylinderstifte; gegen Verdrehen zusätzlich sichern.
H7/k6	K7/h6	Teile leicht mit Handhammer fügbar; Zahnräder, Riemenscheiben, Kupplungen, Handräder, Bremsscheiben auf längeren Wellen bzw. Wellenenden; gegen Verdrehen zusätzlich sichern.
H7/j6	J7/h6	Teile mit Holzhammer oder von Hand fügbar; für leicht ein- und auszubauende Zahnräder, Riemenscheiben, Handräder, Buchsen; gegen Verdrehen zusätzlich sichern.
		Spielpassungen
H7/h6	H7/h6	Teile von Hand noch verschiebbar; für gleitende Teile und Führungen, Zentrierflansche, Wechselräder, Reitstock-Pinole, Stellringe.
H7/g6	G7/h6	Teile ohne merkliches Spiel verschiebbar; Wechselräder, verschiebbare Räder und Kupplungen.
H7/f7	F7/h6	Teile mit merklichem Spiel beweglich; Gleitlager allgemein, Hauptlager an Werkzeugmaschinen, Gleitbuchsen auf Wellen.
H8/h9	H8/h9	Teile leicht verschiebbar; über Wellen zu schiebende Zahnräder, Scheiben, verschiebbare Kupplungen, Distanzhülsen.
H8/f7	F8/h9	Teile mit merklichem Spiel beweglich; mehrfach gelagerte Welle, Kolben in Zylindern, Gleitbuchsen auf Wellen.
H8/e8	E8/h8	Teile mit reichlichem Spiel; Hauptlager für Kurbelwellen, Kolben in Zylindern, Pumpenlager, Hebellagerungen.
H8/d9 H9/d9	D9/h8 D9/h9	Teile mit sehr reichlichem Spiel; Transmissionslager, Lager für Landmaschinen, Stopfbuchsenteile, Leerlaufscheiben.

Für eine wirtschaftliche Fertigung und hohe Betriebssicherheit soll die Wahl der Passungen allgemein nach dem Grundsatz erfolgen:

> So grob wie möglich, so fein wie nötig!

Tafel A 1.7
Beispiele für Passungen beim Einbau von Wälzlagern

Lastrichtung	Toleranzfelder für Wellen	Anwendungsbeispiele
reine Axiallast	j6	Radialkugel-, Zylinder-, Kegelrollenlager
Punktlast	g6; h6	Laufräder; Seilrollen, Spannrollen
Umfanglast	j5, k5, m5, m6, n6, p6	Allgemeiner Maschinenbau

Lastrichtung	Toleranzfelder für Gehäuse	Anwendungsbeispiele
reine Axiallast	H8 ... E8	aller Lager
Punktlast	H7; H8; G7	Allgemeiner Maschinenbau; Transmissionen; Trockenzylinder
Umfanglast	M7; N7; P7	Seil- und Förderbandrollen; Pleuellager; Radnaben
unbestimmte	J7; J6; K7	Achslager; Elektromotoren; Kurbelwellenhauptlager

Tafel A 1.8a
Obere und untere Abmaße für Längenmaße
(nicht für Rundungshalbmesser und Fasenhöhen)

Genauigkeitsgrad	Abmaße in mm für Nennmaßbereich in mm									
	0,5 bis 3	über 3 bis 6	über 6 bis 30	über 30 bis 120	über 120 bis 400	über 400 bis 1000	über 1000 bis 2000	über 2000 bis 4000	über 4000 bis 8000	über 8000 bis 12000
f (fein)	± 0,05	± 0,05	± 0,1	± 0,15	± 0,2	± 0,3	± 0,5	± 0,8	–	–
m (mittel)	± 0,1	± 0,1	± 0,2	± 0,3	± 0,5	± 0,8	± 1,2	± 2	± 3	± 4
g (grob)	± 0,15	± 0,2	± 0,5	± 0,8	± 1,2	± 2	± 3	± 4	± 5	± 6
sg (sehr grob)	–	± 0,5	± 1	± 1,5	± 2	± 3	± 4	± 6	± 8	± 10

Tafel A 1.8b
Obere und untere Abmaße für Winkelmaße

Genauigkeitsgrad	Abmaße in Winkeleinheiten für Nennmaßbereiche des kürzeren Schenkels in mm				
	bis 10	über 10 bis 50	über 50 bis 120	über 120 bis 400	über 400
f (fein) m (mittel)	± 1°	± 30′	± 20′	± 10′	± 5′
g (grob)	± 1° 30′	± 50′	± 25′	± 15′	± 10′
sg (sehr grob)	± 3°	± 2°	± 1°	± 30′	± 20′

Tafel A 1.9a
Allgemeintoleranzen nach DIN 7168 T2 für Gerad- und Ebenheit

Genauig-keitsgrad	Allgemeintoleranz in mm für Geradheit und Ebenheit für Nennmaßbereich in mm								
	bis 6	über 6 bis 30	über 30 bis 120	über 120 bis 400	über 400 bis 1000	über 1000 bis 2000	über 2000 bis 4000	über 4000 bis 8000	über 8000
R	0,004	0,01	0,02	0,04	0,07	0,1	–	–	–
S	0,008	0,02	0,04	0,08	0,15	0,2	0,3	0,4	–
T	0,025	0,06	0,12	0,25	0,4	0,6	0,9	1,2	1,8
U	0,1	0,25	0,5	1,0	1,5	2,5	3,5	5,0	7,0

Tafel A 1.9b
Allgemeintoleranzen nach DIN 7168 T 2 für Symmetrie, sowie Rund- und Planlauf

Genauigkeitsgrad	Symmetrietoleranz mm	Rundlauf- und Planlauftoleranz mm
R	0,3	0,1
S	0,5	0,2
T	1,0	0,5
U	2,0	1,0

Tafel A 1.10
Rundlauf- und Symmetrietoleranzen nach DIN 7168 T2 (Genauigkeitsgrade)

Rundlauftoleranzen rotationssymmetrischer Formelemente zueinander und Planlauftoleranzen in mm		Symmetrietoleranzen nicht rotationssymmetrischer Werkstückformelemente in mm	
02[1]	0,02	02[1]	0,06
01[1]	0,05	01[1]	0,15
A	0,1	A	0,3
B	0,2	B	0,5
C	0,5	C	1,0
D	1,0	D	2,0

1 gilt vorwiegend für die Feinwerktechnik

Tafel A 1.11
Symbole für tolerierte Eigenschaften

	Tolerierte Eigenschaft	Symbol		Tolerierte Eigenschaft	Symbol
Form-tole-ran-zen	Geradheit	—	**Lage-tole-ran-zen**	Parallelität	//
	Ebenheit	▱		Rechtwinkligkeit	⊥
	Rundheit (Kreisform)	○		Neigung (Winkligkeit)	∠
	Zylinderform	⌭		Position	⌖
	Profil einer beliebigen Linie	⌒		Konzentrizität und Koaxialität	◎
	Profil einer beliebigen Fläche	⌓		Symmetrie	⌯
				Lauf (Rundlauf, Planlauf)	↗

Tafel A 1.12
Grundzeichen für Form- und Lagetoleranzen in Zeichnungen

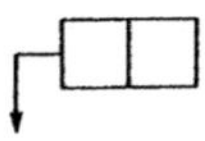	Toleranzrahmen; Bezugspfeil weist auf toleriertes Element hin
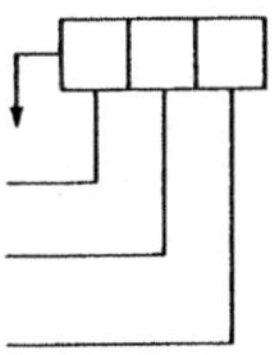	Toleranzrahmen mit zusätzlichem Feld für Hinweise auf das Element: – Symbol für tolerierte Eigenschaften – Toleranzwert mit geltender Maßeinheit – Bezugsbuchstabe für das Element
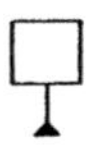	Bezugsdreieck mit Rahmen für das Element
	Rahmen für Kennzeichen theoretischer Maße für die Angabe der geometrisch idealen Lage der Toleranzzone

Tafel A 1.13

Bezugspfeile und Bezugsdreiecke für Form- und Lagetoleranzen

Toleriertes Element	Bezugspfeil	Bezugsdreieck
Fläche oder Linie	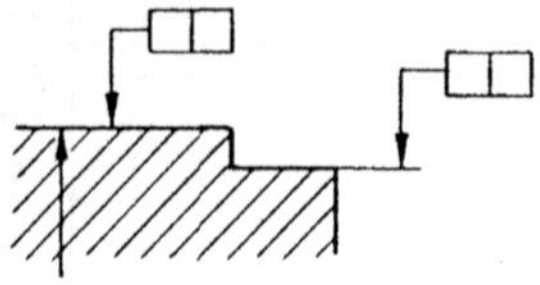	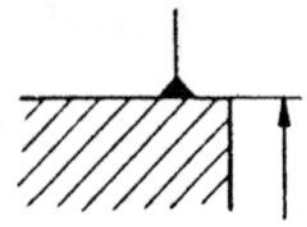 oder 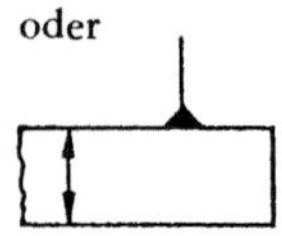 oder 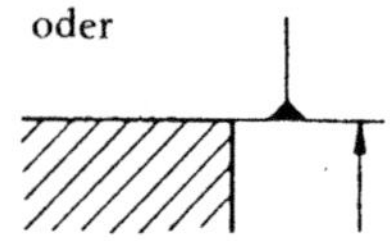
Achse oder Mittelebene	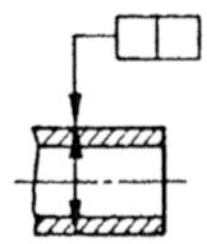 oder 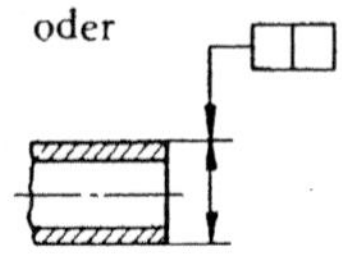	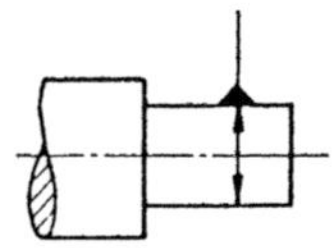 oder 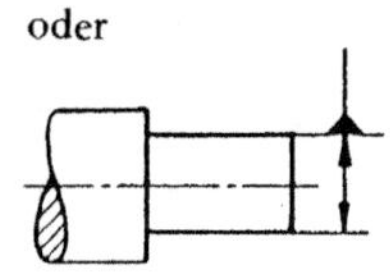
Bei gemeinsamer Mittellinie aller Achsen oder Mittelebenen	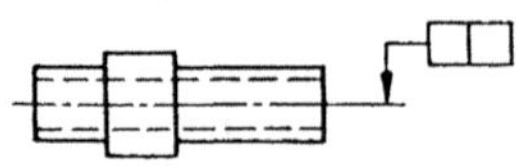	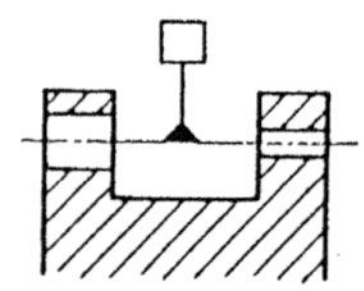

Tafel A 1.14
Nomenklatur für grafische Symbole und Elemente

Benennung	Bemerkung
Bewegungsrichtungen	nach DIN 30 600
Meßrichtung (Wirkrichtung)	nach DIN 30 600
Meßstelle	
Kraftangriffspunkt	
Anschlag	
Skale oder Teilung	Skalenteilungswert
Index	
Strichmarke	
Kugel	
Zylinder	
Bügel	
Hebel	
Drehlager	
Schneidenlager	
Federgelenk	
Kreuzfedergelenk	
Lager mit Luft als Medium	
Innentaster	
Meßwertaufnehmer	Z. B. el = elektrisch
Auflageprisma	
Meßtisch	fest und beweglich
Meßständer	
Meßgerätehalter	
Spitzenbock	variabel in der Spitzenhöhe
Lochblende	nach DIN 30 600
Spaltblende	fest oder einstellbar
optischer Strahlungsfilter oder Streuscheibe für Meßzwecke	aus Glas oder Kunststoff
Planspiegel	Trägerwerkstoff aus Glas, Kunststoff oder Metall
Teil durchlässiger Planspiegel	Trägerwerkstoff aus Glas oder Kunststoff
Planglas	Paßfehler nach DIN 3140 Teil 5
Planparallelglas	
Reflexionsprisma	s. DIN 58 158 Teil 3
Lichtquelle	

Tafel A 1.15
Entstehungsursachen für Maß- und Gestaltabweichungen
(z. B. nach Bild 1.15)

Symbol	**Benennung**	**Entstehungsursache**
D	Maßabweichung	• Werkzeugeinstellung • Trend (in der Maßhaltigkeit)
◎	Lageabweichung	• Lagerspiel • Führungsspiel
⌭	Formabweichung	• Werkzeugführung • Werkstückspannung
$\sqrt{R_z}$	Rauheitsabweichung	• Fertigungsbedingungen • Schwingungen

Tafel A 1.16
Mögliche Ursachen für die Arbeitsunsicherheit von Werkzeugmaschinen

Arbeitsunsicherheit von Werkzeugmaschinen durch			
Maschinenelemente	**Steuerung**	**Zerspannungs-bedingungen**	**Umwelteinflüsse**
Führungsbahnen	Meßsysteme	Spannelemente	Temperatur
Lagerungen	Lagereglungen	Werkzeugart	Schwingungen
Antrieb	Übertragungsglieder	Schnittgeschwindig-keit	Bedienung

Tafel A 2.1a
Genauigkeitsgrad und zugeordnete Abweichungen von Parallelendmaßen

Genauigkeitsgrad	Mittenmaßabweichung f_m in μm	Abweichung des Maßes an beliebiger Stelle der Meßfläche f_b in μm
0	$\pm (0{,}1 + 0{,}002 \cdot l)$	$\pm (0{,}1 + 0{,}000\,14 \cdot l)$
I	$\pm (0{,}2 + 0{,}005 \cdot l)$	$\pm (0{,}16 + 0{,}000\,25 \cdot l)$
II	$\pm (0{,}5 + 0{,}01 \cdot l)$	$\pm (0{,}25 + 0{,}000\,45 \cdot l)$
III	$\pm (1{,}0 + 0{,}02 \cdot l)$	$\pm (0{,}5 + 0{,}0008 \cdot l)$

l = Länge eines Parallelendmaßes

Tafel A 2.1b
Endmaßfehler f_b (Mahr)

Nennmaß mm	Zulässiger Endmaßfehler f_b					
	Gen.-Grad 0		Gen.-Grad I		Gen.-Grad II	
	nach DIN ± μm	* Mahr-Genauigkeit ± μm	nach DIN ± μm	*Mahr-Genauigkeit ± μm	nach DIN ± μm	* Mahr Genauigkeit ± μm
0,1	–	–	0,20	0,15	0,50	0,30
0,5	0,10	0,10	0,20	0,15	0,50	0,30
10	0,12	0,10	0,25	0,15	0,60	0,30
20	0,14	0,10	0,30	0,15	0,70	0,30
30	0,16	0,10	0,35	0,15	0,80	0,30
40	0,18	0,12	0,40	0,18	0,90	0,35
50	0,20	0,14	0,45	0,20	1,00	0,40
60	0,22	0,16	0,50	0,25	1,10	0,50
70	0,24	0,18	0,55	0,30	1,20	0,60
80	0,26	0,20	0,60	0,35	1,30	0,70
90	0,28	0,22	0,65	0,40	1,40	0,80
100	0,30	0,25	0,70	0,45	1,50	0,90

Bezugstemperatur 20 °C

Tafel A 3.1a
Berechnung der Grenzlehrenmaße (Mahr)

Bohrungslehren bis 180 mm Durchmesser

Da sich die **Gutseite** beim Gebrauch abnutzt, wird sie von Anfang an etwas größer als das gutseitige Grenzmaß hergestellt, nämlich um den Betrag z. Von diesem Maß aus ist für die neue Lehre nach oben und unten eine kleine Herstelltoleranz $\pm H/2$ zugelassen. Im Laufe ihres Gebrauches kommt die Lehre auf das gutseitige Grenzmaß und darf sich darüber hinaus bei der Prüfung von Werkstücken bis zur 8. Qualität noch um den Betrag y abnutzen.

Die **Ausschußseite** darf von dem ausschußseitigen Grenzmaß ebenfalls um die Herstelltoleranz $\pm H/2$ (bzw. $\pm H_S/2$ bei Kugelendmaßen) abweichen.

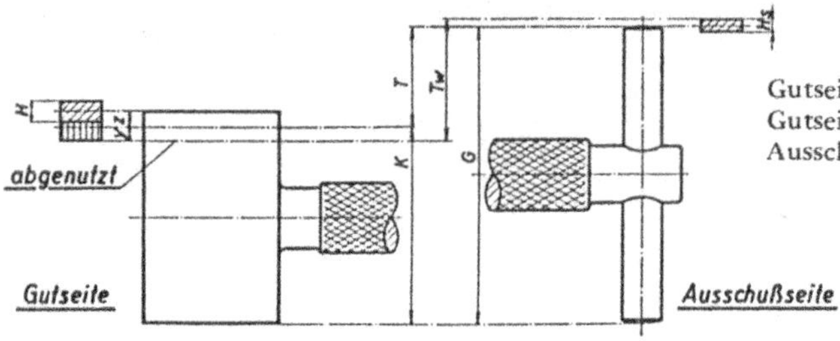

Gutseite neu: $(K + z) \pm H/2$
Gutseite abgenutzt: $K - y$
Ausschußseite: $G \pm H/2$ bzw. $\pm H_S/2$

Herstelltoleranz H, Hs — *T = nominelle Toleranz des Werkstückes*
zulässige Abnutzung — *Tw = wirkliche " " "*
G, K = Bohrung-Größt- bezw. Kleinstmaß

Bohrungslehren über 180 mm Durchmesser

Für Durchmesser über 180 mm trägt das Lehren-System der erhöhten Prüfunsicherheit besonders Rechnung, damit die Bohrungsgrenzmaße nicht überschritten werden. Die getroffenen Maßnahmen bestehen darin, daß man das Maß der abgenützten **Gutseite** im Gegensatz zu den Durchmessern bis 180 mm, um den Unsicherheitswert α verringert. Die **Ausschußseite** wird schon bei der Herstellung um den Betrag α kleiner gehalten.

Unsicherheitswerte α für Bohrungs- und α_1 für Wellenlehren.

Werte in $\mu m = {}^1/_{1000}$ mm

Qualität des Werkstücks	Nennmaßbereich in mm			
	über 180–250	über 250–315	über 315–400	über 400–500
5	1	1,5	2,5	3
6	2	3	4	5
7	3	4	6	7
8 und 9	4	6	7	9
10	7	9	11	14
11	10	15	15	20
12	15	20	30	35
13	25	35	45	55

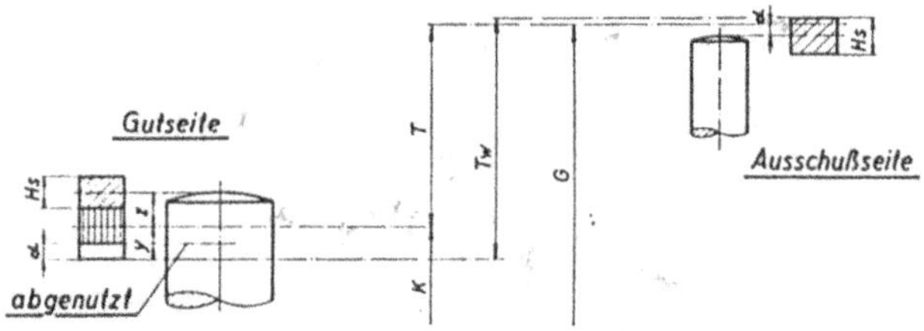

Gutseite neu: $(K + z) \pm H_S/2$ (bzw. $\pm H/2$, wenn kein Kugelendmaß)

Gutseite abgenutzt: $K - y + \alpha$

Ausschußseite: $(G - \alpha) \pm H_S/2$ (bzw. $\pm H/2$, wenn kein Kugelendmaß)

Herstelltoleranz Hs — *T = nominelle Toleranz des Werkstückes*
zulässige Abnutzung — *Tw = wirkliche " " "*
G, K = Bohrung-Größt- bezw. Kleinstmaß

Tafel A 3.1b
Berechnung der Grenzlehrenmaße (Mahr)

Wellenlehren bis 180 mm Durchmesser

Da sich die **Gutseite** beim Gebrauch abnutzt, wird sie von Anfang an etwas größer als das gutseitige Grenzmaß hergestellt, nämlich um den Betrag z_1. Von diesem Maß aus ist für die neue Lehre nach oben und unten eine kleine Herstelltoleranz $\pm H_1/2$ zugelassen. Im Laufe ihres Gebrauches kommt die Lehre auf das gutseitige Grenzmaß und darf sich darüber hinaus bei der Prüfung von Werkstücken bis zur 8. Qualität noch um den Betrag y_1 abnutzen.

Die **Ausschußseite** darf von dem ausschußseitigen Grenzmaß ebenfalls um die Herstelltoleranz $\pm H_1/2$ (bzw. $\pm H_p/2$ bei Kugelendmaßen) abweichen.

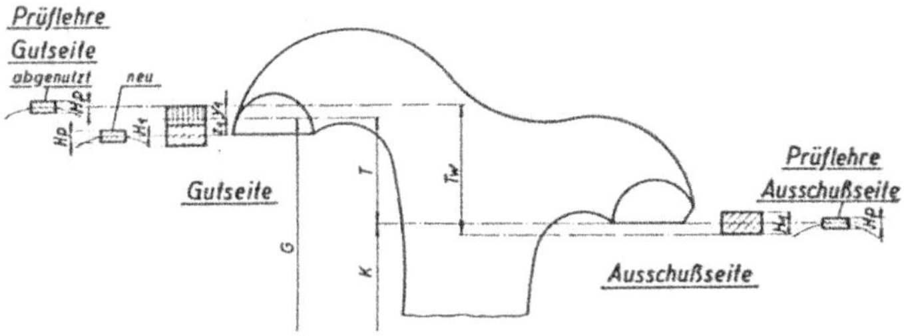

Herstelltoleranz H_1 — T = nominelle Toleranz des Werkstückes

" der Prüflehren — Tw = wirkliche " " "

zulässige Abnutzung — G, K = Wellen-Größt- bzw. Kleinstmaß

Gutseite neu:	$(G - z_1) \pm H_1/2$ (bzw. $\pm H_p/2$ für die Prüflehre)
Gutseite abgenutzt:	$G + y_1$ ($\pm H_p/2$ für die Prüflehre)
Ausschußseite:	$K \pm H_1/2$ (bzw. $\pm H_p/2$ für die Prüflehre)

Wellenlehren über 180 mm Durchmesser

Der größeren Prüfunsicherheit wegen wird das Maß der abgenutzten Gutseite um den Unsicherheitswert α_1 (s. Unsicherheitswerte in Tafel A 3.1a) verringert, während die Ausschußseite um α_1 größer gehalten wird als das ausschußseitige Grenzmaß.

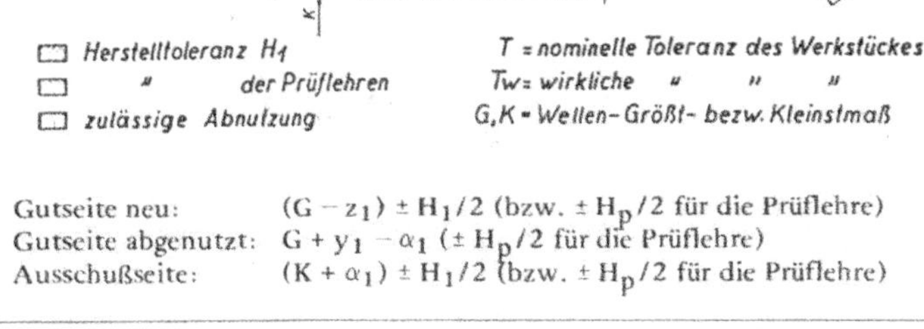

Herstelltoleranz H_1 — T = nominelle Toleranz des Werkstückes

" der Prüflehren — Tw = wirkliche " " "

zulässige Abnutzung — G, K = Wellen-Größt- bzw. Kleinstmaß

Gutseite neu:	$(G - z_1) \pm H_1/2$ (bzw. $\pm H_p/2$ für die Prüflehre)
Gutseite abgenutzt:	$G + y_1 - \alpha_1$ ($\pm H_p/2$ für die Prüflehre)
Ausschußseite:	$(K + \alpha_1) \pm H_1/2$ (bzw. $\pm H_p/2$ für die Prüflehre)

Tafel A 4.1
Anwendungsbeispiele von Digitalmeßschiebern

	**Messung des Istmaßes** Außenmaße
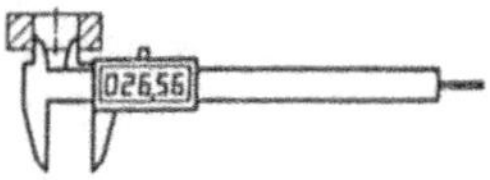	Innenmaße
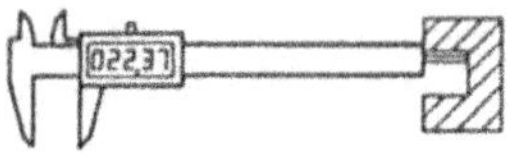	Tiefen
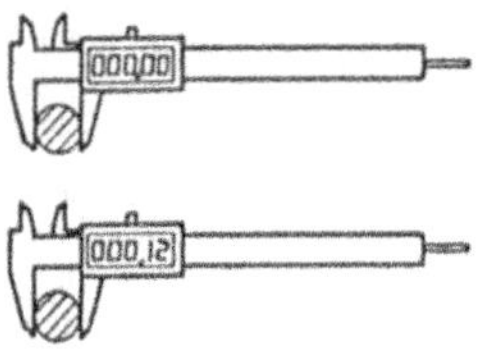	**Messung des Abmaßes** Sollmaß einstellen, nullen, Vergleichsmessung durchführen
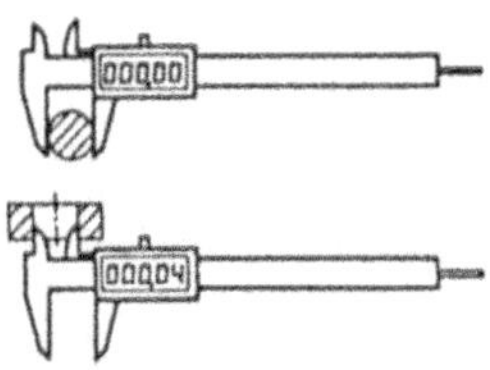	**Messung des Paarungsspiels** z. B. zwischen Welle und Bohrung Welle messen, nullen, Bohrung messen, Paarungsspiel ablesen
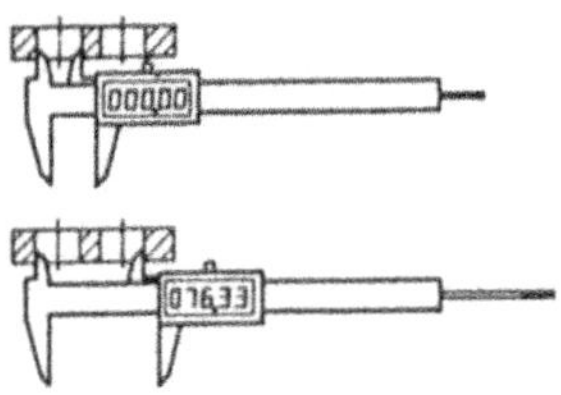	**Messung des Lochmittenabstandes** von Bohrungen gleichen Durchmessers Eine Bohrung messen, nullen, größte Entfernung messen, Lochmittenabstand ablesen
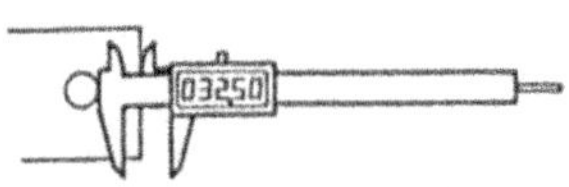	**Messung von Abständen** z. B. eines Bolzens von einer Kante
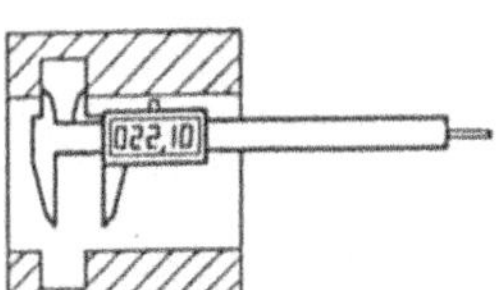	**Messung an schwer zugänglichen Stellen** z. B. Einstichbreite in Bohrungen, besonders dann, wenn Feststellschraube nicht mehr erreicht werden kann Messen, nullen, Meßschenkel schließen, Maß an geschlossenem Meßschieber ablesen
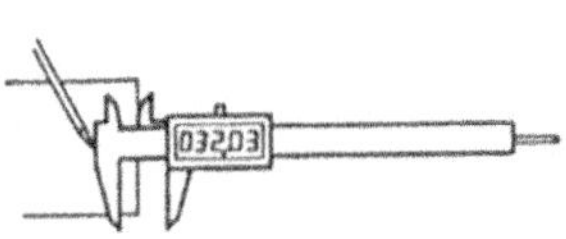	**Anreißen von Werkstücken**

Tafel A 4.2.a
Anwendungsbeispiele für berührungsloses Messen

a) Kegelmessung

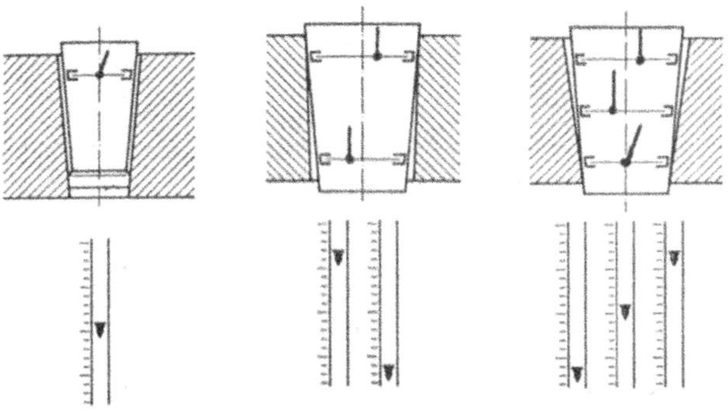

Kegelmessung mit 1, 2 oder 3 Meßstellen.

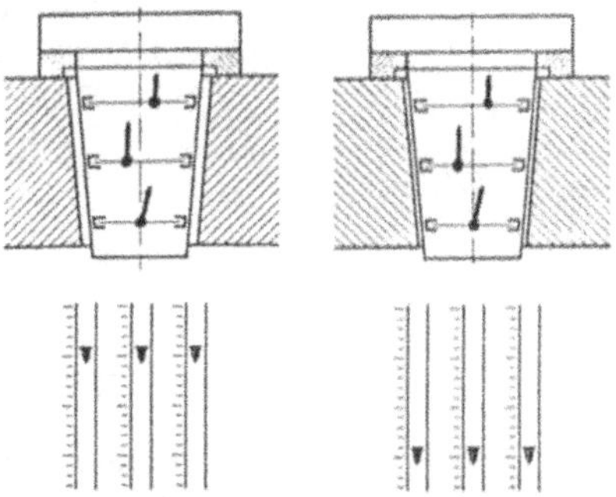

Kegelmessung mit Stirnanschlag

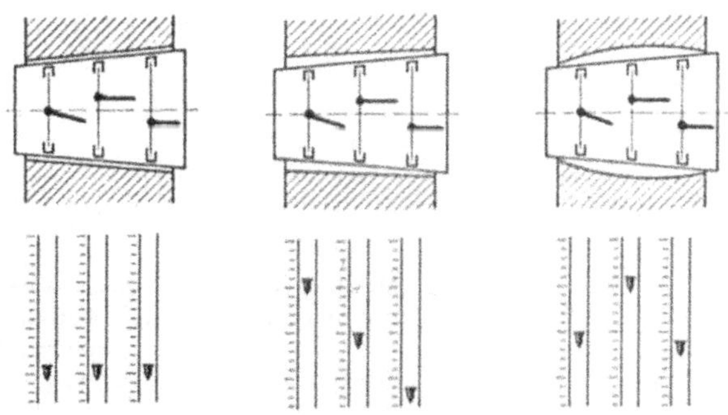

a b c

Normale Fehler

a) Kegel in Ordnung – alle 3 Anzeigen stehen in gleicher Höhe
b) Steigungsfehler (Winkel zu klein) äußere Anzeige steht höher/tiefer
c) Kegel bombiert – mittlere Anzeige steht höher.

Tafel A 4.2b
Anwendungsbeispiele für berührungsloses Messen

b) Prüfen von koaxialen Bohrungen

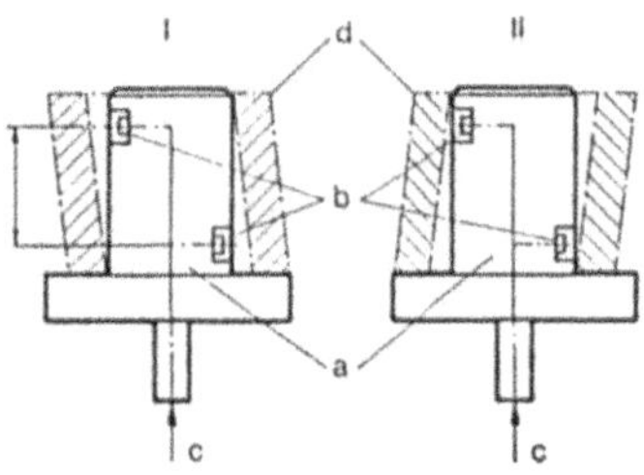

Meßeinrichtung mit einem Düsenpaar zur Prüfung des Stirnschlages von Bohrungen in zwei verschiedenen Meßstellungen I und II
a Prüfdorn, b Meßdüsen, c Prüfluft, d Werkstück (um 180° versetzt)

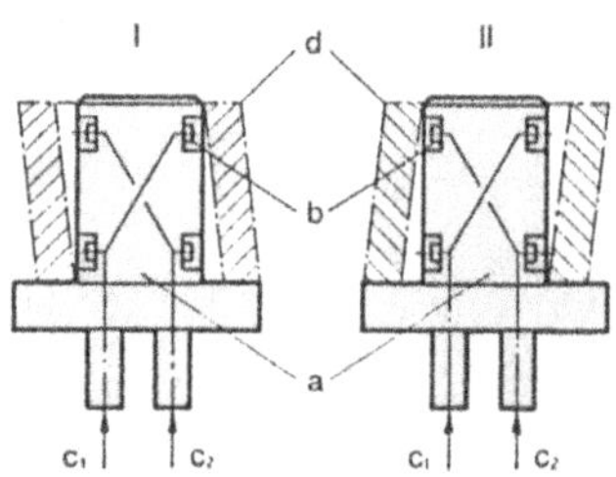

Einrichtung mit zwei Düsenpaaren zur Prüfung und direkten Ablesung des Stirnschlages von Bohrungen in zwei verschiedenen Meßstellen I und II
a Prüfdorn, b Meßdüsen, c_1 und c_2 Prüfluft zu den Ableseskalen 1 und 2, d Werkstück
(um 180° versetzt)

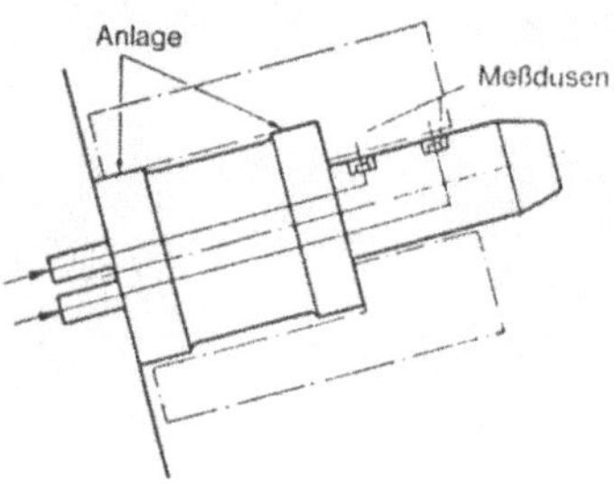

Prüfung des Radial- und Taumelschlags zweier Bohrungen (bei Aufnahme des Werkstücks in einem Schrägständer erfolgt die Führung durch Eigengewicht)

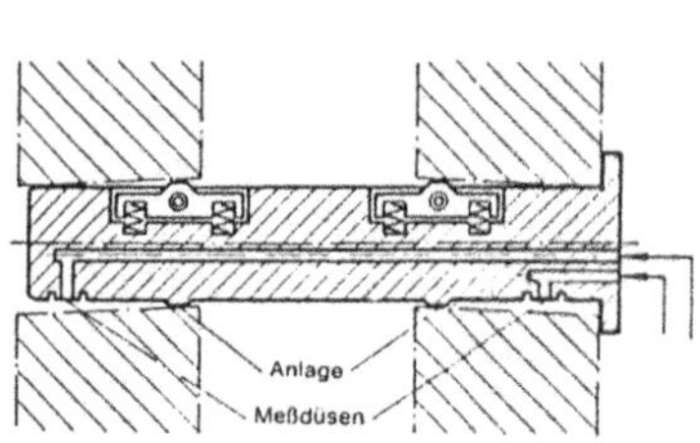

Messung der Abweichungen zweier Bohrungen (Anzeigen geben Aufschluß über Größe und Richtung der Fehler). Bewegen sich beim Drehen die Anzeigewerte in gleicher Richtung, so ist ein Winkelfehler vorhanden, bewegen sie sich entgegengesetzt, so sind die Bohrungsachsen parallel, aber zueinander versetzt.

Tafel A 6.1
Beispiele für das Eintragen von Kennzeichen für geometrische Elemente nach DIN 406 T 4

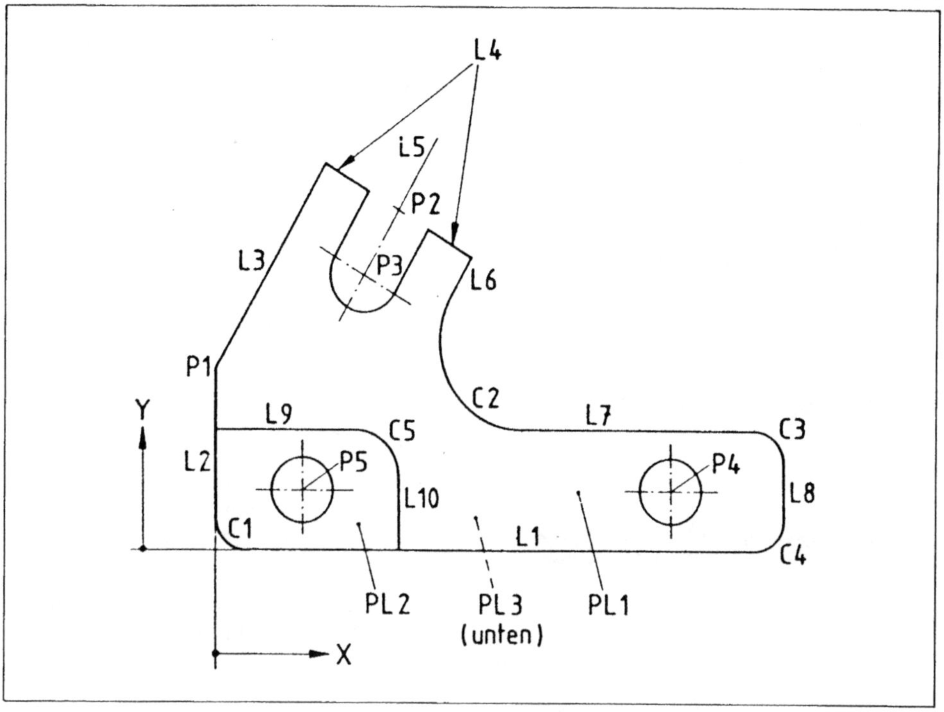

Tafel A 6.2
Geometrische Elemente und deren Kurzzeichen

Benennung	Kurz-zeichen
Punkt	P
Punktmuster	PA
Gerade	L
Ebene Fläche	PL
Vektor	V
Kreis	C
Zylinder	CY
Kugel	SH
Kegel	CN

Benennung	Kurz-zeichen
Elipse	EL
Hyperbel	HY
angepaßter Kegelschnitt	LC
allgemeiner Kegelschnitt	GC
Fläche 2. Ordnung	Q
einfach gekrümmte Fläche	TA
Matrix	MX
mehrfach gekrümmte Fläche	SS
Regelfläche	RS

Tafel A 7.1
Ordnungssystem für Gestaltabweichungen nach DIN 4760

Gestaltabweichung (als Profilschnitt überhöht dargestellt)		Beispiele für die Art der Abweichung	Beispiele für die Entstehungsursache
1. Ordnung: Formabweichungen 		Unebenheit Unrundheit	Fehler in den Führungen der Werkzeugmaschine, Durchbiegung der Maschine oder des Werkstückes, falsche Einspannung des Werkstückes, Härteverzug, Verschleiß
2. Ordnung: Welligkeit 		Wellen	Außermittige Einspannung oder Formfehler eines Fräsers, Schwingungen der Werkzeugmaschine oder des Werkzeuges
3. Ordnung: 		Rillen	Form der Werkzeugschneide, Vorschub oder Zustellung des Werkzeuges
4. Ordnung: 	Rauheit	Riefen Schuppen Kuppen	Vorgang der Spanbildung (Reißspan, Scherspan, Aufbauschneide), Werkstoffverformung beim Sandstrahlen, Knospenbildung bei galvanischer Behandlung
5. Ordnung: nicht mehr in einfacher Weise bildlich darstellbar		Gefügestruktur	Kristallisationsvorgänge, Veränderung der Oberfläche durch chemische Einwirkung (z. B. Beizen), Korrosionsvorgänge
6. Ordnung: nicht mehr in einfacher Weise bildlich darstellbar		Gitteraufbau des Werkstoffes	Physikalische und chemische Vorgänge im Aufbau der Materie, Spannungen und Gleitungen im Kristallgitter
		Überlagerung der Gestaltabweichungen 1. bis 4. Ordnung	

Tafel A 7.2

Beispiele für Formabweichungen (Mahr)

	Symbol	Toleranzzone	Zeichnungseintragung	Erläuterung
Form	— Geradheit	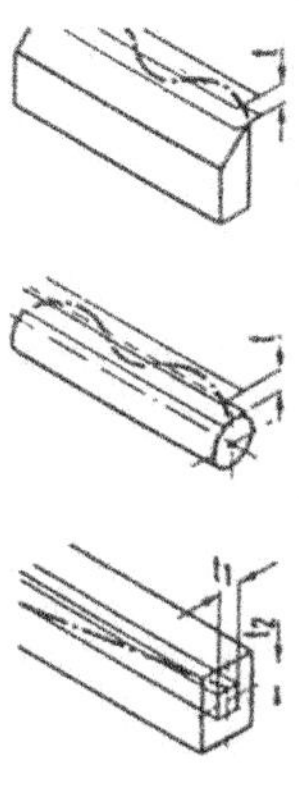	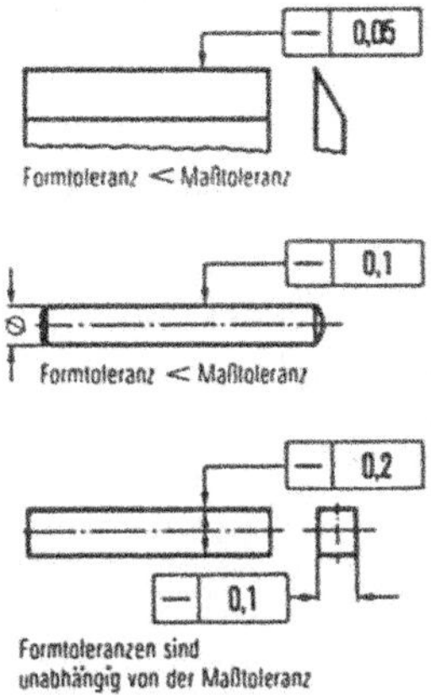	Die Kanten oder Mantellinien der tolerierten Elemente dürfen die vorgegebenen Toleranzzonen nicht überschreiten. Die Toleranzzonen werden in Pfeilrichtung im Abstand t (z. B. 0,05 bzw. 0,1 mm) von zwei parallelen Ebenen begrenzt **Achtung: Mittelebenen und Achsen sind meßtechnisch schwer zu erfassen. Deshalb sollten bei z. B. rotationssymmetrischen Teilen besser die Geradheit der Zylinder-Mantellinien toleriert werden.** Achstolerierung bei rechteckigen, quadratischen oder runden Toleranzzonen; Die Achsen des tolerierten Elementes müssen innerhalb eines Quaders (oder Zylinders) liegen, im Beispiel mit $t_1 = 0{,}1 \cdot t_2 = 0{,}2$ mm Seitenlängen. Kombinationen Maßtoleranz (t.) · Freimaßtoleranz (t_2) sind zulässig. *Bezeichnung alt: zul. Ungeradheit tg; Toleranzwert t unverändert, t = Tg*
	 Zylinderform	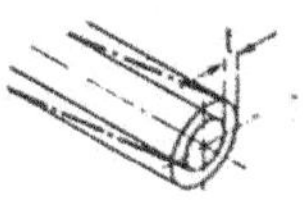	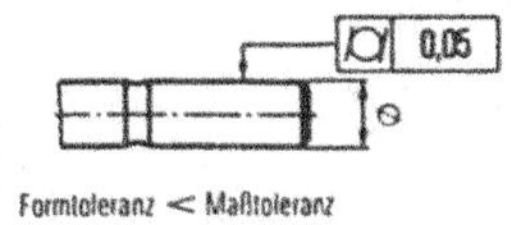	Die tolerierte Mantelfläche muß zwischen zwei koaxialen Zylindern mit dem radialen Abstand t (z. B. 0,05 mm) liegen. *Bezeichnung alt: zul. Unzylindrizität Tz; Toleranzwert t verändert, t =Tz/2*
	 Rundheit	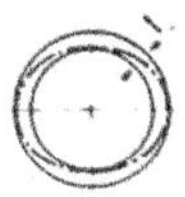	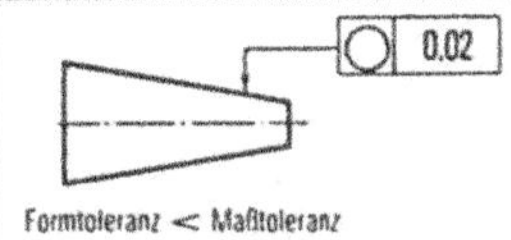	Die Umfangslinie (oder Kante) jedes Querschnittes muß in einem Kreisring mit der Breite t (z. B. 0,02 mm) liegen. *Bezeichnung alt: zul. Unrundheit Tk; Toleranzwert t verändert, t = Tk/2*
	 Linienform	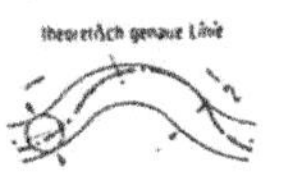	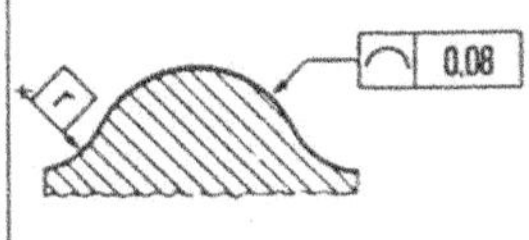	Das tolerierte Profil muß zwischen zwei Hüllinien liegen, deren Abstand durch Kreise mit Durchmesser t (z. B. 0,08 mm) begrenzt wird. Die Kreismittelpunkte liegen auf der geometrisch idealen Linie. *Bezeichnung alt: keine Norm.*
	 Flächenform	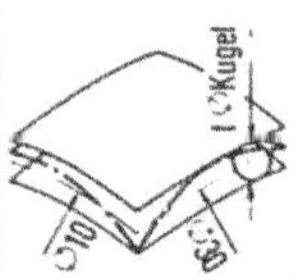	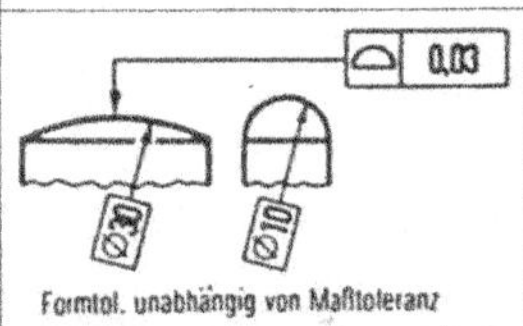	Die tolerierte Fläche muß zwischen zwei Hüllflächen liegen, deren Abstand durch Kugeln mit Durchmesser t (z. B. 0,03 mm) begrenzt wird. Die Mittelpunkte der Kugeln liegen auf der geometrisch idealen Fläche. *Bezeichnung alt: keine Norm.*
	 Ebenheit	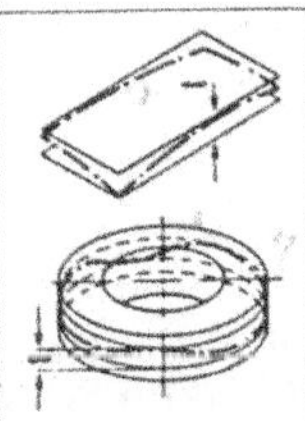	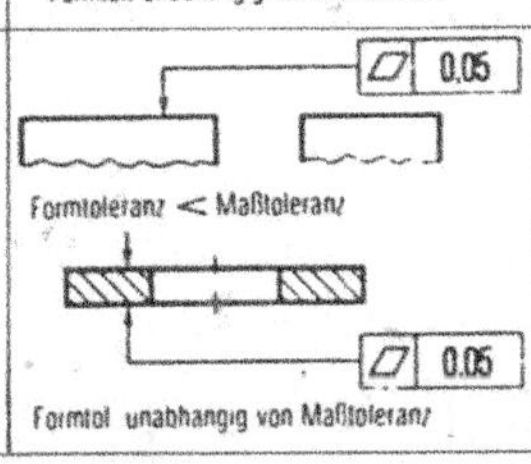	Die tolerierte Fläche muß zwischen zwei parallelen Ebenen mit dem Abstand t (z. B. 0,05 mm) liegen. *Bezeichnung alt: zul. Unebenheit Te; Toleranzwert t unverändert, t = Te*

Die Formabweichungen werden in sechs Gruppen unterteilt:

1. Geradheit	3. Rundheit	5. Flächenform
2. Zylinderform	4. Linienform	6. Ebenheit

Tafel A 7.3

Beispiele für Lagenabweichungen (Mahr)

	Symbol	Toleranzzone	Zeichnungseintragung	Erläuterung
Richtungsabweichungen	Parallelität //	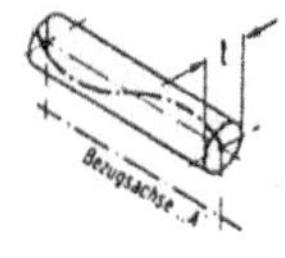	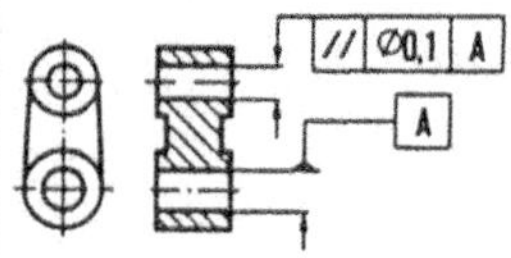	Parallelität der beiden Bohrungsachsen
	Recht-winkligkeit ⊥	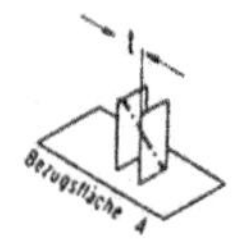	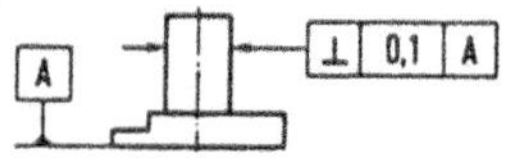	Rechtwinkligkeit der Bolzenachse zur Bezugsfläche „A"
	Neigung (Winkligkeit) ∠	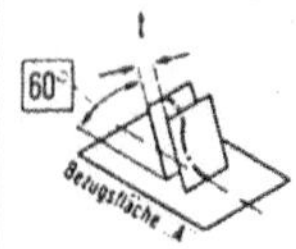	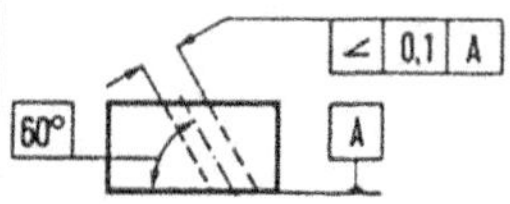	Neigung der Bohrungsachse zur Bezugsfläche „A"
Ortsabweichungen	Position ⌖	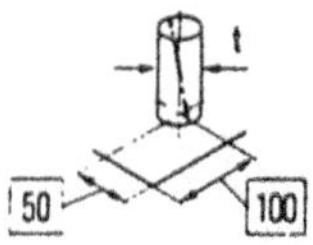	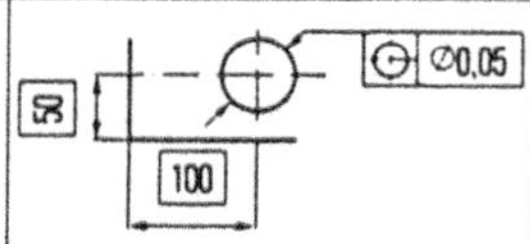	Position der Bohrungsachse zu den tolerierten Außenflächen
	Koaxialität ◎	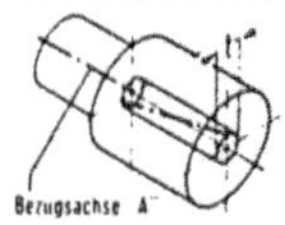	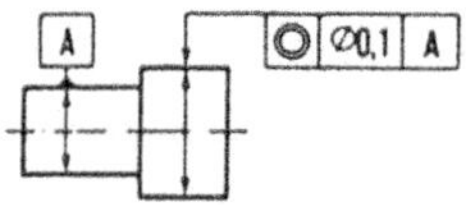	Koaxialität der tolerierten Achse zur Bezugsachse „A"
	Konzen-trizität	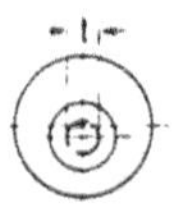	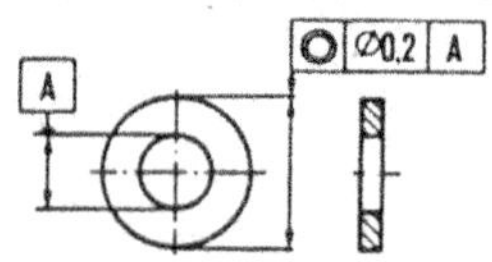Koaxialität und Konzentrizität sind unabhängig von der Maßtoleranz	Konzentrizität der Achse des Außendurchmessers zur Bezugsachse der Bohrung „A"
	Symmetrie ⌯	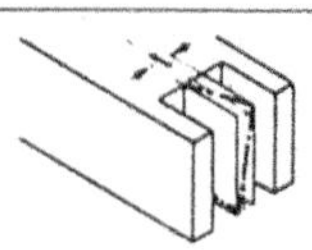	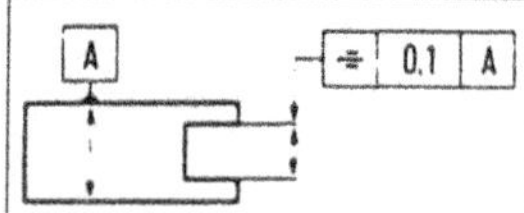	Lage der Mittelebene der Nut zur Mittelebene des Bezugselementes
Laufabweichungen	Planlauf ↗	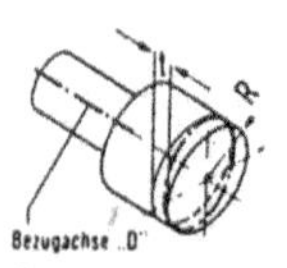	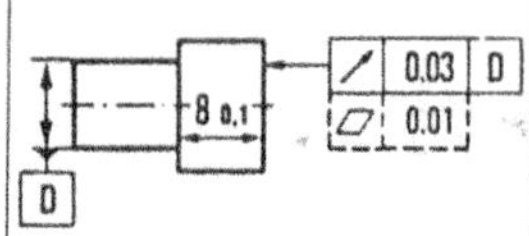Planlauftoleranz < Maßtoleranz	Planlaufabweichung der tolerierten Planfläche zur Achse des Bezugsdurchmessers „D"
	Rundlauf ⌰	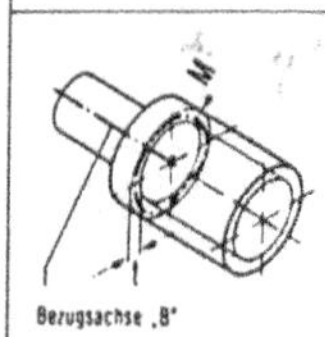	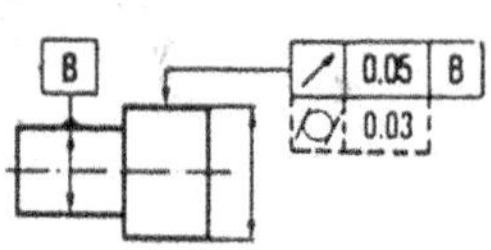	Rundlaufabweichung des tolerierten Durchmessers zur Achse des Bezugsdurchmessers „B"

Tafel A 7.4
Zusätzliche Symbole für Lageabweichungen

Beschreibung		Symbole
Kennzeichnung des tolerierten Elements	direkt	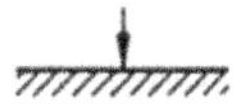
	mit Buchstabe	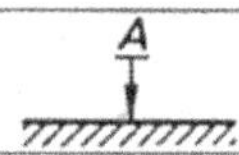
Kennzeichnung des Bezugselements	direkt	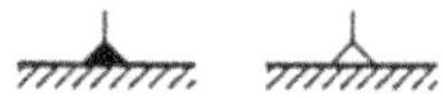
	mit Buchstabe	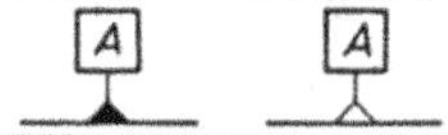
Bezugsstelle nach DIN ISO 5459		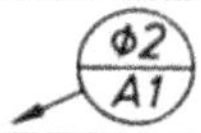
Theoretisch genaues Maß		50 (eingerahmt)
Projizierte (vorgelagerte) Toleranzzone		Ⓟ 1)
Maximum-Material-Bedingung		Ⓜ 1)
Hüllbedingung		Ⓔ 1)

1) Die Symbole Ⓟ, Ⓜ und Ⓔ weisen den Fertiger des Einzelteiles u.a. darauf hin, daß das so gekennzeichnete Element mit einem entsprechenden Element am Gegenstück gepaart wird.

Tafel A 7.5
Beispiele für Gestaltabweichungen 4. Ordnung nach DIN 4761

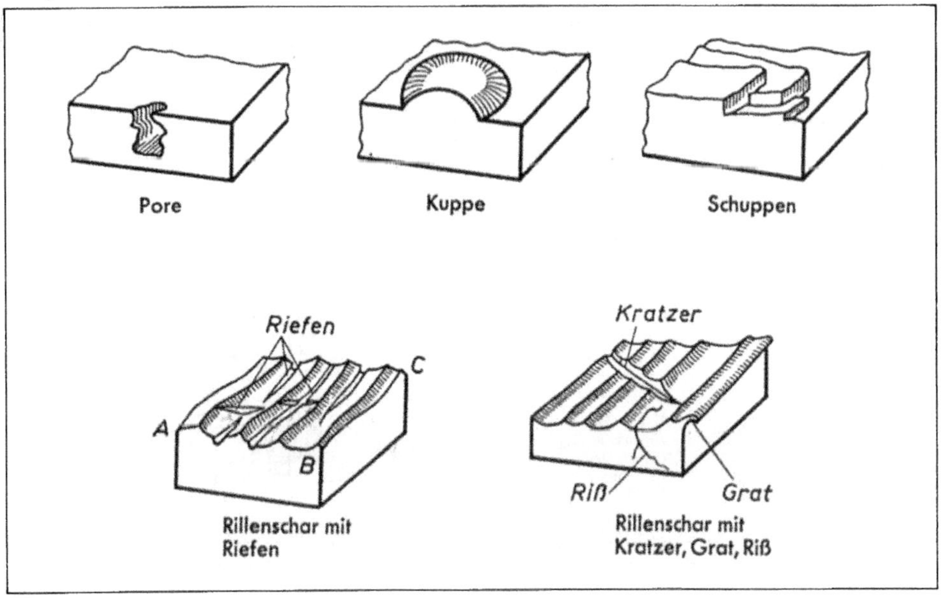

Tafel A 7.6
Oberflächenmeßgrößen

Zeichen	Benennung	Norm	Auswertung	
R_z	Gemittelte Rauhtiefe	DIN 4768 Blatt 1	$R_z = \frac{1}{5}(Z_1 + Z_2 + Z_3 + Z_4 + Z_5)$ Arithmetisches Mittel der Werte Z_1 bis Z_5 des nach DIN 4768 Bl. 1 gefilterten Profils.	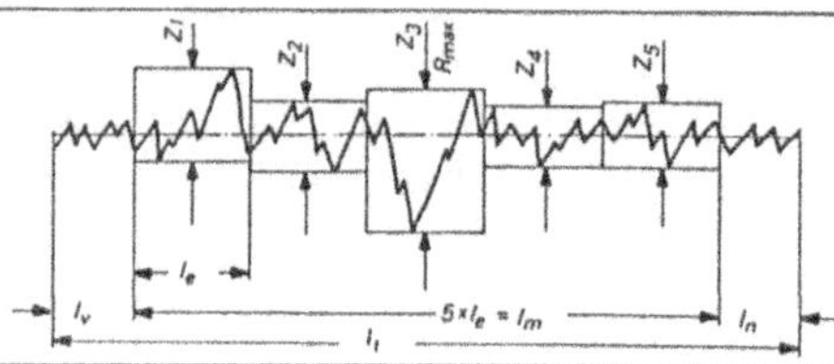
R_{max}	Maximale Rauhtiefe	DIN 4768 Blatt 1	Größter der innerhalb der Gesamtmeßstrecke *lm* vorkommenden Werte Z_1 bis Z_5 des nach DIN 4768 Bl. 1 gefilterten Profils.	
R_a	Mittenrauhwert	DIN 4768 Blatt 1	$R_a = \frac{1}{l_m} \int_{x=0}^{x=l_m} \lvert y \rvert \, dx$ Das arithmetische Mittel der absoluten Beträge aller Profilordinaten innerhalb der Gesamtmeßstrecke l_m nach dem Ausfiltern von Formabweichungen und gröberen Anteilen der Welligkeit	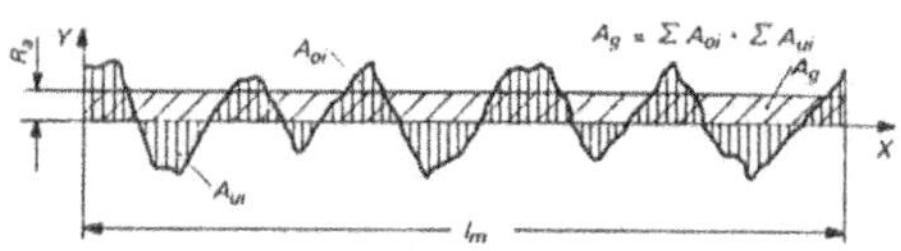
W_t	Wellentiefe		Höhe des Profils innerhalb der Welligkeitsmeßstrecke l_{mw} nach dem Ausfiltern der Rauheit.	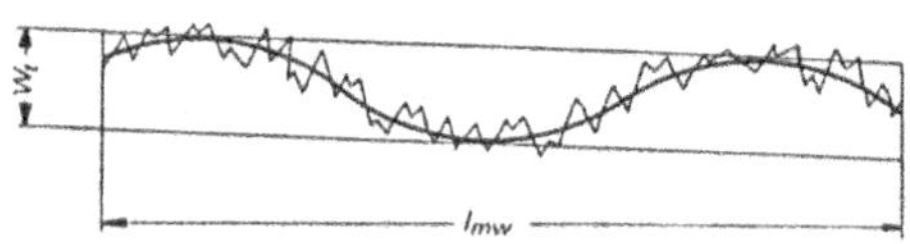
P_t	Profiltiefe	DIN 4771	Tiefe des *ungefilterten* Profils innerhalb der Bezugsstrecke *l*. Die Länge der Bezugsstrecke *l* wird zusammen mit dem Kurzzeichen P_t angegeben	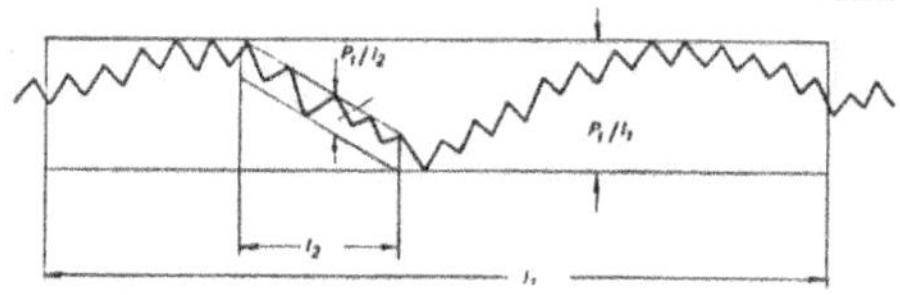
M_r t_p (alt)	Materialanteil Traganteil		Verhältnis der Summe der Schnittlängen l_{ci} zur Meßstrecke *l*, wenn das ungefilterte Profil im Abstand c vom höchsten Profilpunkt geschnitten wird. Der Abstand c in µm wird beim Kurzzeichen angegeben, z.B. $M_{p\,0,5}$	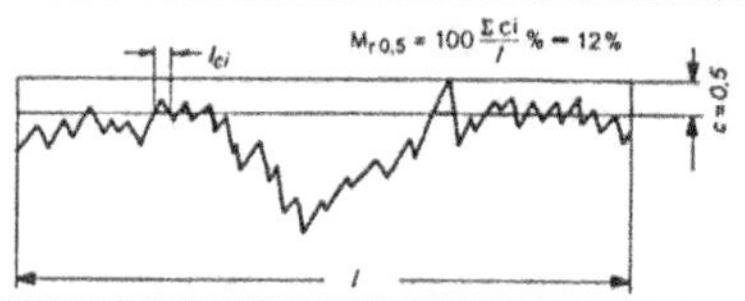
M_r-Kurve	Profiltraganteil-Kurve		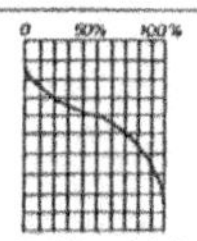 Kurve der Profiltraganteile über den Abständen c aufgetragen.	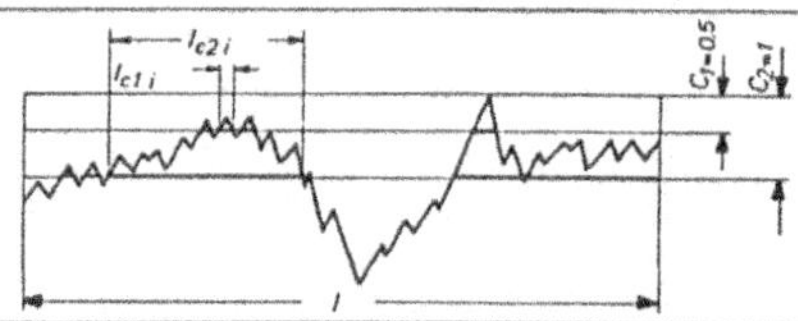
R_p	Glättungstiefe	DIN 4762 Blatt 1	$R_p = \frac{1}{l} \int_{x=0}^{x=l} y_i \, dx$ Mittlerer Abstand zwischen Bezugs- und Ist-Profil.	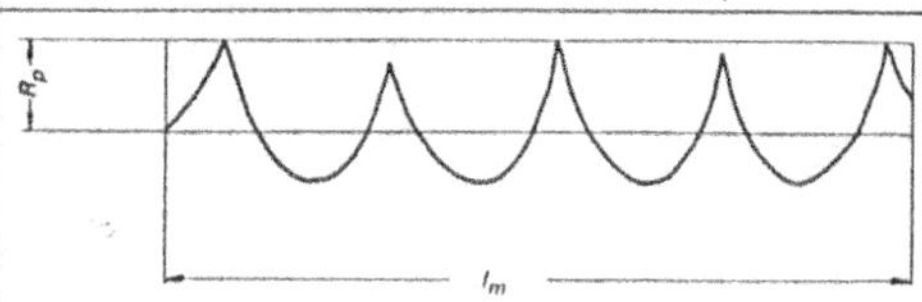
R_k	Kernrauhtiefe	DIN 4776	R_k ist die Tiefe des Rauheitskernprofils.	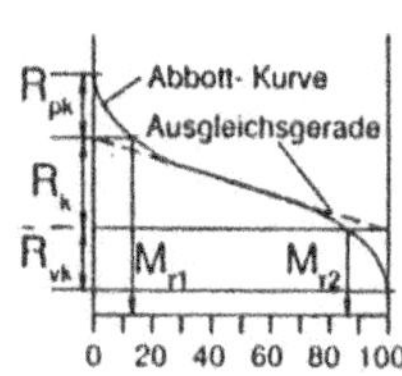
R_{pk}	Reduzierte Spitzenhöhe		R_{pk} ist die gemittelte Höhe der aus dem Kernbereich herausragenden Spitzen.	
R_{vk}	Reduzierte Riefentiefe		R_{vk} ist die gemittelte Tiefe der aus dem Kernbereich herausragenden Riefen.	
M_{r1}, M_{r2}	Materialanteil		M_{r1} und M_{r2} bezeichnen den kleinsten und größten Materialanteil des Rauheitskernprofils.	

Tafel A 7.7
Systematische Übersicht von Normen und VDI-Richtlinien für die Oberflächengestaltung

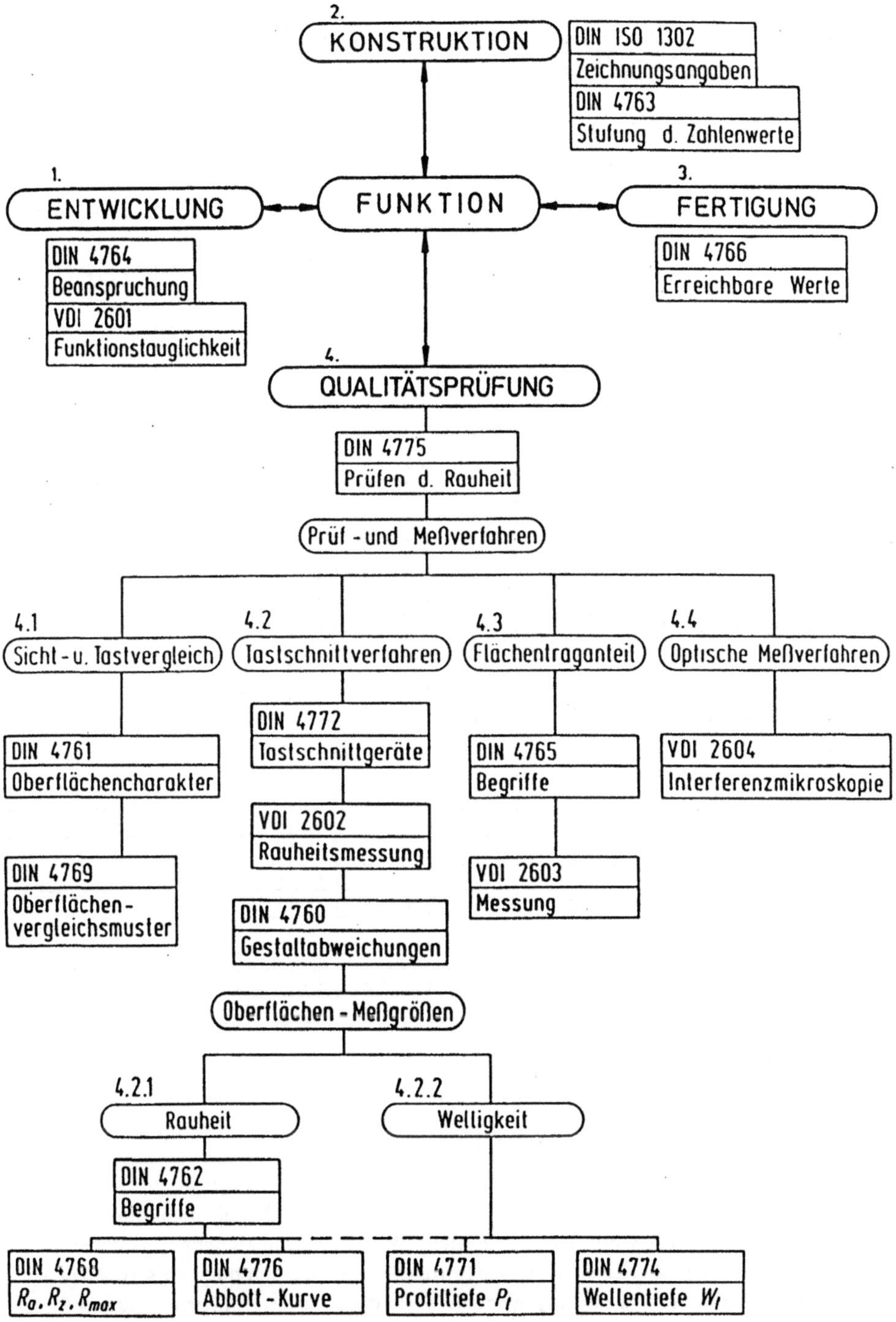

Tafel A 7.8

Anforderungen an die Oberflächengestalt zur Sicherung der Funktionstauglichkeit spanend hergestellter Flächen (nach VDI/VDE 2601 Bl. 1)

Empfehlungen über Zeichnungsangaben von Gestaltabweichungen zur Sicherung der Funktionstauglichkeit bei spanend hergestellten Flächen. Je nach Anforderungen ist zu entscheiden, welche der in der Tafel angegebenen Meßgrößen entfallen können.

Benennung	Lageabweichung	Formabweichung	Makroprofiltraganteil	mittlerer Wellenabstand	Wellentiefe	gemittelte Rauhtiefe oder arithmetischer Mittenrauhwert	maximale Rauhtiefe		Rillenrichtung	mittlerer Rillenabstand	Rillenform	
Meßgröße, Angabe / Art der Funktionsfläche nach DIN 4764	// ⊥ ∠ ⌯ ◎ ↗	— ○ ⌒ ⌭ ▱ ⌓	t_{pa}	A_w	W_t	R_z oder R_a	R_{max}	$\frac{R_{max}}{R_z}$	= ⊥ X M C R	A_r	$\frac{R_p}{R_z}$	besondere Angaben
Blickfläche, blank (scharfglanz)					+	+				+ 1)	+ 2)	+ 3)
Blickfläche, eloxiert					+	+				+ 1)		+ 3)
Schichtgrundfläche, für Glanzlack					+	+					+ 4)	+ 3)
–, für Strukturlack					+	+				+ 1)		+ 3)
–, für galvanische Schichten					+	+				+ 1)	+ 4)	+ 3)
Spannungsgrenzfläche, statisch						+						
–, dynamisch							+	+	+ 5)			+ 6)
Stützfläche, Klemmfläche	+	+	+			+						
Dichtfläche, ruhend mit und ohne Dichtmittel		+	+		+ 7)	+	+ 7)		+ 8)			+ 9)
Dichtfläche, translatorisch bewegt, gegen Packung	+	+			+ 7)	+	+ 7)					+ 9)
–, rotatorisch bewegt, gegen Packung oder Radialrichtung	+	+				+			+ 8)			+ 9)
Richtfläche	+	+				+						
Spielpaßfläche, ruhend oder bewegt	+	+			+	+						
Preßpaßfläche		+				+						
Schrumpfpaßfläche				+	+	+						
Verbindungsfläche, Kleben		+				+ 10)						
Stoßfläche	+	+				+						
Meßfläche	+	+			+	+						
Trockengleitfläche	+	+		+	+	+						
Schmiergleitfläche	+	+			+ 11)	+			+		+	
–, mit Dichtfunktion	+	+			+ 11)	+			+		+	+ 9)
Rollfläche	+	+		+	+	+						
Wälzfläche	+	+		+	+	+			+		+	
Strömungsfläche		+				+			+ 12)			

In vielen Funktionsfällen erscheint der Traganteil als geeignete Meßgröße zur Beurteilung der Funktionstauglichkeit. Da die Meßbedingungen der Traganteile nicht eindeutig genormt sind und weil das Problem der Abhängigkeit der Schnittlinientiefe vom zufällig höchsten Punkt der Oberfläche bzw. des Profils besteht, werden diese Meßgrößen in der Industrie z.Z. noch sehr wenig angewendet. Es wird jedoch empfohlen, in Zukunft diese Meßgrößen unter eindeutig festgelegten Meßbedingungen zu erfassen und die Erfahrungen damit der VDI/VDE-GMR mitzuteilen. Die Profiltiefe P_t wurde in der Tabelle nicht aufgenommen, weil z.Z. noch nicht genügend Erfahrungen hierfür vorliegen.

Tafel A 7.9
Aussagekraft von Oberflächenwerten und deren Traganteilkurve [7.3]

Profilbild	P_t	R_{max}	R_z	R_a	R_p	t_{pi} c 0,25	t_{pa} c 0,25	Traganteilkurve
	1	1	1	0,25	0,2	75 %	75 %	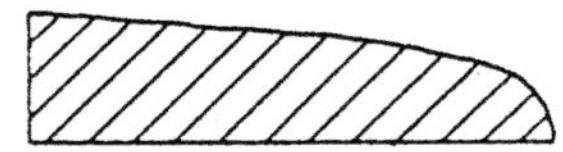
	1	1	1	0,25	0,8	15 %	15 %	
	1	1	1	0,2	0,2	85 %	85 %	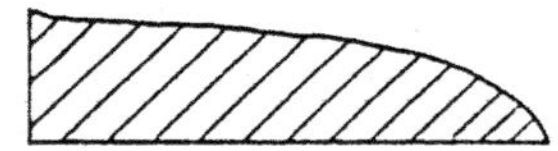
	1	1	1	0,2	0,8	20 %	20 %	
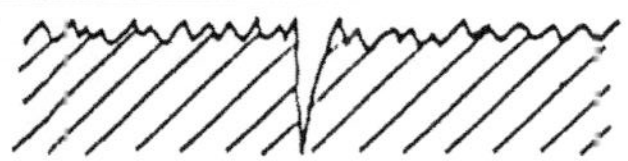	1	1	0,4	0,08	0,15	88 %	88 %	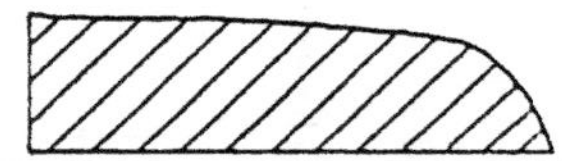
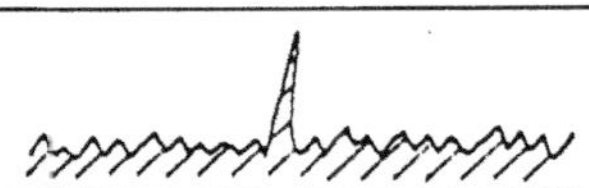	1	1	0,4	0,08	0,85	7 %	7 %	
	1	1	1	0,2	0,5	25 %	25 %	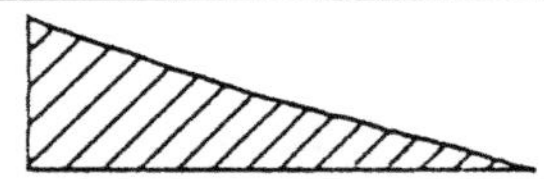
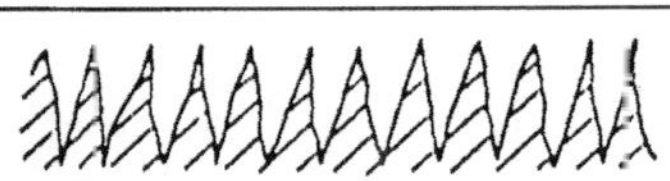	1	1	1	0,3	0,3	38 %	38 %	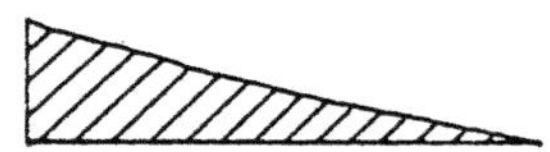
	1	0,5	0,4	0,1	0,2	85 %	17 %	

1) alte Benennungen: t_{pi} = Profiltraganteil makro; t_{pi} = Profiltraganteil mikro, neue Benennungen (M_r) s. auch Beiblatt 1 zu DIN 4776.

Tafel A 7.10

Wahl der Grenzwellenlänge (Cutoff) λ_c DIN 4768, ISO 4288				
Periodische Profile	Aperiodische Profile		Grenzwellenlänge	Einzel-/Gesamt-meßstrecke
Rillenabstand S_m (mm)	R_z (μm)	R_a (μm)	λ_c (mm)	l_e/l_m (mm)
> 0,01 bis 0,04	bis 0,1	bis 0,02	0,08	0,08/0,4
> 0,04 bis 0,13	> 0,1 bis 0,5	> 0,02 bis 0,1	0,25	0,25/1,25
> 0,13 bis 0,4	> 0,5 bis 10	> 0,1 bis 2	0,8	0,8/4
> 0,4 bis 1,3	> 10 bis 50	> 2 bis 10	2,5	2,5/12,5
> 1,3 bis 4	> 50	> 10	8	8/40

Tafel A 7.11
PTB-Normale nach Dr. Hillmann

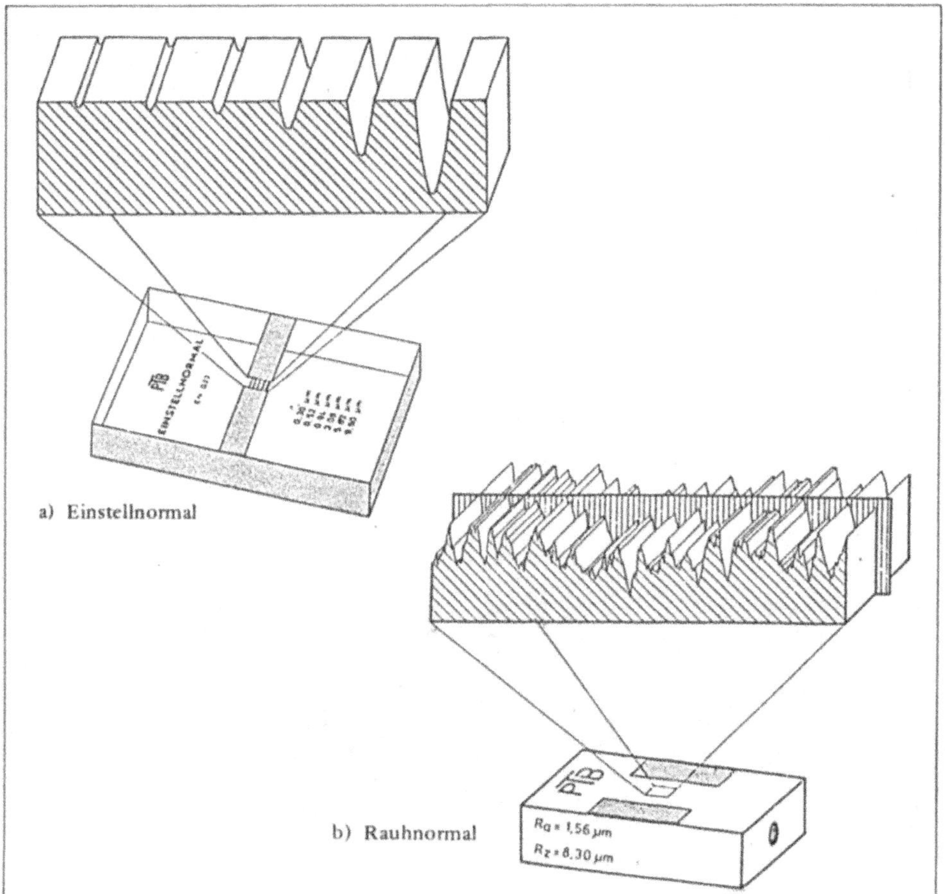

a) Einstellnormal

b) Rauhnormal

Tafel A 7.12
Die Prüfung der Oberflächenrauheiten

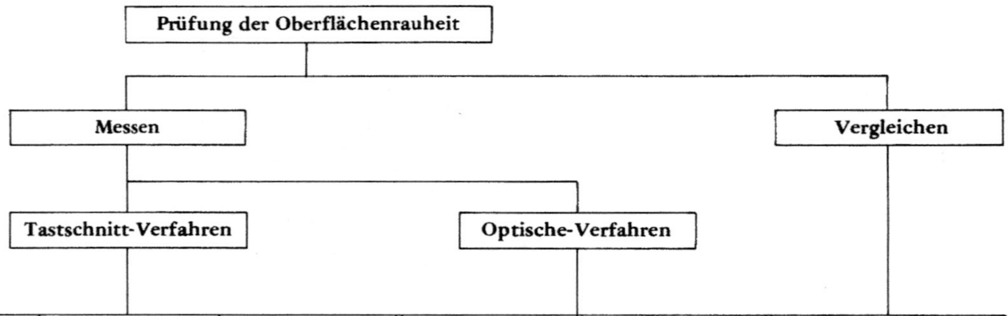

Oberflächenparameter	Induktive Tastsysteme	Piezoelek. Tastsysteme	Mechanische Tastsysteme	Lichtschnitt-mikroskop	Interferenz-mikroskop	Vergleichsmuster
Rauhtiefe R_t	ja	ja	ja	ja	ja	ja
Mittenrauhwert R_a	ja	ja	nein	planimetrieren des fotografischen Profilbildes		ja
Glättungstiefe R_p	ja	ja	nein	planimetrieren des fotografischen Profilbildes		ja
Traganteil t_p	ja	nein	nein	nein	nein	nein
Welligkeit W	ja	nein	nein	nein	nein	nein
Welligkeit und Rauhtiefe $W + R_t$	ja	nein	nein	nein	nein	nein
Profilaufzeichnung	Profilschreiber	bedingt	nein	Foto	Foto	nein

Tafel A 7.13

Oberflächenangaben am Symbol nach DIN ISO 1302

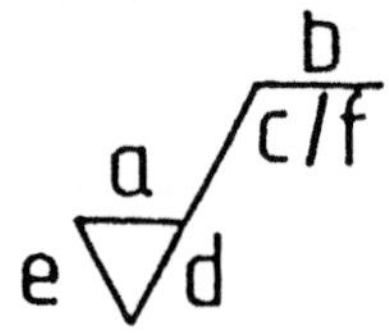

a = Rauheitswert Ra in µm
b = Fertigungsverfahren, Oberflächenbehandlung, Oberzug
c = Bezugsstrecke
d = Rillenrichtung
e = Bearbeitungszugabe
f = Andere Rauheitsmeßgrößen z. B. Rz, Rmax, Pt

Beispiele			Bedeutung
	Bearbeitung		
beliebig	material-abtrennend	spanlos	
0,8	0,8	0,8	Mittenrauhwert Ra: Größtwert = 0,8 µm
Rz 25	Rz 25	Rz 25	Gemittelte Rauhtiefe Rz: Größtwert = 25 µm
0,8 0,4	0,8 0,4	0,8 0,4	Mittenrauhwert Ra: Größtwert = 0,8 µm Kleinstwert = 0,4 µm
Rz 25 Rz 4	Rz 25 Rz 4	Rz 25 Rz 4	Gemittelte Rauhtiefe Rz: Größtwert = 25 µm Kleinstwert = 4 µm
x	x = 1 ⊥	geschliffen Rz 4	Vereinfachte Angabe mit Hinweisbuchstaben (z. B. x, y, z) für sich wiederholende Angaben, die erläutert sind.

Tafel A 7.14

Gegenüberstellung neuer und bisheriger Angaben für die Oberflächenbeschaffenheit

DIN 140	**DIN 3141 (alt)**		**DIN ISO 1302**	Angabe in Zeichnungen		
Oberflächenzeichen	Reihe	gemittelte Rauhtiefe $R_z \leqslant$ in μm ($\hat{=} R_t$)	arithm. Mittenrauheit $R_a \leqslant$ in μm	hergestellte Oberfläche a) spanlos	b) spanend	a) oder b)
	1	160	25			
▽	2	100	12,5	12,5	12,5	12,5
	3	63	6,3			
	4	25	3,2			
	1	40	6,3			
▽▽	2	25	3,2	3,2	3,2	3,2
	3	16	1,6			
	4	10	0,8			
	1	16	1,6			
▽▽▽	2	6,3	0,8	0,8	0,8	0,8
	3	4	0,4			
	4	2,5	0,2			
	1	–	–			
▽▽▽▽	2	1	0,1	0,1	0,1	0,1
	3	1	0,1			
	4	0,4	0,025			

Tafel A 7.15

Symbole für Oberflächenbeschaffenheiten

Symbol	Norm oder Richtlinie	Titel
– spanend	DIN 8588	Fertigungsverfahren Zerteilen; Einordnung, Unterteilung, Begriffe
	DIN 8589 Teil 0 (z. Z. noch Entwurf)	Fertigungsverfahren Spanen; Einordnung, Begriffe, Ordnungsgesichtspunkte für die Unterteilung
	DIN 8589 Teil 1 (z. Z. noch Entwurf)	Fertigungsverfahren Spanen, Drehen, Einordnung, Unterteilung, Begriffe
	DIN 8590	Fertigungsverfahren Abtragen; Einordnung, Unterteilung, Begriffe
– spanlos	DIN 8580	Fertigungsverfahren, Einteilung
	DIN 8583 Teil 1	Fertigungsverfahren Druckumformen; Einordnung, Unterteilung, Begriffe
	DIN 8584 Teil 1	Fertigungsverfahren Zugdruckformen; Einordnung, Unterteilung, Begriffe
a: – Mittenrauhwert R_a f: – andere Rauheitsmeßgrößen (Oberflächenmeßgrößen)	DIN 4763	Stufung der Zahlenwerte für Rauheitsmeßgrößen
a: – Mittenrauhwert R_a	DIN 4766 Teil 2	Herstellverfahren und Rauheit von Oberflächen; Erreichbare Mittenrauhwerte R_a
b: – Wortangaben z. B. Fertigungsverfahren f: – andere Rauheitsmeßgrößen	DIN 4761	Oberflächencharakter; Geometrische Oberflächentextur-Merkmale, Begriffe, Kurzzeichen
	DIN 4766 Teil 1	Herstellverfahren der Rauheit von Oberflächen; Erreichbare gemittelte Rauhtiefe R_z nach DIN 4768 Teil 1 und Mikroflächentraganteil t_{ai}
	DIN 6790 Teil 1 (z. Z. noch Entwurf)	Wortangaben in technischen Zeichnungen; Einzelangaben
a: – Mittenrauhwert R_a c: – Grenzwellenlänge f: – andere Rauheitsmeßgrößen (Oberflächenmeßgrößen)	DIN 4768 Teil 1	Ermittlung der Rauheitsmeßgrößen; R_a, R_z, R_{max} mit elektrischen Tastschnittgeräten, Grundlagen
b: – Überzüge	DIN 50961	Galvanische Überzüge; Zinküberzüge auf Eisenwerkstoffen
	DIN 50962	Galvanische Überzüge; Cadmiumüberzüge auf Eisenwerkstoffen

Symbole für Oberflächenbeschaffenheiten

Symbol	Norm der Richtlinie	Titel
√b – Überzüge	DIN 50967	Galvanische Überzüge, Nickel-Chrom-Überzüge auf Stahl, Kupfer- und Zinkwerkstoffen sowie Kupfer-Nickel-Chrom-Überzüge auf Stahl- und Zinkwerkstoffen
	DIN 50968	Galvanische Überzüge, Nickelüberzüge auf Stahl und Kupferwerkstoffen sowie Kupfer-Nickel-Überzüge auf Stahl
	DIN 50975	Korrosionsschutz; Zinküberzüge durch Feuerverzinken; Richtlinien
√f – andere Rauheitsmeßgrößen (Oberflächenmeßgrößen)	DIN 4762 Teil 1	Erfassung der Gestaltabweichungen 2. bis 5. Ordnung an Oberflächen an Hand von Oberflächenschnitten; Begriffe für Bezugssysteme und Maße
	DIN 4762 Teil 2	Erfassung der Gestaltabweichungen 2. bis 5. Ordnung an Oberflächen an Hand von Oberflächenschnitten; Auswertung von Profilschnitten mit geometrisch-idealem Bezugsprofil als Grundlage
	DIN 4764	Ordnung der Oberflächen für den Maschinenbau und die Feinwerktechnik nach ihrer Funktion
	DIN 4765	Bestimmen des Flächentraganteils von Oberflächen; Begriffe
	VDI/VDE 2601	Anforderungen an die Oberflächengestalt zur Sicherung der Funktionstauglichkeit spanend hergestellter Flächen; Zusammenstellung der Meßgrößen
	VDI 3219	Oberflächenrauheit und Maßtoleranz in der spanenden Fertigung
√c – Bezugsstrecke √f – andere Rauheitsmeßgrößen	DIN 4771	Messung der Profiltiefe P_t von Oberflächen

zusätzliche Angaben nach DIN ISO 1302

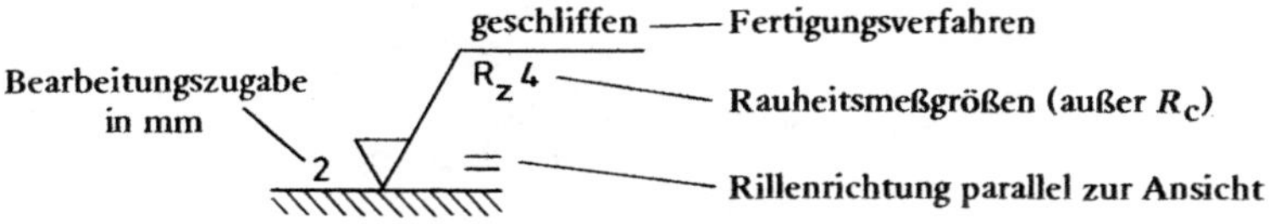

⊥ senkrecht
X gekreuzt
C zentrisch
R radial
M verschiedene Richtungen

Tafel A 7.16

Herstellungsverfahren mit erreichbaren gemittelten Rauhtiefen R_z nach DIN 4768 (DIN 4766 T 2)

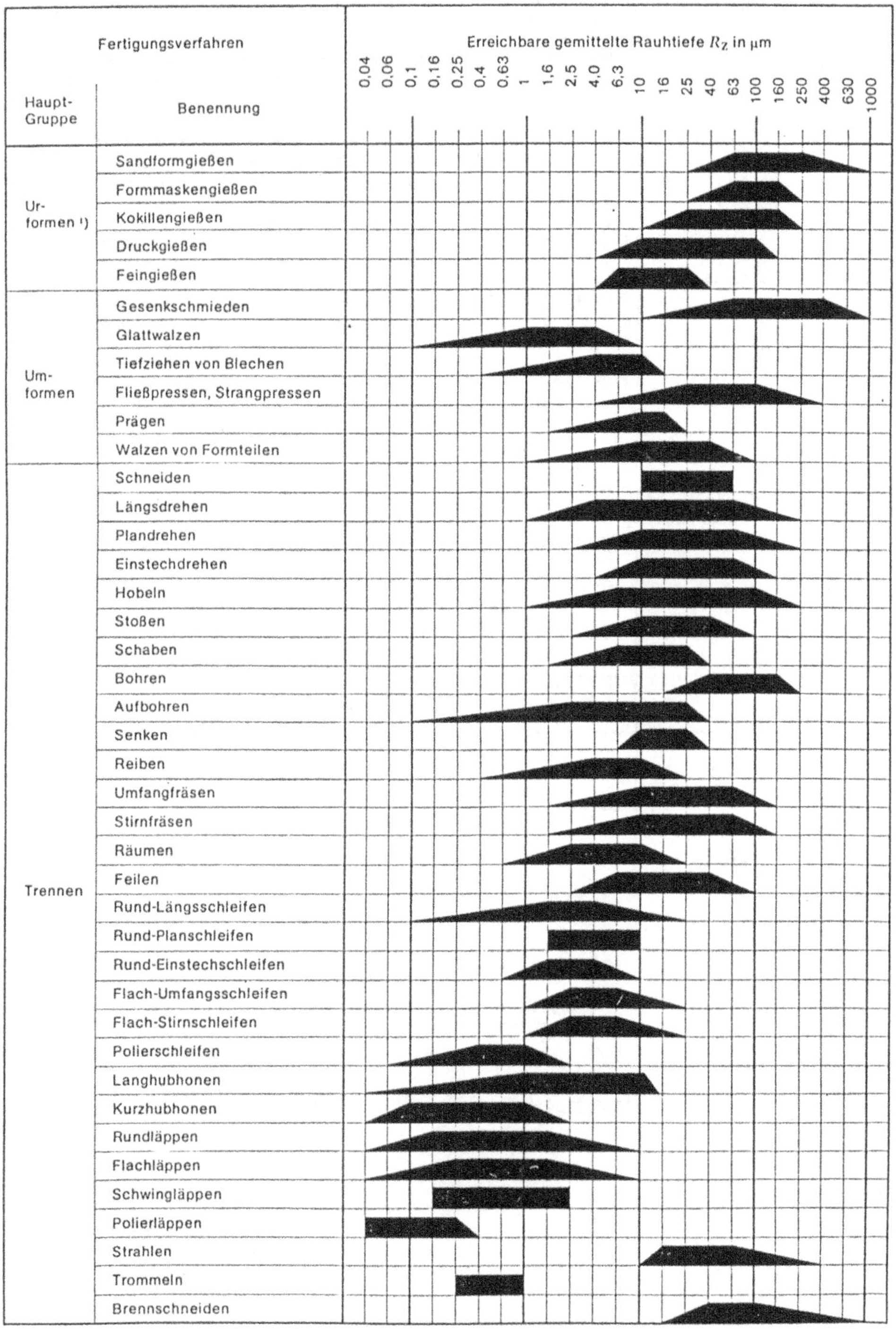

¹) Näheres siehe VDG-Merkblatt K100, zu beziehen beim Verein Deutscher Gießereifachleute (VDG), Sohnstraße 70, 4000 Düsseldorf

Tafel A 7.17 (nach Beiblatt 1 zu DIN 4768 T 1)

Ermittlung der gemittelten Rauhtiefe R_z bei vorgeschriebenem Mittenrauhwert R_a bzw. des Mittenrauhwertes R_a bei vorgeschriebener gemittelter Rauhtiefe R_z unter Berücksichtigung des Streubereiches und einer ausreichenden Sicherheit.

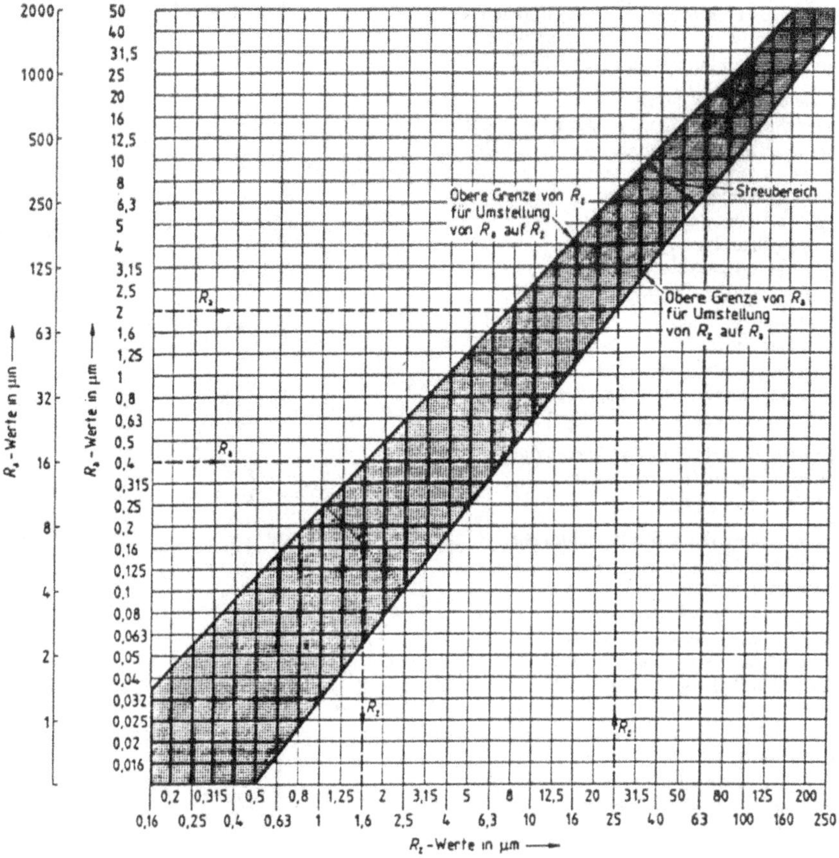

Wird zur Festlegung der oberen Grenze des R_z-Wertes bei vorgeschriebenem R_a-Wert die obere Begrenzungslinie des Streubereichs gewählt, kann angenommen werden, daß der vorgeschriebene R_a-Wert nicht überschritten wird. Das Entsprechende gilt für den vorgeschriebenen R_z-Wert, wenn zur Festlegung des R_a Grenzwertes die untere Linie benutzt wird.

Sollen die mit Hilfe des Diagramms umgerechneten Werte in Zeichnungen eingetragen werden, dann sollte der nächst kleinere Vorzugswert nach DIN 4763 gewählt werden.

Eine Umrechnung der maximalen Rauhtiefe R_{max} in R_a und umgekehrt ist nicht sinnvoll, da beide Rauheitsmeßgrößen ganz verschiedene Aussagen haben. R_{max} wird nur dann angewendet, wenn der größte Einzelwert erfaßt werden soll.

Tafel A 7.18
Abweichungen (Fehler) am Zahnrad

Abweichungen am Radkörper	
Abweichungen der Bezugs- und Lagerflächen	
– Rundlaufabweichungen der Bezugsflächen	F_{rR}, F_{rV}
– Planlaufabweichungen der Bezugsflächen	
– Rundlaufabweichungen der Lagerflächen	
– Planlaufabweichungen der Lagerflächen	
Kopfzylinderabweichungen	
– Abweichungen des Kopfkreisdurchmessers	
– Rundlaufabweichungen des Kopfzylinders	
Abweichungen der Verzahnung	
Teilungsabweichungen	
– Teilungs-Einzelabweichung	f_p
– Eingriffsteilungsabweichung	f_{pe}
– Axialteilungsabweichung	f_{px}
– Axialteilungssprung	f_{ux}
– Teilungssprung	f_u
– Teilungsgesamtabweichung	F_p
– Teilungsspannenabweichung über k Teilungen	F_{pk}
– Teilungsspannenabweichung über 1/8 Radumfang	$F_{pz/8}$
Außermittigkeit und Rundlaufabweichungen	
– Außermittigkeit (Exzentrizität)	f_e
– Rundlaufabweichung	F_r
Profil- und Eingriffswinkelabweichungen	
– Grundkreisabweichung	f_b
– Profilwinkelabweichung	$f_{H\alpha}$
– Erzeugende-Formabweichung	f_{Ef}
– Erzeugende-Winkelabweichung	f_{HE}
– Flankenlinien-Winkelabweichung	$f_{H\beta}$
– Eingriffswinkelabweichung	f_α
– Profilformabweichung	$f_{f\beta}$
Schrägungsabweichungen	
– Schrägungswinkelabweichung	f_β
– Schrägungsformabweichung	$f_{f\beta}$
– Gesamtschrägungsabweichung	F_β
Wälzabweichungen	
– Zweiflanken-Wälzsprung	f_i''
– Einflanken-Wälzsprung	f_i'
– Zweiflanken-Wälzabweichung	F_i''
– Einflanken-Wälzabweichung	F_i'
Abweichungen einer Räderpaarung	
– Achsabstandsabweichung	f_a
– Achsparallelitätsabweichung	f_Σ
– Achsneigungsabweichung	$f_{\Sigma\delta}$
– Achsschränkungsabweichung	$f_{\Sigma\beta}$
– Wälzabweichung einer Räderpaarung	
Toleranzüberschreitungen	
Allgemeine Definitionen	
z. B. nach DIN 3961, 3962, 3963	

Tafel A 7.19
Prüfdiagramme für Profilform und Flankenlinie (Mahr)

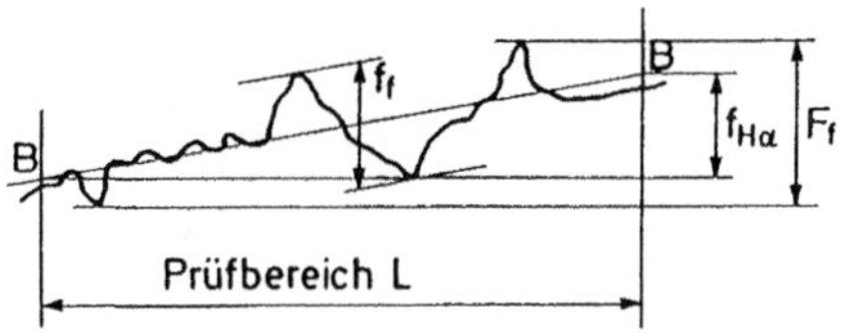

Flankenformprüfung
Profil-Gesamtabweichung F_f
Profil-Winkelabweichung $F_{H\alpha}$
Profil-Formabweichung f_f
Ausgleichsgerade BB

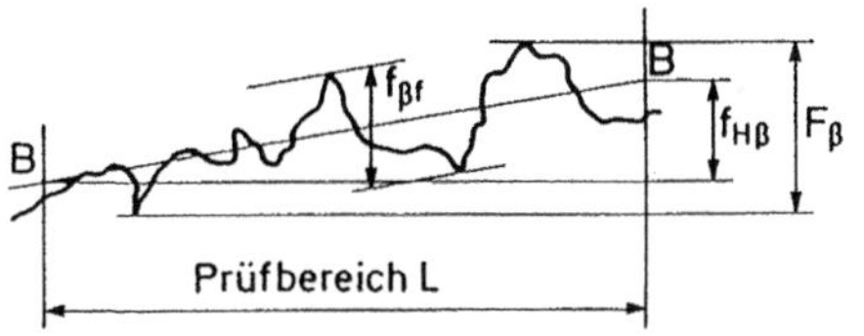

Flankenlinienprüfung
Flankenlinien-Gesamtabweichung F_β
Flankenlinien-Winkelabweichung $f_{H\beta}$
Flankenlinien-Formabweichung $f_{\beta f}$
Ausgleichsgerade BB

Tafel A 7.20
Zweiflanken-Wälzdiagramme (Mahr)

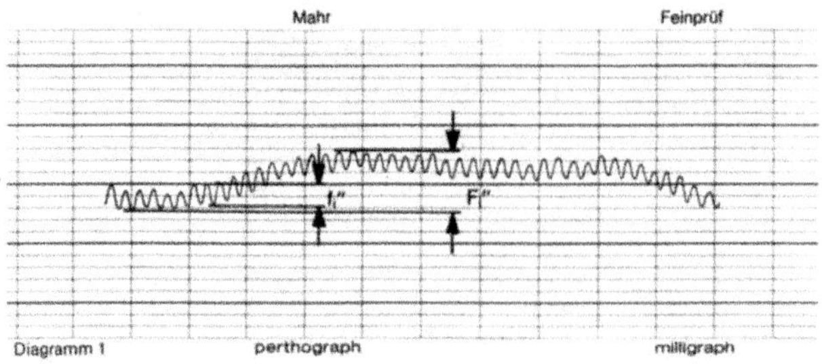

Wälzabweichung F_i''
Die Bestimmungsgröße Zweiflanken-Wälzabweichung F_i'' ist nach DIN 3960 die Schwankung des Wälz-Achsabstandes, d. h. der Unterschied zwischen dem größten und dem kleinsten Wälz-Achsabstand innerhalb einer Prüflingsumdrehung (Diagramm 1).

Wälzsprung f_i''
Die Bestimmungsgröße Zweiflanken-Wälzsprung f_i'' ist nach DIN 3960 der größte Unterschied des Wälz-Achsabstandes, der innerhalb eines der Dauer eines Zahneingriffs entsprechenden Drehwinkels auftritt (Diagramm 1).

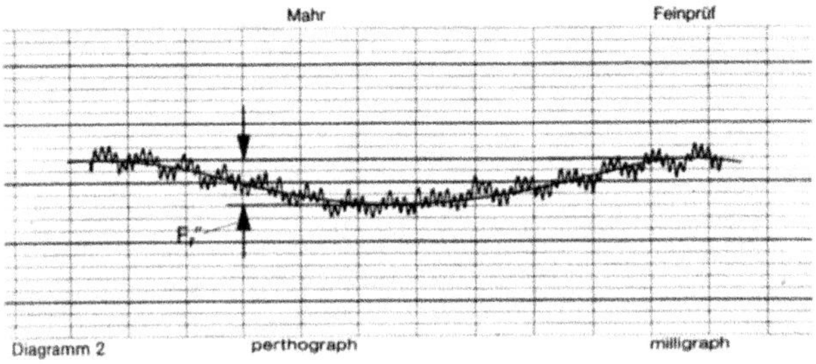

Wälz-Rundlaufabweichung F_r''
Die Bestimmungsgröße Wälz-Rundlaufabweichung F_r'' ist nach DIN 3960 der langwellige Anteil im Prüfbild der Zweiflanken-Wälzabweichungen, also der Abstand zwischen dem höchsten und dem tiefsten Punkt des sinusförmigen „ausmittelnden Linienzuges" (Diagramm 2).

Anhand der nach dem Diagramm ermittelten Werte für Wälzabweichung, Wälzsprung und Wälz-Rundlaufabweichung, kann der Prüfling in eine Qualitätsstufe nach DIN 3962 und DIN 3963 eingeordnet werden.

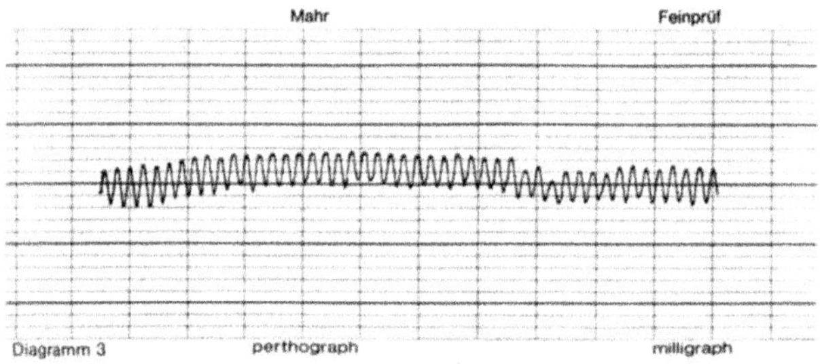

Profilform
Bei fehlerhaftem Eingriffswinkel erfolgt der Eingriff des Zahnradpaares nicht zwangsfrei. Das Diagramm zeigt einen kurzwellenförmigen Verlauf (Diagramm 3). Die Höhe der Wellen (Wälzsprung f_i'') ist ein Maßstab für die Ungenauigkeit des Eingriffs.

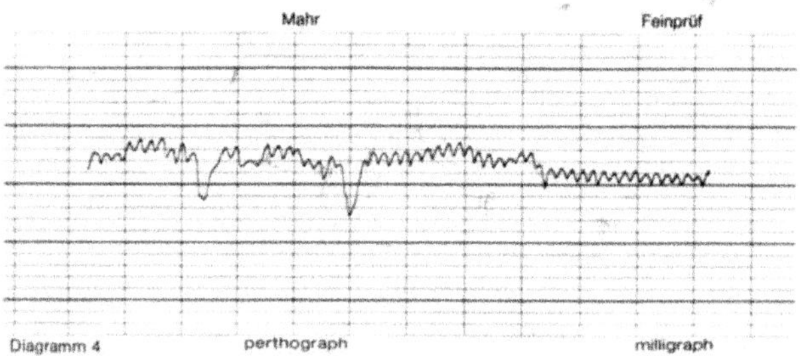

Teilung
Teilungsabweichungen machen sich im Diagramm dadurch bemerkbar, daß in dem meist wellenförmigen Verlauf der Kurven unregelmäßige Ausschläge auftreten, die eine Zahndicken- und Zahnlückenschwankung und damit veränderte Teilung anzeigen (Diagramm 4).

Tafel A 7.21
Gewindemeßdrähte und ihre Zuordnung zu den Steigungen (Mahr)

Meßdraht		Zuordnung der Drahtdurchmesser zu den Steigungen			
Nr.	ø mm	Metrisches Gewinde Steigung mm	Whitworth-Gewinde Gangzahl auf 1 Zoll	UST-, BSF-, BSP-Gewinde Gangzahl auf 1 Zoll	Trapez-Gewinde Steigung P mm
1	0,17	0,25 0,3			
2	0,195			80	
3	0,22	0,35		72	
4	0,25	0,4		64	
5	0,29	0,45 0,5		56	
6	0,335	0,6		48	
7	0,39			44 40	
8	0,455	0,7 0,75 0,8	32	36	
9	0,53	0,9	28	32 28	
10	0,62	1	26	26	
11	0,725	1,25	22 20 19	24 22 20 19	
12	0,895	1,5	18 16	18	
13	1,1	1,75	14	16 14 13	2
14	1,35	2	12 11	12 11	
15	1,65	2,5	10 9	10 9	3
16	2,05	3 3,5	8 7	8 7	4
17	2,55	4 4,5	6	6	5
18	3,2	5 5,5	5 4,5	5 4,5	6

Tafel A 7.22
Toleranzen für metrische Regel- und Feingewinde (Mahr)

Werte in µm = 1/1000 mm

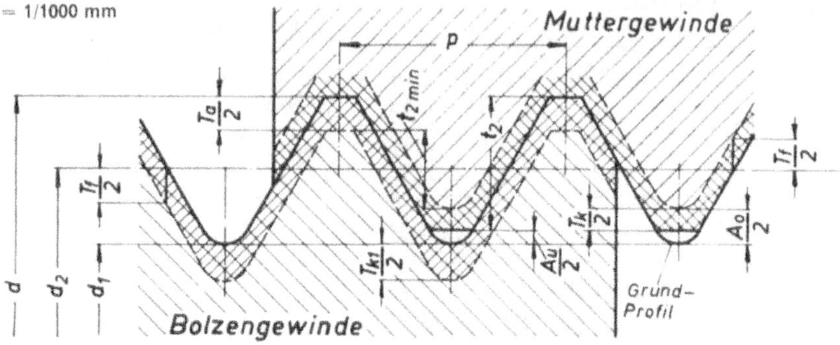

Die empfohlenen Toleranzen für den Flankendurchmesser gelten für die gebräuchliche, größte Einschraublänge (Länge des Muttergewindes) bei Verwendung einer Gewinde-Gutlehre mit der Vorzugslehrenlänge VL.

Toleranzen für Bolzengewinde-Kerndurchmesser T_{k_1} siehe DIN 13 Blatt 14 Tafel 1.

Das untere Abmaß für Muttergewinde-Außendurchmesser ist Null, das obere Abmaß ist freigestellt.

Steigung p	Gewinde-Nenndurchmesser		Größte Einschraublänge (Länge des Muttergewindes)	VL (Vorzugslehrenlänge)	Bolzengew.-Außendurchmesser d	Muttergewinde-Kerndurchmesser d_1			Flankendurchmesser d_2 für Bolzengewinde (−) für Muttergewinde (+)					
	Metrisches Gewinde	Metrisches Feingewinde				Abmaß		Toleranz	fein (f)		mittel (m)		grob (g)	
						unteres	oberes		Toleranz	S-Reihe	Toleranz	S-Reihe	Toleranz	S-Reihe
mm	mm	mm	mm	mm	T_a (−)	A_u (+)	A_o (+)	T_k	T_f		T_f		T_f	
0,075	0,3	—	1,6	1,25	22	4	32	28	20	5	—	—	—	—
0,1	0,4	—	1,6	1,25	28	4	40	36	25	6	—	—	—	—
0,125	0,5	—	1,6	1,25	36	5	50	45	32	7	—	—	—	—
0,15	0,6	—	2	1,6	40	6	56	50	40	8	—	—	—	—
0,175	0,7	—	2	1,6	45	7	63	56	40	8	—	—	—	—
0,2	0,8	—	2	1,6	50	8	71	63	40	8	—	—	—	—
	—	1 bis 1,7	2,5	2	50	8	71	63	45	7	—	—	—	—
	—	2 bis 5,5	3	2,5	53	8	75	67	50	6	—	—	—	—
	—	6 bis 10	4	3	56	9	80	71	56	5	—	—	—	—
0,225	0,9	—	2,5	2	56	9	80	71	45	7	—	—	—	—
0,25	1 1,2	—	2,5	2	63	10	90	80	45	7	56	8	—	—
	—	1,3 bis 1,7	3	2,5	63	10	90	80	45	7	—	—	—	—
	—	2 bis 5,5	4	3	67	10	95	85	50	6	—	—	—	—
	—	6 bis 10	5	4	71	10	100	90	71	6	—	—	—	—
0,3	1,4	—	3	2,5	71	10	100	90	45	7	71	9	—	—
0,35	1,7	—	3	2,5	71	10	100	90	45	7	71	9	—	—
	—	2 bis 5,5	4	3	75	11	106	95	50	6	—	—	—	—
	—	6 bis 11	5	4	80	12	112	100	71	6	—	—	—	—
	—	11,5 bis 24	6,5	5	85	12	118	106	80	5	—	—	—	—
	—	25 bis 33	8	6,5	85	12	118	106	80	5	—	—	—	—
	—	34 bis 40	8	6,5	90	13	125	112	90	4	—	—	—	—
	—	42 bis 50	10	8	90	13	125	112	90	4	—	—	—	—
0,4	2 2,3	—	4	3	100	15	140	125	50	6	80	8	—	—
0,45	2,6	—	4	3	112	20	160	140	50	6	80	8	—	—
0,5	3	—	4	3	120	20	170	150	50	6	80	8	—	—
	—	3,5 bis 5,5	5	4	120	20	170	150	63	7	100	9	—	—
	—	6 bis 11	6,5	5	125	20	180	160	71	6	112	8	—	—
	—	11,5 bis 24	8	6,5	132	20	190	170	80	5	125	7	—	—
	—	25 bis 33	10	8	132	20	190	170	80	5	125	7	—	—
	—	34 bis 40	10	8	140	20	200	180	90	4	140	6	—	—
	—	42 bis 50	12,5	10	140	20	200	180	112	5	140	6	—	—
0,6	3,5	—	5	4	140	20	200	180	63	7	100	9	—	—
0,7	4	—	5	4	150	22	212	190	63	7	100	9	—	—

Toleranzen für metrische Regel- und Feingewinde (Mahr)

Steigung p mm	Gewinde-Nenndurchmesser: Metrisches Gewinde mm	Gewinde-Nenndurchmesser: Metrisches Feingewinde mm	Größte Einschraublänge (Länge des Muttergewindes) mm	VL (Vorzugslehrenlänge) mm	Bolzengew.-Außendurchmesser d T_a (−)	Muttergewinde-Kerndurchmesser d_1: Abmaß unteres A_u (+)	Muttergewinde-Kerndurchmesser d_1: Abmaß oberes A_o (+)	Muttergewinde-Kerndurchmesser d_1: Toleranz T_k	Flankendurchmesser d_2 für Bolzengewinde (—) für Muttergewinde (+): fein (f) Toleranz T_f	fein (f) S-Reihe	mittel (m) Toleranz T_f	mittel (m) S-Reihe	grob (g) Toleranz T_f	grob (g) S-Reihe
0,75	—	5 und 5,5	6,5	5	150	22	212	190	63	7	100	9	—	—
	—	6 bis 11	8	6,5	160	24	224	200	71	6	112	8	—	—
	—	11,5 bis 24	10	8	170	24	236	212	80	5	125	7	—	—
	—	25 bis 33	12,5	10	170	24	236	212	100	6	160	8	—	—
	—	34 bis 40	12,5	10	180	26	250	224	112	5	180	7	—	—
	—	42 bis 80	16	12,5	180	26	250	224	112	5	180	7	—	—
0,8	5	—	6,5	5	180	26	250	224	63	7	100	9	160	11
1	6 7	—	8	6,5	224	35	315	280	71	6	112	8	180	10
	—	7,5 bis 11	10	8	224	35	315	280	71	6	112	8	180	10
	—	11,5 bis 24	12,5	10	236	35	335	300	100	6	160	8	200	9
	—	25 bis 33	16	12,5	236	35	335	300	100	6	160	8	200	9
	—	34 bis 40	16	12,5	250	40	355	315	112	5	180	7	224	8
	—	42 bis 50	18	14	250	40	355	315	112	5	180	7	224	8
	—	52 bis 80	20	16	250	40	355	315	112	5	180	7	224	8
1,25	8 9	—	10	8	250	40	355	315	71	6	112	8	180	10
1,5	10 11	—	12,5	10	280	45	400	355	90	7	140	9	224	11
	—	11,5 bis 18	16	12,5	300	50	425	375	100	6	160	8	250	10
	—	19 bis 24	18	14	300	50	425	375	100	6	160	8	250	10
	—	25 bis 33	20	16	300	50	425	375	100	6	160	8	250	10
	—	34 bis 40	20	16	315	50	450	400	112	5	180	7	280	9
	—	42 bis 50	22	18	315	50	450	400	112	5	180	7	280	9
	—	52 bis 70	25	20	315	50	450	400	112	5	180	7	280	9
	—	72 bis 80	28	22	315	50	450	400	140	6	224	8	280	9
	—	82 bis 100	28	22	335	50	475	425	160	5	250	7	315	8
	—	102 bis 140	32	25	335	50	475	425	160	5	250	7	315	8
	—	142 bis 200	36	28	335	50	475	425	160	5	250	7	315	8
	—	202 bis 500[1])	—	—	355	50	500	450	—	—	—	—	—	—
1,75	12	—	16	12,5	400	50	500	450	100	6	160	8	250	10
2	14 16	17 und 18	20	16	475	55	530	475	100	6	160	8	250	10
	—	19 bis 24	22	18	475	55	530	475	100	6	160	8	250	10
	—	25 bis 33	25	20	475	55	530	475	100	6	160	8	250	10
	—	34 bis 50	28	22	500	60	560	500	140	6	224	8	355	10
	—	52 bis 70	32	25	500	60	560	500	140	6	224	8	355	10
	—	72 bis 80	36	28	500	60	560	500	140	6	224	8	355	10
	—	82 bis 100	36	28	530	70	600	530	160	5	250	7	400	9
	—	102 bis 140	40	32	530	70	600	530	160	5	250	7	400	9
	—	142 bis 200	45	36	530	70	600	530	160	5	250	7	400	9
	—	202 bis 500[1])	—	—	560	70	630	560	—	—	—	—	—	—
2,5	18 20 22	—	25	20	560	70	630	560	100	6	160	8	250	10
3	24 27	28 bis 33	32	25	600	70	670	600	125	7	200	9	315	11
	—	34 bis 50	36	28	630	80	710	630	140	6	224	8	355	10
	—	52 bis 70	40	32	630	80	710	630	140	6	224	8	355	10
	—	72 bis 80	45	36	630	80	710	630	140	6	224	8	355	10
	—	82 bis 100	45	36	670	80	750	670	160	5	250	7	400	9
	—	102 bis 140	50	40	670	80	750	670	160	5	250	7	400	9
	—	142 bis 200	56	45	670	80	750	670	160	5	250	7	400	9
	—	202 bis 500[1])	—	—	710	90	800	710	—	—	—	—	—	—
3,5	30 33		32	25	710	90	800	710	125	7	200	9	315	11
4	36 39	40 bis 50	40	32	800	100	900	800	140	6	224	8	355	10
	—	52 bis 70	45	36	800	100	900	800	140	6	224	8	355	10
	—	72 bis 80	50	40	800	100	900	800	140	6	224	8	355	10
	—	82 bis 100	50	40	850	100	950	850	160	5	250	7	400	9
	—	102 bis 140	56	45	850	100	950	850	160	5	250	7	400	9
	—	142 bis 200	63	50	850	100	950	850	160	5	250	7	400	9
	—	202 bis 500[1])	—	—	900	100	1000	900	—	—	—	—	—	—
4,5	42 45	—	40	32	900	100	1000	900	140	6	224	8	355	10
5	48 52	—	50	40	900	100	1000	900	140	6	224	8	355	10
5,5	56 60	—	50	40	950	110	1060	950	140	6	224	8	355	10
6	64 68	72 bis 80	63	50	1000	120	1120	1000	140	6	224	8	355	10
	—	82 bis 100	63	50	1060	120	1180	1060	160	5	250	7	400	9
	—	102 bis 140	70	56	1060	120	1180	1060	200	6	315	8	500	10
	—	142 bis 200	80	63	1060	120	1180	1060	200	6	315	8	500	10
	—	202 bis 500[1])	—	—	1120	130	1250	1120	—	—	—	—	—	—

a) Prüfung der Teilung an einer Keilwelle

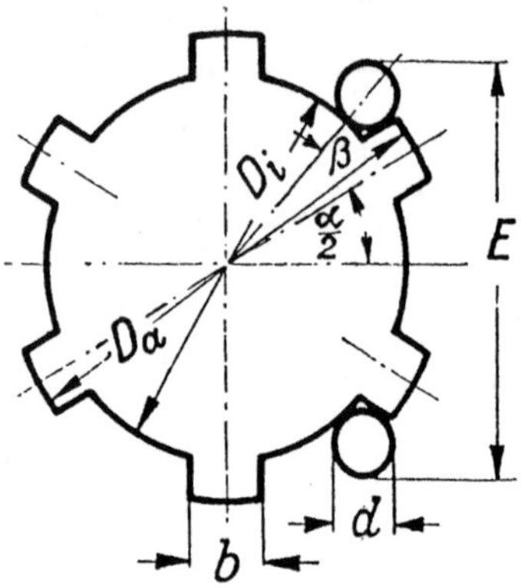

$$E = d + (D_i + d) \sin\left(\frac{\alpha}{2} + \beta\right)$$

$$\sin\beta = \frac{b + d}{D_i + d}$$

b) Prüfung des Teilungswinkels an einer Keilnabe

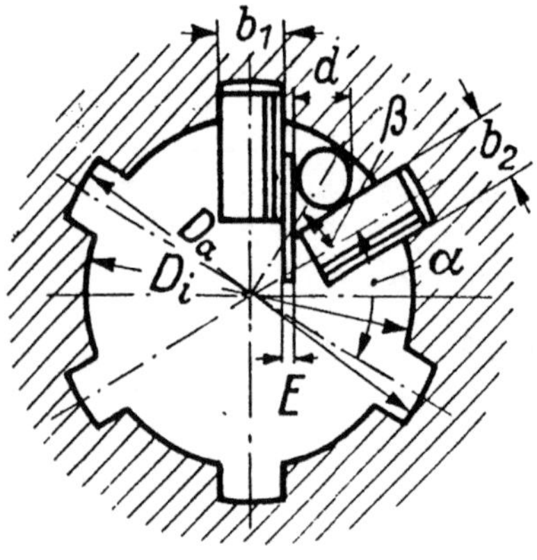

$$E = \frac{1}{2}\left[(D_i - d)\sin(\alpha - \beta) - (b_1 + d)\right]$$

$$\sin\beta = \frac{b_2 + d}{D_i - d}$$

c) Prüfung des Teilungswinkels an einer Keilwelle mit Hilfe eines Winkelprüfgerätes

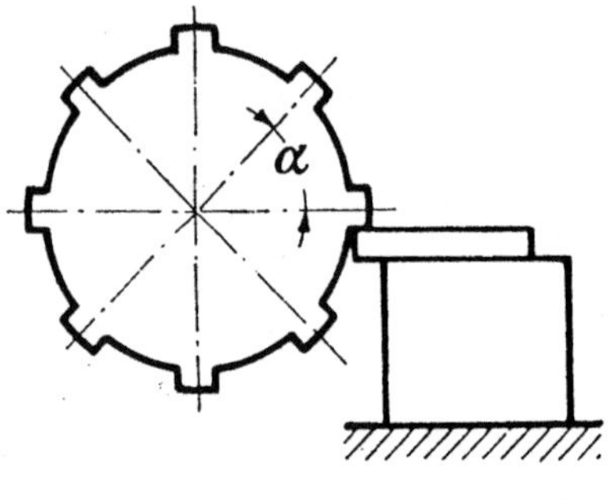

Messen und berechnen von Kegeln und Winkeln

a) Messen eines Kegels mit paarweise verschieden großen Meßzylindern

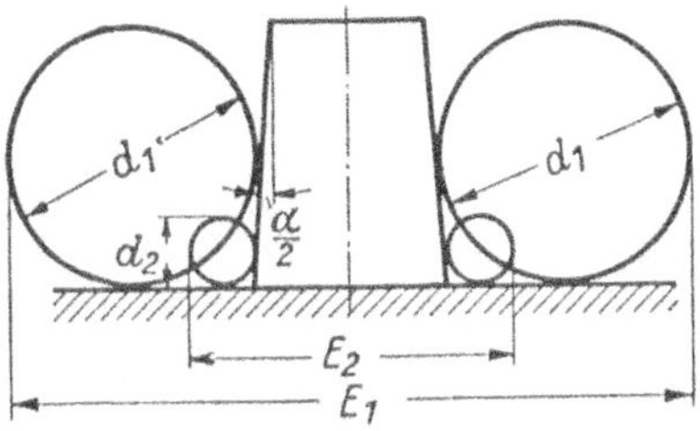

$$\tan\frac{\alpha}{2} = \frac{\Delta E}{2\,\Delta d}\cdot\frac{\Delta E - 2\,\Delta d}{\Delta d - \Delta E}$$

$$\Delta E = E_1 - E_2$$

$$\Delta d = d_1 - d_2$$

b) Tangenslineal

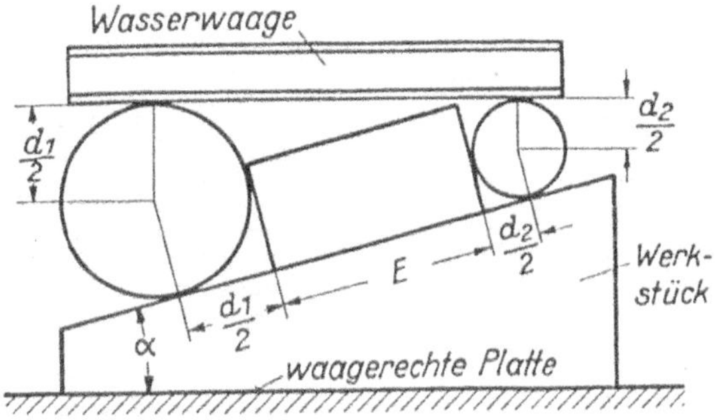

$$\tan\frac{\alpha}{2} = \frac{d_1 - d_2}{2E + d_1 + d_2}$$

$$E = \frac{d_1 - d_2}{2\tan\frac{\alpha}{2}} - \frac{d_1 + d_2}{2}$$

c) Sinuslineal

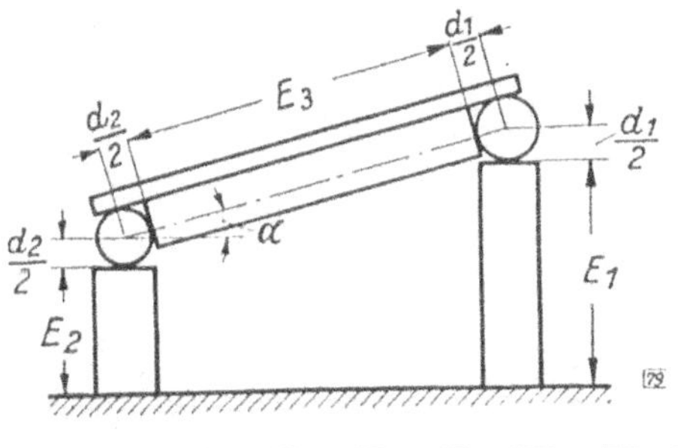

$$\sin\alpha = \frac{E_1 - E_2}{E_3 + d}$$

$$E_1 - E_2 = (E_3 + d)\cdot\sin\alpha$$

$$d_1 = d_2 = d$$

d) Messen einer Kegelbohrung mit verschieden großen Kugeln

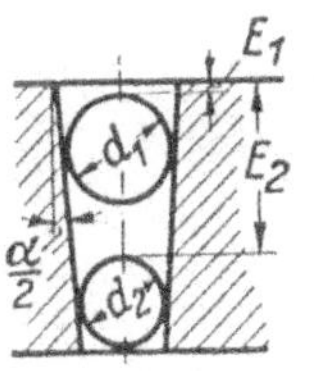

$$\sin\frac{\alpha}{2} = \frac{d_1 - d_2}{2(E_2 - E_1) - (d_1 - d_2)}$$

Tafel A 9.1

Beispiele und Richtwerte für die Prüfmittelüberwachung

Prüfmittel	Anschaffungspreis	Erfahrungswerte für Überwachungskosten in DM		Bemerkungen	Prüfturnus
	mind. DM	von	bis		
Lehrdorne	50,–	25,–	75,–	je nach Abmessungen oder Meßbereich und Genauigkeit	3 ... 6 Monate[1]
Rachenlehren	50,–	25,–	75,–		3 ... 6 Monate[1]
Meßuhren Feinanzeiger	75,–	25,–	75,–		6 ... 12 Monate[1]
Einstellringe	75,–	50,–	100,–		1 Jahr
Endmaße	50,–	50,–[2]	500,–[2]	je nach Länge, Genauigkeitsgrad und Stückzahl sowie notwendiger Nacharbeit der Meßflächen. Für einen 12-teiligen Endmaßsatz mit Genauigkeitsgrad 1 ist mit etwa DM 220,– Prüfkosten zu rechnen	1 Jahr
Präzisions-Strichmaßstäbe	1 000,–	250,–	500,–		2 Jahre
Meßmikroskope	5 000,–	500,–	1 000,–		2 Jahre
Zweiflanken-Wälzprüfgeräte	15 000,–	300,–	400,–	je nach Abmessungen oder Meßbereich und Genauigkeit	2 Jahre
Rauheitsmeßgeräte	10 000,–	150,–	300,–		2 Jahre
Meßplatten	3 000,–	300,–	800,–		3 Jahre
Koordinatenmeßgeräte	30 000,–	600,–	1 500,–	je nach der Anzahl der Achsen Genauigkeit und Prüfumfang	1 Jahr

1 Je nach Einsatzhäufigkeit und -ort
2 Prüfkosten für Einzelstück (Relativbeträge)

Tafel A 9.2 Prüfmittelgruppen der Längenprüftechnik

Maßverkörperungen und Lehren	einfache Meßgeräte	*Koordinatenmeßgeräte*			*Meßgeräte für*		Prüfhilfsmittel
		Einkoordinaten	Mehrkoordinaten	Form und Lage	Rauheit	Verzahnungen Gewinde	
Beispiele: Parallelendmaße Winkelendmaße Strichmaße Spiegelpolygone Maßlehren Formlehren Gewindelehren Verzahnungslehren	*Beispiele:* Meßschieber Meßschrauben Meßuhren Feinzeiger Fühlhebelmeßgerät Winkelmesser Richtwaagen	*Beispiele:* Abbé-Senkrecht Abbé-Waagerecht Komperatoren Laserinterferometer	*Beispiele:* Universalmeßmikroskope Mehrkoordinatenmeßgeräte Profilprojektoren	*Beispiele:* Rauheitsmeßgeräte Geradheits- und Ebenheitsmeßgeräte Autokollimationsfernrohre	*Beispiele:* elektrische Tastschnittgeräte Lichtschnittmikroskope	*Beispiele:* Flankenwälzprüfgeräte Elvolventenprüfgeräte Teilungsprüfgeräte Dreidraht-Meßschrauben spezielle Gewindemeßgeräte	*Beispiele:* Meßplatten Prüfprismen Lineale Sinuslineale Prüfstifte Meßständer

Tafel A 9.3

Beispiele von Prüfmöglichkeiten der PTB für die physikalische Größe „Länge"

Gegenstand und Art der Prüfung	Bereich	Meßunsicherheit
Länge:		
Wellenlängen von Spektrallampen oder Lasern	450 ... 650 nm	$\pm 2 \cdot 10^{-8} \ldots \pm 4 \cdot 10^{-9}$
Länge an Maßverkörperungen:		
Parallelendmaße	0,1 ... 100 mm	± 0,05 ... ± 0,02 μm
	100 ... 1 000 mm	± 0,05 μm/100 mm bis ± 0,005 μm/100 mm
Strichmaßstäbe	≦ 1 m	± 0,01 ... ± 0,0001 mm
	1 ... 5 m	± 0,001 mm/m
lineare Meßsysteme, Code-Maßstäbe, Inkremental-Maßstäbe	≦ 5 m	± 0,001 mm/m
Basislatten	≦ 3 m	± 0,001 mm/m
Nivellierlatten	≦ 3 m	± 0,01 mm/m
Meßbänder	≦ 5 m	± 0,001 mm/m
Prüfmeterstäbe	1 m	± 0,01 mm
Meßkeile	≦ 12 mm	± 0,01 mm
Meßbänder, aufliegend	≦ 100 m	± 0,1 mm/10 m bis ± 0,01 mm/10 m
Meßbänder, durchdrängend (auch mit Zwischenunterstützung)	≦ 50 m	± 0,1 mm/10 m bis ± 0,01 mm/10 m
Meßdrähte	≦ 50 m	± 0,04 ... ± 0,02 mm
Schichtdicken	< 1 μm	± 0,5 mm
Bestimmung des Wärmeausdehnungskoeffizienten bei Temperaturen von	10 ... 30 °C	$\pm 0{,}05 \cdot 10^{-6}\ K^{-1}$
und		
Längen bei Maßstäben	1 m	
Maßbändern	> 10 m	

Tafel A 12.1
TESANORM-Bauelemente

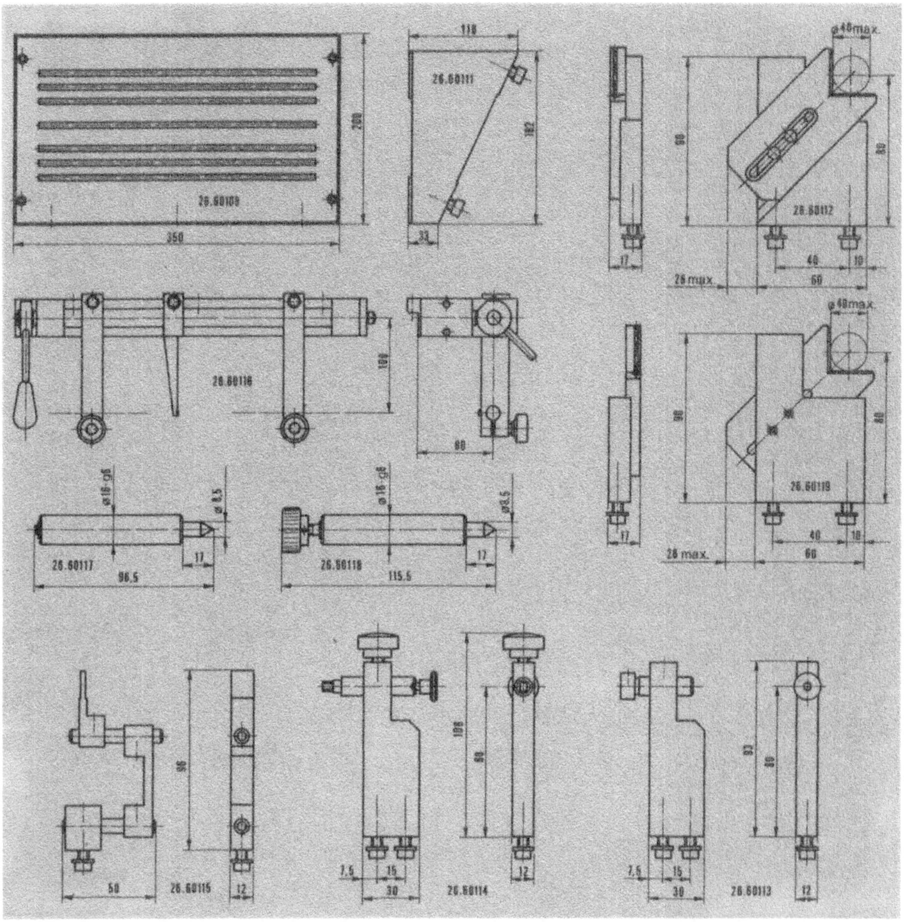

Tafel A 12.2
TESANORM-Bauelemente

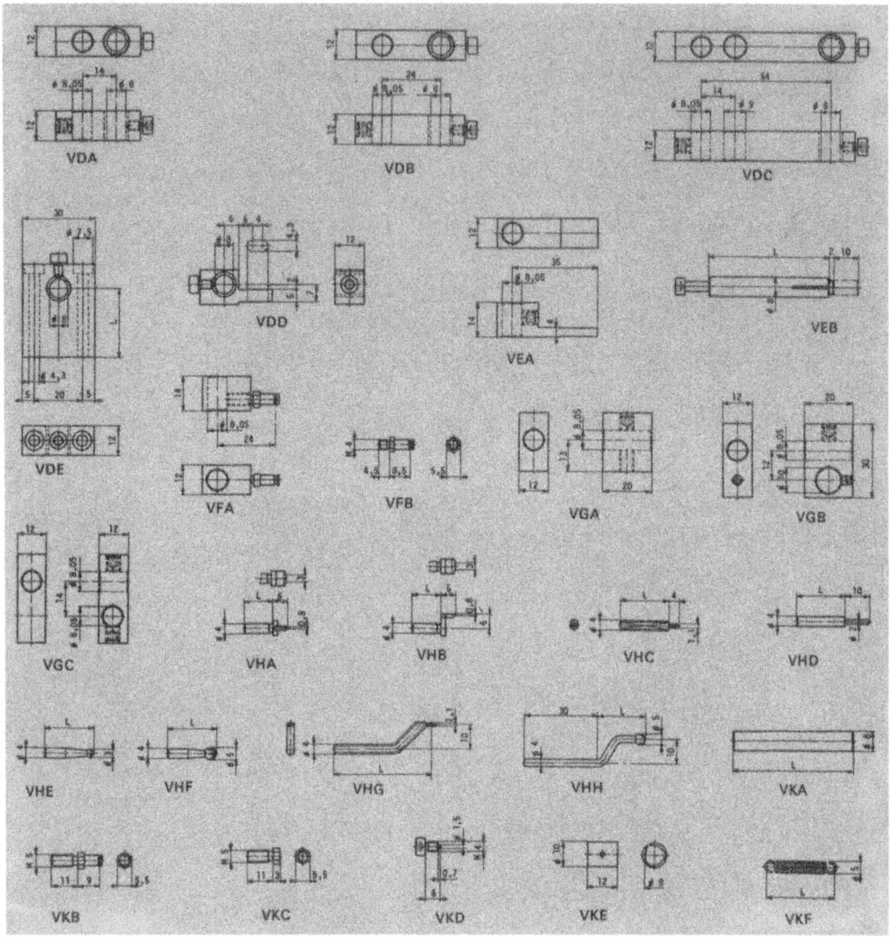

Tafel A 12.3
Meßnormteile von Mahr-Feinprüf

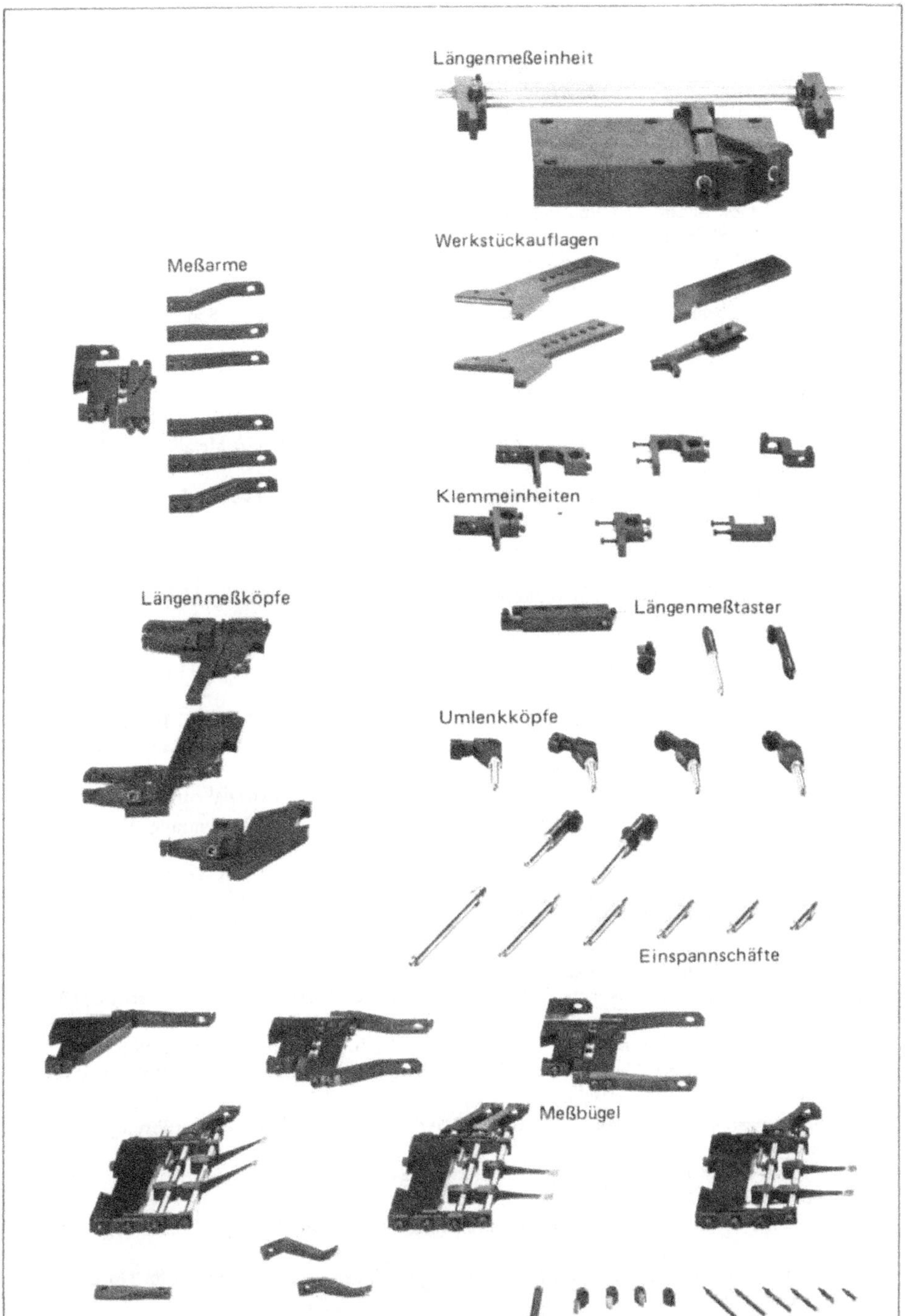

Literaturverzeichnis

[1.1] VDI/VDE-Gesellschaft Meß- und Regelungstechnik (GMR), Denkschrift zur Ausbildung an Technischen Universitäten und Fachhochschulen im Bereich der Fertigungsmeßtechnik, 1981
[1.2] Geiger, W.: Qualitätslehre. Vieweg Verlag, Wiesbaden 1986
[1.3] Lange, W.: Kleine ergonomische Datensammlung, 3. Aufl., TÜV Rheinland, Köln 1981
[1.4] Banhart, A.: Ebenheitsprüfung von Präzisionsflächen mit Planglasplatten. Sonderdruck, Carl Mahr, Eßlingen
[2.4] Industrielle Winkelmeßtechnik, expertverlag
[4.1] Ziessler, H. u.a.: Feinmeßkurs, Carl Zeiss, Oberkochen
[4.2] Illig, W.: Exaktes Messen mit dem Doppelbildverfahren. Zeiss-Werkzeitschrift Nr. 27 (1958)
[4.3] Illig, W.: Die Messung von anodisch auf Aluminium erzeugten Schichten. Z. Metalloberfläche 13 (1959), H. 2, Seite 33 . . . 35
[4.4] Uhlig, M.: Das Zeiss Interferenz-Mikroskop in der Praxis. Sonderdruck aus Zeiss-Informationen Nr. 30, Carl Zeiss, Oberkochen
[4.5] Kinder, W.: Der Ebenheitsprüfer und die Interferenzgeräte zur Oberflächenprüfung. Zeiss-Information Nr. 58 (1965)
[5.1] Warnecke, H.J., Dutschke, W.: Fertigungsmeßtechnik. Springer-Verlag Berlin, Heidelberg, New York, Tokio
[6.1] Spur, G.: Optimierung des Fertigungssystems
[6.2] Bergmann, A.: Problem und Möglichkeiten der Automatisierung von Form- und Lagemessungen. VDI-Berichte
[6.3] Weckenmann, A.: Entwicklungstendenzen in der Koordinatenmeßtechnik, VDI-Z. Bd. 127, 1985, Nr. 4
[6.4] TESA – Meßtechnische Information Nr. 9. Sonderdruck aus Technische Rundschau Nr. 40, 1982
[6.5] TESA – Meßtechnische Information Nr. 10
[6.6] VDI-Richtlinie Nr. 3254. Numerisch gesteuerte Werkzeugmaschine, Genauigkeitsangaben
[6.7] Neumann, J.; Carl Zeiss: Koordinatenmeßtechnik, Technologie und Anwendung. Verlag modern industrie
[7.1] Aberle, W., Brinkmann, B. u. Müller, H.: Prüfverfahren für Form- und Lageabweichungen, DIN Deutsches Institut für Normung e.V. (1983)
[7.2] Lemke, E.: Vorrichtungsbau, wirtschaftliche und menschengerechte Gestaltung von Fertigungsmitteln. Verlag B.G. Teubner, Stuttgart, 1981
[7.3] Mahr, Eßlingen: Seminar für Längenmeßtechnik
[7.4] Roloff/Matek: Maschinenelemente, 8. Auflage. Verlag Friedr. Vieweg & Sohn, Braunschweig/Wiesbaden, 1983
[7.5] Köhler/Rögnitz: Maschinenteile Teil 2, 6. Auflage. Verlag B.G. Teubner, Stuttgart, 1981
[7.6] Jentner, W. u. Edenhart, U.: Industrielle Prüfung technischer Kegelflächen. Z. Werkstatt und Betrieb, 117. Jhg. 1984. C. Hanser Verlag, München
[7.7] Mahr-Feinprüf-Perthen: focodyn, Optischer Mikrotaster für Perthometer; Berührungslose Profilerfassung
[8.1] Weck, M., Teipel, K.: Maßnahmen zur Verbesserung des dynamischen Verhaltens spanender Werkzeugmaschinen VDI-Bericht 320, 1978
[8.2] Bergmann, A.: Maß-, Form- und Lagetoleranzen. Werkstattstechnik 70, 1980, H. 10, Nr. 10, Seite 657 bis 661
[8.3] DIN-Taschenbücher TAB 121,. 122, 162 (Werkzeugmaschinen) Deutsches Institut für Normung e.V., Berlin und Köln
[9.1] Zeller, H.: Richtlinien für mechanische Prüfungen in der Fertigung. Siemens, ZFA WTP MQ
[10.1] Begriffserläuterungen und Formelzeichen im Bereich der Statistischen Qualitätskontrolle. ASQ/AWF 4. Beuth-Vertrieb GmbH Berlin und Köln
[11.1] TFH Berlin/DGQ Frankfurt: Fernstudium für Qualitätssicherung (TFH: Technische Fachhochschule; DGQ: Deutsche Gesellschaft für Qualität)

Verzeichnis der weiterführenden Literatur

Antriebstechnik 1; Normen über die Verzahnungsterminologie. DIN-Taschenbuch 106, Beuth-Verlag, Berlin und Köln, 1981

Bronstein, i. N., Semendjajew, K. A.: Taschenbuch der Mathematik. 4. Auflage, Verlag B. G. Teubner Verlagsgesellschaft, Leipzig, 1961

Hackstein, R.: Arbeitswissenschaft im Umriß. Bd. 1 u. 2, Verlag W. Girardet, Essen, 1977

Junge, H. D.: Brockhaus ABC; Elektrotechnik. VEB F. A. Brockhaus Verlag, Leipzig, 1978

Junge, H. D.: Meyers Taschenlexikon; Messung, Meßgröße, Meßeinheit. VEB Bibliographisches Institut, Leipzig, 1979

Junge, H. D.: Brockhaus ABC; Automatisierung. VEB F. A. Brockhaus Verlag, Leipzig, 1975

Kulka, H.: Ergonomie, wofür? VEB Fachbuchverlag Leipzig, 1980

Masing, W.: Handbuch der Qualitätssicherung. Carl Hanser Verlag, München, 1980

Meß- und Prüfmöglichkeiten der Physikalisch Technischen Bundesanstalt, Stand 1980, Eigenverlag PTB, 1980

Normen über Gewinde. DIN-Taschenbuch 45. Beuth-Verlag, Berlin und Köln, 1982

Pfützner, R.: Taschenbuch Mensch und Arbeit. Verlag Mensch und Arbeit, München, 1966

Profos, P.: Handbuch der industriellen Meßtechnik. Vulkan-Verlag, Essen, 1974

Rohrbach, Ch.: Handbuch für das elektrische Messen mechanischer Größen. VDI-Verlag, Düsseldorf, 1967

Werkzeugmaschinen 2: Normen über Abnahmebedingungen. DIN-Taschenbuch 22. Beuth-Verlag, Berlin und Köln

Sachwortverzeichnis

A

Abbescher Grundsatz 6, 33, 36, 38
Abbot'sche Tragkurve 103
Ablesegenauigkeit 29
Abnahmebedingungen 151
Abtastgitter 47
Abtastkopf 84
Abweichungen 3 ff., 41, 85, 87, 160
Achsenschnitt 132
– Verfahren 60, 137
Aggregatzustand 73
Allgemeintoleranzen 13
Alterung 152
Amplitude 21
Antastverfahren 61
– magnetisch 65
– photoelektrisch 65
Anpreßkraft 33
Anzeige 3, 47, 77, 95
– Analogie 47, 70, 77, 95, 114
– Bereich 3, 37
– Signale 47, 150
Anzeigegerät 54
Arbeitsgenauigkeit 151
Arbeitsmaßstab 20, 28
Arbeitsplatzregelkreis 160
Arbeitssicherheit 30
Arbeitsvorbereitung 152
Augenuntersuchung 74
Ausfallkosten 160
Ausrichten 80, 85, 106
Auswahlkriterien 149
Außengewinde 138
Autokollimationsfernrohr 146
Automatisierung 64, 73, 76, 128, 150, 162

B

Bahnsteuerung 86
Bauelemente 71 f., 163
Baukastensysteme 54, 114
Bearbeitungsverfahren 113
Bearbeitungszentrum 82
Bedienungsanleitung 110
Beleuchtung 9
Bessel'sche Punkte 7, 71
Berechnungsalgorithmus 80
Betriebsbereitschaft 50
Betriebssicherheit 43
Bewertungsmerkmale 153
Bezugsgrößen 1, 16, 102 f., 105, 113
Bezugstemperatur 4
Biokular 59
Bohrungen 113
Brechungsindex 62

D

Datendrucker 76
Datenverarbeitung 76
Deformationen 88
Detektor 67 f.
Dickenmeßgeräte 37
Differenzdruckmeßgerät 48 f., 51 f., 54, 57, 69
Digitalanzeige 47 f., 67, 70, 77, 86, 114, 150
Doppelbildverfahren 58 f., 61
Doppelfadenkreuz 58
Druckluftmeßgeräte 50 f.
Drehgeber 69
Dreipunktmessung 39, 135 f.
Durchflußmeßgerät 51 ff.
Durchlichtbeleuchtung 59
Düsenmeßdorne 54, 114
Düsenmeßrachen 55
Düsenmeßring 55

E

Ebenheit 24, 89 f.
Ebenheitsprüfung 64, 90
Eichämter 154
Eichen 5
Eichorganisation 153
Einflankenwälzprüfung 118 ff., 125, 129 f.
Eingriffsteilungsprüfgerät 121 f.
Einlaufeigenschaften 103
Einspannschaft 39, 41
Einstellnormal 38, 110
Einzelmessung 48, 98, 118
Endmaße 15
– Kombination 17 f., 40
– Kugel 16, 19
– Parallel 16, 36, 139
– Winkel 15 f., 19
Ergonomie 9
Ermüdungsfestigkeit 95
Evolventenprüfung 94, 116, 123
Exzentrizitätsfehler 144

F

Fachkräfte 76, 160
Fadenkreuz 58
Fehlergrenzen 3 ff., 160
Feingestaltabweichungen 87, 104

Feinzeiger 39, 41, 91, 151
– Abweichungen 42
– Gebrauchlage 42
– Grenzkontakte 41
– Schaltunsicherheit 41
Fertigungsreihe 155
Fertigungssicherheit 30
Fertigungsstreuung 30, 156
Fehlerverhütungsmaßnahmen 152
Fehlerverteilungskurve 156
Fehlervorbeugekosten 160
Fertigungszeit 104
Filter
– Charakteristik 108
– elektrisch 107
– mechanisch 107
– Stufen 107
Filmabdruckverfahren 112
Fingernagelprobe 112
Flachpassung 11
Flächenform 94
Flankenlinie 122 f.
Flankendurchmesser 132
Flankenwinkelfehler 136
Fluchtfernrohr 89
Formprüfung 7 ff., 13 f., 25, 56, 75, 87 f., 90, 95 f., 105, 149
Fotoplatten 74
Fühlhebelmeßgeräte 42, 57
Funktionalität 13, 87

G Gebrauchslage 42
Genauigkeitsgrade 17, 144
Genauigkeitsmessung 76
Geometrienormal 110
Geradheit 29, 73, 89
Geräuschprüfung 118, 125
Gesamtabweichung 125
Gesamtmeßstrecke 98
Gestaltabweichungen 13 f., 87, 96 f., 104, 108
Gewinde 132
– Grenzlehrdorn 133
– Grenzrollenlehre 133 f.
– Grenzrachenlehre 134
– Gutlehrring 133
– Meßverfahren 13
Glasmaßstab 47, 65
Glättungstiefe 102
Gleiteigenschaften 95
Gleitkufe 106
Grenzmaße 9
Grenzwellenlängen 108
Grundgesamtheit 155
Grundtoleranz 11

H Haarlineal 29, 89
Halbleiterbauelemente 43
Handhabung 8, 28
Hartgestein 71
Häufigkeitsverteilung 156
Hilfsflächen 130
Hilfsmittel 71
Höhenmeßschieber 34
Hochpaßfilter 98, 104, 107
Höhenschichtlinien 111
Holographie 74
Hologramm 74
Hüllkreismeßgeräte 95

I Impulse 52
Industrie-Computer 76
Information 76
Inhomogenitäten 88
Inkrement 34, 39
– Drehgeber 147
– Kreisteilung 145
– Maßstab 77
– Meßtaster 47
Innenmessung 33, 51
Innengewinde 138
Innenmeßgerät 38
Innenmeßsonde 114
Interferometer 65, 73
Interferenz 21 f., 61, 74
– Licht 18, 21, 34
– Linien 111
– Mikroskop 62, 64
– Streifen 65

J Justieren 4

K Kalibrieren 4
Kantenabtastung 63
Kegel 13, 140
– Prüfung 140 ff.
– Räder 130
– Winkel 140, 142
Keilwellenprofile 138
Kerbverzahnungen 138 f.
Kimmenmeßschnäbel 138
Klemmtaster 72
Klima 9
Kohärenz 21, 78 f.
Koinzidenz 7
Komparator 6, 28 f.
Kollimator 146
Kontrollmessung 8
Kontrollkarten 158
Koordinaten 28, 76 ff., 84
Koordinatograph 86
Korrekturfaktor 85
Korrosionsanfälligkeit 95
Kosten 25, 149, 152 f., 160
– Herstellungs- 118
– Rechnung 31, 163
– Senkung 88
Kreisform 90
Kreisteilung 145
Kufentastsysteme 105 f.
Kunststoffabdruckverfahren 112
Kurvenschreiber 86

L

Lageabweichungen 13 f., 56, 88, 95, 149
Längenmeßtechnik 1 ff., 25, 113, 132
Längenmessung
– elektrisch 43, 49, 91
– optisch 57, 132
– pneumatisch 50 ff., 113 ff.
Laser 73, 89
– Fühler 81
– Interferometer 73 f.
– Meßkopf 83
Laufprüfung 130
Lehren 25 ff., 139
– Ringe 27, 139
Lehrzahnräder 128, 131
Lehrschnecken 128, 131
Leuchtsäulengerät 49
Licht 15
– Interferenz 111
– kohärent 90
– monochromatisch 111
– Quanten 58
– Spalt 29, 33, 89, 138
– Verstärkung 73
– Wellen 21, 73
Lichtschnittmikroskop 62, 110
Libelle 69
Lineal 69, 151
Linienform 92 f.
Lochteilscheibe 145
Losgröße 9, 155
Luftfilter 57
Luftverbrauch 53 f.

M

Magnetaufzeichnung 67
Maschinenverkettung 82
Maßangaben 2, 9, 14, 25, 95
Maßbildungsreihe 16
Maßverkörperung 4, 15, 35
Maßüberwachung 151
Maximalwerterfassung 69
Mechanisierung 76
Messen 1 ff., 41, 51, 113, 132
Meßautomaten 82, 163
Meßbereich 3, 98, 104
Meßdorne 25, 89 ff., 139
Meßeinsätze 72
Meßergebnisse 1, 3
Meßgeräte 30, 52, 151
– anzeigend 30 f.
– elektrisch 151
– optisch 151
– registrierend 31
Meßgröße 1, 3
Meßkugeln 138
Meßmaschinen 69, 76 ff., 80 f., 94, 150
Meßnormteile 163
Meßobjekte 31
Meßpistole 39
Meßplatten 71
Meßprismen 71
Mehrsäulengeräte 114
Meßschieber 32
Meßschraube 35 ff.
Meßsignale 43
Mehrstellenmeßtechnik 150
Meßsteuerung 151, 163
Meßtaster 162
Meßuhr 39, 151
Meßunsicherheit 3 ff., 31, 58, 79, 80
Meßverfahren 4
Meßwerte 1, 3
Meßwertanzeige 65, 95
Meßwertaufnehmer 43, 45, 54
Meßwertdarstellung 43, 80
Meßwertwandler 52, 54, 57
Meßwertdrucker 86
Meßwertgeber 93
Meßwertumkehrspanne 8, 40 f.
Meter 1
Metrologie 1
Mikrocomputer 86, 128
Mikrokator 42
Mikroskop 58, 61, 94, 110
Mikroprozessor 80
Minimalwerterfassung 69
Mittelwert 156
Mittenrauhwert 100 f.
Modul 80
Modulbauweise 71
Monokular 59

N

Nachlaufstrecke 98
NC-Technik 76, 78, 80, 150
Niveaulinien 21, 111
Niveliergerät 70
Nonius 32
Normale 15
Normteile 72
Normalgewindelehrring 138
Normfilter 91
Nullstellung 33, 41
Nutenteilscheibe 145

O

Oberflächen
– Abweichungen 107
– Beschaffenheit 113
– Güte 95, 113
– Kennwerte 98, 104
– Meßgeräte 110, 112
– Profil 103
– Prüfautomaten 111
– Taster 108
– Vergleichsmuster 112
– Zeichen 113
Objektive 59
Objektwelle 75
Off-/On-line Betrieb 83, 86
On-line-Rechner 79
Okular 59, 110
Optimierung 76
Optische Prüfverfahren 57, 132

P

Paarungsmessung 48, 56
Parallaxe 32
Passung 10
Passungsauswahl 12
Passungseigenschaft 95
Photozelle 48
Planglasplatten 18, 21, 29, 36, 90
Planlaufgenauigkeit 95
Planparallelität 24
Plotter 86
Pneumatische Längenmessung 50 ff.
Polarwinkel 78
Polardiagramm 91
Polygonspiegel 146
Positionsanzeige 150
Positioniersystem 86
Präzisionsmeßmaschinen 80
Produktionstechnik 163
Produktivität 82
Produktqualität 163
Profil
– Abdruckverfahren 112
– Arten 96
– Ausreißer 100
– Aufbau 103
– Diagramm 99, 110
– Formabweichung 120 ff.
– Linienprojektor 61, 63 f., 81
– Schnitt 96, 105
– Traganteil 102
– Vergleich 61
Prüfanweisung 2
Prüfaufwand 118
Prüfautomatisierung 163
Prüfbasis 22
Prüfbausteine 57
Prüfen 2
– attributiv 31, 155 f.
– messend 31, 155 f.
Prüfeinrichtungen 30, 85 f., 104 ff.
Prüfkosten 160, 163
Prüfling 8
Prüfmaßstäbe 20
Prüfmerkmale 9, 87
Prüforganisation 152 ff.
Prüfperson 9, 153
Prüfstifte 26, 136
Prüfunsicherheit 112
Prüfzeit 153
Prüfzuverlässigkeit 153
Prüfzylinder 151

Q

Qualitätsanforderungen 152
Qualitäten 12, 87, 118, 149, 159, 163
Qualitätsinformationen 160
Qualitätskontrolle 76
Qualitätskosten 152, 160
Qualitätskreis 159
Qualitätskriterien 87, 149, 160
Qualitätssicherung 57, 80, 152, 160
Qualitätssteuerung 150
Qualitätsüberwachung 150

R

Radialluftmeßgerät 95
Rationalisierung 76, 163
Rauheitsangaben 9, 88, 95 f., 100, 104 ff., 113
Rauheitsnormal 110
Rauheitsprofile 96, 98, 107
Realgeometrie 80
Rechner 43, 49, 76
Referenz
– Gerade 91 ff.
– Linienform 93
– Spindel 91
– Strahl 75
Regressionslinie 104
Reproduzierbarkeit 50, 77, 143
Revolverokular 59, 61
Richtmittel 69
Richtschiene 71
Riefen 96
Richtwaage 70
Rundheit 90
Rundlaufabweichungen 121
Rundlaufprüfung 90, 95, 125
Rundpassung 11
Rundskale 32

S

Sammelabweichungen 118
Schaltunsicherheit 41
Schattenbildverfahren 58, 60, 137
Schärfenvergleich 59, 137
Scheiteldeckung 144
Schenkeldeckung 144
Schmierfähigkeit 95
Schneckentriebe 131
Schneidenkante 138
Schneidenkorrektur 151
Schnittlinientiefe 102
Schrägungswinkel 123
Serienprüfung 50, 72
Sicherheitsventil 52
Sichtprüfung 2 ff.
Signallampen 54
Sinuscharakteristik 68
Sinuslineal 142, 145
Skalenanzeige 3
Skalenteilungswert 3, 41 f.
Sonderguß 71
Spanndraht 89
Spannprismen 71
Speicher 74 f.
Spektralfarben 58
Spiegelpolygone 144
Spielpassung 11
Spitzenböcke 71
Standardabweichungen 157
Statistische Methoden 155
Steigungsmeßgerät 131 f.

Stereomikroskop 59, 61
Steuerung 52, 54, 163
Stichproben 155 f.
Stirnradprüfung 132
Strahlen 73
Streuung 156
Strichgitter 47, 65, 85
Strichkreisteilung 145
Strichmaße 15, 20
Summen-/Differenz 146
Summenmessung 48 f., 69
Systemkomponenten 163
Symbole 9, 14

T Tastschnitt
– Meßlänge 98
– Richtung 108
– Systeme 105
– Verfahren 89, 96 ff., 110
Tastspitzen 116
Taylorscher Grundsatz 27
Teilköpfe 139
Teilkreise 144
Teilungsabweichungen 120, 122
Temperaturänderung 7
Theodolit 146
Tiefenmessung 33 f., 59
Tiefpaßfilter 98, 104, 107
Toleranz 129, 158
– Angaben 25, 149
– Faktor 12
– Forderungen 87
– Zone 14
Tragbild 118, 125, 130 f.
Tuschierplatten 71

U Übergangspassung 11
Überwachungsorganisation 153
Ultraschall 111
Umkehrpunkte 38, 114
Umweltbedingungen 73
Unfallverhütungsvorschriften 73
Universalmeßdorn 136
Universalmeßmaschine 29
Universalwinkelmesser 145
Universalmikroskop 146
Unterschiedsmessung 34, 39

V Vektorgeometrie 79
Verformung 75
Vergleichsmessungen 106, 128
Vergleichsnormale 85
Verschleißerscheinungen 88, 95, 102, 152
Verzahnungsgrößen 118
Volumenhologramm 75
Vorlaufstrecke 98
Vorzugs-Bezugsstrecke 99

W Wälzrundlaufabweichung 127
Wärmespannung 88
Warngrenze 158
Wasserwaage 69, 145
Wegmeßsysteme 44, 76
Weiterqualifikation 153
Wellen
– Felder 74
– Filter 91, 108
– Länge 15, 24
– Tiefe 104
Werkstattzeichnung 79
Werkstoffe 16
Werkstück
– Auflage 72
– Aufnahme 88
– Geometrie 80
– Programm 80
Werkzeugaufnahme 88
Werkzeugmaschine 52, 86 ff., 149, 151
Widerstandsaufnehmer 44
Winkel 20, 69, 85, 144, 151
Wirtschaftlichkeit 30, 87

Z Zahndickenmeßschieber 119
Zahnradgetriebe 116
– Einzelabweichungen 118
– Sammelabweichungen 118
Zahnradmeßzentrum 124
Zahnradprüfung 127
– Lehrschnecken 128
– Lehrzahnräder 128
Zahnschrägen-Prüfmaschine 94
Zahnweitenmessung 118 ff.
Ziffernanzeige 3, 36, 39
Zufallsstreuung 5
Zustandsgrößen 51
Zuverlässigkeit 149
Zweiflankenwälzprüfmaschine 118, 122, 131
Zweiflankenprüfgrößen 122, 127 f., 130 f.
Zweikugelmaß 120
Zweipunktmeßgerät 114

GPSR Compliance

The European Union's (EU) General Product Safety Regulation (GPSR) is a set of rules that requires consumer products to be safe and our obligations to ensure this.

If you have any concerns about our products, you can contact us on ProductSafety@springernature.com

In case Publisher is established outside the EU, the EU authorized representative is:

Springer Nature Customer Service Center GmbH
Europaplatz 3
69115 Heidelberg, Germany

Batch number: 08567177

Printed by Printforce, the Netherlands